乳酸菌
及其发酵食品

吴兴壮　杜霖春　主　编
王　琛　张晓黎　张　华　副主编

中国轻工业出版社

图书在版编目（CIP）数据

乳酸菌及其发酵食品/吴兴壮，杜霖春主编.—北京：中国轻工业出版社，2021.5

ISBN 978-7-5184-3277-6

Ⅰ.①乳…　Ⅱ.①吴…　②杜…　Ⅲ.①乳酸菌发酵　Ⅳ.①TS252.42

中国版本图书馆CIP数据核字（2020）第232090号

责任编辑：钟　雨　　责任终审：白　洁　　整体设计：锋尚设计
策划编辑：钟　雨　　责任校对：吴大朋　　责任监印：张　可

出版发行：中国轻工业出版社（北京东长安街6号，邮编：100740）

印　　刷：三河市万龙印装有限公司

经　　销：各地新华书店

版　　次：2021年5月第1版第1次印刷

开　　本：710×1000　1/16　印张：24.75

字　　数：450千字

书　　号：ISBN 978-7-5184-3277-6　　定价：68.00元

邮购电话：010-65241695

发行电话：010-85119835　传真：85113293

网　　址：http://www.chlip.com.cn

Email：club@chlip.com.cn

如发现图书残缺请与我社邮购联系调换

201101K1X101ZBW

编委会

主　编　吴兴壮　杜霖春

副主编　王　琛　张晓黎　张　华

参　编　李莉峰　张　锐　韩艳秋
　　　　高　雅　李　潇

前言

　　随着生活水平的不断提高，人们越来越注重食品营养、安全与自身健康。人类生存与健康离不开益生菌，乳酸菌是其中的一个重要的菌族，乳酸菌及其发酵制品对人体具有帮助消化、改善肠道的微生态环境、抑制腐败菌生长、合成营养素、提高免疫力等生理功效，其应用越来越广泛。近年来，乳酸菌在果蔬、谷物、乳制品、肉制品等食品、医疗、饲料领域得到广泛应用，备受关注。

　　研制与开发营养性、功能性乳酸菌发酵食品符合食品工业的"安全、营养、功能性、多样化"发展方向，是消费市场的客观要求，是食品工业发展的强劲趋势，市场前景广阔。

　　为了进一步推动乳酸菌发酵食品产业的持续健康发展，运用新技术、开发新产品、提高市场竞争力，我们组织了长期工作在科研、生产一线的技术人员，结合工作经验和生产实际，围绕乳酸菌的分类及特性，乳酸菌的代谢途径和生理功能，乳酸菌在果蔬、谷物、乳、肉及传统酿造发酵制品中的应用等方面编著成此书，力求从"新""全""实用"的角度出发，充分体现生产工艺的科学性和合理性，并积极反映近年来的乳酸菌及其发酵食品生产工艺革新和科学研究新成果。以期对从事该领域的学者、科技工作者、工程技术人员及生产企业有所裨益，更希望成为具有应用价值的工具书。

　　本书在编写过程中，查阅了大量资料，取其精华。但限于作者知识和学术水平，以及资料搜集与整合不足，书中难免存在纰漏与不妥之处，敬请读者批评指正。

主编

2021年1月

目录

第一章

乳酸菌的分类及特性

　　乳酸菌在自然界分布广泛，在不同的区域和生态环境中生存着不同的菌群，这些细菌是极为丰富的自然资源。它们中大部分是对人体有益的，但是其中也有一些是致病菌，人们需要对其进行系统的分类，并对其进行相应的研究，才能更好地利用其为人类服务。

一、乳酸菌的分类及其发展历程

（一）乳酸菌的定义

　　乳酸细菌（lactic acid bacteria，LAB）是一类能利用可发酵碳水化合物产生大量乳酸的细菌的通称。这类细菌在自然界中分布极为广泛，物种丰富多样，不仅在理论上具有学术研究价值，而且与人类生活密切相关的领域应用广泛，但其中也包含少数的有害菌。

　　随着现代科技的迅猛发展，细菌分类系统学与生命科学领域其他学科已紧密结合，跨学科成果的应用提升了细菌分类研究的技术方法。近些年细菌分类的研究在传统生理生化实验技术的基础上，结合16SrRNA序列分析和化学分类指征，同时采用其他基因型和系统发育型的分子生物学特征分析细菌类群和属种间的亲缘关系，进一步明确了乳酸细菌在系统发育中的位置，重新分类和组合了原来的属种，并发现了更多的新属和新种。

（二）乳酸菌属的分类

　　1998年凌代文等编著的《乳酸细菌分类鉴定及试验方法》将乳酸细菌分为革兰阳性无芽孢杆菌、形成内生芽孢的杆菌、革兰阳性兼性厌氧球菌和不规则的专性厌氧菌四大类，23个属：乳杆菌属（*Lactobacillus*）、肉食杆菌属（*Carnobacterium*）、双歧杆菌属（*Bifidobacterium*）、链球菌属（*Streptococcus*）、肠球菌属（*Enterococcus*）、乳球菌属（*Lactococcus*）、明串珠菌属（*Leuconostoc*）、片球菌属（*Pediococus*）、气球菌属（*Aerococcus*）、奇异菌属（*Atopobium*）、漫游球菌属（*Vagococcus*）、李斯特菌属（*Listeria*）、芽孢乳杆菌属（*Sporolactobacillus*）、芽孢杆菌属（*Bacillus*）中的少数种、环丝菌属（*Bmchothix*）、丹毒丝菌属（*Erysipelothrix*）、孪生菌属（*Gemella*）、糖球菌属（*Saccha-rococcus*）、四联球菌属（*Tetragenococcus*）、酒球菌属（*Oenococcus*）、乳球形菌属（*Lac tosphaera*）、营养缺陷菌属（*Abiotrophia*）和魏斯氏菌属（*Weissella*）。

2013年郭兴华等主编的《乳酸细菌现代研究实验技术》中指出，按《伯杰氏系统细菌学手册》最新版本和最近几年报道的资料，目前乳酸细菌已列入细菌域的厚壁菌门（包括乳杆菌、芽孢杆菌和梭菌及其相关菌）和放线菌门（包括双歧杆菌及其相关菌），共计41个属，分别为乳杆菌属（*Lactobacillus*）、类乳杆菌属（*Paralactobacillus*）、片球菌属（*Pediococcus*）、气球菌属（*Aerococcus*）、营养缺陷菌属（*Abiotrophia*）、肉食杆菌属（*Carnobacterium*）、碱杆菌属（*Alkalibacterium*）、德瑟兹氏菌属（*Desemzia*）、棍状菌属（*Isobaculum*）、海生乳杆菌属（*Marinilactibacillus*）、毛发球菌属（*Trichococcus*）、明串珠菌属（*Leuconostoc*）、酒球菌属（*Oenococcus*）、魏斯氏菌属（*Weissella*）、肠球菌属（*Enterococcus*）、蜜蜂球菌属（*Melissococcus*）、联球菌属（*Tetragenococcus*）、漫游球菌属（*Vagococcus*）、链球菌属（*Streptococcus*）、乳球菌属（*Lactococcus*）、乳卵形菌属（*Lactouum*）、双歧杆菌属（*Bifidobacterium*）、斯氏菌属（*Scardovia*）、类斯氏菌属（*Parascardovia*）、气斯氏菌属（*Aeriscardovia*）、异斯氏菌属（*Alloscardovia*）、另类斯氏菌属（*Metascardovia*）、奇异菌属（*Atopobium*）、欧鲁森氏菌属（*Olsenella*）、芽孢杆菌属（*Bacillus*）内属于乳酸细菌的种、嗜盐乳杆菌属（*Halolactibacillus*）、糖球菌属（*Saccharococcus*）、李斯特菌属（*Listeria*）、环丝菌属（*Brochothrix*）、芽孢乳杆菌属（*Sporolactobacillus*）、孪生球菌属（*Gemella*）、毛形杆菌属（*Lachnobacterium*）、矛形细菌属（*Pilibacter*）、嗜果糖乳酸细菌属（*Fructobacillus*）、夏普氏菌属（*Sharpea*）、产乳酸细菌属（*Lacticigenium*）。

（三）乳酸菌实践应用的发展历程

1.乳酸菌的发展历程

2019年陈卫主编的《乳酸菌科学与技术》中将人类对乳酸菌的实践应用分为两个主要阶段：第一个阶段是源于经验的无意识的对乳酸菌的利用，第二个阶段是建立在科学基础上的对乳酸菌的应用。

（1）人类对乳酸菌无意识的应用　人类利用乳酸菌的最早记录是公元前8000多年前居住在北非撒哈拉一带的居民就开始食用自然酸化的发酵乳及干酪等乳制品，在基督教《圣经·创世纪》中也记录了有关乳酸菌发酵酸乳的内容，犹太人先祖Patriarch Abraham以酸乳和甜乳款待三位天使，其将自己的长寿归因于食用酸乳。公元前3000年，居住在现保加利亚的游牧民族色雷斯人发现灌在皮囊中背在身上的羊乳在气温和体温的作用下经常变酸，可形成良好的气味和口感，可将变酸的乳倒入煮过的乳中制成酸乳产品。古希腊和古巴比伦人早在公元前1550年就开始制作干酪，干酪已经成为当时人们膳食的重要组成部分。

我国最早对乳酸菌发酵乳制品的文字记载是北魏贾思勰所著的《齐民要术》，其中提到了乳酸菌发酵乳的制作方法："作酪法：牛羊乳皆得。别作、和作随人意""牛羊乳皆得作，煎乳四五沸便止，以绢袋滤入瓦罐中，其卧酪暖如人体，熟乳一升用香酪半匙，痛搅令散泻，明旦酪成"。其后，《本草纲目》中也简要提到了发酵乳"酪"的制作方法。

在中国，人类利用乳酸菌发酵果蔬和谷物的历史也非常悠久，早在公元前3000多年前的商周时期，人们就开始无意识地利用乳酸菌来发酵蔬菜，在《诗经》中有"中田有庐，疆场有瓜，是剥是菹，献之皇祖"的描述，据东汉许慎《说文解字》解释："菹菜者，酸菜也"。谢墉的《食味杂咏·北味酸菜》记载了酸菜的制法："寒月初取盐菜入缸，去汁，入沸汤熟之"。北魏的《齐民要术》，更是详细介绍了我们的祖先用白菜（古称菘）等原料腌渍酸菜的多种方法。后来，起源于中国的发酵蔬菜制作工艺随成吉思汗在欧亚大陆的征战而传入亚洲其他地区乃至欧洲。古罗马历史学家和自然学家老普林尼在其著作《自然史》中首次描述了利用陶制容器将白球甘蓝（white cabbage）制成酸泡菜的方法。

除了乳制品和果蔬，人类也将乳酸菌用于谷物发酵食品的生产。公元前3000年左右，古埃及人发现，制作的面团在放置一段时间之后会产气膨大、形成酒味和酸味，经烤制后得到了一种松软可口的发酵小麦食品，因此，人们掌握了面包的制作工艺。在中国，馒头的历史可以追溯至战国时期，《事物钳珠》记载有"秦昭王作蒸饼"；萧子显在《齐书》中记载了太庙祭祀时用"面起饼"，即"入酵面中，令松松然也"。

（2）人类对乳酸菌有意识的应用　俄国生物学家梅齐·尼科夫在巴斯德研

究所工作期间，注意到高加索和保加利亚地区的人们，因常食用含有保加利亚乳杆菌的凝固乳，而比欧洲其他地区的人更长寿。他分析后认为，保加利亚乳杆菌对肠道内腐败微生物有抑制作用，可以防止由此引发的疾病。同时它还有助于有益微生物的繁殖，可维持肠道菌群的平衡，保证人的健康长寿。这一发现引起了西班牙商人伊萨克·卡拉索的注意，他利用该菌制成酸乳并作为药品出售，以帮助治疗幼儿腹泻。第二次世界大战爆发后，卡拉索在美国建立了一家酸乳工厂，开始把酸乳正式作为食品销售。进入20世纪80年代，随着冷冻干燥技术在乳酸菌发酵剂制备上的应用，人们研究出了高活力的直投式乳酸菌发酵剂，避免了烦琐的菌种扩繁制备过程，大大推动了乳酸菌相关产品的发展。

除了乳酸菌发酵剂，乳酸菌的有用代谢产物也得到了发展。早在1891年，美国就开始工业化生产乳酸。1895年，德国的勃林格殷格翰公司（Boehringer Ingelheim）成功实现了发酵法生产乳酸的工业化。1901年在日本，人们以甘薯为原料接种德氏乳杆菌，来进行乳酸菌工业发酵生产乳酸。此外，随着对乳酸菌代谢产物的深入研究，人们发现乳酸链球菌素（nisin）作为一种多肽型的细菌素，对革兰阳性细菌具有广泛而良好的抑制作用，其作为一种新型的生物防腐剂于1961年被联合国粮食及农业组织和世界卫生组织（FAO/WHO）批准作为食品添加剂使用。中国科学院微生物研究所也选育得到一株nisin高产突变株，并于1994年在浙江银象生物工程公司实现了商业化生产。

乳酸菌在医药方面也有很好的应用，Cantani根据观察到的体内拮抗现象提出了微生物的细菌疗法。1915年，Daviel Newman根据乳酸菌产生乳酸而具有抗感染性，首次利用乳酸菌来治疗膀胱感染，为乳酸菌在医药临床方面的应用奠定了基础。1917年，日本武田制药研制出利用粪肠球菌来生产治疗胃肠道疾病的乳酸菌制剂药物"表飞鸣"。中国于20世纪50年代开始利用粪链球菌来生产乳酶生等乳酸菌制剂药物。此外，还有利用嗜酸乳杆菌生产的嗜酸乳杆菌素等药物。除了用于消化系统疾病治疗，还有一些乳酸菌制剂用于治疗妇女生殖道感染等。

2.人类对乳酸菌的系统研究历程

（1）发现微生物　乳酸菌虽然在人类社会实践中很早就得到了广泛的应用，但是，关于乳酸菌的科学与技术研究的系统发展则是随着近代科学的进步而发展的。17世纪中叶，荷兰科学家安东尼·列文虎克发明了显微镜，他利用能放大50~300倍的显微镜,清楚地看见了细菌和原生动物,他的发现和描述首次揭示了一个崭新的生物世界——微生物世界,在微生物学的发展史上具有划时代的意义。继列文虎克发现微生物世界以后的200年间,微生物学的研究基本上停留在形态描述和分门别类阶段。

(2)分离乳酸菌 19世纪中期,以法国的巴斯德和德国的柯赫为代表的科学家才将微生物的研究从形态描述推进到生理学研究阶段,揭露了微生物是造成腐败发酵和人畜疾病的原因,并建立了分离、培养、接种和灭菌等一系列独特的微生物技术,从而奠定了微生物学的基础,同时开辟了医学和工业微生物等分支学科,可以说巴斯德和柯赫是微生物学的奠基人。1857年,巴斯德发现微生物与发酵的关系之后,在细菌纯培养技术的推动下,在19世纪末到20世纪初的这段时间里,陆续发现并分离了包括乳杆菌、双歧杆菌、链球菌、明串珠菌等重要成员在内的不同的乳酸菌,首先,1873年李斯特(Joseph Lister)在尝试证实巴斯德的理论时利用系列稀释的方式首次从酸化牛乳中分离出第一种乳酸菌纯培养菌株——乳链球菌,李斯特将其命名为lacris(*Srreptococcusactis*,即现在的乳酸乳球菌乳球亚种)。1905年,年仅27岁的保加利亚生理学家与微生物学家Stamen Grigoroff(1878—1945年)从酸化牛乳中分离得到了保加利亚乳杆菌。

(3)乳酸菌的分子生物学研究 近20年来,随着基因组学、结构生物学、生物信息学、PCR技术、高分辨率荧光显微镜及其他物理化学理论和技术等的应用,使微生物学的研究取得了一系列突破性进展,微生物学已走出其低谷,迎来它的第三个黄金时代。人们对生物科学和生命现象的认识进入分子生物学时期,这对乳酸菌分类学产生了较大的影响,建立了分别以乳球菌和乳杆菌为模式的乳酸菌的基因克隆和表达系统。分子生物学理论与技术在乳酸菌领域的应用,不仅使人们得以从分子水平上认识乳酸菌的生命代谢规律,更为人们提供对乳酸菌进行生物工程改造和利用的理论基础与强大工具,人们对乳酸菌的认识和应用至此达到了一个前所未有的高度。

3.乳酸菌在食品生产中的应用

(1)乳酸菌在发酵乳制品加工中的应用 发酵乳制品主要包括酸乳、干酪以及活性乳酸菌饮料。酸乳是以牛乳为原料,经过巴氏杀菌后向牛乳中添加有益菌(发酵剂),经发酵后冷却灌装的一种牛乳制品。市场上酸乳制品以凝固型、搅拌型和添加各种果汁果酱等辅料的果味型为主。由于动物乳中的乳糖和酪蛋白等营养物质经乳酸菌分解后，更利于人体吸收利用而且可以缓解亚洲人种普遍存在的乳糖不耐症。

干酪分生干酪和熟干酪两种。二者的主要区别在于生干酪是把鲜乳倒入容器中，经过翻搅提取奶油后，将纯乳放置在适合的温度下，使其发酵。当鲜乳有酸味后，再倒入锅中煮熬，待酸乳呈现出豆腐形状时，将其舀进纱布里，挤压除去水分。然后，把乳渣放进模具或木盘中，或挤压成形，或用刀划成方块，生干酪就制作成功了。熟干酪的做法与生干酪的做法略有不同。制作熟干酪时，先把熬制乳皮剩下的鲜乳或经过提取奶油后的鲜乳，放置几天，使其发酵，然后，当酸乳凝结成软块后，再用纱布把多余的水分过滤掉，放入锅内慢煮，边煮边搅，待其呈糊状时，再将其舀进纱布里，挤压除去水分，然后，把乳渣放进模具或木盘中，或挤压成形，或用刀划成不同形状。干酪做成后，要放置在太阳下或者通风处，使其变硬成干。经过乳酸菌发酵后制成的干酪可以抑制腐败菌繁殖，提高奶油的稳定性，而且通过乳酸菌的发酵作用可使其风味更加饱满，酸香味和酯香味更加浓郁。

活性乳酸菌饮料是以乳类为原料经过乳酸菌发酵然后调配制成的发酵乳饮料，它以清爽的口感、独特的风味和较高的营养保健功能得到了广大消费者的青睐。这种乳饮料最大的优势在于其中的乳酸菌是以活菌形式存在于产品中的，这有助于发挥乳酸菌在人体肠道中的生理功能。

（2）乳酸菌在发酵蔬菜中的应用 乳酸菌发酵蔬菜产品主要包括酸菜、泡菜和乳酸菌发酵果蔬饮料，其中酸菜根据地域和腌制原料及其方法的不同分为东北酸菜、四川酸菜、贵州酸菜、云南富源酸菜、德国酸菜等，不同地区的酸菜口味、风格也不尽相同。通常所说的"酸菜"，一般指的是以白菜或青菜为原料，在密闭环境下制作而成的所有种类酸菜的总称。酸菜发酵过程中生产的有机酸、酒精、酯、氨基酸等形成了酸菜独特的鲜酸风味，且口感脆嫩、色泽鲜亮、香气扑鼻、开胃提神、醒酒去腻。

泡菜加工主要分四川泡菜和韩式泡菜。四川泡菜分为两种，洗澡泡菜和佐料泡菜。洗澡泡菜顾名思义就是将菜泡在坛子里几天就可以捞出来吃了，像洗澡一样，一般质地坚硬的根茎叶果都可以做洗澡泡菜，如黄瓜、卷心菜。佐料泡菜最常见的就是泡椒、仔姜等。在泡菜生产加工过程中，乳酸菌利用蔬菜中的营养成分发酵，可提高蔬菜制品的营养价值，改善蔬菜制品风味，防止其败坏。

（3）乳酸菌在发酵肉制品加工中的应用　乳酸菌作为肉制品腌制剂，适用于需经腌制工序的肉制品品种，如香肠、火腿、腊肠、肉枣等，其方法是将选好的精瘦肉切成不超过0.25kg的小块，放在容器内，先加入该品种正常使用的腌制剂，然后按肉料的10%接种乳酸菌制剂，再充分搅拌均匀，此方法的优点是在腌制过程中产生乳酸，可有效控制其他杂菌及有害微生物的生长，保证产品加工过程中的产品质量，可产生大量乳酸菌体蛋白，提高营养价值，并可将腊肉腌制时间由72h缩短到24h，乳酸菌在肉制品中繁殖产酸，可将NO_2^-还原成NO，NO通过与肉中肌红蛋白结合可以赋予肉制品明亮的鲜红色。缺点是在加热后活菌几乎全部死亡。乳酸菌的产酸作用还可以抑制杂菌的生长繁殖，从而防止肉色变绿和脂肪氧化。利用乳酸菌发酵肉制品，还可以延长发酵肉制品的货架期，降低发酵肉制品中亚硝酸盐的含量，提高该类食品的食用安全性。

（4）乳酸菌在调味品生产中的应用　酿造发酵酱油过程中适当地人工接种乳酸菌能使酱油香气浓、风味佳、质地好。在豆酱发酵中加入乳酸菌可产生有机酸，能产生多种风味物质，而且豆酱发酵稳定，可以防止豆酱酸败。液体深层发酵制醋时，加入的乳酸菌可代谢产生有机酸、双乙酰及其衍生物等食醋中的主要风味物质。另外，乳酸菌还可与酵母一起用于啤酒、葡萄酒及乳酒的生产。

（5）利用乳酸菌生产乳酸　乳酸不仅是一种优良的食品工业原料，更可作为一种重要的有机酸在化工工业中有着广泛的用途。淀粉、粮食、纤维素、工农业及民用废物等可再生资源，利用乳酸菌等微生物发酵法可大规模生产乳酸，其因原料来源广泛、生产成本低、产品纯度高、安全性高等优点成为了生产乳酸的重要方法。

二、常用乳酸菌属的特性及应用

（一）乳杆菌属主要特征及应用

1.乳杆菌属主要特征

乳杆菌属隶属于厚壁菌门芽孢杆菌纲乳杆菌目乳杆菌科，是乳杆菌科的模式属。其特征种为德氏乳杆菌（*Lactobacillus delbruecki*），由Leichmann于1896年发现，并由Beijerinck于1901年对其进行相应生化特征的描述。

乳杆菌属细胞形态多样，包括短杆、细长状、弯曲形及棒形球杆状等，一般形成链，通常不运动，运动者则具有周生鞭毛。无芽孢，革兰染色阳性。有些菌株当用革兰染色或甲烯蓝染色时显示出两极体，内部有颗粒物或有条纹出现。乳杆菌菌体中不存在过氧化氢酶和细胞色素，但一些菌株在血红素存在时可通过假过氧化氢酶或真过氧化氢酶分解过氧化物。乳酸菌的联苯胺反应呈现阴性，菌落一般无颜色，少数有颜色的菌体会呈现黄色或砖红色。极少见硝酸盐还原反应，只有pH最终平衡在6.0以上时才能还原硝酸盐。不液化明胶，不分解酪素，但大多数菌株能产生少量的可溶性氮，不产吲哚和H_2S。接触酶阴性，无细胞色素。

其生长温度范围较广，2~53℃均有生长，一般最适生长温度为30~40℃。大多数乳杆菌生长嗜温，最高生长温度为40℃。嗜热乳杆菌可具有55℃的温度上限，但其不会在15℃以下生长。乳杆菌耐酸，最适生长pH通常在5.5~6.2，当pH为5.0或更低时仍可以生长，但当生长环境为中性或碱性时，其生长速率通常会降低，并且延滞期增长。乳杆菌属于兼性厌氧菌，在固体培养基表面生长时，厌氧条件或5%~10%浓度的二氧化碳可促进其生长，但是严格有氧条件通常对其生长有抑制作用。从某些环境、食品或者粪便样本中筛选乳酸菌时，有部分菌株甚至只在严格厌氧的条件下才能存活。

乳杆菌对营养条件要求严苛，对氨基酸、肽有较高的营养需求，对于核酸衍生物、维生素、盐类、脂肪酸或脂肪酸酯及可发酵的碳水化合物的需求也很高。不同乳杆菌菌株的营养需求都有各自的显著特征。乳杆菌可降解有机酸，如柠檬酸、酒石酸、琥珀酸、苹果酸等，这些有机酸往往存在于植物发酵原料中，这些有机酸的转化会对感官产生深远影响。

2.乳杆菌的生存环境

乳杆菌属在自然界中分布广泛，很少有致病菌。乳杆菌是人、动物胃和小肠中主要的正常菌群，如嗜酸乳杆菌，它们吸附在肠壁上可防止致病菌在那里繁殖。土壤、垃圾和动物粪便中也有乳杆菌。乳杆菌还是食品发酵的主要作用菌，如在蔬菜和果汁发酵中的植物乳杆菌、酸面团中的旧金山乳杆菌、干酪中的德氏乳杆菌和干酪乳杆菌。另外乳杆菌也会引起食品的酸败。

3.乳杆菌属的应用

乳杆菌在自然界中分布很广，与人类的生活关系密切，可广泛应用于食品发酵、工业乳酸发酵以及医疗保健领域。乳酸发酵的食品中主要的有机酸是乳酸，还有醋酸、丙酸等，它们与同时产生的醇、醛可以改善食品的风味。乳杆菌在乳制品中的应用历史悠久，酸乳和干酪的发酵是其主要形式。酸乳的制作是通过乳酸菌将牛乳中的乳糖发酵为乳酸。在此过程中，牛乳中20%~30%的乳糖被转化为生理乳酸——L（＋）乳酸；乳蛋白在蛋白酶的水解作用下会游离出多种氨基酸；同时还形成一些风味物质：乙醛、丁二酮、3-羟-2丁酮、丙酮及双乙酰等。酸乳发酵所用的菌种多是3∶2比例的保加利亚乳杆菌和嗜热链球菌，由于嗜酸乳杆菌抵抗胃酸和胆碱的能力较强，且又可在肠道中定植，近年来也有以它作为发酵剂用于酸乳发酵的生产。干酪是牛乳经乳酸菌发酵、并在凝乳酶的作用下而成的发酵牛乳固体成品。干酪发酵中常用的乳杆菌种有保加利亚乳杆菌、干酪乳杆菌、瑞士乳杆菌等。与酸乳不同的是，在干酪的成熟过程中，由于营养的耗尽和水分蒸发，其中的乳酸菌多数死亡。在肉制品的加工中，也常以乳杆菌属的种和片球菌属的一些种作为发酵菌株用于制作传统的发酵香肠，经过发酵制作而成的香肠既提高了风味和营养价值又延长了保存期。在酸菜和泡菜的制作过程中，也常人为提供适合乳杆菌生长的厌氧条件靠蔬菜本身的乳酸细菌进行自然发酵，近些年来也有很多通过人工接种乳酸菌发酵制作酸菜和泡菜的情况，常用的菌株有植物乳杆菌加上短乳杆菌或啤酒片球菌。随着科学技术的发展，乳酸菌除了在食品上的应用外，目前也被制成微生态制剂用作保健品，所用的菌种除双歧杆菌外主要为乳杆菌。乳杆菌是人体肠道中优势菌群之一，常用的菌株是嗜酸乳杆菌。其保健作用的机制是利用肠道中的有益菌——乳酸细菌，人为地调整由于各种原因如滥用抗生素等造成的肠功能失调，重新建立正常的肠道菌群平衡，以达到防病、治病和保健的目的。工业乳酸生产所用的菌株中乳杆菌属的菌株占重要地位，最常用的是德氏乳杆菌德氏亚种、德氏乳杆菌、保加利亚乳杆菌、植物乳杆菌和干酪乳杆菌等。另外，乳酸菌在饲料发酵中也有广泛应用，如青贮饲料、发酵饲料和饲料添加剂等。

4.乳杆菌属主要菌种介绍

（1）德氏乳杆菌　德氏乳杆菌（*Lactobacillus delbrueckii*）为专性同型发酵菌（图1-1），最适生长温度为45℃，可以在48~52℃时保持生长。德氏乳杆菌有4个亚种，分别为德氏乳杆菌保加利亚亚种（*L.delbrueckii* subsp. *bulgaricus*）、德氏乳杆菌德氏亚种（*L.delbrueckii* subsp. *delbruecki*）、德氏乳杆菌蜻蜓亚种（*L.delbrueckit* subsp. *indicus*）和德氏乳杆菌乳酸亚种（*L.delbrueckii* subsp. *lactis*）。德氏乳杆菌主要存在于高温发酵的植物和乳酪等乳制品中。

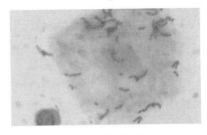

图1-1　德氏乳杆菌

德氏乳杆菌在培养时对培养基的要求比较高，可利用乳糖、葡萄糖、果糖、甘露糖多种糖类为单一碳源，因此菌不能合成大部分的氨基酸，所以需要从培养基中获得。德氏乳杆菌在发酵工业中被广泛应用，如乳制品的发酵、肉制品的发酵和啤酒的发酵，而德氏乳杆菌保加利亚亚种是乳制品发酵中最为常用的菌种之一，是最具有经济价值的发酵乳酸菌之一。德氏乳杆菌保加利亚亚种（*Lactobacillus delbrueckii* subsp. *bulgaricus*）通常被称为保加利亚乳杆菌（*Xactobacillm bulgaricm*）是用于酸乳生产的主要乳酸菌菌种之一。

在酸乳发酵过程中产生大量的有机酸不仅具有特殊的味道，还可以赋予酸乳酸爽的口感，除此之外，其还能和醇类反应生成具有香气的酯类物质；另外，德氏乳杆菌保加利亚亚种在合成代谢过程中还会分泌一些多糖化合物。这些多糖有的依附于菌体细胞壁形成荚膜，称为荚膜多糖；有的进入培养基形成黏液，称为黏液多糖，它们被统称为胞外多糖，都是乳酸菌代谢的次级产物，不仅具有增稠、稳定、乳化、胶凝及持水作用，同时还具有提高免疫活性、抗肿瘤、抗溃疡等活性。

（2）嗜酸乳杆菌　嗜酸乳杆菌（*Lactobacillus acidophilus*）为专性同型发酵菌（图1-2），革兰阳性杆菌，形态呈细长杆状，杆的末端呈圆形，最适生长温度为35~38° C，最适pH为5.5~6.0，耐

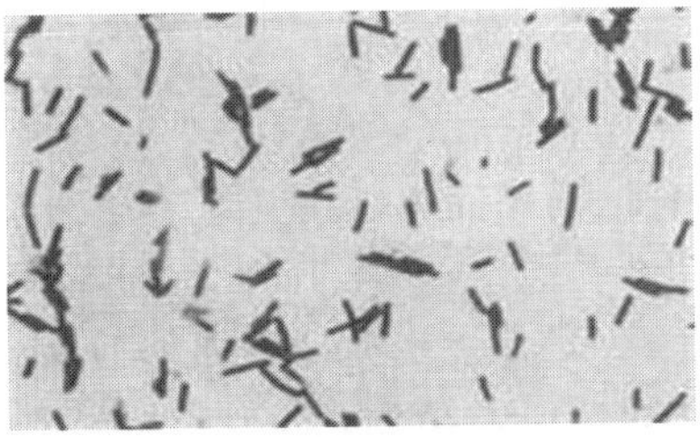

图1-2　嗜酸乳杆菌

酸性强，能在其他乳酸菌不能生长的环境中生长繁殖。厌氧琼脂平板上35℃培养48h。形成较小（直径约0.5mm）、网形、凸起、表面粗糙、边缘卷曲的菌落。嗜酸乳杆菌广泛存在于人及一些动物的胃和肠道中，能利用各种碳源生长，耐胆汁、耐酸，在pH=3的环境下能存活5h。嗜酸乳杆菌生长繁殖过程中可以分泌乳酸、醋酸和一些对有害菌起抑制作用的抗菌素类物质［嗜酸乳菌素（acidolin）、嗜酸杆菌素（acidophilin）、乳酸菌素（laetocidon）］，对肠道致病菌产生拮抗作用。

依据其可以耐受胃酸和胆汁酸且可以在肠道内定植的特性，目前，嗜酸乳杆菌常被用来作为益生菌酸乳和调整胃肠菌群的有益菌来使用。但是，由于其具有不完全的蛋白分解酶系，蛋白质分解能力弱，而且因其对氧化还原电势及微量元素要求较高，所以在酸乳生产中，生长缓慢，生产周期长，常需要加入降低氧化还原电势的物质（如抗坏血酸、半胱氨酸等）以及一些维生素类（如叶酸和B族维生素类）来促进嗜酸乳杆菌的生长，同时可跟其他益生菌复配，以提高产品前期产酸效率。

（3）植物乳杆菌　植物乳杆菌（*Lactobacillus plantarum*）革兰阳性（图1-3），不生芽孢，厌氧或兼性厌氧，属于兼性异型发酵乳酸菌。细胞为两端圆形的杆状，笔直，单个、成对或者以短链的形式存在。其大小通常为（0.9~1.2）μm×（3~8）μm，缺乏鞭毛，但能运动。表面菌落直径约3mm，凸起，呈圆形，表面光滑，细密，色白，偶尔呈浅黄或深黄色。属化能异养菌，生长需要营养丰富的培养基，需要泛酸钙和烟酸，但不需要硫胺素、吡哆醛或吡哆胺、叶酸、维生素B_{12}。能发酵戊糖或葡萄糖酸盐，终产物中85%以上是乳酸。通常不还原硝酸盐，不液化明胶，接触酶和氧化酶皆阴性。部分菌株可以还原硝酸盐，具有抑制假过氧化氢酶活性的能力。最适生长温度为30~35°C，最适pH为6.5左右。

图1-3　植物乳杆菌

植物乳杆菌有两个亚种，分别为植物乳杆菌植物亚种（*Lactobacillu plantarum* subsp. *Plantarum*）和植物乳杆菌*argentoratensis*亚种（*Lactobacillus plantarum* subsp. *argentoratensis*）。这两个亚种在发酵碳水化合物方面的能力几乎一致，都能够发酵苦杏仁苷、阿拉伯糖、纤维二糖、七叶灵、葡萄糖酸盐、甘露醇、蜜二糖、蜜三糖、核糖、山梨醇、蔗糖及木糖等。两个亚种的区别在于松三糖的发酵，植物亚种可以发酵利用松三糖，而*argentoratensis*亚种却不能利用松三糖。植物乳杆菌主要可以从发酵的植物、青贮饲料、酸泡菜、脆菜、腐败的番茄制品中分离到，在人的口腔、肠道及粪便中也可以分离到植物乳杆菌。

植物乳杆菌与人类的生活密切相关，是常见于奶油、肉类及许多蔬菜发酵制品中的乳酸菌，能定植于肠道中，并对肠道中有害微生物产生重要影响。无论在食品发酵，还是在工业乳酸发酵以及医疗保健等领域，都有着广泛的应用。植物乳杆菌可被添加到食品基料中，制成能够改善人体肠道健康的功能性食品，如瑞典Skanemejerier公司生产的含有*L.plantarum* 299v的ProVivarosehip饮料；也可制成调节肠道微生态平衡、提升免疫力的益生菌制剂，如加拿大生产的含*L.plantarum* R0202的益生菌制剂Jarrow Formulas；还可用作猪饲料的益生素添加剂，如用能够耐受猪胃肠道转运的*L. plantarum* 4.1饲喂猪，粪便中活菌数达$10^6 \sim 10^8$CFU/g，饲喂6d后，肠道菌群数显著低于对照组。

（4）短乳杆菌（*Lactobacillus brevis*） 短乳杆菌的细胞为两端圆形的直杆状，大小为（0.7~1.0）μm×（2~4）μm，经常单个或者以短链形式存在。最适合pH为6.5，最适合培养温度为35℃。短乳杆菌为专性异型发酵，其生长所必需的营养因素包括泛酸钙、烟酸、硫胺素和叶酸，不需要核黄素、吡哆醛及维生素B_{12}。短乳杆菌作为专性异型发酵乳酸菌的一种，绝大部分菌株可以利用阿拉伯糖、麦芽糖、蜜二糖及核糖等，不可以发酵纤维二糖、甘露糖、松三糖和海藻糖，部分菌株可以发酵七叶灵、半乳糖、蜜三糖和蔗糖。短乳杆菌多从牛乳、干酪、酸菜、酸面团、青贮饲料、牛粪肥料，以及人类和鼠类的粪便、口腔和肠道中分离得到。

γ-氨基丁酸（γ-aminobutyric acid，GABA）是一种天然存在的非蛋白质氨基酸，为哺乳动物中枢神经系统中重要的抑制性神经递质，具有降血压、治疗癫痫、镇静安神、增强记忆、控制哮喘、调节激素分泌、促进生殖、活化肝肾等多种生理功能。在短乳杆菌发酵过程中，其细胞内会催化合成γ-氨基丁酸唯一的关键限速酶——谷氨酸脱羧酶，所以目前对于短乳杆菌的研究主要集中在如何通过优化培养基配方及发酵条件控制来提高其γ-氨基丁酸产量方面。

（5）干酪乳杆菌（*Lactobacillus casei*） 干酪乳杆菌是革兰阳性菌，不产芽孢，无鞭毛，无运动能力，兼性异型发酵乳糖，不液化明胶。最适生长温度为37℃。菌体长短不一，两端呈方形，有时成球杆状或杆状，也可排列成栅状或链状，有些有双极染色。菌落粗糙，灰白色，有时呈微黄色，能发酵果糖、半乳糖和葡萄糖，不能利用蜜二糖、棉籽糖和木糖，不能分解精氨酸产氨，所产乳酸旋光性为L型。干酪乳杆菌存在于人的口腔、肠道内含物和大便及阴道中，也常出现在牛乳和干酪、乳制品、饲料、面团和垃圾中。

干酪乳杆菌作为益生菌之一被用作牛乳、酸乳、豆乳、奶油和干酪等乳制品的发酵剂及辅助发酵剂，尤其在干酪中应用较多，能适应干酪中的高含量盐及低pH，通过一些重要氨基酸的代谢可增加风味并促进干酪的成熟。干酪乳杆菌能够耐受有机体的防御机制，其中包括口腔中的酶、胃液中低pH和小肠的胆汁酸等。所以，干酪乳杆菌进入人体后可以在肠道内大量存活，起到调节肠内菌群平衡、促进人体消化吸收等作用。同时，干酪乳杆菌具有高效降血压、降胆固醇，促进细胞分裂，产生抗体免疫，增强人体免疫及预防癌症和抑制肿瘤生长等功能；还具有缓解乳糖不耐症、过敏等益生保健作用。由于干酪乳杆菌对其宿主营养、免疫、防病等具有显著的益生功效，已为人们研究、开发、生产的焦点。随着高血压人群数量的增加，对干酪乳杆菌的研究以及用其开发功能性乳制品具有重要意义。

（6）鼠李糖乳杆菌　鼠李糖乳杆菌（*Lactobacillus rhamnosus*）革兰阳性菌（图1-4），兼性异型发酵，细胞呈杆状，两端方形，无运动能力，细胞大小为（0.8~1.0）μm×（2.0~4.0）μm，以单个或者成链形式存在，不能水解精氨酸，主要从乳制品、污水、人体及临本中分离得到。鼠李糖乳杆菌可以发酵苦杏仁苷、纤维二糖、七叶灵、葡糖酸盐、甘露醇、松三糖、核糖、山梨醇及蔗糖，不能发酵利用蜜二糖、蜜三糖及木糖，部分菌株可以发酵利用阿拉伯糖。大多数菌株能产生少量的可溶性氨，但不产生吲哚和硫化氢，它具有耐酸、耐胆汁盐、耐多种抗生素等生物学特点。

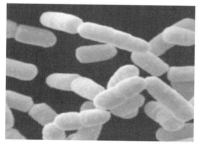

图1-4　鼠李糖乳杆菌

鼠李糖乳杆菌*Lactobacillus rhamnosus* GG（简写为*Lactobacillus* GG或LGG），1983年由美国北卡罗来纳州立大学的两名教授（Gorbach和Goldin）从健康人体中分离出来，并获得专利。LGG在耐胃酸和胆汁方面的性能非常突出，可以活体进入人体肠道，在体内存活长达两周之久，能有效改善和调整人体胃肠道菌群群落，LGG在人类肠道环境中定殖和繁殖后，仅依附于宿主的肠上皮细胞，能够成为肠道黏膜的一层生物屏障，从而达到提升宿主肠道黏膜屏障的能力。而且，借助LGG能对宿主肠道内的微生态系群落结构和功能进行调节，并使之达到平衡状态，进而达到改善宿主消化道系统功能的目的。相关研究表明，LGG对成年人的黏着率明显高于小儿，主要是由于成年人的肠道环境更为成熟，适宜LGG黏着。目前在国际市场上销售的LGG产品以发酵乳制品为主，此外还有保鲜乳、干酪、婴儿食品、果汁、果汁饮料以及药品等，并得到了广大消费者和医疗工作者的认可。

（7）唾液乳杆菌（*Lactobacillus salivarius*） 唾液乳杆菌的细胞为杆状，两端呈圆形，大小为（0.6~0.9）μm×（1.5~5）μm，单个或者链状存在，链的长短多不一。唾液乳杆菌为专性同型发酵，不能水解精氨酸，不生成孢子，不具触酶、氧化酶及运动性，葡糖代谢时不产生气体。本菌适合在兼性厌氧或绝对厌氧下生长，生长温度30~43℃，最适pH 5.0~5.5或更低，最适合生长温度在37℃左右。在厌氧环境生长较佳，产乳酸，具耐酸性，可耐酸至pH 2.5及耐胆盐至0.4%，4h。唾液乳杆菌有两个亚种，分别为唾液乳杆菌唾液亚种（*L.salivarius* subsp. *salivarius*）及唾液乳杆菌水杨素亚种（*L.salivarius* subsp. *salicini*）这两个亚种都能够发酵利用半乳糖、乳糖、麦芽糖、蜜二糖、蜜三糖、蔗糖和海藻糖，都不能发酵利用苦杏仁苷、纤维二糖和甘露糖。其中，水杨素亚种可以发酵水杨苷而唾液亚种却不能。唾液乳杆菌主要分离自人、仓鼠和鸡的口腔与肠道。

唾液乳杆菌可诱导专一性的免疫反应而改善先天性与后天性免疫反应。具体表现为其可以有效地刺激免疫细胞中辅助型T细胞1（Th1）的生成，而这些辅助型T细胞1的生成与辅助型T细胞2（Th2）相关过敏疾病的发生有着密切联系。如能利用唾液乳杆菌刺激免疫系统，激发可以调节过敏免疫反应中的Th1型免疫反应来平衡过敏所引发的Th2型免疫反应，将可达到改善过敏体质的效果。

（8）瑞士乳杆菌（*Lactobacillus helveticus*） 瑞士乳杆菌的细胞为长杆状，无鞭毛，无芽孢，以单个或者链状的形式存在，无运动能力，化能异养性，兼性厌氧，不液化明胶，最高生长温度为50~52℃。

在MRS琼脂平板上，菌落直径为2~3mm或更小，在厌氧条件（含5%CO_2）下，含有吐温80的培养基中培养时菌落较大且光滑。乳糖培养基上的菌落小且灰色，具有黏性。生长所需的营养因素有泛酸钙、烟酸、核黄素、吡哆醛或吡哆胺，不需要硫胺素、叶酸、维生素B_{12}和胸苷，不能水解精氨酸。瑞士乳杆菌为专性同型发酵菌，它能够发酵的碳水化合物包括果糖、半乳糖、葡萄糖、乳糖、麦芽糖、甘露糖和海藻糖，不发酵阿拉伯糖、纤维二糖、七叶灵、甘露醇、蜜二糖、松三糖、棉籽糖、鼠李糖、核糖、木糖、山梨醇和葡萄糖酸盐，发酵产物为DL-乳酸。pH为3.0~3.5的人工胃液对瑞士乳杆菌的影响较小，与pH＝7.0相比，没有显著性差异（$P>0.05$），由此可见，瑞士乳杆菌具有较强的耐酸性。瑞士乳杆菌在胆盐浓度为5g/L的条件下仍有10^6CFU/mL的存活量，这说明其对于胆盐具有良好的耐受性。

瑞士乳杆菌主要从酸乳、干酪发酵剂及干酪中分离得到，主要用于制造食品酸乳饮料、乳酒、饲料添加剂等。与其他乳酸菌相比，瑞士乳杆菌（L.helveticus）具有较强的蛋白水解活性，其发酵乳制品中多肽含量较高，因此，具有潜在产生生物活性肽的能力。已有研究证实，瑞士乳杆菌水解乳蛋白能产生血管紧张素转化酶抑制肽，是降血压研究报道最多的乳酸菌。瑞士乳杆菌除了用作乳制品发酵剂外，已被用作保健品制成微生态制剂，具有缓解高血压、维持肠道菌群平衡、促进钙吸收、改善睡眠等功能。

（9）罗伊氏乳杆菌（*Lactobacillus reuteri*）　罗伊氏乳杆菌的细胞为稍不规则且弯曲的杆状，有圆形的两端，无运动能力，多以单个、成对或者呈小团的形式存在。属于专性异型发酵，能够发酵利用的糖包括，半乳糖、麦芽糖、蜜二糖、蜜三糖、核糖和蔗糖，不能发酵利用的糖有阿拉伯糖、甘露糖、松三糖、海藻糖及木糖，过氧化氢酶阴性。可以从酸面团、肉制品及人和动物的粪便中分离得到罗伊氏乳杆菌。

研究发现，罗伊氏乳杆菌是人和动物胃肠道中天然存在的乳杆菌之一，可承受胃酸和胆汁的作用到达小肠的上部并黏附于小肠壁。对该菌黏附及定植能力的研究表明，罗伊氏乳杆菌细胞外存在黏附素，使其对宿主的黏膜黏液以及肠黏膜上皮细胞均表现出较强的黏附能力。罗伊氏乳杆菌合成和分泌的罗伊氏菌素具广谱抗菌特性，且对人和动物无害，这些特性使得罗伊氏乳杆菌具有成为一种在动物饲料中添加且抗逆性强、能被有效利用的益生菌的潜力。在生物抑菌剂、抗感染治疗剂、生物交联剂、新型生物材料的前体等方面有着广泛的潜在用途。既可应用于食品、饲料、饮料等的防腐以提高产品货架期，又可作为生物抑菌剂，用于不能高温灭菌的食品，如牛乳、生物材料的灭菌；作为婴儿食品添加剂，可用于调节婴儿肠道菌群分布；作为口香糖添加剂，可用于杀死口腔病原菌以预防龋齿；作为抗感染治疗剂，可替代抗生素用于动物病原虫引发的疾病的治疗。

（二）明串珠菌属主要特征及应用

1. 明串珠菌属的主要特征

明串珠菌属隶属于厚壁菌门芽孢杆菌纲乳杆菌目明串珠菌科，是这个科的模式属，细胞呈球形，经常伸长成椭圆形，形似豆状，比较细长，成对或者以短链、中长链的形式存在，为革兰阳性乳酸菌，无运动能力，不形成芽孢。生长通常需要复合的生长因子和氨基酸，其生长要求在营养丰富的培养基中补充生长素和氨基酸类物质。在培养液中添加0.5%半胱氨酸HCl可刺激其生长。所有的种都需要烟酸+硫胺素+生物素，而不需泛酸或泛酸的衍生物。明串珠菌属的生长依赖可发酵的碳水化合物的代谢。所有的种都可以发酵葡萄糖，产生D（-）乳酸、乙醇和CO_2。某些菌株可氧化代谢，生成醋酸，而不形成乙醇，通常不发酵多糖和醇类（甘露醇除外）。接触酶阴性，菌体细胞内没有细胞色素，不含过氧化氢酶。不水解精氨酸，通过表型测试很难将明串珠菌的种与种区分开。通常不酸化和凝固牛乳，不水解蛋白，不产吲哚，不还原硝酸盐。细胞壁肽聚糖中的交联肽键的氨基酸组分是丙氨酸、丝氨酸、赖氨酸型。明串珠菌属的糖发酵类型，菌种之间差异很大，并且菌株之间也常存在差别。

在固体培养基表面培养时，生长缓慢，25~30℃培养3~5d后形成圆形、光滑、灰白色且直径小于1mm的菌落。大多数明串珠菌菌落无色，但柠檬明串珠菌可以形成黄色的菌落，培养液生物混浊均匀，但形成长链的菌株趋向于生成沉淀。当培养在牛乳中时，大多数菌株生长成球形细胞。当生长在含葡萄糖固态培养基上时，细胞延伸可能被误认是杆球菌，不形成真正的荚膜。明串珠菌属为兼性厌氧菌，在培养基表面有氧的条件下，其生长受到限制，但无氧培养会刺激其生长，可在5~30℃生长，某些菌种也可在5℃以下的环境中生长，但是其最适生长温度为20~30℃。明串珠菌属可在pH为4.5的条件下生长，但大多数菌种都不耐酸，适合生长的pH为6~7。

《伯杰氏系统细菌学手册》第二版第三卷（2009年）中明串珠菌属列有13个种和3个亚种。近些年明串珠菌属内的种经重新分类有较大的变动，但尚未编入手册。

2.明串珠菌属的生存环境及其应用

明串珠菌的菌株多从植物中分离出来，在一些发酵蔬菜产品及牛乳制品中也可以被检出，如黄瓜、卷心菜、韩国泡菜等，牛乳和乳制品以及起始培养物中。有的菌株分离自糖的黏液，如肠膜明珠菌的一些菌株，可利用蔗糖生成葡聚糖。葡聚糖已广泛应用于医疗、食品和生化试剂等方面。在临床上，它是一种优良的血浆代用品，具有抗血栓、改善微循环的作用。应用肠膜明串珠菌的糖苷转移酶可使蔗糖产生葡寡聚糖，可作为食品和饲料的稳定剂和膨松剂，更重要的作用在于它能刺激肠益生菌的生长。

3.明串珠菌属主要菌种介绍

（1）肠膜明串珠菌　肠膜明串珠菌（*Leuconostoc mesenteroides*）为明串珠菌属的模式种，其细胞大小为（0.5~0.7）μm×（0.7~1.2）μm。菌落形态呈圆形或豆形，菌落直径小于1.0mm，表面光滑，呈乳白色，不产生任何色素；细胞形态呈球形、豆形或短杆形，有些成对或以短链排列、不运动、无芽孢；革兰染色呈阳性；微好氧性，厌氧培养生长良好；生长温度范围2~53℃；耐酸性强，生长最适pH为5.5~6.2，在pH≤5的环境中可以生长，而在中性或初始碱性条件下生长速率降低。肠膜明串珠菌自身合成氨基酸的能力极弱，需要从外界补充19种氨基酸和维生素才能生长。肠膜明串珠菌又包括三个亚种：肠膜明串珠菌肠膜亚种（*L.mesenteroides* subsp. *mesenteroides*）、肠膜明串珠菌右旋葡聚糖亚种（*L.mesenteroides* subsp. *dextranicum*）和肠膜明串珠菌乳脂亚种（*L. mesenteroides* subsp. *cremoris*）。肠膜亚种可以利用蔗糖生成右旋糖苷，但是不同菌株在蔗糖培养基上的菌落形态不一致，某些菌株通过过氧化氢酶可以生成血红素。该亚种最适生长温度为20~30℃，在NaCl浓度为30g/L的条件下可以生长，某些菌株在NaCl浓度高达6.5%时也可以生长。肠膜亚种可以发酵阿拉伯糖、果糖、半乳糖、麦芽糖、甘露糖、核糖、蔗糖和海藻糖，但对于发酵苦杏仁苷、熊果苷、纤维二糖、乳糖、甘露糖醇、棉籽糖和木糖，存在菌株差异。葡聚糖亚种同肠膜亚种一样可以利用蔗糖并生成右旋糖苷，可在10~37℃生长，其最适生长温度为20~30℃。所有的菌株都可以发酵葡萄糖、果糖、乳糖、麦芽糖和海藻糖，但不能发酵阿拉伯糖和熊果苷，对于发酵苦杏仁苷、纤维二糖、半乳糖、甘露糖醇、甘露糖、棉籽糖和木糖，菌株之间存在差异。乳脂亚种最适温度为18~25℃，可以发酵葡萄糖和乳糖，大多数菌株不能发酵蔗糖、苦杏仁苷、阿拉伯糖、纤维二糖、果糖、甘露糖醇、甘露糖、棉籽糖、海藻糖和木糖。

研究证实，肠膜明串珠菌能发酵糖类产生多种酸和醇，具有高产酸、抗氧化和拮抗致病菌等能力。目前肠膜明串珠菌已被广泛应用于风味剂、血浆代用品，还有望成为新型微生态制剂。肠膜明串珠菌一般存在于植物体表，常用于发酵乳制品、青贮、泡菜和果酒中。肠膜明串珠菌的乳脂亚种最为常见，其可发酵柠檬酸而产生特征风味物质，又称风味菌和产香菌。另外，肠膜明串珠菌及其发酵产物可明显提高动物机体SOD活性，降低血清MDA水平，并维持较长时间。因此肠膜明串珠菌及其发酵产物具有提高动物机体抗氧化能力的作用。肠膜明串珠菌对志贺菌属、沙门菌属、金黄色葡萄球菌等常见致病菌有拮抗作用，同时可刺激肠道正常菌群的生长。肠膜明串珠菌的荚膜物质葡聚糖，是生产代血浆的主要成分，在医疗上十分重要，具有维持血液渗透压和增加血溶量的作用，是优良血浆代用品之一，临床上常用于治疗由于失血、创伤、烧伤和中毒等引起的失血性休克。

（2）柠檬明串珠菌 柠檬明串珠菌（*Leuconostoc citreum*）可在固体培养基上形成柠檬黄色的菌落，适宜生长温度为10~30℃，部分菌株可以在37℃生长，但在40℃时停止生长。柠檬明串珠菌可以利用N-乙酰氨基葡糖、七叶苷、D-果糖、葡萄糖、D-甘露糖、麦芽糖、蔗糖和海藻糖产酸，绝大部分菌株还可以利用苦杏仁苷、熊果苷、L-阿拉伯糖、纤维二糖、D-甘露醇和水杨苷，少数菌株可以利用半乳糖和木糖产酸，但是柠檬明串珠菌不能利用D-阿拉伯糖醇、D-阿拉伯糖、半乳糖醇、赤藓糖醇、岩藻糖、菊粉、棉籽糖、核糖、鼠李糖、山梨糖醇和山梨糖。

自然界中的柠檬明串珠菌主要存在于绿色植物及其根部。此外，哺乳动物乳汁以及传统发酵品如泡菜和发酵面团等也可作为筛选的重要来源。研究表明利用柠檬明串珠菌的高产酸能力，在泡菜制作工艺中人为添加此菌可以加快发酵过程中pH的下降速率，而且以此法制成的泡菜比未添加而制成的泡菜保持期更长，这种高产酸能力同样被运用于北京豆汁的生产工艺中，北京豆汁中主要产酸微生物为乳酸乳球菌（*Lactococcus lactis*）和柠檬明串珠菌（*Leuconostoc citreum*），且分别占72%与26%，乳酸菌发酵导致可溶性蛋白及可溶性糖含量下降，游离氨基酸含量迅速累积，绿豆内源蛋白酶与淀粉酶活性下降，微生物蛋白酶活性增强。在酵母面包制作过程中，利用其产细菌素的特性，在面团中添加柠檬明串珠菌参与发酵可以显著延缓真菌、芽孢杆菌等腐败菌在面包产品中的生长，这种特性使其被广泛地应用于延长产品货架期等方面。

（三）链球菌属主要特征及应用

1.链球菌属的主要特征

链球菌属隶属于厚壁菌门芽孢杆菌纲乳杆菌目链球菌科，是链球菌科的模式属。该菌为革兰阳性菌，不产芽孢，不运动。兼性厌氧，接触酶阴性，可与葡萄球菌相区别。菌体细胞呈球形或卵圆形，直径为0.5~2.0μm，呈链状排列。以短链或成对多见，液体培养基中呈长链。固体培养基中无芽孢，无鞭毛，但有菌毛样结构，多数菌株在培养早期可形成荚膜，随着培养时间的延长而消失。衰老、死亡或被吞噬细胞吞噬后革兰染色可呈阴性。其对营养要求较高，在含血液、血清、葡萄糖的培养基中才能生长。生长温度范围在25~45℃，最适生长温度为35℃，最高和最低生长温度在种之间稍有差异。最适pH为7.4~7.6。化能有机发酵代谢，发酵碳水化合物主要产物为乳酸，不产气。营养要求复杂和可变，某些菌生长需要额外添加CO_2才能生长，如变异链球菌和肺炎链球菌需要比大气组成多5%的CO_2才可生长。在血清肉汤中易成长链，管底呈絮状沉淀。在血琼脂平板上可形成灰白色、表面光滑、凸起、边缘整齐、直径为0.5~0.75mm的小菌落。不同菌株有不同的溶血现象。链球菌不分解菊糖，不被胆汁溶解，这两个特性常被用来鉴别甲型溶血性链球菌和肺炎链球菌。大多数链球菌的细胞壁多糖主要由鼠李糖组成，只是缓症群的种包括肺炎链球菌（*S.pneumoniae*）的细胞壁多糖组分不同于其他的链球菌，而且含有相当量的核糖醇。这也是一个很有用的鉴别特征。链球菌属中许多种是人和动物的共生者或寄生菌，有些是高度致病菌。

2.链球菌属生存环境

根据《伯杰氏古菌与细菌系统学手册》（2015），链球菌属共包含66个种，9个亚种。根据现有的分类方式，链球菌被分为几个菌群，分别是化脓链球菌群（*Pyogenic group*）、变异链球菌群（*Mutans group*）、咽颊炎链球菌群

（*Anginosus group*）唾液链球菌群（*Salivarius group*）、缓症链球菌群（*Mitis group*）、牛链球菌群（*Bovis group*）和戈氏链球菌群（*Hyovaginalis group*）。

化脓链球菌群大多数是B溶血型（完全溶血），能引起人和动物化脓性的感染。这一群中包括临床上重要的链球菌，它们栖息于人的皮肤、呼吸道、消化道和尿殖道等处，能引起这些器官和组织的感染，从而出现相应的临床症状，如咽炎、心内膜炎、菌血症、脓包病、泌尿道炎和肾小球肾炎等。变异链球菌群的链球菌主要包括人体内与牙菌斑相关的菌株及某些动物源的变异链球菌，栖息在人和动物的牙床上，可引起龋牙病。咽颊炎链球菌群分离自口腔、上呼吸道、肠道和尿殖道，可引起这些部位的脓性感染。唾液链球菌群主要包括唾液链球菌（*S.salivarius*）、前庭链球菌（*S.vestibularis*）和嗜热链球菌（*S.thermophilus*）。前两者分离自口腔，嗜热链球菌菌株来自乳品及其制作场所。缓症链球菌群主要包括从正常的人类口腔咽部菌群中分离的有潜在高度致病性的菌种，以及可栖生在上呼吸道的菌种，主要是构成口腔和咽腔正常的菌群，但其中也可能有高度致病的肺炎链球菌（*S.pneumoniae*）。牛链球菌群包括来源于人和动物的菌种，初始的研究以牛链球菌（*S.bouis*）和马链球菌（*S.equinus*）为代表。戈氏链球菌群主要从家畜和鸟类的生殖器中分离获得，并且包括一些用16SrRNA鉴定后亲缘性较近的菌种。

3.主要菌种

（1）肺炎链球菌 肺炎链球菌（*Streptococcus pneumoniae*）细胞呈圆形或椭圆形（图1-5），直径为0.5~1.25μm，主要成对存在，也有少量以单个或者短链的形式存在。有毒株在体内形成荚膜。普通染色时，荚膜不着色，表现为菌体周围透明环，无鞭毛，不形成芽孢。当菌体衰老时，或由于自溶酶的产生将细菌裂解后，可呈现革兰染色阴性。最初分离时，常包裹在厚厚的多糖中，之后在实验室培养过程中，容易形成链状结构。肺炎链球菌代谢为发酵型，可以产生少量的乳酸，在葡萄糖培养液中的发酵最终pH约为5.0。在固体培养基上可形成小圆形、隆起、表面光滑、湿润的菌落。培养初期菌落隆起，随着培养

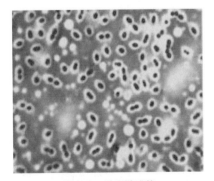

图1-5 肺炎链球菌

时间延长，细菌产生的自溶酶裂解细菌可使菌落中央凹陷，边缘隆起成"脐状"。肺炎链球菌在血琼脂平板上菌落周围会形成α溶血环。培养基中加入5%~10% CO_2可促进细菌的生长。当在有氧培养的条件下，会积累产生过氧化氢、醋酸和蚁酸等。肺炎链球菌发酵利用葡萄糖、果糖、蔗糖、半乳糖、共生乳糖、麦芽糖、蜜三糖、糖原、海藻糖和菊粉的同时产酸。菌株常常可以发酵N-乙酰氨基葡萄糖和水杨酸。在利用甘油（有氧培养）、木糖、阿拉伯糖和赤藓糖醇时会缓慢产酸。一些菌株可能会发酵甘露醇，肺炎链球菌主要利用杏仁苷、熊果苷、核糖或山梨糖醇等不会产酸。

肺炎链球菌是一种对人类有高致病性的链球菌，其致病力仅次于金黄色葡萄球菌，被认定为是19世纪后期引起肺炎的主要原因，目前关于肺炎链球菌与人类免疫学的研究非常广泛。除了肺炎，肺炎链球菌还会引起菌血症、心内膜炎、中耳炎、腹膜炎、败血症和鼻窦炎等，它的致病性与其荚膜多糖有关。40%~70%的正常人上呼吸道中携带有毒力的肺炎链球菌，由此可见，呼吸道黏膜对肺炎链球菌存在很强的自然抵抗力。当出现某种降低这种抵抗功能的因素时，肺炎链球菌可引起感染，例如，呼吸道功能异常；病毒及其他感染性因子损伤呼吸道黏膜上皮细胞；酒精及药物中毒；循环系统功能异常及任何原因导致的肺充血、心功能衰竭以及营养缺陷、体质虚弱、贫血、血清补体水平低下等。肺炎链球菌也可侵入机体其他部位，引起继发性胸膜炎、中耳炎、乳突炎、心内膜炎及化脓性脑膜炎等。

本病主要为散发，可借助飞沫传播，冬季与初春多见，常与呼吸道病毒感染并行。患者多为原来健康的青壮年或老年与婴幼儿，男性较多见。吸烟者、痴呆者、支气管扩张、慢性支气管炎、慢性病患者及免疫抑制者等易感染。感染后可获得特异性免疫，同型菌二次感染的情况少见。由于肺炎球菌对多种抗生素敏感，早期治疗通常可使患者很快恢复。青霉素为首选治疗药物。但已发现肺炎球菌有对青霉素、红霉素、四环素的耐药菌株出现。对青霉素的耐药菌株，对万古霉素依然敏感。

（2）嗜热链球菌 嗜热链球菌（*Streptococ cus thermophilus*）细胞呈球形或者卵圆形（图1-6），直径为0.7~1.0μm，

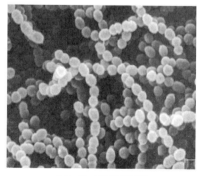

图1-6　嗜热链球菌

成对或者以长链形式存在，单球体嗜热链球菌细胞少见，在选择性培养基上，嗜热链球菌会长成米色的菌落。生长需要高温，在45℃以上可以生长，但在15℃下不生长；具有较高的耐热性，大多数菌株经65℃处理30min后仍能存活。嗜热链球菌是一种同型发酵菌，发酵果糖、葡萄糖、乳糖、甘露糖和蔗糖，能产生L-乳酸和叶酸，不能发酵纤维二糖、麦芽糖、菊粉、甘油、鼠李糖和木糖等。而嗜热链球菌在pH 6.8的酸性溶液中的存活率是100%，在pH 4的酸性溶液中的存活率约为75%，在pH 3的酸性溶液中的存活率约是70%。胆盐对嗜热链球菌的生长有一定的抑制作用（抑制率为28%），然而，该种益生菌能够在较高浓度的胆汁中生存。

嗜热链球菌能使艰难梭菌、鼠伤寒沙门菌、大肠杆菌的菌落直径减少约30%；能使金黄色葡萄球菌、单核细胞增生李斯特菌、产气荚膜梭菌的菌落直径减少约20%；但该益生菌对人体白色念珠菌没有抑制效应。嗜热链球菌是一种能产生β-半乳糖苷酶的细菌，所以可以帮助机体消化乳糖。

嗜热链球菌可生长于牛乳房黏膜和生牛乳中，是一种重要的工业用乳酸菌，被广泛用于生产一些重要的发酵乳制品，包括酸乳和干酪（如瑞士、林堡干酪）。常与德氏乳杆菌保加利亚亚种一起用于酸乳生产，通过共生作用，二者相互促进，嗜热链球菌应用于发酵酸乳中，可以大大缩短酸乳的凝乳时间。非嗜热链球菌的发酵酸乳的凝乳时间为6~8h，添加了嗜热链球菌的发酵酸乳凝乳时间可以控制为5h之内，嗜热链球菌在发酵过程中可以大量产生胞外多糖（exopolysaccharide，EPS），胞外多糖多聚物作为增稠剂、胶凝剂增加了发酵乳的黏度并改善了酸乳的品质。在发酵酸乳过程中添加嗜热链球菌可以大大提高生产速度，同时提高酸乳品质，有利于工业化生产。

（四）双歧杆菌属的特征及应用

1. 双歧杆菌属的生物学特性

双歧杆菌属被列入放线菌门下放线菌纲的放线菌亚纲双歧杆菌目。这个目只有一个科，即双歧杆菌科。双歧杆菌目和双歧杆菌科是由Stackebrandt等提出建立的。双歧杆菌属形态多样，有较规则的短杆形或顶端尖细的纤细杆状，有的也呈球形、棒状或匙形，也有长而稍弯曲状或呈各种分枝和分叉形的。单个或者呈链状的形式出现的双歧杆菌，可能聚集成星状、V字形或者栅栏状排列。革兰阳性，不形成芽孢，不运动，不耐酸。接触酶通常为阴性，仅极少数种，如星状双歧杆菌和蜜蜂双歧杆菌例外。不同的种和菌株对氧的敏感性存有差异，某些种在有CO_2时能增加对氧的耐受性。最适生长温度为37~41℃，最低生长温度为25~28℃，最高生长温度为43~45℃；双歧杆菌的最适生长pH为6.5~7.0，在pH为4.5~5.0和8.0~8.5的条件下不能生长。双歧杆菌对碳水化合物的分解代谢途径不同于乳酸菌的同型发酵或异型发酵，而是经由特殊的双歧支路代谢途径。这是因为双歧杆菌缺乏醛酶和葡萄糖-6-磷酸脱氢酶而含有果糖-6-磷酸盐磷酸酮解（F6PPK），F6PPK在双歧支路代谢中发挥着关键的作用。葡萄糖代谢按F6PPK途径水解，最后生成醋酸和乳酸，二者物质的量比为3∶2，不生成二氧化碳、丁酸，所产乳酸为L型。

2.双歧杆菌的生存环境

双歧杆菌多存在于人和动物（牛、猪、鸡、兔、猴、鹿、大鼠、小鼠和蜜蜂等）的肠道中，双歧杆菌的菌株大多分离自粪便，还有少数菌株来自人的口腔和阴道，此外，污水、发酵乳制品及人体临床样本中也分离到了双歧杆菌。双歧杆菌作为人的肠道内的正常菌群，与肠道中其他正常菌群各成员间为既相互依赖又相互制约的关系。在健康人体中肠道菌群的组成具有相对的稳定性，但也因个体、年龄、季节、饮食、疾病等会有差异。婴儿自诞生数小时后双歧杆菌就可在其肠道内定植，并相伴终生。双歧杆菌在肠道中的生长一般会受到宿主性别、年龄、饮食习惯等方面的影响，随着年龄的增长和人体生理机能的变化，双歧杆菌逐渐随粪便排出，自然减少，一般健康青年人肠道内双歧杆菌占14.8%，而中老年人仅占3.2%，甚至多数老年人肠道中已无双歧杆菌存在。

3.双歧杆菌的应用

双歧杆菌已成为人体健康的重要指标之一，近年来双歧杆菌在食品、保健以及医疗方面的功效及前景已被更多的人重视。双歧杆菌可黏附于肠黏膜上皮细胞，通过自身及产生代谢物（大量的醋酸和乳酸）使环境pH下降，从而抑制致病菌生长。其生成的胞外糖苷酶也可降解肠黏膜上皮细胞的复杂多糖，阻止了潜在致病菌及其毒素在肠黏膜上皮细胞的黏附和侵入。同时，代谢产生的酸可造成肠道呈酸性环境保持自身的优势，并与肠道中其他细菌相互作用，调节和保持肠道菌群的最佳组合，维持肠道菌群的平衡。

发酵酸乳是双歧杆菌最传统也是使用最为广泛的用途，国内外许多国家在传统发酵工艺基础上，在原有菌种的基础上添加了人体分离的双歧杆菌作为菌种，配以其他辅料，生产出了风味独特、营养价值更高的新型酸乳，使其不仅具有酸乳原有的口感，而且还具有良好的保健功能，如杭州娃哈哈集团利用双歧杆菌B菌和常规酸乳菌种A菌混合发酵研制具有降胆固醇功能的益生菌酸乳，在乳品市场掀起了酸乳革命，赋予了酸乳更高层次的益生保健作用。

双歧杆菌应用较为广泛的领域还有微生态制剂，它的主要作用是调节动植物微生态平衡，提高人体健康水平。微生态制剂多为具有一定生理功能的活菌制剂，主要是一类能通过动物体胃酸、胆液、胰液、肠液等屏障，存活并且在消化道定植并繁殖，对动物机体产生某种生理生态作用的益生菌。双歧杆菌活菌制剂是起步较早，并且在国内外研究最热门的益生菌制剂之一。国内常见的如金双歧三联活菌片、双歧杆菌四联活菌片、五株王等。

近年来，普遍认为功能性低聚糖类物质能够促进肠道内双歧杆菌的生长繁殖，同时发现菊粉等功能性低聚糖和双歧杆菌共同作用有降低小鼠体内血脂的作用。此类物质被称为双歧因子，现已广泛应用于饮料、孕产期食品、儿童食品、老年食品，在医学上也在调节血脂及糖尿病方面提供辅助治疗应用。随着人们对双歧杆菌和功能性低聚糖等双歧因子的深入研究，其使用范围也日益广泛，使用方法也更多样化。

4.主要菌种

（1）两歧双歧杆菌　两歧双歧杆菌（*Bifidobacterium bifidum*）是双歧杆菌属的典型种。两歧双歧杆菌细胞在外观上是多变的，在TPY琼脂培养基上生长时，有些特征可以明显地将其与其他双歧杆菌区分开。两歧双歧杆菌能够水解明胶，并且H_2S试验阴性，不能利用精氨酸产氨。其生长需要有机氮和碳水化合物的存在，其最适生长温度为36~38℃，在温度低于20℃或者高于45℃时不能生长。两歧双歧杆菌为厌氧菌，在有氧条件下传代时会迅速死亡。

（2）长双歧杆菌　长双歧杆菌（*Bifidobacterium longum*）是可以在微氧环境中生长的双歧杆菌，被认为是从婴儿肠道中最早分离出来的菌种之一。在厌氧培养基上生长时，长双歧杆菌的菌落呈现白色光滑凸起状。2002年，3个独立的双歧杆菌菌种，长双歧杆菌、婴儿双歧杆菌及猪双歧杆菌被划分为同一种——长双歧杆菌，原来3个菌种依次更名为长双歧杆菌长亚种、长双歧杆菌婴儿亚种和长双歧杆菌猪亚种。这3个亚种的DNA相似性高达70%，其16SrRNA的相似性高于97%。长双歧杆菌可以发酵葡萄糖、半乳糖、乳糖、麦芽糖、蜜二糖、棉籽糖和蔗糖，不能发酵葡萄糖酸、甘露醇、水杨苷、山梨糖醇和海藻糖。

（3）动物双歧杆菌　动物双歧杆菌（*Bifidobacterium animalis*）是从动物的粪便中分离得到的，具有与长双歧杆菌相似的表型，可以发酵葡萄糖、糊精、麦芽糖、麦芽三糖、棉籽糖和蔗糖，不能发酵淀粉和松三糖。其在NaCl浓度为4.2%时可以在37°下生长，在NaCl浓度为3.0%时可以在45℃下生长。动物双歧杆菌多存在于牛、鸡、兔子和鼠的粪便中，在污水及发酵乳制品中也可以分离到动物双歧杆菌。

（4）短双歧杆菌　短双歧杆菌（*Bifidobacterium breve*）的细胞在所有分离自肠道的双歧杆菌中最短，细胞部分有分叉，在盐水中会自动聚团黏结。其菌落呈现凸面或垫状，表面平滑或波曲，直径为2~3mm。短双歧杆菌可以发酵山梨醇和甘露醇。其发酵葡萄糖的产物为醋酸和L-乳酸，不产气体。短双歧杆菌为厌氧菌，在温度高于46.5℃或者低于20℃时不生长。短双歧杆菌的模式菌株是从婴儿粪便中分离得到的。

（5）假小链双歧杆菌　假小链双歧杆菌（*Bifidobacterium pseudocatenulatum*）的细胞形态具有高度多样性，为厌氧菌，且CO_2的存在不影响其对氧气的敏感性及其在厌氧条件下的生长。其生长所必需的营养物质有烟酸、泛酸盐及核黄素。假小链双歧杆菌往往存在于污水、婴儿粪便及哺乳牛犊的粪便中。DNA同源性实验表明，假小链双歧杆菌与链状双歧杆菌（*Bifidobacterium catenulatum*）有较近的亲缘关系，它们的G+C含量仅有3%的差异，而且链状双歧杆菌普遍不能像假小链双歧杆菌一样发酵甘露糖或者淀粉，链状双歧杆菌在生长时也不需要烟酸。因此，通过表型与基因型特征可以将这两种双歧杆菌分开。

（五）其他常见乳酸菌

1. 乳球菌属的生物学特性及主要菌种

乳球菌（*Lactococcus*）属隶属于厚壁菌门芽孢杆菌纲乳杆菌目链球菌科（图1-7），细胞为球形或者卵圆形，有时伸长似杆状，单个、成对或者呈链

状存在。乳球菌为革兰阳性菌，不产芽
孢，无运动能力，通常不溶血，仅有某
些菌株显示微弱的α-溶血（部分溶血）。
乳球菌为兼性厌氧菌，多数为微需氧
菌。乳球菌的过氧化氢酶试验呈阴性，
拥有NADH氧化酶/过氧化物酶及超氧化
物歧化酶，在有氧胁迫下，这些酶的表

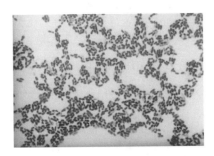

图1-7　乳球菌

达还能够上调。乳球菌嗜温，其生长温度为10~40℃，也有菌株可以在7℃下
生长，但生长速度非常缓慢，在45℃下不能生长。在NaCl浓度为4%（质量体
积分数）时，多数乳球菌可以生长，但乳酸乳球菌乳脂亚种只能耐受20g/L的
NaCl。

　　乳球菌生长的营养需求复杂且多样，包括碳水化合物、氨基酸、维生素、
核酸衍生物、脂肪酸及其他成分。乳球菌是同型发酵乳酸菌，当乳球菌在牛乳
中生长时，会将乳糖转化成L（＋）乳酸。乳球菌能够产生一定数量的胞外多
糖（ESP），并且这种能力是在生产酸牛乳及干酪时重要的技术指标。根据乳
球菌产胞外多糖的能力，可以将其分为三类：第一类乳球菌产的胞外多糖包括
半乳糖、葡萄糖和鼠李糖；第二类乳球菌产的胞外多糖仅有半乳糖；第三类乳
球菌产的胞外多糖有半乳糖和葡萄糖。除此以外，乳球菌菌株产的胞外多糖含
有其他糖成分。

　　根据《伯杰氏古菌与细菌系统学手册》，目前确定的乳球菌属共有5个
种，其中包含3个亚种，分别为乳酸乳球菌（*Lactococcus lactis*）、格氏乳球菌
（*Lactococcus garvieae*）、棉籽糖乳球菌（*Lactococcus raffinolactis*）、植物乳球
菌（*Lactococcus plantarum*）和鱼乳球菌（*Lactococcus piscium*）。

　　乳酸乳球菌是乳球菌属中最重要和最典型的一个种，一般认为乳酸乳球菌
包括三个亚种，其中乳源的有乳酸乳球菌乳酸亚种（*L.lactis* subsp. *lactis*）和
乳酸乳球菌乳脂亚种（*L.lactis* subsp. *cremoris*），还有分离自叶蝉的乳酸乳球
菌霍氏亚种（*L.lactis* subsp. *hordniae*）。前两个亚种是发酵工业中常用的发酵
剂，特别是在发酵乳制品中。前者可用于生产软干酪，后者可用于生产质地较
硬的干酪。目前乳酸乳球菌在乳制品中已经得到了广泛的应用，它可作为发酵
剂用于酸奶油、酸乳、大豆酸乳、乳饮料等乳制品的生产，也是制备干酪常用
的发酵剂，例如，切达干酪、农家干酪、夸克等。乳酸乳球菌对于干酪等发酵

乳制品的风味有重要影响。在乳制品发酵工业中，乳酸乳球菌的主要作用，除了将牛乳中的乳糖通过发酵转变成乳酸，产生风味物质双乙酰和乙醛外，在干酪成熟过程中，它胞内的肽酶和胞外的蛋白酶可以促进干酪中蛋白质的水解，从而对成熟干酪风味物质的形成具有重要作用。另外，研究表明，乳酸乳球菌乳脂亚种SK11胞内的肽酶可以降解切达干酪成熟过程中，由于蛋白质水解而形成的某些苦味肽，从而改善切达干酪的口感，因此，乳酸乳球菌被认为是生产切达干酪的一种优良菌株。乳酸乳球菌还是常用的诱导表达型宿主菌之一，具有重要的研究和应用价值。

通常认为格氏乳球菌是导致鳟鱼出血性败血症的致病因子，其患病特征是双边眼球突出，皮肤变黑，出现肠、肝、肾、脾和脑出血性病变。另外，格氏乳球菌还会引起乳牛和水牛的乳腺炎，尽管不常见，但在一些牛样品中可分离到格氏乳球菌，这表明这些产乳的乳牛可能患有慢性乳腺炎或者隐性乳腺炎。在少数情况下，也能从人类感染的尿道或伤口处分离出来乳酸乳球菌，而且患有心内膜炎的患者也常携带该菌。

2.片球菌属的生理特征及其主要菌种

片球菌属隶属于厚壁菌门芽孢杆菌纲乳杆菌目乳杆菌科，不运动，无芽孢，接触酶阴性，氧化酶也阴性，不还原硝酸盐，无细胞色素。细胞形态往往呈现完美的球形，极少数的情况下呈现卵球形。这些细胞形态上的特点可以将它与明串珠菌、乳球菌及肠球菌区分开。细胞成对或两个面交替分裂形成四联状，不成链状排列，生长在对数期的早期、中期细胞可能有单生的。片球菌可在10~45℃生长，最适生长温度为25~35℃，不同种之间最适生长温度存在差异。片球菌是兼性厌氧菌，有些菌株在有氧环境中生长与产酸能力均被抑制，但有些菌株在有氧环境中生长和产酸更加旺盛。片球菌可以在低pH环境中生长（如pH=5），绝大部分片球菌在碱性环境中（pH≥9）不能生长。片球菌属于同型发酵乳酸菌，发酵葡萄糖时可产生乳酸，不产生二氧化碳。片球菌属不同菌株之间的活力，会受到乙醇、糖类、温度和pH等因素影响。所有的片球菌都可以发酵利用果糖、甘露糖及纤维二糖，大多数的种可以发酵半乳糖和麦芽糖，有害片球菌（*Pediococcus damnosus*）、小片球菌（*Pediococcus parvulus*）和克劳森球菌（*Pediococcus claussenii*）没有利用半乳糖和麦芽糖的能力。除意外片球菌（*Pediococcus inopinatus*）、小片球菌、戊糖片球菌

（*Pediococcus pentosaceus*）和克劳森球菌外，其他的菌种都可以利用蔗糖。大多数的片球菌不能发酵鼠李糖、蜜二糖、松三糖、棉籽糖、菊糖。

片球菌主要存在于植物和水果、青贮饲料、啤酒和酒厂环境、人和动物消化道、人的唾液和粪便等中，片球菌属主要菌种有有害片球菌、乳球片球菌和戊糖片球菌。这几种菌不仅在系统发育上接近，还具有很多类似的生化特征。

有害片球菌（*Pediococcus damnosus*）为片球菌属的模式种，不耐热，60℃处理10min，其细胞就会死亡。有害片球菌可以在8~10℃生长，在35℃时不能生长。有害片球菌生长比较缓慢，在22℃培养2~3d后才会有明显菌落出现。最适生长pH为5.5。在液体培养基中，有害片球菌需要有氧才能生长良好，且必须要在培养基中添加半胱氨酸。有害片球菌在固体培养基表面生长时，必须在无氧条件下才能生长良好。有害片球菌生长会产生乙偶姻和双乙酰，使腐败啤酒中产生生黄油气味，有些菌株还会产生黏液。

乳酸片球菌（*Pediococcus acidilactici*），最适生长温度为40℃，最高生长温度为50~53℃。其对酸碱度要求不严，在pH为4.2~8.0均可生长，乳酸片球菌耐热性较强，在70℃加热10min后才死亡。某些乳酸片球菌的菌株可以产生一种名为PA-1/AcH的细菌素，已经被应用于治疗便秘、腹泻、减轻压力及增加免疫功能的动物试验中。

戊糖片球菌（*Pediococcus pentosaceus*）可以在有氧环境中生长，在固体培养基上30℃培养24h就会出现可见的菌落，菌落呈圆形，乳白色，光滑，凸起，边缘整齐，不透明。其在MRS液菌的最适生长pH为6.0~6.5，但是当pH为8.0时也可生长。不同菌株的最适生长温度存在差异，通常是28~32℃，在39~42℃时停止生长。戊糖片球菌具有较强的耐盐特性，在NaCl浓度为90~100g/L时，仍可生长。戊糖片球菌没有乳酸片球菌耐热，65℃处理8min后就会死亡。许多戊糖片球菌菌株可以产生细菌素：片球菌素PA-1、片球菌素ST18、片球菌素A和片球菌素ACCEL。戊糖片球菌对啤酒花防腐剂敏感。此外，片球菌中戊糖片球菌和乳酸片球菌的菌株应用于肉类和植物食品，可作为生腊肠的促酵物的组分在保存过程中起着重要的作用。

3.酒球菌属的生物学特性及主要菌种

酒球菌属（*Oenococcus*）以前称为酒明串珠菌，是明串珠菌属中唯一嗜酸的种，但是这个种的菌株与其他的明串珠菌属的种在许多方面的特性不一样。

它们可生长于初始pH 4.8和含体积分数10%的乙醇培养基中，绝大多数菌株需要一种番茄汁生长因子。它们缺乏NAD-葡萄糖-6-磷酸脱氢酶，它们的NAD-D（-）乳酸脱氢酶、6-磷酸葡萄糖酸脱氢酶和乙醇脱氢酶的电泳迁移率都明显不同于其他种。酒明串珠菌的全细胞可溶性蛋白图谱与其他种也不一样。基因遗传型方面的研究结果也进一步证明酒明串珠菌与其他种不同，这个种与其他种的DNA-DNA同源性都低。DNA-rRNA杂交和rRNA序列分析也显示酒明串珠菌有特别之处，尤其是16SrRNA序列分析和最近的23SrRNA序列研究揭示了这个种与明串珠菌属其他种在亲缘上不相关，完全属于另一分支。鉴于以上表型和遗传型与明串珠菌属其他种之间存在明显差异，Dicks等在1995年提出应将这个种列为一个新属，称为酒球菌属（Oenococcus）。

酒球菌属革兰阳性，不运动，不生芽孢，椭圆至球形细胞，通常排列成对或链状。细胞形态受生长培养基的影响不同的菌株有差异。兼性厌氧。接触酶阴性，无细胞色素，不水解蛋白，不还原硝酸盐，不溶血，不生成吲哚，嗜酸，生长于pH 3.5~3.8葡萄汁和果酒中，在起始pH 4.8条件下生长更好。最适生长温度22℃。在15℃生长缓慢。通常生长在添加5%（体积分数）乙醇中，也有的可生长在10%（体积分数）乙醇培养基中，因种而异。在培养液中生长缓慢和均一。将其培养于10%（体积分数）的CO_2气相中，可增加其表面生长物。生长于20~30℃。代谢不活跃：仅能发酵少数几种碳水化合物。喜好果糖，通常发酵海藻糖。有可发酵的碳水化合物时，可将苹果酸盐转变成L（+）乳酸盐和CO_2。某些菌株在增补了葡萄汁的条件下可产生胞外多糖。生长需要复杂的生长因子和氨基酸，仅能生长在含有番茄汁、葡萄汁、泛酸或4-β-葡糖吡喃基-D-泛酸的培养基中，因种而异。发酵葡萄糖可生成等量的D（-）乳酸、CO_2和乙醇或醋酸。

模式种为酒类酒球菌（Oenococcus oeni），在葡萄酒中，两大固定酸分别是苹果酸和酒石酸。通常，化学降酸只能除去酒石酸，较大幅度的化学降酸对葡萄酒口感的影响非常明显，甚至超过了总酸本身对葡萄酒质量的影响。然而利用酒类酒球菌对葡萄酒进行苹果酸-乳酸发酵后可使苹果酸在苹果酸-乳酸酶催化作用下转变成L-乳酸和二氧化碳，经过抑菌、除菌处理，可以增加葡萄酒的细菌学稳定性，从而避免在贮藏过程中和装瓶后可能发生的二次发酵情况；苹果酸-乳酸发酵的另一个重要作用就是对葡萄酒风味的影响，比如乳酸菌能分解酒中的柠檬酸生成醋酸、双乙酰及其衍生物（乙偶姻、2,3-丁二醇）等风味物质。乳酸菌的代谢活动改变了葡萄酒中醛类、酯类、氨基酸、其他有机酸和维生素等微量成分的浓度及呈香物质的含量。这些呈香物质的含量如果在阈值内，对葡萄酒的风味有修饰作用，并且有利于形成葡萄酒风味的复杂性；但是如果超过了阈值，就有可能使葡萄酒产生泡菜味、奶油味、干酪味、干果味等异味。目前，在葡萄酒酿造发达的国家，大都是从葡萄酒中分离出自然优良的酒类酒球菌，进而生产商业冷冻干燥发酵剂进行MLF。而冷冻干燥发酵剂制备的关键技术之一就是实现酒类酒球菌的高密度培养。我国在这方面的研究较少，对苹果酸—乳酸菌发酵尤其是酒类酒球菌资源进行开发与利用，从中筛选出适合我国葡萄酒生产的乳酸菌株，对于提高我国红葡萄酒品质具有深远的意义。

三、几种主要乳酸菌的分离和培养

（一）分离培养乳酸菌时需要考虑的因素

乳酸菌是一类能利用可发酵糖并产生大量乳酸的细菌的统称。它在自然界分布很广泛，在工业、农业和医药等领域均有很高的利用价值，是极为丰富的自然资源。人类需要研究应用它们，并不断开拓其新的用途。此外，这类细菌还包含一些人、畜致病菌，人们也需要研究和识别它们。将它们从自然界中分离出来，利用科学的手段对其进行研究，可以更好地利用好有益的乳酸菌，同时也能有效地预防一些致病性乳酸菌对人和动物的伤害。对这类菌进行分离和培养，在采用或选择分离培养方法时必须考虑下列主要因素。

1.乳酸菌在自然界的生存环境

在不同的区域和生态环境中，由于其所含的营养成分以及环境条件的不同，内部乳酸菌的种类也存在很大差异，如泡菜中的乳杆菌是优势菌株；婴儿粪便中的乳酸菌则是乳杆菌属、双歧杆菌属、肠球菌属占据主导地位；而葡萄酒中的乳酸菌主要为酒球菌属。即使同一种菌在不同的环境条件下对营养和培养条件也必然会有所不同，例如，要分别从人的肠道和酸面团中分离乳杆菌，或从鱼体上分离鱼肉食杆菌（*Carnobacterium piscicola*）和自南极区湖水分离培养湖底肉食杆菌（*C.funcitum*），选择使用的培养基组分及培养条件必然有差异。因此，分离所需的某些乳酸菌时，必须考虑其生存的区域和环境可提供给它们生活需要的营养物质和条件。这样会大大增加分离到目标菌株的概率，并提高分离效率。

2.乳酸菌的营养需求

乳酸菌属于化能异养型微生物，它们自身缺乏对许多有机化合物的合成能力，必须从外界摄取多种营养物质和生长因子方能正常生长和发育。其所需的营养物质和生长因子包括碳源、氮源、矿物质元素和某些生长辅助因子。可利用的碳源主要是葡萄糖等单糖和一些寡糖，通常它们不能利用大分子的碳水化合物；由于乳酸菌的蛋白酶活性通常较弱甚至缺乏必要的蛋白酶，最适于它们的氮源是蛋白质水解产物：蛋白胨、肽类和氨基酸等；乳酸菌生长需要的矿物质元素，如磷、硫、钠、钾、钙等，可以从有机营养物中取得一部分，其余的矿物质元素则需要以无机盐方式提供；乳酸菌的生长繁殖也需要某些生长辅助因子，如维生素类和嘌呤、嘧啶及其衍生物、双歧生长因子等。

3.对氧的耐受性

不同乳酸菌对氧的耐受性存在很大差异，根据其对氧耐受性的高低可以分为微好氧、兼性厌氧和专性厌氧菌。总体而言，乳酸菌对氧的耐受力比较低，所以通常情况下应该降低乳酸菌培养环境中的氧化还原电势，常见的方法就是在培养基中加入还原性比较强的物质，如维生素C、巯基乙酸钠、半胱氨酸或者半胱氨酸盐酸盐、硫化钠及某些新鲜的动物组织（如脑、心、肝浸液），但在众多还原剂中，半胱氨酸或者半胱氨酸盐酸盐效果最佳；除了添加还原剂，还可以在培养基或培养环境中添加某些氧化还原指示剂，用以指示培养环境中氧气含量的高低，如刃天青等。

4.对温度和pH的耐受性

乳酸菌对温度和pH耐受性的高低可以参考其自然生长环境的实际条件，乳酸菌通常是耐酸或者嗜酸的，在较低的pH环境中能够生长，也可排除或者抑制其他非耐酸性微生物的生长。乳酸菌适宜的生长温度和pH的范围取决于其生存的区域和环境的温度及pH。例如，在高温条件生存的乳酸细菌，在低温或中温条件下就难被分离出来或根本分离不到，只有培养在适于生长的高温条件下才可能分离到所需的菌。

5.主要的分离方法

常用的分离方法主要有划线分离法、稀释涂布法、接种分离法及倾注分离法。其中划线分离法主要包括平板划线分离法、曲线划线分离法、分区划线分离法、棋盘格划线分离法；接种分离法主要包括斜面接种法、液体接种法、穿刺接种法。以上方法也可以混合使用，如可以先将待分离的菌液进行涂布或者倾注，待菌落长出后，挑取疑似目标菌落进行划线分离，为了最大限度地保证分离菌株的纯度，该步骤可以重复多次。

6.分离的步骤

（1）选择合适的生境　筛选乳酸菌的第一步首先是查看相关资料，了解不同生存环境中乳酸菌的分布情况，确定该环境中微生物的种类及优势菌群，并且对以往文献中该环境中分离筛选乳酸菌的一般步骤加以总结，这对提高目标菌株的筛选效率至关重要。

（2）选择合适的培养基　不同种属乳酸菌的营养代谢存在很大差异，因此分离培养乳酸菌另一个比较关键的步骤就是选择合适的培养基，乳酸菌常用的培养基主要分为三大类：非选择性培养基、半选择性培养基及选择性培养基。非选择性培养基是指对微生物没有选择性抑制成分的培养基，营养成分齐全，很多种属的菌株均可在其中生长；半选择性培养基是指培养基中包含一定的选择性抑制因子，但是这类抑制因子只能对某些种属的菌株有抑制作用，因此这类培养基可以用于乳酸菌的初分离；选择性培养基是指培养基含有的抑制因子可以抑制除了目标菌株几乎所有的菌株，因此可以最大限度地促进目标菌的分离培养，但是目前对于某些种属的乳酸菌而言，还没有一种选择性培养基对这类菌株可以完全选择性分离，所以即使是通过选择性培养基分离获得的菌株也需要进行进一步的菌株鉴定。

（3）确定分离方法　目前一般采用稀释涂布法，首先将采集的样本，按照梯度稀释法进行稀释，然后在合适的培养基上进行涂布，并放在适合目标菌生长的温度条件下进行培养，进一步划线纯化，获得疑似目标菌的单菌落，然后通过革兰染色排除掉革兰阴性的菌株；剩下的革兰阳性菌株通过生理生化试验和16SrRNA等方法对初筛的菌株进行进一步的鉴定，从而获得目标菌株。

（二）乳杆菌属的分离培养

乳杆菌属广泛分布于自然环境中，是一种化能异养菌，具有复杂的营养要求，生长需要碳水化合物、氨基酸、肽类、脂肪酸、酯类、盐类、核酸衍生物和维生素类。它们代谢碳水化合物可产生大量的乳酸和少量的其他化合物。它们耐酸和嗜酸，不同的种有其适应的不同环境，与许多其他细菌相比，它们能产生大量乳酸，在较低pH的基质中生长，也致使它们广泛分布，并创造了有利于其他菌的生长环境。由于这一菌属的以上特性，在分离这类菌使用培养基时需要考虑这些因素，某些种还适应生长于某些极端的环境，如严格的厌氧条件。有的培养基需补充刺激生长素，所有培养基中必须含有相应的生长因素，通常培养基以酵母浸提物作为维生素来源，还有蛋白胨、醋酸盐和刺激因子（如吐温80）等。在某些生长坏境中，特别是在腐败基质中，可能仅有乳杆菌存在，但更为常见的是它们与其他的微生物在一起，包括其他的产乳酸细菌和酵母。依据乳杆菌在不同生境及其区系中是主要优势菌或仅为其部分菌系，可选择不同组分的分离培养基，有时分离培养基也可以作为日常培养乳杆菌的培养基。

1.半选择性培养基

当乳杆菌是分离环境中优势菌株时，可以选用半选择性培养基进行分离，常用的半选择性培养基有：MRS琼脂培养基、APT培养基和同型腐酒培养基。其中，MRS琼脂培养基为通用培养基。APT培养基通常用于从肉制品中分离乳杆菌和其他乳杆菌、肉食杆菌和魏斯氏菌。同型腐酒培养基主要用于分离对于培养条件要求比较苛刻的专性异型发酵的乳杆菌。

（1）MRS琼脂培养基　蛋白胨10g、肉浸膏10g、酵母浸提物5g、K_2HPO_4 2g、柠檬酸二铵2g、醋酸钠5g、葡萄糖20g、吐温80 1mL、$MgSO_4 \cdot 7H_2O$ 0.58g、$MnSO_4 \cdot 4H_2O$ 0.25g、琼脂15g、蒸馏水1L，调pH 6.2~6.4，121℃灭菌15min。

（2）APT培养基　胰胨10g、吐温80 1.0mL、酵母浸提物5g、NaCl 5g、柠檬酸钠5g、$MgSO_4 \cdot 7H_2O$ 0.8g、葡萄糖10g、$MnCl_2 \cdot 4H_2O$ 0.14g、K_2HPO_4 5g、$FeSO_4 \cdot 7H_2O$ 0.04g、琼脂15g、蒸馏水1L，调pH 6.7~7.0，121℃菌15min。

（3）改良的同型腐酒培养基　胰胨10g、吐温80 1mL、酵母浸提物7g、$MgSO_4 \cdot 7H_2O$ 0.2g、肉膏2g、$MnSO_4 \cdot 4H_2O$ 0.05g、葡萄糖5g、$FeSO_4 \cdot 7H_2O$ 0.01g、甲羟戊酸内酯0.03g、果糖5g、麦芽糖2g、葡萄糖酸钠2g、半胱氨酸盐酸盐0.5g、柠檬酸二铵2g、琼脂15g、醋酸钠5g、蒸馏水1L，调pH至5.4，121℃灭菌15min。

2.选择性培养基

当乳杆菌仅是分离生境中的部分菌株，且不是占有绝对优势时，则需要使用选择性培养基。但是其并不具有严格的选择性，只是其中某一组分能够在一定程度上限制某些非乳杆菌分离培养的选择性培养基。SL培养基又称LBS培养基，被推荐用于分离广范围的乳杆菌。这种极其类似的培养基主要含有高浓度的醋酸盐离子、低的pH（5.4），并有刺激生长因子吐温80。可抑制许多其他微生物生长，起着选择的作用，如高于pH 5.4则不能抑制链球菌的生长。但它并非完全选择性地生长，其他乳酸细菌，如明串珠菌、片球菌、肠球菌、魏斯氏菌和双歧杆菌，还有酵母也可在其上生长，所以生长在这种培养基上的菌落需进一步检测，如在培养基中加入浓度为10mg/L的亚胺环己酮可将酵母排除掉。

（1）SL培养基　酪蛋白水解物10g、葡萄糖20g、酵母浸提物5g、柠檬酸二铵2g、K_2HPO_4 6g、$CH_3COONa \cdot 3H_2O$ 25g、$FeSO_4 \cdot 7H_2O$ 0.03g、$MgSO_4 \cdot 7H_2O$ 0.58g、琼脂15g、$MnSO_4 \cdot 4H_2O$ 0.15g、蒸馏水1L，溶解琼脂在500mL的沸水中，溶解其他的组分在500mL水中，用冰醋酸调pH至5.4，并混合已熔化的琼脂，进一步煮沸5min，倾倒平板或将此热的培养基适量分装至灭菌的带螺口盖的瓶或试管内。这样无需进一步灭菌，避免重复熔化和冷却。

（2）LAMVAB培养基　蛋白胨10g、肉膏10g、酵母浸提物5g、柠檬酸二铵2g、吐温80 1mL、$MnSO_4 \cdot 4H_2O$ 0.25g、$MgSO_4 \cdot 7H_2O$ 0.58g、葡萄糖20g、蒸馏水1000mL、K_2HPO_4 2g、$CH_3COONa \cdot 3H_2O$ 5g、琼脂15g，pH 5.4，121℃灭菌15min。

在普通LAMVAB培养基中加入万古霉素可以有效地抑制其他肠道菌的生长，因此，这种添加了万古霉素的培养基适于从肠道中分离获取乳杆菌。

（3）改良MRS培养基　该培养基是在普通MRS培养基的基础上添加0.1%的醋酸亚铊，由于醋酸亚铊可以有效地抑制肉类中其他非乳杆菌的生长，因此该改良MRS培养基很适于分离获得肉类乳杆菌。

（4）MMV琼脂　蛋白胨10g、酵母浸提物4g、麦芽糖10g、K_2HPO_4 2g、醋酸钠5g、柠檬酸三铵2g、吐温80 1mL、$MnSO_4 \cdot 4H_2O$ 0.05g、$MgSO_4 \cdot 7H_2O$ 0.2g、蒸馏水1000mL、溴甲酚紫10mL、万古霉素10mL、半胱氨酸HCl 0.5g、琼脂15g，pH 6.9~7，121℃灭菌15min。

（5）特殊环境中乳杆菌的分离培养基　在果酒、啤酒和发酵的谷物糖化酵中的乳杆菌已适应于极特殊的环境，要求不同类型的培养基，其中包括需要某些天然的基质以提供分离菌株必需而又未知的生长因子。番茄汁常可替代这些特殊的生长因子。它可能需要与某些抑制因子一起使用，抑制如酵母、霉菌和醋酸菌的耐酸微生物。例如，Yoshizumi在1975年建议向用于果酒的番茄汁聚胨分离培养基中加入广杀菌素或杀真菌素。为分离引起啤酒酸败的乳杆菌，Boatwright和Kirsop在1976年提出的一种蔗糖培养基证实了其中加入的放线菌酮、多黏菌素B和苯酚乙醇对抑制酵母和革兰阴性细菌有效。一种双倍浓度的MRS培养基在灭菌前用啤酒调成正常的浓度，可用于培养典型的啤酒乳杆菌。

对于分离谷物糖化酵内的乳杆菌MRS培养基不令人满意，而混合有过滤灭菌的麦芽汁和酵母自溶物的培养基有利于它们的分离，在其中加入小麦面粉或麸皮可获得进一步改善。

番茄汁聚胨培养基用于从果酒中分离生长缓慢的乳杆菌。在1L培养基中，蒸馏水溶解有以下组分：聚蛋白胨5g、K_2HPO_4 0.5g、KCl 0.12g、葡萄糖10g、$CaCl_2 \cdot H_2O$ 0.12g、酵母浸膏 5g、NaCl 0.12g、罐头番茄汁 150mL、$MgSO_4 \cdot 7H_2O$ 0.12g、溴甲酚绿 0.03g、$MnSO_4 \cdot 4H_2O$ 0.03g、琼脂15g。首先在蒸馏水中煮溶琼脂，调pH至5.0，121℃灭菌15min。分离后期发酵物需要在厌氧条件下培养。

蔗糖抑菌剂培养基用于分离啤酒饮料中乳杆菌，并可培养广范围的乳杆菌，1L蒸馏水中溶解下列组分：酵母浸提物5g、蔗糖50g、NaCl 5g、蛋白胨10g、$CaCO_3$ 3g、$MnSO_4 \cdot 4H_2O$ 0.5g、$MgSO_4 \cdot 7H_2O$ 0.5g、溴甲酚绿 20mg、吐温80 0.1g、琼脂20g。

首先熔化琼脂，最终pH调至6.2，121℃灭菌15min。适量分装在试管或瓶内，在倒平肌前加入微生物抑制剂。放线菌酮过滤灭菌，其最终浓度为10mg/mL。2-甲酚乙醇无需稀释和灭菌，最终浓度为0.3%（体积分数）。

（6）酸面团　在1L容量中改进的同型腐酒培养基补充21g面包酵母，将其悬浮在100mL，脱离于水中并加入50g麸皮。灭菌后离心，取上清液添加在培养基内，无菌分装至相应的容器中备用。

（三）明串珠菌的分离培养

植物、乳制品是明串珠菌的主要聚集地，明串珠菌在天然和人工的食品和植物环境中总是与其他乳酸细菌在一起，作为其中的菌系之一，大多数明串珠菌的营养需求和一般的生理性状类似于乳杆菌、片球菌和其他的乳酸菌。这种现象也说明通过分离方法获得明串珠菌的纯菌种是非常困难的。

1.半选择性培养基

酵母葡萄糖磷酸液（YGPB）：葡萄糖10g、蛋白胨10g、肉浸膏8g、酵母浸提物3g、NaCl 5g、KH_2PO_4 2.5g、K_2HPO_4 2.5g、$MgSO_4 \cdot 7H_2O$ 2g、$MnSO_4 \cdot 4H_2O$ 0.05g、琼脂15g、蒸馏水1L，调pH 6.8，121℃灭菌15min。

MRS：葡萄糖20g、蛋白胨10g、肉浸膏8g、酵母浸提物5g、K_2HPO_4 2g、$MgSO_4 \cdot 7H_2O$ 2g、$MnSO_4 \cdot 4H_2O$ 0.05g、柠檬酸铵2g、醋酸钠5g、吐温80 1g、琼脂15g、蒸馏水1L，调pH 6.2，121℃灭菌15min。

ATB（酸番茄汁培养基）：葡萄糖10g、蛋白胨10g、酵母浸提物5g、$MgSO_4 \cdot 7H_2O$ 2g、$MnSO_4 \cdot 4H_2O$ 0.05g、番茄汁250g、琼脂15g、蒸馏水1L，调pH 4.8，121℃灭菌15min。

CMB：葡萄糖10g、蛋白胨10g、酵母浸提物5g、KH_2PO_4 2.5g、$MgSO_4 \cdot 7H_2O$ 2g、$MnSO_4 \cdot 4H_2O$ 0.05g、柠檬酸2.5g、DL-苹果酸2.5g、吐温80 1g、琼脂15g、蒸馏水1L，调pH 4.8，121℃灭菌15min。

DTB：葡萄糖10g、蛋白胨7.5g、酵母浸提物2.5g、KH_2PO_4 2.5g、$MgSO_4 \cdot 7H_2O$ 2g、$MnSO_4 \cdot 4H_2O$ 0.05g、柠檬酸铵1g、醋酸钠2.5g、吐温80 1g、番茄汁100g、琼脂15g、蒸馏水1L，调pH 6.5，121℃灭菌15min。

因明串珠菌对培养环境的要求比较苛刻，所以在分离时不仅应该选择合适的培养基还应该充分考虑该类菌株合适的生长环境，在含有2%盐卤蔬菜自然发酵的初始期是明串珠菌正处于优势的时期，因此可在此时期有选择地富集明串珠菌，随着培养时间的延长，菌株数量会大量减少。常根据这类菌优势情况选用半选择或非选择性的培养基，如从酸泡菜中分离肠膜明珠菌时，必须选择发酵前期的酸泡菜，因为此时该菌会大量富集。

2.选择性培养基

（1）HP培养基　植物蛋白胨20g、酵母浸提物6g、肉浸膏10g、吐温80 0.5g、葡萄糖10g、$MgSO_4 \cdot 7H_2O$ 0.2g、柠檬酸铵5g、$FeSO_4 \cdot 7H_2O$ 0.04g、$MnSO_4 \cdot 4H_2O$ 0.05g、蒸馏水1L。

在其中加入0.12μg/mL四环素，可选择性地抑制链球菌的生长，去除链球菌对明串珠菌的干扰，但是四环素的添加一定要控制好浓度，否则明串珠菌自身的生长繁殖也会受到影响。

（2）蔗糖硫胺培养基　蔗糖100g、酵母浸提物2.5g、K_2HPO_4 5g、$MgSO_4 \cdot 7H_2O$ 0.2g、NaCl 0.6g、硫酸铵0.2g、琼脂20g（如需要）、蒸馏水1L，调pH 7.8，114℃灭菌20min。

蔗糖硫胺培养基主要用于从植物原料中分离肠膜明串珠菌肠膜亚种的。适温培养分离物，肠膜明串珠菌肠膜亚种的生长物可导致培养液形成浓的黏稠液。

肠膜明串珠菌肠膜亚种活跃的菌株生长的世代时间最短，30℃培养24h可生菌落即可长好。而肠膜明串珠菌乳脂亚种的菌株需要在23℃培养培养48h。生长较慢的菌株喜好还原的条件，在1L液体培养基内加入0.05%半胱氨酸-HCl可刺激其生长。

虽然大多数的菌株可生长于补充有酵母浸提物和葡萄糖的牛乳中，但只有肠膜明串珠菌肠膜亚种酸化和凝固牛乳，并且产气。其他的种在牛乳中生长欠佳，它们要求氨基酸类，利用牛乳的能力弱，所以通常不酸化和凝固牛乳。

（四）双歧杆菌的分离和培养

1.分离双歧杆菌的步骤

双歧杆菌是专性厌氧菌，在自然界中，主要存在于人体的肠道及乳汁中。它可以调节肠道菌群的平衡，具有降血压、提高人体免疫力的作用，是一类有益菌。一般实验室内为厌氧菌培养设计的培养基，也都适于双歧杆菌的生长繁殖。

（1）通常取样品1g或1mL（混合均匀的液体样品），放入装有预还原稀释液的带丁烯橡胶塞的螺盖厌氧试管内。

（2）上述厌氧试管内的稀释液每管分装9mL。将1g或1mL样品放入无菌的9mL稀释液试管后，用振荡器将其中稀释样品振荡均匀，用无菌注射器取1mL样品稀释液加至另一装9mL稀释液的试管内。按此操作依次序制备成10^{-1}~10^{-9}的样品稀释液。

（3）取10^{-3}~10^{-7}的样品稀释液取0.1~0.25mL样品稀释液置于琼脂平板上用玻璃刮刀涂抹均匀，置于厌氧罐中，37℃培养3~5d。从生长的菌落中可挑出所需的双歧杆菌。

（4）分离纯化　从上述培养基中挑取菌落，在新配制的含有莫匹罗星的MRS琼脂培养基上划线培养，厌氧条件下，37℃培养3~5d，反复划线多次，直至菌落形态均匀一致。

2. 双歧杆菌分离培养非选择性培养基

（1）TPY培养基　胰酶解酪蛋白10g、植质蛋白胨5g、酵母浸提物2.5g、吐温80 1mL、葡萄糖5g、半胱氨酸·HCl 0.5g、K_2HPO_4 2g、$MgCl_2$·$6H_2O$ 0.5g、$ZnSO_4$·$7H_2O$ 0.25g、$FeCl_2$微量、$CaCl_2$ 0.15g、琼脂15g、蒸馏水1L，pH 6.5，121℃灭菌15min。

（2）PTYG培养基　胰胨5g、酵母浸提物10g、葡萄糖10g、大豆蛋白胨5g、吐温80 1mL、半胱氨酸HCl 0.5g、琼脂15g、0.1%刃天青1mL、蒸馏水1L、盐溶液 40mL，pH 6.8~7.0，113℃灭菌30min。

盐溶液组分：无水$CaCl_2$ 0.2g、$MgSO_4$·$7H_2O$ 0.48g、$NaHCO_3$ 10g、K_2HPO_4 1g、KH_2PO_4 1g、NaCl 2g、蒸馏水1L。

（3）mMRS培养基　mMRS培养基是在MRS培养基的基础上添加了0.05%的半胱氨酸或半胱氨酸盐的培养基，实验证明双歧杆菌在新鲜的mMRS培养基上生长良好。

以上三种培养基均能较好地满足双歧杆菌生长所需要的营养物质，对于两歧双歧杆菌来说，PTYG培养基的培养效果更好。

3. 双歧杆菌分离培养选择性培养基

（1）改良MRS琼脂培养基　MRS培养基的基础上添加0.3%的玉米浆，对双歧杆菌具有良好的分离培养效果；终浓度为0.06g/L的5-溴-4-氯-3吲哚-β-D-半乳糖苷及终浓度为4g/L的LiCl，发现分离双歧杆菌的效果很好；BSM培养基：MRS培养基中添加0.05%的半胱氨酸盐酸盐和终浓度为50mg/L的莫匹罗星；BS培养基：MRS培养基中添加硫酸新霉素（20mg/L）和硫酸巴龙霉素（30mg/L）；BLM培养基：MRS培养基中添加滤菌马血清和莫匹罗星（50mg/L）。其中BSM培养基和BLM培养基对于人体肠道内双歧杆菌的分离效果最好。

（2）BIM-25培养基　酵母膏3g、牛肉膏10g、蛋白胨10g、可溶性淀粉1g、葡萄糖5g、刃天青3mg/L、半胱氨酸-HCl 0.5g、醋酸钠3g、琼脂15g、蒸馏水1L，pH8.5，121℃灭菌30min。

此外，该培养基中还需要加入过滤灭菌的抗生素（萘啶酸、多黏菌素B、卡那毒素）、碘乙酸及2，3，5-三苯基四唑氯化物（TTC），碘乙酸可以抑制许多非双歧杆菌的生长，TTC可以使双歧杆菌在培养基中形成白色菌落，有利于双歧杆菌的识别。

（3）改良Wilkins-Chalgren琼脂培养基　胰胨10g、明胶胨10g、酵母浸提物5g、NaCl 5g、葡萄糖 1g、琼脂10g、L-精氨酸1g、丙酮酸钠1g、甲萘醌0.5mg、血晶素5mg、大豆蛋白胨5g、L-半胱氨酸0.5g、吐温80 1mL、莫匹罗星100mg、冰醋酸1mL、诺氟沙星200mg、蒸馏水1L，pH 7.1，121℃灭菌15min。

配制该培养基时，首先将除抗生素之外的培养基高温高压灭菌，待培养基冷却至60℃左右时，添加过滤除菌的莫匹罗星及诺氟沙星。改良Wilkins-Chalgren培养基中的莫匹罗星可以有效地抑制非双歧杆菌的生长，但是有报道指出梭菌可以对莫匹罗星产生耐药性，而200mg/L的诺氟沙星可以有效地抑制梭菌的生长，但是不会干扰双歧杆菌的繁殖，因此该培养基被认为是从较复杂菌群中分离获得双歧杆菌的理想的选择性培养基。

（五）酒球菌的分离和培养

酒球菌嗜酸、耐酒精，并能适应果酒的环境。该菌为化能异氧型微生物，生理代谢不活跃，培养需要较高的营养条件，只在番茄汁、葡萄汁、泛酸、4-O-（β-葡萄糖苷）-D-泛酸中生长；培养时需隔氧，培养时间较长，为5~7d。由于酒球菌的生理特性和代谢特点有别于其他乳酸菌，因此，在筛选及改良时需要设计适合于酒球菌的培养基。

一般酒球菌分离自果酒中，而在这类环境中酵母和霉菌是干扰酒球菌分离的主要微生物，因此，在设计培养基时应该设法抑制酵母和霉菌的生长，但又不能影响酒球菌的繁殖。

1.常用非选择性培养基

（1）ATB培养基（酸性番茄培养基）　蛋白胨 1g、酵母浸提物 0.5g、葡萄糖1g、番茄汁25mL、$MgSO_4 \cdot 7H_2O$ 0.2g、$MnSO_4 \cdot 4H_2O$ 5mg、蒸馏水75mL、半胱氨酸-HCl 50mg，pH 4.8，121℃灭菌15min。

（2）FT培养基（果糖吐温80培养基）　FT培养基用于酒球菌的分离和培养，组分如下：

复合氨基酸5g、酵母浸提物4g、KH_2PO_4 0.6g、D（+）果糖35g、KCl 0.45g、D（+）葡萄糖5g、$CaCl_2 \cdot 2H_2O$ 0.13g、L（-）苹果酸10g、$MgSO_4 \cdot 7H_2O$ 0.13g、$MnSO_4 \cdot 4H_2O$ 3mg、琼脂15g、蒸馏水1L，用NaOH调整pH至5.2，121℃灭菌15min。

（3）葡萄汁培养液　葡萄糖10g、蛋白胨10g、酵母浸提物5g、$MgSO_4 \cdot 7H_2O$ 0.2g、$MnSO_4 \cdot 4H_2O$ 0.05g、葡萄汁250mL，10mol/L的NaOH溶液调pH至4.8，121℃灭菌15min。

因为片球菌也可以在ATB培养基上生长，仅适合于酒球菌的初步分离培养；在对酒球菌分离培养时，FT培养基及葡萄汁培养基的效果更加显著。

2.酒球菌分离培养常用选择性培养基

（1）改良MRS及TJA培养基

TJA培养基：葡萄糖20g、蛋白胨10g、番茄汁250mL、酵母浸提物5g、$MgSO_4 \cdot 7H_2O$ 0.2g、$MnSO_4 \cdot 4H_2O$ 0.05g、琼脂7.5g、蒸馏水75mL。

选择性培养基 I：该培养基在MRS培养基的基础上添加了100mg/L的山梨酸、300mg/L的制霉菌素及10mg/L的万古霉素。

选择性培养基 II：在TJA培养基的基础上添加100mg/L的山梨酸、300mg/L的制毒菌素及10mg/L的万古霉素。

其中，山梨酸在酸性条件下可以有效地抑制果酒中的酵母、霉菌及其他一些好氧型的细菌，有利于人们更加便捷地分离到所需的酒球菌。但是，山梨酸的浓度不能过高，否则不仅酵母、霉菌会受到抑制，也会影响酒球菌的生长。

（2）番茄培养基　蛋白胨20g、酵母膏1g、葡萄糖14g、苹果酸0.05g、吐温80 1g、柠檬酸二铵1g、$MgSO_4 \cdot 7H_2O$ 0.1g、$MnSO_4 \cdot 4H_2O$ 1mg、盐酸半胱氨酸0.01g、番茄汁250mL、琼脂20g、蒸馏水750mL。

（3）一种新型的用于促进酒球菌发酵产苹果酸的培养基　番茄汁23mL、酵母浸提物5g、吐温80 0.5mL、L-苹果酸3g、白酒400mL、浓缩白葡萄汁536.5mL、蒸馏水50mL、乙醇40mL。

白酒：0.13g/L的葡萄糖；0.14g/L的果糖；0.22g/L的L-苹果酸；1mg/L的SO_2。

白葡萄汁：360g/L的葡萄糖；360g/L的果糖；5.3g/L的L-苹果面1.4mg/L的SO_2。

pH 3.8：高压蒸汽灭菌115℃灭菌30min。

上述培养基主要在酒球菌发酵产苹果酸的过程中使用，但正因为该培养基适于酒球菌的生长，因此酒球菌的分离纯化也可以考虑使用。但是还有文献指出，环丝菌也可能会在上述葡萄糖与果糖比为1∶1的体系中生长，所以分离获得的菌株还需要进一步的鉴定。

（六）乳球菌的分离和培养

自然界中，乳球菌主要分布于新鲜和冷冻的谷物、玉米须、豆类、卷心菜、黄芭等植物中，在生牛乳和乳牛唾液表面，在土壤和粪便中没有发现乳球菌。乳球菌和其他乳酸菌一样，营养要求都比较高，需要复合的培养基供其良好生长。

生牛乳中总是含有乳酸乳球菌乳亚种，还有乳脂亚种和二乙酰乳亚种，推测可能是由于挤乳时从乳房外部和喂食的饲料进入乳中的。乳酸乳球菌乳脂亚种迄今为止除了牛乳、发酵乳、干酪和发酵引子外，尚无别的生长环境。

乳球菌和其乳酸酸细菌一样营养要求高，需要复合的培养基供其良好生长。在合成的培养基中，乳球菌的所有菌株都需要氨基酸，如亮氨酸、异亮氨酸、纵氨酸、组氨酸、蛋氨酸、精氨酸和捕氨酸，以及维生素类，如烟酸、泛酸钙和生物素。

目前对于分离乳球菌尚无满意的选择性培养基。有两种通用的培养基已被人们所接受，并认为适于这类菌生长。

1.Elliker琼脂培养基

胰胨20g、明胶2.5g、酵母浸提物5g、NaCl 5g、葡萄糖5g、抗坏血酸0.5g、乳糖5g、磷酸二氢铵4g、蔗糖5g、醋酸钠1.5g、琼脂10g、蒸馏水1L，pH 6.8，121℃灭菌15min。

Elliker琼脂培养基是最早应用于乳球菌分离培养的选择性培养基，至今很多实验室仍在使用。

2.M17培养基

植物蛋白胨5g、聚蛋白胨5g、酵母浸提物5g、牛肉浸膏2.5g、β-甘油磷酸二钠19g、抗坏血酸0.5g、1.0mol/L MgSO$_4$·7H$_2$O 1g、蒸馏水1L、琼脂15g，pH 7.1，121℃灭菌15min。

M17琼脂培养基特别适用于分离乳球菌乳脂亚种、乳球菌乳酸亚种、乳酸乳球菌双乙酰乳酸亚种及嗜热链球菌的所有菌株及这种菌株缺乏发酵乳糖能力的变异株，溴甲酚紫可以作为培养基的酸碱指示剂，并减少β-甘油磷酸二钠的添加量至5g/L，该培养基可以区分发酵和不发酵乳糖的菌株，在固体培养基中前者菌落为黄色，后者菌落为白色。因此，对乳球菌进行分离培养时，以上两种培养基都是很好的选择。

四、乳酸菌的分类鉴定

（一）分类鉴定步骤

乳酸菌作为细菌的一部分，其分类鉴定方法与一般的细菌基本上相同，在当前的细菌分类研究中，主要采用多相分类学的方法，即应用多种类型的技术方法包括表型、基因型和系统发育型的技术，以获取细菌的相关特征信息，并综合这些信息，在不同的分类水平上研究细菌的分类问题。

由于不同类群细菌具有不同的表型特征和化学分类标志性的特征，因此对不同类群细菌分类鉴定时，在使用这些技术方法时，对某些特征测试的项目选择是有所侧重的。

采用常规的鉴定手段，主要是运用观察和测定细菌表型的一些特征方法对某些菌株进行鉴定，则无需使用实验仪器和设备条件要求高，或操作程序烦琐的某些化学分类标志和基因型的技术。对于新的菌株和不典型的菌株则需要采用多种类型的技术方法进行鉴定。

表型特征：在适合目标菌生长的特定培养基上，在适合的温度条件下培养，观察其菌落形态，是否产色素；通过革兰染色，利用显微镜观测其细胞形态、有无芽孢、是否具有运动性等；通过生理生化测定其适合的温度、pH、对氧的需求、代谢产物及其碳水化合物产酸情况；抗生素抗性、药物敏感性。

化学分类性状：细胞壁组分、乳酸的旋光性。

基因型特征：DNA的G+C mol%。

系统发育型特征检测：16SrRNA序列、DNA序列。

（二）乳酸菌常规鉴定技术

1. 革兰染色

革兰染色法是1884年由丹麦病理学家C.Gram所创立的。通过结晶紫初染和碘液媒染后，在细胞壁内形成了不溶于水的结晶紫与碘的复合物，革兰阳性菌由于其细胞壁较厚、肽聚糖网层次较多且交联致密，故遇乙醇或丙酮脱色处理时，因失水反而使网孔缩小，再加上它不含类脂，故用乙醇处理时不会出现缝隙，因此能把结晶紫与碘复合物牢牢留在壁内，使其仍呈紫色；而革兰阴性菌因其细胞壁薄、外膜层类脂含量高、肽聚糖层薄且交联度差，在遇脱色剂后，以类脂为主的外膜迅速溶解，薄而松散的肽聚糖网不能阻挡结晶紫与碘复合物的溶出，因此通过乙醇脱色后仍呈无色，再经沙黄等红色染料复染，就可使革兰阴性菌呈红色。

2. 试验材料

结晶紫：2g结晶紫溶于20mL 95%（体积分数）乙醇，0.8g草酸铵溶于80mL蒸馏水。将二者混匀，静置48h后，过滤备用。贮藏方式：贮藏于密闭的棕色瓶中，此染液较稳定，可贮藏数月。

碘液：取2g碘化钾溶于少量蒸馏水中，再加入1g碘，完全溶解后，加水定容至300mL。贮藏方式：贮藏于密闭的棕色瓶内，如变为黄色则不能使用。

番红染液：取2.5g番红，溶于100mL 95%（体积分数）乙醇中；临用时稀释5倍，即取20mL与80mL蒸馏水混匀后使用。贮藏方式：贮藏于密闭的棕色瓶中。

3.操作步骤

革兰染色法一般包括初染、媒染、脱色、复染四个步骤，具体操作方法是涂片固定；草酸铵结晶紫染1min；蒸馏水冲洗；加碘液覆盖涂面染约1min；水洗，用吸水纸吸去水分；加95%酒精数滴，并轻轻摇动进行脱色，20s后水洗，吸去水分；番红染色液（稀）染1min后，蒸馏水冲洗，干燥，镜检。

4.结果观察

革兰染色阳性细菌呈蓝紫色；革兰染色阴性菌呈红色。

5.注意事项

进行染色的细胞最好选取对数生长末期和稳定期的活力较好的乳酸菌；在实验中经常会出现假阳性和假阴性的结果，假阳性主要是由于脱色不完全，可能是由于涂片过厚，或者是结晶紫染色过度，而导致脱色不完全。假阴性可能是因为细胞固定过度，造成细胞壁通透性发生改变，而出现假阴性结果；另外，细胞培养时间太长，可能会出现部分细胞发生死亡或者自溶，也可导致细胞壁通透性改变而出现假阴性结果。

6.生理生化鉴定的基础培养基

PY和PYG培养基是生化实验中常用的培养基，现将其组分列出以备用。

PY基础培养基：植质蛋白胨0.5g、胰酶解酪蛋白0.5g、酵母浸提物1.0g、盐溶液4mL、蒸馏水100mL，pH 6.8~7.0，113℃灭菌30min。

盐溶液：$CaCl_2$ 0.2g、$MgSO_4 \cdot 7H_2O$ 0.48g、K_2HPO_4 1g、KH_2PO_4 1g、$NaHCO_3$ 10g、NaCl 2g。

将$CaCl_2$和$MgSO_4 \cdot 7H_2O$混合溶解于300mL蒸馏水中，再加500mL水，一边搅拌一边缓慢加入其他盐类。继续搅拌直到全部溶解，加200mL蒸馏水，混合后放在4℃冰箱中冷藏。

在PY基础培养液内加入1.0g葡萄糖即成为PYG培养基。其中的胰酶解酪蛋白和植质蛋白胨可分别以胰胨（Tryptone）和国产的大豆蛋白胨代替。对于厌氧的乳酸菌，需要在上述培养基中加入0.1%刃天青液0.1mL和半胱氨酸-HCl·H_2O 0.05g，并在厌氧条件下制作培养基。半胱氨酸在培养基中煮沸后，分装容器前加入培养基中。

7.氧化酶的测定

（1）试剂　盐酸二甲基对苯撑二胺（或盐酸对氨基二甲基苯胺）1%水溶液装入茶色瓶中在冰箱中储存、α-萘酚1%乙醇（95%）溶液。

（2）操作步骤　在干净培养皿里放一张滤纸，滴上二甲基对苯撑二胺的1%水溶液，仅使滤纸湿润即可，不可过湿。用白金丝接种环（不可用镍铬丝）取18~24h的菌苔，涂抹在湿润的滤纸上。在10s内涂抹的菌苔现红色者为阳性，10~60s现红色者为延迟反应，60s以上现红色者不计，按阴性处理。

另外也可用1%二甲基对苯撑二胺液湿润滤纸后，再滴加约等量的1% α-萘酚溶液，然后再涂抹菌苔，出现蓝色者为阳性，出现变色的时间要求同上。

（3）氧化酶试纸制作及测定法　将质地较好的滤纸用1%的盐酸二甲基对苯撑二胺浸湿，在室内悬挂风干。剪裁成适当大小的纸条，放在有橡皮塞的试管中密闭保存。在冰箱中可存放数月。使用方法同前，用白金丝接种环将菌苔抹在纸条上，于10s内出现红色者为氧化酶阳性。如纸条储存过久，颜色过深，显色不明显，则不宜使用。

（4）注意事项　二甲基对苯撑二胺溶液易于氧化，一般可于冰箱中储存两周，如溶液颜色转红褐色，则不宜使用；铁、铬等金属可催化二甲基对苯撑二胺呈红色，故不宜用其制成接种环取菌苔。如无白金丝，可用玻璃棒或干净火柴杆取菌苔涂抹；在滤纸上滴加试液以刚刚湿润为宜。如滤纸过湿，应妨碍空气与菌苔接触，则将延长显色时间，造成假阴性。

8.过氧化氢酶测定

过氧化氢酶又称接触酶，能催化过氧化氢分解成水和氧。这项测定对于乳酸菌的鉴定是一项重要特征。绝大多数乳酸细菌和一些厌氧菌的过氧化氢酶是阴性的。将试验菌接种于PYG琼脂斜面，适温培养18~24h。取一环培养物，涂于干净的载玻片上，然后在其上加一滴3%~15% H_2O_2，若有气泡产生则为阳性反应，无气泡产生为阴性反应。或将3%~15% H_2O_2直接加到斜面的菌苔上，观察是否有气泡产生。

注意事项：对厌氧菌的接触酶测定需将斜面培养物在空气中暴露至少30min再进行检测；测定菌生长的培养基中不可有血红素或红血球，在这种培养基上生长的菌易产生假阳性；使用的培养基中应至少含有1%的葡萄糖，因乳酸细菌在无糖或少糖培养基上生长时，可能产生一种称为"假过氧化氢酶"的非血红素酶。

9.精氨酸产氨试验

（1）试剂　在PY基础培养液中加入配制好的精氨酸液。精氨酸液的成分及制备如下：L-精氨酸1.5g、半胱氨酸（1g/10mL H$_2$O）0.05mL、蒸馏水10mL，调pH至7.0，灭菌后加3滴精氨酸液至3mL培养基中。

奈氏（Nessler）试剂

将20g KI溶于50mL蒸馏水，并在此溶液中加HgI$_2$小颗粒，至溶液达饱和为止（约32g），然后再加460mL水和134g KOH。将上清液储存于暗色瓶中备用。

另一配方：KOH 20g，蒸馏水50mL与KI 5g，HgI$_2$ 10g，蒸馏水50mL，混合后过滤，储存于暗色瓶内备用。

（2）培养　将试验菌分别接种于含精氨酸和不含精氨酸的培养基中。在适合的温度条件下培养1~3d。

（3）结果的检测　取少许生长好的培养液置于比色盘，加几滴奈氏试剂，产氨时会出现橙黄或者黄褐色沉淀，因为有些菌能利用培养基中的蛋白胨产生氨气，所以含精氨酸比的培养液比对照反应明显才能被认为是阳性。

10.葡萄糖产酸产气试验

乳酸菌的代谢类型分为同型发酵和异型发酵两种，通过该试验可以鉴别乳酸菌的发酵类型，为了便于试验结果的观察，易于与同型发酵菌区分开，创造有利于异型发酵菌产酸产气的条件，采用下述的试验方法测定从葡萄糖和葡萄糖酸盐产酸和产气。

（1）培养基（1L）　在PY基础培养基内加入30g葡萄糖和0.5mL的吐温80，再添加6g琼脂做成软琼脂柱。分装试管，高度4~5cm。为便于观察产酸情况，可在培养基内加入浓度为1.6g/100mL的溴甲酚紫1.4mL指示剂。如测定葡萄酸盐产酸和产气，用40g葡萄糖酸钠代替葡萄糖即可。置于112℃灭菌20~30min后备用。

（2）接种和培养　用新鲜活力强的菌种进行穿刺接种，或用菌液将菌种加入融化的软琼脂柱内（温度为47~48℃，试管以不烫手为宜）。混匀后在上加盖一层约7mm厚的2%琼脂。置于适温培养。

（3）结果观察　培养基中指示剂变黄表示产酸；软琼脂柱内产生气泡或出现将2%琼脂层向上顶的现象，即为产气。

11.碳水化合物发酵产酸试验

（1）常用培养基　通常采用PY基础培养基在其中分别加入各种糖、醇类和某些苷类碳水化合物，试验发酵产酸情况。不同的碳水化合物在培养基中最终的浓度有所不同。对于含这些基质的培养基灭菌的温度不宜过高，时间也不宜过长。有些糖经过滤器灭菌就可达到好的效果，例如，阿拉伯糖、木糖、鼠李糖、核糖等。可将这些拟测定的碳水化合物配成10倍于其最终浓度，灭菌后再加入至无菌的PY培养基中。

（2）用于生芽孢乳酸细菌的基础培养基　形成芽孢的乳酸细菌中有分解蛋白能力强的菌株，培养基含有机氮时，常不易检出所产生的酸。这些菌需要用专门的培养基：$(NH_4)_2HPO_4$ 1g、KCl 0.2g、$MgSO_4$ 0.2g、酵母浸提物 0.2g、琼脂 5~6g、蒸馏水1L、浓度为0.04g/100mL的溴百里酚蓝20mL。

（3）用于明串珠菌的基础培养基　蛋白胨10g、吐温80 0.1g、酵母浸提物2.5g、1.6g/100mL的溴甲酚紫液1mL，pH 6.8。

以上是基础培养基，将需测定的糖或醇类等碳水化合物加入其中，分装试管，培养基高度为4~5cm。灭菌后接种适温培养。

如试验酒球菌，基础培养基pH需调至5.2，并以最终浓度为4mg/100mL的溴甲酚绿代替溴甲酚紫作为指示剂。

（4）碳水化合物的添加量　添加量为0.5g的有苦杏仁苷、L-阿拉伯糖、核糖醇、DL-赤藓糖醇、七叶苷、糖原、松三糖、蜜二糖、D（-）核糖、海藻糖。

添加量为1g的有纤维二糖、卫矛醇、D-果糖、D-半乳糖、葡萄糖、马尿酸盐（钠盐）、肌醇、菊粉、乳糖、D（+）麦芽糖、D（+）甘露糖、D-甘露醇、D（+）棉籽糖、鼠李糖、水杨苷、D-山梨醇、L-山梨糖、可溶性淀粉、蔗糖、木糖、葡萄糖酸盐（钠盐）。

甘油0.8mL。

（5）高压灭菌时间 除了L-阿拉伯糖、D（-）核糖和木糖灭菌时间为12min外，其余灭菌时间均为15min。

（6）结果的检测和观察 依据不同的试验菌分别选择使用上述培养基，经接种适温培养后观察试验菌产酸的结果。对于使用上述的以PY为基础的碳水化合物培养基的试验菌，检测其产酸结果时，可使用溴百里酚蓝（BTB）-甲基红（MR）试剂。由该试剂显色的差异可指示产酸的程度。试剂的配方：溴百里酚蓝（BTB）0.2g，甲基红（MR）0.1g，95%乙醇300mL，蒸馏水200mL。

显色的指示范围：pH 5.5以下，红色；pH 5.6~6.0，淡红；pH 6.0~6.3，黄色；pH 6.3~7.2，淡绿。

检测时取培养液少许置于比色盘内，同时取未加碳水化合物的PY培养基中的培养液作为对照。滴加试剂比较颜色的变化，记录产酸的强弱。

对于生芽孢乳酸细菌和明串珠菌试验碳水化合物产酸时，通过在培养基中加入的指示剂显色反应可直接观察其产酸结果。培养基中分别添加的指示剂——溴百里酚蓝、溴甲酚紫或溴甲酚绿，如变为黄色，表明是碳水化合物产酸阳性反应。

12.淀粉水解

测定细菌淀粉酶对淀粉的水解是利用淀粉遇碘呈蓝黑色，经淀粉酶水解成为较小分子的糊精和糖时遇碘不显色的原理。

（1）培养基 可使用含有可溶性淀粉的营养培养基。通常可用PY作为基础培养基，在其中加入0.5g可溶性淀粉。分装试管，112℃灭菌30min。

（2）接种和培养 接种新鲜活跃菌种，适温培养1~2d。

（3）试剂 使用卢哥氏（Lugol）碘液：碘片1g，KI 2g，蒸馏水300mL。先用3~5mL蒸馏水溶解碘化钾，再加入碘片，待碘全溶后，用水稀释至300mL。储存于暗色瓶内备用。

（4）结果的检测 取培养液少许置于比色盘内，同时取未接种的培养液作为对照，分别在其中滴加卢哥氏碘液，如不显色表示淀粉水解，显蓝黑色或蓝紫色时，表示淀粉未水解或水解不完全①。将灭菌后的培养基倒成平板，取新

---

① 淀粉水解试验也可使用含可溶性淀粉的琼脂培养基。

鲜菌种点种。适温培养生成明显菌落后，在平板上滴加碘液。平板呈蓝黑色，生长的菌落四周不显色，表示淀粉水解呈阳性反应，否则为阴性结果。

13.七叶苷（灵）水解

某些乳酸细菌能水解七叶苷生成七叶亭，后者和柠檬酸铁起作用，并与其中的铁结合生成棕黑色的化合物。

（1）培养基　在PY的基础培养基中加入七叶苷最终浓度为5g/L，分装试管，112℃灭菌20~30min。

（2）试剂　5~10g/L柠檬酸铁或柠檬酸铁铵溶液。

（3）检测方法　取接种培养后的七叶苷培养液少许，置于比色盘内，同时以未接种的七叶普培养液作为对照，分别在其中滴加柠檬酸铁试剂，如显黑色表示七叶苷水解，不显色为阴性反应。

14.石蕊牛乳

牛乳中主要含有乳糖和酪蛋白，在其中加入石蕊是作为酸碱指示剂和氧化还原指示剂。石蕊在中性时呈淡紫色；酸性时呈粉红色；碱性时呈蓝色；还原时，则自下而上使牛乳褪色还原成白色。乳酸细菌发酵乳糖产酸，石蕊变红，当酸度很高时，可使牛乳凝固。如试验菌产生蛋白酶，可使酪蛋白分解，使牛乳变得较澄清略透明，这表明牛乳已陈化。

（1）培养基　制作石蕊牛乳培养基可用新鲜牛乳，使用离心机分离，去除上层奶油，取下层脱脂牛乳。用脱脂乳粉也可以，1000mL水中溶解100g脱脂乳粉可代替上述的脱脂牛乳。每100mL脱脂牛乳加入4mL浓度为25g/L的石蕊牛乳。分装试管，牛乳高度4~5cm。113℃，高压蒸汽灭菌15~20min。

（2）结果观察　观察接种和培养后的石蕊牛乳试验结果，通常适温培养1~3d即可观察石蕊牛乳产酸和凝固反应。如观察牛乳陈化结果，则需较长时间。通常需4d以上，确定为阴性结果需延长牛乳的培养至3周时间。但对于乳酸细菌而言，牛乳陈化的结果少见。

15.明胶液化试验

明胶是一种蛋白质，由细菌产生的明胶蛋白酶可将明胶分解成为多肽和氨基酸，致使其低于20℃也不再凝固。

（1）培养基　明胶基础培养基：蛋白胨1g，酵母浸提物1g，葡萄糖0.1g，盐溶液4.0mL（与PY基础培养基同），蒸馏水100mL，pH 7.0。

将拟分装的试管内加入明胶0.6g/管，再将上述配制煮沸后的培养基分装其中5mL/管。113~115℃高压蒸汽灭菌15~20min。

（2）接种和培养　试验菌接种后置于适温培养，如为低温菌即适于20℃生长的菌，放置20℃培养，便于试验结果的观察。在培养时需有两支未接种的试管培养基作对照。

（3）结果观察　明胶培养基本身具有低于20℃凝固，高于24℃可自行液化的特性。而通常试验菌株在接种后大多在高于20℃的适温条件下培养，因此，观察结果时需经低温处理。将已接种培养和未接种的对照试管置于冰箱或冷水中，待对照管凝固，记录结果，或待接种管和对照管置于低温均凝固后再取出，比较其液化情况。观察对比反复多次。如对照管凝固时，接种管液化为阳性反应，同时凝固或液化为阴性结果。

16.硫化氢的产生

有的乳酸细菌能使培养基中的有机硫化合物产生硫化氢，硫化氢遇铅盐可形成黑色的硫化铅。利用此反应可检测硫化氢的产生。

（1）培养基　常用含半胱氨酸或胱氨酸的培养基，培养的成分和制备：胰胨10g、肉浸膏3g、酵母浸提物5g、NaCl 5g、半胱氨酸0.4g、葡萄糖2g、蒸馏水1L，pH 7.2~7.4，113℃灭菌20min。分装试管，每管培养液层高度4~5cm。灭菌后备用。

（2）醋酸铅试纸条的制备　将普通滤纸剪成0.5~0.6cm宽的纸条，长度根据试管和培养基高度而定。用浓度为50~100g/L的醋酸铅将纸条浸透，然后置于烘箱中将其烘干，放入培养皿或试管内，灭菌后备用。

（3）接种和结果观察　将新鲜培养物接种于培养液后，用无菌的镊子夹取一醋酸铅纸条悬挂于接种管内。下端接近培养基表面而不接触液面，上端用棉塞塞紧。如试验厌氧菌尚需要在厌氧条件下操作。试验中设空白对照，在未接种的试管培养基上悬挂醋酸铅纸条。另外，接种已知菌的阴性反应作对照，置于适温条件下培养，进行观察比较，纸条变黑为阳性反应。

17.葡聚糖的产生

有些乳酸菌如明串珠菌可利用蔗糖生成葡聚糖，因此，此特性试验对于这类菌的鉴定有重要意义。

（1）培养基　有2种培养基可用于此试验。Sharpe提出在MRS琼脂中加入10%的蔗糖可供使用；Garvie提议采用下列培养基：胰胨10g、K_2HPO_4 5g、酵母浸提物5g、柠檬酸二铵5g、蔗糖50g、琼脂15g，水1L，pH 7.0，121℃灭菌15min。

（2）接种培养和观察　选取上面任意一种培养基，接种于培养基斜面上，适温培养2~4d，如斜面培养物形成黏稠状菌苔，表明产生葡聚糖，为阳性反应。否则为阴性结果。

18.运动性的检查

乳酸菌是否具有鞭毛也是乳酸菌分类鉴定的重要特征之一，通过检测乳酸菌运动性即可反映。通常对于乳酸细菌的鉴定不需要做鞭毛染色，而需要确定细菌是否有运动性。

（1）半固体琼脂穿刺法　有鞭毛的细菌可以在半固体培养基中游动却又不能任意游走，利用此现象可在适宜的培养基中观察细菌的生长情况，判断试验菌是否有运动性。使用试验菌能良好生长的培养基，在其中加3%~6%的琼脂。所用的琼脂量因不同的批号而异。一般半固体培养基应是将试管放倒不流动，而在手上轻轻敲打时琼脂块即可破裂为宜，试管内的琼脂柱高度约4.5cm。用直针穿刺接种试验菌于半固体培养基内，置于适温培养1~5d。细菌的运动性可用透过光目测。如培养物只生长在接种的穿刺线上，边缘十分清晰，则表示试验菌无运动性。如培养物生长由穿刺线向四周呈云雾状扩散，其边缘模糊呈云雾状，表示试验菌有运动性。如实验菌在半固体培养基中产气，气泡将穿刺线上的生长物挤乱，此时观察生长物的扩散情况应仔细，不可误将不运动的细菌判为有运动性。如试验菌偏好氧，穿刺线上生长物很少，可检查从培养基表面向下渗入的生长物的情况。

（2）镜检法　用显微镜检查细菌细胞是否能游动，可用普通显微镜或相差显微镜检查。用普通显微镜时，光线不宜太强，而要适当减弱。

（3）注意事项　将乳酸菌的自主运动和布朗运动区分开：镜检时常由于载

片与盖片之间悬液过多，在使用油浸物镜调焦时，悬液在盖玻片下流动。这时可看到大批细菌细胞都以同一速度向同一方向游动，这也不是真正的运动性。真正的运动性应是细菌细胞彼此的位置关系有明显的改变。细菌的运动性因种或不同菌株而异。有的运动迅速，有的运动缓慢。能运动的菌株也不一定每个细胞都同时运动，经常是大多数细胞不运动，少数细胞明显运动。

有些细菌的细胞不以鞭毛运动，而是滑动。镜检时应注意将二者区分开。一般以鞭毛游动速度快，滑动则迟缓。鞭毛游动只能在悬浮液中运动，滑动需附着在固体表面进行。

有的细菌因为温度太低导致运动不明显，当室温较低时，应将载玻片在培养箱中预热后再观察。

用油镜镜检时，盖玻片的厚度不宜超过0.17mm，否则调焦有困难，用相差油镜观察时，载玻片的厚度约1.2mm为宜。

（三）乳酸菌快速检测鉴定方法

目前，乳酸菌鉴定仍沿用传统方法，主要是形态学观察、革兰染色和糖发酵试验。但由于传统分析方法具有表型分析的重现率及辨识能力低、相似的表型特性并不等同于相似的或者关系密切的基因型等缺点，因此基于表型试验的常规技术并不能对乳酸菌株作出明确的鉴定。一般来讲，准确地鉴定乳酸菌至种的水平，至少需要17种表型实验，因此建立简单快速的检测鉴定方法势在必行。分子生物学技术为微生物的鉴定提供了新的快捷方法。随着对乳酸菌基因组结构及系统发生关系的了解，分子生物学技术越来越多地被用于检测鉴定工作中。

1.乳酸菌生化快速检测系统

乳酸菌的快速鉴定系统是建立在生化鉴定的基础上的，根据鉴定对象采用不同编码鉴定系列，接种一定数目的试验卡，适温培养一段时间后，将得到相应数值，并与数据库比对而获得鉴定结果。目前国内外应用最广泛的编码鉴定系统是由法国Bio Merieux公司生产的API鉴定系统。该系统包括约1000种生化反应，可鉴定的细菌大于550种，具有品种齐全、涉及面广、鉴定力强及数据库更新及时等优点。虽然API具有诸多优点，但对于API疑似错误的鉴定结果，还要结合菌落、菌体特点，以及其他酶学试验综合确定。此外，鉴定成本还有待进一步降低，该鉴定系统也在不断完善以提高鉴定的准确性。

2.乳酸菌基因鉴定系统

分子生物学鉴定依据微生物遗传学特征，具有快速、准确和分辨率高等优点，因此该鉴定方法也是近年来乳酸菌鉴定的重要手段。随着分子生物学技术的不断发展，对乳酸菌进行基因鉴定的技术逐渐形成了一个体系，DNA的（G+C）含量测定和DNA/DNA同源性测定是两种最基础的方法，除此之外，又发展出了16SrDNA序列分析、16S~23SrDNA序列分析、限制性片段长度多态性分析（RFLP）、随机扩增DNA多态性分析（RAPD）、扩增片段长度多态性分析（AFLP）、基因组简单重复序列PCR标记（Re-PCR）、变性梯度凝胶电泳/温度梯度电泳（DGGE/TGGE）、全基因组测序等一系列新型手段。

五、菌种保藏

乳酸细菌除少数使人畜致病外，绝大多数是有益于人类的细菌，在科研和生产实践中越来越显示出其重要作用。细菌菌种经保藏后能否长期存活及保持其原性状，受内在因素和外界条件的影响。乳酸菌菌种的保藏首先要求选择适宜的培养基、培养温度和菌龄，以便得到健壮的菌株培养物或孢子，保存于低温、隔氧、干燥、避光的环境中，尽量降低或停止微生物的代谢活动，减慢或停止生长繁殖，使其在较长时期内保持着生活能力。

（一）定期移植保藏法

定期移植保藏法又称传代培养保藏法。该法包括斜面培养、液体培养和穿刺培养等。

它是最早使用而且现今仍然普遍采用的方法。该法是将在待保藏菌株接种在适宜的培养基上，在适合的温度条件下将其培养至对数生长期后期，将其放置于低温处，通常保存于4℃冰箱中，使其停止生长或缓慢生长。按细菌在此条件保藏的不同存活期限进行定期移植。

注意事项：乳酸菌都能发酵碳水化合物产酸，因此在培养基中加入1%的$CaCO_3$，将有利于保藏，如制作琼脂斜面和软琼脂柱，在凝固前加以振荡，使

CaCO₃均匀分布；有的乳酸细菌如能在无糖或少糖的培养基中存活，可选择保藏于这类培养基中；专性厌氧的乳酸细菌保藏，需按照厌氧操作制作预还原的培养基，再在无菌无氧下移植菌种；专性和兼性厌氧的乳酸菌需要使用带胶塞的厌氧螺口试管保藏，不仅可防止培养基的干缩，也避免了使用棉塞可能引起的污染；生芽孢的乳酸细菌可选择适合生孢的培养基，便于鉴定，也适于保藏；对保存菌株的性状（形态和生化特性等）应进行定期检查。

（二）真空冷冻干燥法

真空冷冻干燥法，简称冻干法。它是将待保藏的乳酸菌细胞或孢子添加保护剂制成菌悬液，按每小瓶0.1~0.2mL将其注入无菌安瓿瓶，于-40℃条件下预冻1h，使菌悬液处于低温冻结状态，于-20~30℃、真空度为13.3Pa的条件下使冰升华，从而使其达到干燥的方法。在脱水过程后期，安瓿瓶外温度可逐渐升至25℃。脱水后的样品含水量应在1.5%~3%。最后，将安瓿瓶保持真空度为1.3Pa，用火焰溶封，在4~8℃避光保存。冻干的微生物在恢复培养时细胞需要有复水的过程，一般使用适于该微生物的液体培养基或缓冲液进行复水，使细胞悬浮其中，再将此液接种于琼脂斜面适温培养。

在冷冻真空干燥过程中，为防止因冻结和水分不断升华对细胞的损害，需采用保护剂或称悬浮剂来制备细胞悬液，使细胞在冻结和脱水过程中，保护性溶质通过氢和离子键对水和细胞所产生的亲和力来稳定细胞成分的构型。保护剂多为蛋白质、氨基酸、糖类或高分子。常用的保护剂如下：脱脂牛乳（或10%~20%脱脂乳粉）（脱脂牛乳加3%乳糖和0.3%酵母浸提物）、马血清（马血清加7.5%葡萄糖或血清400mL加葡萄糖30g及营养肉汁400mL加葡萄糖30g等）。

冷冻干燥保藏的菌种，其培养条件和菌龄对细菌的存活力有影响。对各类微生物包括乳酸细菌，一般要求都用其最适培养基和最适温度进行培养。同一成分的培养基采用固体或液体形式培养菌种对其存活能力影响不大，取决于用哪种形式收获菌体比较方便，然而菌龄则直接影响生存能力。实验证明，对于细菌冻干对数生长后期、静止期初期的细胞，其存活率高于对数生长初期和衰老期的细胞。对于形成芽孢的细菌，冻干生成芽孢的菌体更适宜。制备菌悬液的浓度与冻干后细菌的存活也有关。一般而言，用浓的细胞悬液比用稀的细胞悬液更可取。冻干后菌体的存活率都是会降低的，而浓菌悬液对比稀菌悬液中存活的细胞数，前者明显高于后者。

在真空条件下，低温、隔绝空气和干燥是此菌种保藏法能够长期保存的几个重要因素。在这样的条件下，微生物的生命活动处于休眠状态，代谢也相对静止，故可保存较长时期。冷干法从20世纪50年代以后广泛地被用于保存各类微生物，除个别真菌外都取得了良好的效果。据报道许多微生物用此法可保存10年以上，甚至达20年。因此，各国采用冻干法作为保藏菌种的主要手段。

（三）液氮超低温保藏法

液氮超低温保藏法简称液氮保藏法。液氮超低温冻结保藏技术方法最初是由保存高等生物细胞而逐渐发展起来的。这是根据在低于–130℃时一切生化反应处于停止状态、微生物也不能进行代谢活动而设计的冻结法。为避免冻死、冻伤和细胞内形成大量冰晶，用保护剂制备悬液并控制预冻时的冷却速率和解冻时融化速率。微生物的大多数属种适于慢速冻结和快速解冻。使用此技术方法必须有一定的设备和器具，如液氮发生器、液氮储存罐、液氮生物储存罐（即液氮冰箱）、控制冷却速度装置、安瓿管和铝夹等。

采用液氮保存菌种时为减少冻结对细胞的损伤，须用低温保护剂制作细胞悬浮液。常用的有甘油，使用浓度为10%（体积分数）；二甲基亚砜 [（CH_3）$_2$SO，dimethylsulphoxide，DMSO]，使用浓度为5%或10%（体积分数）；甲醇，使用浓度5%（体积分数）；葡聚糖，使用浓度为50g/L。一般常用的是甘油和DMSO。甘油、DMSO和甲醇应使用光谱纯的试剂。使用前应高压灭菌或过滤灭菌，甲醇只能过滤灭菌。

用液氮保存的菌种，将其在适宜培养基适温培养至静止期前期，生芽孢的菌应培养至形成成熟的芽孢为止。取试管或平皿生长好的培养物用无菌生理盐水洗下细胞制成悬液，注入一无菌试管中使细胞分散均匀。再加等量的保护剂（加浓度为20%的甘油和10%的DMSO），再充分混匀。悬液制得后，无菌地分装入已灭菌且容量为2mL的安瓿管中，每个安瓿管分装0.2~0.5mL。在控制温度下降速率为1℃/min的条件下预冻至-40℃，然后立即放入液氮生物储存罐中气相（-150℃）保存。

菌种经超低温保存后，需要使用时从液氮冰箱中取出，然后立即放置在38℃恒温水浴中解冻，在其中摇动5~10min便可融化，将解冻后的细胞接种于该细菌适宜的斜面培养基上，适温培养即可。

参考文献

［1］陈卫.乳酸菌科学与技术[M].北京：科学出版社，2019.

［2］郭兴华，凌代文.乳酸细菌现代研究实验技术[M].北京：科学出版社，2013.

［3］韩瑨，刘振民，郭本恒，等.柠檬明串珠菌的研究进展[J].食品研究与开发，2014（16）：126-131.

［4］纪赟.酒类酒球菌培养特性研究[D].青岛：中国海洋大学，2009.

［5］敬思群.优质乳酸菌的应用[J].中国乳业，2002（6）：18-20.

［6］哈傅瑞燕.利用代谢工程手段改善乳酸乳球菌胁迫抗性的研究[D].无锡：江南大学，2006.

［7］李文斌，宋敏丽，高荣琨等.肠膜明串珠菌的研究和应用进展[J].食品工程，2006（4）：3-4，11.

［8］李钟庆编著，微生物菌种保藏技术[M].北京：科学出版社，1989.

［9］凌代文.乳酸细菌分类鉴定及试验方法[M].北京：中国轻工业出版社，1998.

［10］吕嘉枥，齐文华.乳酸菌的生理功能及在食品酿造工业中的应用[J].食品科技，2007（10）：13-17.

［11］吕锡斌，何腊平，张汝娇，等.双歧杆菌生理功能研究进展[J].食品工业科技，2013，34（16）：353-358.

［12］那淑敏，贾士芳，陈秀珠.嗜酸乳杆菌发酵代谢产物分析[J].中国微生态学杂志，1999，11（005）：266-268.

［13］庞洁，周娜，刘鹏，等.罗伊氏乳杆菌的益生功能[J].中国生物工程杂志，20115：131-137.

［14］彭习亮，马成杰.乳酸菌的生理功能及其在食品工业中的应用[J].安徽农业科学，2013（20）：8708-8710.

［15］钱程，霍贵成，马微.鼠李糖乳杆菌（LGG）的功能特性及其应用前景[J].食品科技，2005，000（009）：94-98.

［16］沈萍，陈向东.微生物学复兴的机遇、挑战和趋势[J].武汉大学生命科学学院：微生物学报，2010年01期.

［17］施安辉，周波.乳酸菌分类、生理特性及在食品酿造工业中的应用[J].中

国调味品，2001（11）：3-8.

［18］苏伟志. 抗过敏的乳酸菌[P].中国专利：ZL2007 1 10128018.X，2007（06）：21.

［19］王东坡. 喝什么都是药[M]. 北京：现代教育出版社，2008：27-28.

［20］王进主.病原生物学与免疫学[M].2007：178-179.

［21］王水泉，包艳，董喜梅，等.植物乳杆菌的生理功能及应用[J].中国农业科技导报，2010（04）：49-55.

［22］肖仔君，陈惠音，杨汝德.嗜酸乳杆菌及其应用研究进展[J].广州食品工业科技，2003，19（B11）：90-92.

［23］张春辉.抗生素替代品嗜酸乳杆菌的研究进展[J].现代牧业，2020，4（01）：34-37.

［24］张丹丹，郭宇星，周慧敏，等.瑞士乳杆菌的益生特性[J].食品与发酵工业，2014，40（05）：32-36.

［25］张廷伟，张代玉，马景芳.乳酸菌在肉制品加工中的应用[J].黑龙江畜牧兽医，2003（08）：61-62.

［26］赵宏飞.乳糖对瑞士乳杆菌生长代谢影响及高密度培养研究[D].北京：北京林业大学，2014.

［27］赵玲艳，邓放明，杨抚林.乳酸菌的生理功能及其在发酵果蔬中的应用[J].中国食品添加剂，2004（5）.

［28］赵瑞香，李元瑞，郭洋.嗜酸乳杆菌抑菌特性的研究[J].中国微生态学杂志，2001，13（006）：318-319.

［29］周德庆. 微生物学教程[M]. 北京：高等教育出版社，2013.

［30］Dunne J，Evershed R P，Salque M，et al. First dairying in green Saharan Africa in the Fifth Millennium BC[J]. *Nature*，2012，486（7403）：390-394.

［31］Shin H S，Ustuno1 Z. Growth and Acid Production by Lactic Acid Bacteria and Bifidobacteria Growth in Skim Milk Containing Honey[J]. *Journal of Food Science*，2001，66：478-481.

［32］Kandler O，Weiss N. Bergey's manual of systematic bacteriol—ogy[M].（Vo1. 2）Baltimore：Williams Wilkins，1986，1209-1229.

第二章

乳酸菌的
代谢途径和生理功能

　　乳酸菌是一类革兰阳性球状、球杆状和杆状细菌，一种能利用可发酵碳水化合物产生大量乳酸的细菌的统称，是一群代谢类型相似、形态和生理特征差异性很大的细菌。乳酸菌的分布十分广泛，例如在水果蔬菜中、乳制品、肉类以及肉类制品等一些营养丰富的食品中均有分布，除此之外，乳酸菌在土壤中以及动物肠道等营养贫瘠的环境也有分布。

　　除分布广泛以外，乳酸菌还是食品以及发酵工业中的重要微生物。它们可以根据自身不同的代谢途径对不同物质进行分解代谢，产生代谢产物。

　　乳酸菌在生活中并不少见，甚至可以说其活动于各种环境中，在各个领域也均有应用，这正因为它本身也有着重要的生理功能，人们对于它的研究也屡见不鲜，大量研究以及事实验证了：乳酸菌可以提高食品的营养价值，对于食品口感、风味以及保存时间都有有利影响，与此同时对人体还具有多种保健作用。例如，最熟悉的乳酸菌调节肠道菌群，维持体内微生态平衡，抑制肠道内腐败菌的生长繁殖，消除体内有毒物质，改善便秘等。

一、乳酸菌的代谢途径

（一）微生物的代谢

　　微生物代谢（microbial metabolism）是微生物吸收营养物质维持生命和增殖并降解基质的一系列生化反应过程。有机物的降解和微生物的增殖，如图2-1所示。分解代谢中，有机物在微生物作用下，发生氧化、放热和酶降解过

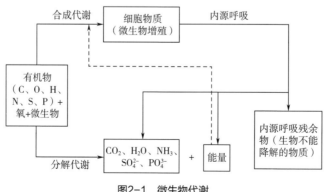

图2-1　微生物代谢

程，使结构复杂的大分子降解；在合成代谢中，微生物利用营养物及分解代谢中释放的能量，经过还原吸热及酶的合成过程，使微生物增殖。内源呼吸是细胞物质进行自身氧化并放出能量的过程。当有机物充足时，细胞物质被大量合成，内源呼吸则并不显著；当缺乏营养时，则只能通过内源呼吸氧化自身的细胞物质而获得微生物生命活动所需的能量。

微生物在生命活动中从外界环境摄取营养物质，并通过生物酶催化的复杂的生化反应过程，提供给自身能量及合成新的微生物机体，不断进行着生长繁殖和自我更新，并向外界环境排放废物的过程，即是新陈代谢，简称代谢。代谢大体上可分为两大类，即分解物质及提供能量的代谢，称分解代谢；消耗能量合成生物体的代谢，称合成代谢。这两种代谢，在微生物的生命活动过程中，不是单独进行的，而是相互依赖密切配合，共同进行的，合成代谢过程中需要的能量和物质由分解代谢提供。

总的来说，微生物的代谢是指在活细胞中发生的各种分解代谢（catabolism）和合成代谢（anabolism）的总和。其中，分解代谢过程是指将复杂的有机物分子通过分解代谢酶系的催化，产生简单分子、腺苷三磷酸（ATP）形式的能量和还原力的过程，又称异化作用。而合成代谢是指在合成代谢酶系的催化下，由简单小分子、ATP形式的能量和还原力一起合成复杂的大分子的过程。

为微生物的生长提供必需的ATP、还原力、小分子中间代谢产物，是微生物的分解代谢。当然，对于不同微生物来说，由于酶系的不同，代谢途径、代谢底物和代谢产物同样也有很大差异。在微生物细胞中，有的同时存在多条途径来降解葡萄糖，有的只有一种途径来降解葡萄糖。

1.微生物简介

微生物（microbe）是生物的一大类，与植物和动物共同组成生物界。绝大多数的微生物个体，通常不能用肉眼识别，只有用光学显微镜或电子显微镜才能观察到。它们是一群个体，体积微小，构造简单，大多是单细胞，少数是多细胞的生物，有的甚至没有细胞结构。特点是繁殖速度快，代谢类型多、代谢强度高。微生物包括细菌（含支原体、立克次氏体、衣原体）、放线菌、真菌、病毒、单细胞藻类和原生物等。微生物在自然界中广泛存在，遍布空气、水、土壤、各种有机物、动植物的体表和体内，甚至在高达90℃以上的温泉和终年积雪的高山也有微生物的存在。

2.微生物多样性

微生物多样性指微生物的物种、代谢类型、代谢产物、遗传基因和生态类型等具有多样性。迄今已记载的微生物种类约20万种,包括原核生物(真细菌和古生菌)、真核微生物和非细胞生物;微生物代谢类型比动、植物丰富得多,尤其是化能自养、生物固氮、分解复杂有机物(纤维素、木质素、石油等)和极毒物质(氰、酚、多氯联苯等)的能力,以及在极端环境下的生存能力等;微生物代谢产物种类极多,仅次生代谢产物一项就达16500种;微生物遗传基因的多样性非常突出,至今已完成测序的微生物就已超过100种(株);微生物的生态类型也极其多样,可生活在土壤圈、水圈、大气圈、岩石圈、冰雪圈以及各种极端条件下,它们与其他种生物间的依存关系也极其多样,包括互生、共生、寄生、拮抗和猎食等。微生物多样性为人类的生存、发展创造了良好的资源条件,也为生命科学基础理论的研究以及应用和开发提供了丰富的对象。

3.分解代谢

分解代谢(catabolism)也被称为称异化作用,在新陈代谢过程中,生物体将自身的组织物质分解以释放能量或排出体外的过程,即生物将食物或体内的复杂有机物分解为简单物质的代谢过程。分解代谢包括生物分子或营养物在机体内的降解和产能反应,是机体内新陈代谢的重要的组成部分,也指在细胞内复杂化合物或大分子分解为小分子化合物的生物过程。在此过程中的各种中间产物被称为分解代谢产物,是中间代谢的一个阶段。

4.合成代谢

合成代谢(anabolism)又称同化作用(assimilation)。健康机体要进行各种生理活动,又需要适应外部环境,改造世界,提高生命和生活质量。在不断消耗能量,分解蛋白质、脂肪和碳水化合物的基础上,机体有必要从外界摄取食物并将其转变为自身的有用物质,然后替补其细胞结构、发挥其细胞功能。食物经消化变成简单分子而被吸收,转变为细胞自身物质作为能源被储存起来。机体从结合子开始,经过细胞增殖分化而形成复杂机体,生长发育和繁殖之所以能正常进行，有赖于合成代谢，且合成代谢超越分解代谢。肥胖与脂肪合成代谢占优势有直接关系。合成代谢又称组成代谢，是使营养物同化为复杂物质或具有活力物质的过程，常指细胞将营养物转化为原形物质，包括合成过程与能量获得，包括生物合成及需能反应，或是从小分子的前体，经过细胞的同化作用形成大分子或复杂物质的生物过程。生物合成的全过程，包括：中间代谢的时相，包含借以产生细胞组分的生物合成和需氧反应和来自低分子质量前体的大分子和复杂物质的细胞同化作用，诸如蛋白质、核酸、多糖以及由作为前体的单体获得的其他高聚物的合成。这些过程中所需的能量来自ATP的水解。

5.代谢途径

代谢途径（metabolic pathway）是生物体内的物质经一系列连续的酶促反应进行合成或分解的过程，特点是多酶系统催化，由多步生化反应组成。一系列酶催化的反应，其功能如同一个整体，能把一种化合物转变成另一种，或把一个关键的中间产物代谢产生一些终产物的合成、分解、转化作用等。在真核生物中，为代谢途径酶编码的基因都可能一起与操纵子连锁。在某些系统中，酶按结构组合在一起，并常载于膜上。

在生物体内，各种代谢途径相互联系，相互制约，受严格的调节控制而有条不紊地进行。多种代谢反应相互连接起来，以完成物质的分解或合成的通路。代谢途径可以是线性的、环形的、分支的、分层的、直接可逆转性的或间接可逆性的途径等。

较小分子经一系列酶反应，吸收能量，转变为较大分子的过程，称为合成途径；较大分子经一系列酶反应，放出能量，转变为较小分子的过程，称为分解途径。

一种起始物经一系列酶反应产生一种终产物的过程，被称为线性代谢途径；起始物经一系列循环的酶反应而再生的过程，称为循环途径；一种起始物经多步酶反应形成一种中间物，再转变为两种或两种以上终产物的过程，被称为分支代谢途径。

6.代谢物

代谢物（metabolite）是代谢反应中的任一个反应物、中间物或产物。参与这些反应的代谢物在所有生物体内是基本相似的，是维持生命和生存所必需的，被认为是初级代谢物，包括参与生长（生物合成）、能量产生和转化以及细胞成分转换的代谢物，如碳水化合物、脂类和蛋白质。其他代谢物，如色素、生物碱、抗生素、萜类等仅存在于一定的生物体内，对于产生它们的生物体无明显生物学功能，被认为是次级代谢物。

7.代谢组学

一个生物体内全部代谢物的总和称代谢组（metabolome），以代谢组为研究对象的新兴生命科学交叉学科称为代谢组学。其研究重点为分析测定生物体内所有代谢物的组成、分布和时空动态变化，结合计算生物学的分析和计算机建模，从机制上探明生物代谢网络的调控规律，以达到定量预测基因改变和环境变化所引发的代谢网络变化规律，进而为优化生物代谢功能、提高科学研究和生产效率提供必要的理论基础。

代谢组学是通过组群指标分析，进行高通量检测和数据处理，研究生物体整体或组织细胞系统对外界刺激的动态应答，特别是内源代谢、遗传变异、环境变化乃至各种物质进入代谢系统的特征和影响的学科。

（二）乳酸菌代谢类型

乳酸菌（lactic acid bacteria，LAB）是一类以乳酸为主要产物，可以用来发酵碳水化合物的一类常见且重要的工业微生物。在微生物的细胞中，不同的微生物的代谢途径、代谢底物以及代谢产物有可能存在着一定的差异。对于不同的微生物来说，在其细胞中对于葡萄糖的降解存在着不小的差异，如有些微生物只有一条降解途径，而有些微生物则存在多条降解葡萄糖的途径。

乳酸菌属于一类异养厌氧型微生物，具有较低的G＋C（<55mol%）含量，耐酸能力较强，不能形成芽孢，对营养要求严格挑剔，对氧气耐受，但生长过程中不需要氧气，不能合成含铁的原卟啉、过氧化氢酶和细胞色素氧化酶；但在厌氧或兼性厌氧条件下，发酵乳糖会产生主要的代谢产物——乳酸，这是与人类生活密切相关的发酵产品的主要原料。也正因为乳酸菌是厌氧菌，所以其代谢途径相对来说较简单，主要类型包括糖酵解途径（glycolytic pathway）、磷酸戊糖途径（phosphopentose pathway）、stickland反应、磷酸乙酮醇酶途（phosphoketolase pathway）、Leloir途径（leloir pathway）等。

1. 糖酵解（EMP）途径

糖酵解途径又称己糖二磷酸途径（hexose biphosphate pathway）。一般是指，体内组织在无氧或缺氧情况下，葡萄糖或糖原在胞浆中分解产生乳酸和少量ATP的过程，简称为EMP途径。

EMP途径的总反应式为：

葡萄糖+2NAD$^+$+2Pi+2ADP $\longrightarrow$ 2丙酮酸+2NADH+2H$^+$+2ATP+2H$_2$O

糖酵解途径对于非常大的一部分生物的代谢来说，是一条公用的主流途径。糖酵解的过程大致可分为四个阶段，分别为

第一阶段：磷酸己糖的生成（活化）

第二阶段：磷酸丙糖的生成（裂解）

第三阶段：3-磷酸甘油醛转变为3-磷酸甘油酸（氧化）

第四阶段：3-磷酸甘油酸转变为丙酮酸并释放能量（产能）

（1）活化　该过程具体可分为三个小部分，第一步是指葡萄糖在己糖激酶的作用下，发生磷酸化，生成6-磷酸葡萄糖。除了己糖激酶的作用，在该过程中还需要腺嘌呤核苷三磷酸（adenosine triphosphate），也就是ATP的参与，这也说明该过程需要能量。除此之外，生成6-磷酸葡萄糖的过程中所需的己糖激酶是整个酵解过程中的第一个调节酶。

与此同时，葡萄糖磷酸化生成6-磷酸葡萄糖这个葡萄糖活化的过程具有重要的意义，例如，葡萄糖磷酸化后容易参与反应，再比如磷酸化后的葡萄糖带负电荷，不能透过细胞质膜，形成一种细胞的保糖机制等。

接下来的第二步是指由6-磷酸葡萄糖经过磷酸己糖异构酶作用，转变为6-磷酸果糖的过程，如图2-2所示。有一点值得注意，该过程是一个可逆的过程。

最后由6-磷酸果糖再次磷酸化生成1,6-二磷酸果糖的过程是葡萄糖活化的第三步，也是组最后一部分。该部分起作用的酶是磷酸果糖激酶-1（PK-1），该酶也是糖酵解过程中的第二个调节酶，不仅如此，磷酸果糖激酶在该过程中还有一个名字为"限速酶"。

糖酵解第一阶段"活化"，有以上三个部分结合而成，每一部分都是重要的一环，不可或缺。此外，若其实为葡萄糖则完成糖酵解第一阶段一共需要消耗2个ATP。

（2）裂解　该过程为糖酵解的第二阶段，是将活化后的1,6-二磷酸果糖转

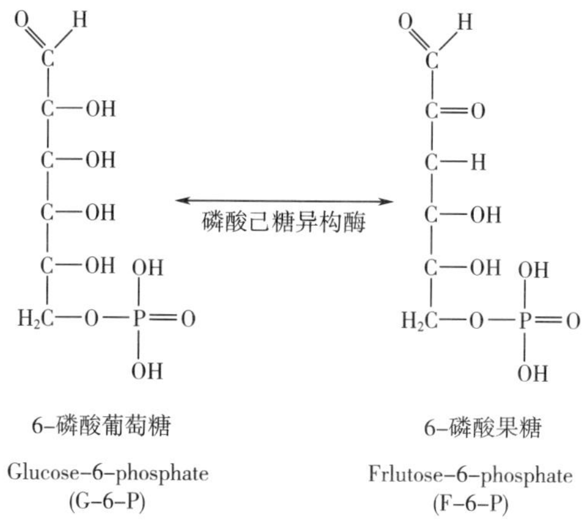

6-磷酸葡萄糖
Glucose-6-phosphate
(G-6-P)

6-磷酸果糖
Frlutose-6-phosphate
(F-6-P)

磷酸己糖异构酶

图2-2 6-磷酸葡萄糖异构化转变为6-磷酸果糖

化成磷酸丙糖的过程，主要分为磷酸丙糖生成以及互换两个过程。

首先，1,6-二磷酸果糖在醛缩酶的催化下，裂解成两个三碳化合物分子，分别为磷酸二羟丙酮和3-磷酸甘油醛，这是磷酸丙糖的生成过程；接着互换过程是将上一步产物中的磷酸二羟丙酮经由磷酸丙糖异构酶的作用全部转换为3-磷酸甘油醛，之后进入第三阶段的氧化过程。在该过程中可以发现，1,6-二磷酸果糖与最终产物3-磷酸甘油醛的比例为1∶2。

（3）氧化 带着裂解出的3-磷酸甘油醛，进入氧化阶段，这也是糖酵解的第三阶段即将3-磷酸甘油醛转变为3-磷酸甘油酸的阶段。该过程是在3-磷酸甘油醛脱氢酶的作用下完成的，在3-磷酸甘油醛脱氢酶的帮助以及NAD^+和H_3PO_4的参与下，3-磷酸甘油醛被氧化为1,3-二磷酸甘油酸。

值得一提的是，该过程中的反应是糖酵解中唯一的脱氢反应，产物除了1,3-二磷酸甘油酸，还有NADH以及脱去的氢离子。

（4）产能 糖酵解的第四阶段也是最后一阶段，总体来说分为四步。其一是1,3-二磷酸甘油酸转变为3-磷酸甘油酸，该过程所用到的酶是3-磷酸甘油酸激酶，值得被记住的是，这是糖酵解过程中第一次底物水平磷酸化反应。

其二，3-磷酸甘油酸转变为2-磷酸甘油酸，在该过程中磷酸甘油酸位酶起到了决定性的作用，如图2-3所示。

其三，在烯醇化酶以及Mg^{2+}或Mn^{2+}的作用下，2-磷酸甘油酸被转变为磷酸烯醇式丙酮酸（PEP），如图2-4所示。

最后一步，磷酸烯醇式丙酮酸（PEP）转变为烯醇式丙酮酸。在该过程中，丙酮酸激酶（PK）是糖酵解过程的第三个调节酶，而该反应则是第二次

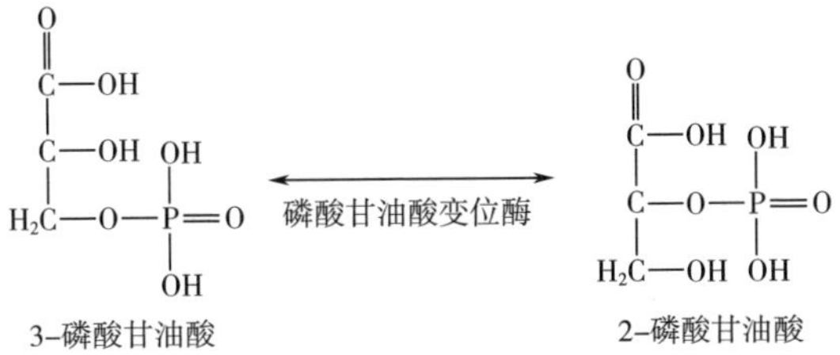

图2-3 3-磷酸甘油酸转变为2-磷酸甘油酸

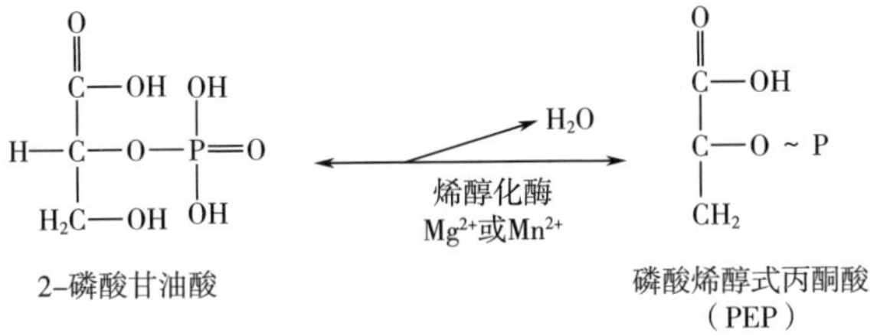

图2-4 2-磷酸甘油酸转变为磷酸烯醇式丙酮酸

底物水平磷酸化反应。

（5）乳酸菌的EMP代谢途径　EMP途径产能效率低，因此并不是主要的产能途径，但其生理功能的重要性不容忽视，其中间代谢物较多，可供其他物质的合成，不仅如此，它还是连接其他几个代谢途径的桥梁。

乳酸菌可以就EMP途径的产物丙酮酸出发，进行主要发酵产物为乳酸的同型乳酸发酵。其中，能进行同型乳酸发酵的乳酸菌很多，如德氏乳杆菌（*Lactobacillus delbruckii*）、嗜酸乳杆菌（*L. Acidophilus*）、植物乳杆菌（*L. Plantarum*）和干酪乳杆菌（*L. Casei*）等。通过同型乳酸发酵可以为乳酸菌提供生命活动所需的能量，而对人类实践，可以通过工业发酵手段大规模生产这些代谢产物，同时，发酵中的某些特征代谢产物还是菌种鉴定的重要指标。

2. 磷酸戊糖途径（HMP）

（1）HMP途径概况　磷酸戊糖途径（pentose phosphate pathway）简称HMP/PPP途径，一般是指从6-磷酸葡萄糖开始，一个糖的分解代谢途径，另外该途径的意义在于产生5-磷酸核糖，提供NADPH。

HMP途径总反应式：6葡萄糖-6-磷酸$+12NADP^+ +6H_2O \longrightarrow 5$葡萄糖-$6$-磷酸$+12NADPH+12H^+ +12CO_2 +Pi$

磷酸戊糖途径主体上主要分为两个阶段，分别为氧化阶段和异构阶段。

第一阶段——氧化阶段，是指6分子的6-磷酸葡萄糖经脱氢、水合、氧化脱羧生成6分子5-磷酸核酮糖、6NADPH和6CO$_2$；第二阶段——异构阶段，指的是6分子5-磷酸核酮糖经一系列基团转移反应异构成5分子6-磷酸葡萄糖再回到下一个循环。

与此同时继续细分，可分为7个小步骤：

① 6-磷酸葡萄糖转变为6-磷酸葡萄糖酸内酯。该过程是初始反应物6-磷酸葡萄糖在6-磷酸葡萄糖脱氢酶的作用以及NADP$^+$参与下，转变为6-磷酸葡萄糖酸内酯，并有NADPH+H$^+$生成。在整个过程中，6-磷酸葡萄糖脱氢酶是一种限速酶，对NADP$^+$有高度的特异性。

② 6-磷酸葡萄糖酸内酯转变为6-磷酸葡萄糖酸。在这个反应过程中起作用的酶是内酯酶，在水的参与下完成6-磷酸葡萄糖酸内酯到6-磷酸葡萄糖酸的转变。

③ 6-磷酸葡萄糖酸转变为5-磷酸核酮糖。在整个第三步的过程中，都存在6-磷酸葡萄糖酸脱氢酶的催化，在其中也存在NADP$^+$ → NADPH+H$^+$的转化，最终6-磷酸葡萄糖酸转变为5-磷酸核酮糖，同时有二氧化碳生成。

④ 三种五碳糖的互换。该过程中的三种可互换的五碳糖分别为5-磷酸木酮糖（ribulose 5-phosphate）、5-磷酸核酮糖（ribulose 5-phosphate）以及5-磷酸核糖（ribose5-phosphate），三者之间可以相互转化，其中，5-磷酸木酮糖与5-磷酸核酮糖之间转化起作用的酶为差向酶，而5-磷酸核酮糖与5-磷酸核糖之间则是由异构酶起催化作用。

⑤ 二分子五碳糖的基团转移反应。该过程中用到的酶是转酮醇酶（TPP），是由5-磷酸木酮糖、5-磷酸核糖到3-磷酸甘油醛（glyceraldehyde 3-phosphate）、7-磷酸景天糖（sedoheptulose 7-phosphate）的对应转化。

⑥ 七碳糖与三碳糖的基团转移反应。在该反应过程中所用到的是转醛酶以及 Mg^{2+}或Mn^{2+}，在它们的作用下7-磷酸景天糖和3-磷酸甘油醛也进行转化，分别转化为4-磷酸赤藓糖、6-磷酸果糖。

⑦ 四碳糖与五碳糖的基团转移反应。该过程中再一次用到了转酮醇酶（TPP），完成了4-磷酸赤藓糖、6-磷酸果糖与3-磷酸甘油醛、6-磷酸果糖之间的转化。

（2）乳酸菌的HMP代谢途径　HMP途径与细胞代谢活动对其中间产物的需要量有关，在微生物的总能量代谢中占有一定的地位。在HMP途径中能产生如核苷酸、若干氨基酸、辅酶和乳酸等多种重要的发酵产物。

乳酸菌由葡萄糖经HMP途径发酵会产生乳酸、乙醇、醋酸和CO_2等多种产物，这种发酵又称异型乳酸发酵。有一部分的乳酸菌因缺少一定的重要酶类，例如，醛缩酶和异构酶等，导致其葡萄糖的降解需完全依靠HMP途径。

生活中能进行异型乳酸发酵的乳酸菌有很多，例如，乳脂明串珠菌（*L.cremoris*）、发酵乳杆菌（*L.fermentum*）、肠膜明串珠菌（*Leuconostoc mesenteroides*）、短乳杆菌（*Lactobacillus brevis*）和两歧双歧杆菌（*Bifidobacterium bifidum*）等，当然，即使它们都进行异型乳酸发酵，但途径和产物仍有一定差异。因此，异型乳酸发酵又可以分为两条发酵途径：异型乳酸发酵的"经典"途径以及异型乳酸发酵的双歧杆菌途径。

其中，一般以肠膜明串珠菌（*Leuconostoc mesenteroides*）异型乳酸发酵的"经典"途径的代表，该途径"经典"在于是分别以葡萄糖、核糖、果糖为底物进行代谢的。在该"经典"途径中，不同的底物同样存在差异，例如，底物为葡萄糖时，发酵的产物为乳酸、乙醇和CO_2，并产生$1H_2O$和1ATP；底物为核糖时，发酵产物为乳酸、醋酸、$2H_2O$和2ATP；而底物为果糖时，发酵产物则为乳酸、醋酸、CO_2和甘露糖。

3. StickLand反应

少数厌氧微生物能在无氧环境下利用一些氨基酸作为碳源、氮源和能源，而乳酸菌作为一种异养厌氧型微生物也属于少数中的一部分。其产能机制为通过部分氨基酸的氧化与一些氨基酸的还原相偶联的独特发酵方式。它以氨基酸作为底物脱氢，并以另外一种氨基酸作为氢的受体而实现生物氧化产能。

在Stickland反应中，作为氢供体的氨基酸主要有丙氨酸、亮氨酸、异亮氨酸、缬氨酸、苯丙氨酸、丝氨酸、组氨酸和色氨酸等，作为氢受体的主要有甘氨酸、脯氨酸、羟脯氨酸、鸟氨酸、精氨酸和色氨酸等。

4. 柠檬酸的乳酸菌发酵降解途径

乳酸菌其主要特征是可以将糖类物质转化成乳酸，在食品等多个领域均有应用，除此之外，有关研究表明，部分乳酸菌还可代谢柠檬酸等非糖物质，这一发现进一步为乳酸菌发酵的应用拓宽了思路，提供了新的方向。近年来，人们对该领域的研究不断深入，对乳酸菌代谢柠檬酸有了新的应用和认识，比如在果酒发酵中，原料中柠檬酸的含量，会影响最终的口感，为此降酸技术就成为该过程中的重要一环，对降酸技术的研究也成为重点项目。有关资料表明，目前，国内外主要采用物理降酸、化学降酸和生物降酸三种降酸方式，这三种方式各有优缺点，例如，物理降酸又称低温冷冻降酸，它的主要原理是酒体中的酒石酸及其盐类由于温度的不断降低最终结晶沉淀。这种方法有利也有弊，优点是操作简便，没有引入其他杂质，由于要求低温所以更适合在冬季进行生产。缺点是此法作用的物质有限，仅对酒石酸盐有用，不适于其他有机酸的去除，并且作用效果、降低幅度较小。对于化学降酸法而言，主要是向果汁体系中加入碱或碱式盐进行酸碱中和或者进行离子交换树脂和电渗析法等，但利用化学方法进行降酸不利于果酒体系的稳定，或者对风味有一定的影响，使口感有一定的损失。

在降酸技术中，生物降酸技术适用性更广，技术更成熟。生物降酸是指利用微生物的生长代谢对有机酸进行分解的过程，从而达到降酸的目的。微生物降酸技术不仅能降低酸度，也可以对口感及风味进行改进，是现代主要的应用技术，而利用乳酸菌对柠檬酸进行代谢分解，也是生物降酸技术的一种研究方向，并且多方面实践证明乳酸菌代谢分解柠檬酸，优点明显，技术已经趋于成熟。

乳酸菌降解柠檬酸的代谢途径及其关键酶。乳酸菌对柠檬酸的代谢途径较为复杂，代谢途径存在多种差异，其中发酵菌株和培养条件等多种因素对其都有一定的影响，并且乳酸菌对柠檬酸代谢途径中有许多起到关键作用的酶，例如，柠檬酸转运酶（citrate permease）、柠檬酸裂解酶（citrate lyase）、草酰乙酸脱羧酶（oxaloacetate decarboxylase），它们都作用在不同的代谢途径中，除此之外，还有在乳酸菌对柠檬酸代谢过程中参与丙酮酸代谢相关的酶。详细介绍如下所述。

① 柠檬酸转运酶（citrate permease）。柠檬酸转运酶作用是将柠檬酸从细

胞外转运到细胞内，在柠檬酸代谢中起着重要作用。该酶由菌株的质粒编码，如果菌株中不存在编码柠檬酸转运酶的质粒，则不发生柠檬酸代谢。另外，研究发现该酶具有较窄的pH耐受性。

② 柠檬酸裂解酶（citrate lyase）。柠檬酸裂解酶在乳酸菌发酵柠檬酸的过程中不可或缺，据研究，发现柠檬酸裂解酶一般仅存在于正进行发酵柠檬酸的乳酸菌中，该酶的作用是催化柠檬酸和辅酶A生成乙酰辅酶A和草酰乙酸，终产物为醋酸和草酰乙酸。

③ 草酰乙酸脱羧酶（oxaloacetate decarboxylase）。由柠檬酸分解生成的草酰乙酸在草酰乙酸脱羧酶的作用下转化为丙酮酸、二氧化碳。草酰乙酸脱羧酶与柠檬酸转运酶和柠檬酸裂解酶相比较下不同在于，一些不代谢柠檬酸的乳酸菌可能也含有草酰乙酸脱羧酶。

④ 与丙酮酸代谢相关的酶及其代谢途径。乳酸菌柠檬酸代谢途径中丙酮酸是最关键的中间产物之一，其主要的代谢途径有4种：

丙酮酸 → 乳酸；丙酮酸 → 醋酸、甲酸、乙醇；丙酮酸 → 醋酸、二氧化碳；丙酮酸 → α-乙酰乳酸 → 乙偶姻 → 丁二醇。

↘　↗
双乙酰

a. 乳酸脱氢酶（lactate dehydrogenase，LDH）。乳酸脱氢酶是以NADH和丙酮酸为底物，反应生成乳酸和NAD^+，其中，乳酸脱氢酶代谢途径的不能缺少的条件是NADH。

乳酸脱氢酶大体分为两种，分别为L-乳酸脱氢酶和D-乳酸脱氢酶。L-乳酸脱氢酶主要受到由果糖-1,6-二磷酸调节，而D-乳酸脱氢酶与L-乳酸脱氢酶不同，它的酶活性不受其他物质调节；而且D-乳酸脱氢酶存在于大量异型发酵乳酸菌中。

当人们利用乳酸菌发酵降解果汁中有机酸时，需要通过诱变育种或代谢工程改造等类似的方式来调控乳酸脱氢酶活性，减少乳酸大量生成的可能性。

b. 丙酮酸甲酸裂解酶（pyruvate formate lyase，PFL）：丙酮酸甲酸裂解酶对乙酰磷酸和甲酸生成起催化作用。乙酰磷酸在乙酸激酶的作用下（底物水平磷酸化）生成醋酸和ATP，形成混酸发酵。

丙酮酸甲酸裂解酶主要存在于（兼性）厌氧菌中，该酶对氧气较灵敏，氧气充足时，该酶的活力偏低。另外，pH也是影响丙酮酸甲酸裂解酶活性的另一个重要因素。因此，丙酮酸甲酸裂解酶活性较高时是在氧气不充足且pH为中性时，此种条件下，发生丙酮酸甲酸裂解酶代谢途径的可能性比较大。

c. 丙酮酸脱氢酶复合体（pyruvate dehydrogenase complex，PDC）：丙酮酸脱氢酶复合体在微生物、植物和动物体中广泛存在，它能将丙酮酸转化成高能量的乙酰辅酶A、CO_2和NADH，对丙酮酸脱氢酶代谢途径起到催化作用，并且所生成的乙酰辅酶 A 通过乙酸激酶反应，也就是底物水平磷酸化，生成醋酸和ATP。

乳酸菌通过该途径可以为菌株的生长提供必要的能量和生物还原力，也就是NADH。

三种不同的酶组成了丙酮酸脱氢酶复合体，分别为丙酮酸脱氢酶（E1）、硫辛酸乙酰转移酶（E2）和二氢二硫辛酸脱氢酶（E3）。它们的作用分别是：丙酮酸脱氢酶催化丙酮酸脱羧，硫辛酸乙酰转移酶催化辅酶因子的再生，二氢二硫辛酸脱氢酶催化氧化反应。丙酮酸脱氢酶复合体催化的丙酮酸脱氢酶代谢途径发生的条件一般是需要有充足的氧气。

d. α-乙酰乳酸聚合酶（α-acetolactate synthase，ALS）：乙酰乳酸聚合酶代谢途径是以丙酮酸为底物由α-乙酰乳酸聚合酶催化两个丙酮酸反应生成α-乙酰乳酸的过程。首先，以焦磷酸盐作为辅酶，1个丙酮酸分子进行脱羧，形成羟乙基-TPP（活性乙醛），然后，由活性乙醛与另一分子丙酮酸结合形成α-乙酰乳酸。

总之，就柠檬酸的乳酸菌代谢而言，在食品领域应用较广，该途径优点明确，乳酸菌发酵降解柠檬酸产生乳酸，不仅可以有效降酸，而且还可以改善产品口味，让其变得更加温和，另外乳酸菌产品有多种生理功能，例如，有利于人体肠道菌落平衡等，对人体健康以及其他方面都有益处。其次，乳酸菌降解柠檬酸的过程中有可能产生具有奶油风味的双乙酰，对于奶油及其制品的产品风味具有明显的改善作用。

（三）乳酸菌代谢产物及其作用

乳酸菌是一类以糖为原料的消耗葡萄糖达到50%以上，能够产生多种产物的革兰阳性菌，也属于一种过氧化氢阴性的细菌。乳酸菌代谢途径较为复杂，代谢产物种类也较为丰富。另外，其作为一种益生菌，除了本身具有较多的生理功能以及在各个领域起到重要作用以外，其代谢产物也在多个领域有着不一般的地位，在不同的位置上发挥着作用。

乳酸菌在代谢过程中，产生了多种代谢产物，例如，胞外多糖、乳酸、醋酸等酸性代谢产物、乳酸菌素以及一些相关活性产物等。

1.胞外多糖

乳酸菌胞外多糖（exopolysaccharides，EPS）是一种乳酸菌代谢产物。它指乳酸菌在生长及代谢过程中分泌到细胞壁外，常渗于培养基的一类糖类化合物。它们有的形成荚膜并依附于微生物的细胞壁上，称为荚膜多糖；有的则是进入到培养基中形成黏液，称为黏液多糖，它们虽然有着明显差异，但它们都是微生物为了适应环境而形成的产物。

从20世纪40年代开始世界兴起了对微生物多糖研究的热潮，而就在当时，乳酸菌胞外多糖就已经引起了许多学者的青睐，原因是乳酸菌胞外多糖具有十分宝贵的理论和实际应用价值。直至20世纪70年代初期，在美国、日本、法国等多个国家，相继建立起了微生物多糖相关的发酵行业，微生物多糖作为一个新兴的行业进一步走进大众的视野。

乳酸菌胞外多糖能够备受好评，并且被开发利用，是因为它具有独特的物理学性质以及其优良的流变学特性，安全无毒。近年来，对乳酸菌胞外多糖的研究正如火如荼的进行着。越来越多的研究与创新，各种产品的推出，各项功能的应用，从益生菌酸乳到抗肿瘤、抑菌、消炎、调节免疫等保健功能的开发，都展现着乳酸菌胞外多糖的巨大价值，对于乳酸菌胞外多糖的迅速发展我们有目共睹，对于其未来的前景我们更加期待，乳酸菌胞外多糖必然会是未来研究的重要对象。

（1）分类　自然界中有很多乳酸菌能产胞外多糖，乳酸菌所产的胞外多糖大致可分成两大类：同型多糖和异型多糖。

同型多糖由一种单糖聚合而成，又可分成四组：α-D-葡聚糖它是由葡萄糖残基通过1,6-糖苷键连接而成，在C2和C4上一般没有分支，在C3上有不同程度的分支。其中，D-葡聚糖组成方式是由葡萄糖残基通过β-1,3-糖苷键连接而成，其中，含-1,2-分支。而果聚糖则主要由D-果糖残基通过β-2,6-糖苷键连接成了果聚糖。另外，还包括其他种类的多聚糖，例如聚半乳糖，该类多聚糖相较于异型多糖，同型多糖一般分子质量比较大，但分子质量可能因为在水溶液中存在多糖聚合体而被高估。

异型多糖一般由单元聚合而成，单元一般是由2~5个单糖组成的，值得一提的是，非糖分子并非不可以在重复单元中存在。异型多糖通常由重复单元聚合而成，重复单元主要是由D-葡萄糖、D-半乳糖和L-鼠李糖所构成的，有时在重复单元中还含有N-乙酰葡糖胺、N-乙酰半乳糖胺和葡糖醛酸，有时在这些非糖残基中可能存在其他基团，如磷酸基、乙酰和甘油等。

（2）合成 同型多糖与异型多糖虽然都属于乳酸菌胞外多糖的一种，但二者的生物合成过程却并不相同。

①同源多糖的合成。首先是其合成体系，其中包括以下几部分，分别是包含糖基供体（蔗糖）、糖基受体及葡聚糖蔗糖酶。

其次，是在合成过程中需要解决的问题，只有解决这些问题，才能完成同源多糖的合成。问题主要包括：单链或多链反应问题；启动子相关问题；主链延长方向问题；链的终止问题；受体机制问题；支链连接方式问题。

葡聚糖的合成属单链反应机制，主要的合成过程为：葡聚糖蔗糖酶是一个糖苷转移酶（蔗糖-6-葡萄糖基转移酶），在它的作用下，将供体（如蔗糖）的糖苷基团转移到受体也就是正在延长的葡聚糖主链上，之后，蔗糖可进行自身的多聚化反应，也就不再需要葡萄糖作为启动子了。

以蔗糖为唯一底物是葡聚糖的合成特点，此外，合成所需的能量并不是来自糖基核苷酸，而是由蔗糖水解提供的。不仅如此，葡聚糖的合成不需脂载体，也不需要独立的分支酶。但是合成产物分子质量较大。

②异源多糖的合成。异源多糖的合成体系主要包括糖-核苷酸、酰基供体、脂中间体、酶系统及糖基受体五个因子。

在细胞膜上合成多糖需要的活性前体也就是各种高能态的单糖，而其中主要的就是糖基-二核苷酸。而所有除糖原以外，所有含葡萄糖的多聚物都是以UDP-D-葡萄糖为供体的，另外，醋酸、丙酮酸、3-羟基丁酸等的活性形式是酰基，这些都是胞外多糖合成过程中的"必需品"。

多糖的重复单元是由异戊二烯酯中间体进行整合的，另外，在原核细胞多糖合成中由焦磷酸异戊二烯酯起作用，其中，酶系主要包括己糖激酶、糖基-核苷酸合成及转移酶、糖基转移酶、聚合酶等。胞外多糖前体（糖核苷酸）在胞内合成标志着异源多糖的合成的开始，接着糖核苷酸在液态载体中形成重复单元，之后通过细胞膜将重复单元运输到细胞外，目的是使其聚合成几百到几千个重复的单元，形成胞外多糖。

③乳酸菌EPS的合成方式。乳酸菌胞外多糖合成可能有三种方式，分别为加速扩散、活性传递、基因转移。具体过程：底物进入细胞，一般先被磷酸化，进行能量代谢或进行同化，成为细胞内多糖、脂多糖以及胞外多糖等。

然后，葡聚糖和果聚糖分别由外源或自身分泌的糖基转移酶、葡聚糖合成酶、果聚糖合成酶合成，一经合成，它们可将细胞外的蔗糖转化成胞外多糖和杂多糖。其中，通过水解多糖得到能量，提供给葡聚糖和果聚糖进行链延长。

生成活化糖的关键在于葡聚糖6-磷酸向葡萄糖-1-磷酸的转化。在磷酸葡萄糖异构酶的作用下，葡萄糖-1-磷酸与UTP发生反应生成UDP-葡萄糖，可以用来合成新生态的胞外多糖的重复结构或转化成UDP-半乳糖或UPD-鼠李糖。

（3）影响乳酸菌胞外多糖合成因素　乳酸菌胞外多糖是乳酸菌代谢的产物之一，在代谢过程中，乳酸菌的合成受多种因素的影响，例如，乳酸菌菌株本身、温度等。

① 乳酸菌菌株对乳酸菌胞外多糖的影响。据调查表明，不同的乳酸菌代谢产生的乳酸菌胞外多糖的量存在差异，另外，生长环境的适宜度对其也有着一定的影响。随着不断深入的研究发现，如果想要提高产量可以进行双株、多株混合培养。

② 温度。据研究表明，温度对乳酸菌胞外多糖产量的影响并不是单一的，而是多元化的，在其他条件相同时，温度对其产量有影响，但菌株种类以及培养条件不同时，温度对乳酸菌胞外多糖产量的影响也存在着差异。对乳酸菌胞外多糖的产量来说，温度不能过高或过低，温度适宜时，产量最高。

③ 酸碱度的影响。酸碱度对乳酸菌胞外多糖的影响与温度对其的影响形式相近，不同的菌株在不同的培养条件下均有不同的适宜酸碱度。酸碱度适宜时，乳酸菌胞外多糖的产量最高。

④ 底物的影响。对于乳酸菌胞外多糖的合成，底物的种类以及用量起到了决定性的作用，深入研究表明，适当添加葡萄糖或乳糖碳源有利于EPS的合成。

（4）乳酸菌胞外多糖的生理功能　自从乳酸菌胞外多糖在乳酸菌代谢过程中被发现，人们对它产生了浓厚的兴趣，开启了一系列的研究，乳酸菌胞外多糖的生理功能更是研究的热门方向。

① 改善乳制品的组织状态、产品状态。在制作酸乳过程中，可以利用乳酸菌胞外多糖，改变搅拌型酸乳的组织状态，使产品不用添加稳定剂就可稳定

产品状态，从而防止乳清或其他物质的析出。

② 促进菌体在肠道黏膜上的吸附。乳酸菌胞外多糖有利于对肠道的调节，对维持肠道平衡起到重要作用，不仅如此，据研究表明乳酸菌胞外多糖还对细菌黏附起到一定作用，乳酸菌代谢所产生的胞外多糖可以提高菌株对肠道表面的非特异性黏附能力。与此同时，荚膜多糖也可以促进菌体在肠黏膜表面的黏附，使肠道维持稳态。

③ 抗肿瘤。多糖类化合物是一种免疫调节剂。1985年，日本学者Shiomi等发现了乳酸菌中的胞外多糖在活体内具有抗肿瘤的活性，至此之后，大部分研究人员对其进行了深入研究，认为之所以其能抗肿瘤，原理可能是胞外多糖能分解致癌物质并降低细胞突变率，或者降低与癌细胞生长相关的酶的活性，或是增强宿主的免疫力，也可能有诱导癌细胞凋亡的能力等。

④ 对免疫系统的促进。多糖能够促进特异性和非特异性免疫反应，乳酸菌产生的胞外多糖除抗肿瘤以外，还具有其他免疫功能，例如，可以诱导细胞生长抑制素的产生等。

⑤ 对细胞体的保护。荚膜多糖和黏液多糖也属于多糖的一部分，它们的生理功能主要是防护作用，除此之外，据调查发现，抗生素必须在胞外多糖中达到饱和才能到达细胞壁，从而起到防止抗生素破坏的作用，达到保护细胞的目的。另外，多糖还可以形成亲水表面，防止细胞干裂以及螯合重金属离子的有毒物质侵染等。

2.乳酸、醋酸等酸性代谢产物

乳酸菌在进行生物代谢时，代谢产物中会产生大量的乳酸、醋酸，还会产生少许甲酸、丙酸等其他酸性产物。

这些酸性代谢产物是乳酸菌抗菌防腐的中坚力量。首先，代谢产物乳酸是我们所熟知的，也是乳酸菌酸性代谢产物中的主要产物，乳酸占总比的一大部分。其次，乳酸还具有穿透能力，可以穿透一些细菌的细胞膜，从而抑制细胞膜对氨基酸的吸收并可对一些呼吸酶系的活性进行抑制，最终达到降低微生物生长速度和抑制微生物繁殖的目的。

除产量多以外，乳酸还是撑起乳酸菌生理功能的"中流砥柱"。乳酸有多种作用，作用于多个领域。乳酸可以通过降低pH达到增强其他酸的活性的目的。

醋酸抑菌活性较强、抑菌范围宽泛，可抑制菌种种类较多，能力强，可以抑制，例如，酵母、真菌、细菌及其他一些有害微生物的生长和发育。

丙酸也有抑菌作用，但范围较小，比较有针对性，其中对酵母和真菌的抑制作用较强。

另外，对比单独抑菌的能力，组合抑菌在一些方面更为有效，例如，乳酸与醋酸的组合，对鼠伤寒沙门菌的生长率有极强的抑制作用，比单独使用更为有效。

3.乳酸菌素

细菌素的定义是：在代谢过程中，有些细菌可通过核糖体合成机制产生一类具有生物活性的蛋白质、多肽或前体多肽等物质。

这些物质的作用是：可以对与之处于相同或相似生活环境的其他微生物进行杀灭或抑制。不仅如此，细菌素对病原菌和食品腐败菌具有较强的抑制作用，并且具有固定的抗菌谱。

乳酸菌素是细菌素的一种，它是在乳酸菌代谢过程中合成的，具有天然的安全性。因此，在各个领域都有应用，尤其在食品保藏和医药领域应用较广，乳酸菌素将会具有更广阔的发展前景以及应用前景。

4.活性产物

乳酸菌和宿主细胞之间的关系是复杂的，涉及的方面较多，与宿主端的全部受体均有一定的联系，宿主能够对细菌的多种效应分子进行识别，而这些效应分子中的大部分是细胞壁或细胞表面相关化合物及有关蛋白质。

据研究发现，益生菌发挥作用最大时条件是活细菌进行直接接触，但是经过对乳酸菌的深入研究发现，乳酸菌分泌的可溶性因子也可以通过调节细胞因子的产生，对调节免疫系统进行调节。但是，乳酸菌的可溶性因子对细胞因子调节的相关机制还有待更深入的研究。

γ-氨基丁酸（γ-aminobutanoic acid，GABA）也是乳酸菌代谢产物中的一种，是哺乳动物、甲壳类动物、昆虫和某些寄生类蠕虫的神经系统中的重要抑制性神经递质。据调查研究表明，由γ-氨基丁酸调控的抑制性信号远超过其他神经递质，占到总抑制性信号的40%左右，脑内也有30%的神经元突触是以γ-氨基丁酸为神经递质的，γ-氨基丁酸起到了十分重要的作用，能够改善脑机能、对情绪的调控起到重要作用，能有效地抗焦虑、降血压，在改善男性生殖功能方面也能起到重要作用。起初，Hayakawa等以乳酸菌发酵脱脂获得了富含γ-氨基丁酸的乳制品，之后以其为原料饲喂自发性高血压和正常鼠，由此证实，富含γ-氨基丁酸乳制品具有明显的降血压能力，并且γ-氨基丁酸也是主要的活性组分。在此之后，越来越多的学者开始对γ-氨基丁酸进行研究，与之相对应的是γ-氨基丁酸的药理功能陆续被发现。与此同时，开始进行大量实验，其药理功能目前已在动物实验和临床医学中得到证实。

5.乳酸菌代谢组学

代谢组学（metabolomics）又称代谢物组学，是对不同生物体内代谢物的综合分析，其主要目标是识别、表征和量化包含生物体中存在的全部代谢物的代体，一般是用来检测生物体整体水平代谢特征的组学技术，并通过代谢物组成来确定生物体系的系统生化谱和功能调控的。

代谢组学的工作中心是定性和定量分析构成代谢体的初级和次级代谢产物等小分子质量物质。目前，已经成为炙手可热的话题，不少学者正在对其进行一系列的研究。

在代谢组学分析中代谢物数据库是必不可少的，代谢组学的研究方法主要有两种，分别是靶向（targeted metabolomics）和非靶向（untargeted metabolomics）分析。

靶向代谢组主要研究与假设生物学问题相关的潜在生物标记物或预选代谢物，是对特殊的目标代谢物的检测和分析的过程，尤其是对单个或已知代谢途径的检测和分析过程。非靶向代谢组则相反，其对所有源性代谢物进行无偏向性的分析。

靶向代谢组的优势是在敏感性、准确性和绝对定量指标方面较强。但通量低、操作复杂。与之对应的是，非靶向代谢组具有通量高、操作简单等优势，但在敏感性、准确性和定量方面不如靶向代谢组，同时依赖性强、创新性不足。目前为止，代谢组学各个领域均有等领域应用，例如微生物领域。

微生物领域中，乳酸菌与人类生活密切相关，在各个重要领域中都具有较高的应用价值，因此，对于乳酸菌代谢组学技术的研究，比较成熟，同时在该方面的应用也比较成功。

（1）代谢组学在乳酸菌分类和鉴定中的应用　传统的乳酸菌分类方法操作

复杂、过程烦琐稳定性较差，得到的结果不够准确，随着分子生物学的发展，为解决此类问题，基于基因型进行菌种分类的方法被广泛应用。但是，由于基因的复杂性，这类方法容易出现错误，导致结果不准，乳酸菌分类陷入僵局。这个时候，人们发现代谢物是细胞生命活动的终端产物，基因上的微小变化都会生成明显不同的代谢表型，所以通过代谢组学分析方法进行的研究应运而生。其中，熊萍等进行试验，通过采用¹H-NMR代谢组学方法研究了变异链球菌、血链球菌和嗜酸乳杆菌的胞外代谢产物，也印证了代谢组学方法能够检测不同菌株的差别，其采用的方法在微生物鉴定中有良好的应用前景。

一段时间以来，人们认识到乳酸菌的生理生化鉴定的复杂性以及不确定性。长时间以来，人们都是用那种费时费力的方法，这阻碍了我们对乳酸菌物种分类关系的认识。不仅如此，乳酸菌种类间营养需求的相似性导致了传统方法的鉴定结果的不准确性。与之相比，代谢组学方法具有分析速度快、灵敏度高、特异性强等优点，其可被广泛应用在细菌检测和鉴定中。

此外，组合代谢组学方法为与人类健康密切相关的乳酸菌的潜力的发掘提供了便利。

（2）代谢组学在乳酸菌发酵工程中的应用　监测乳酸菌代谢过程中产物的变化尤为重要，因为乳酸菌在不同的环境下会产生大量的代谢产物，并且成分复杂多变，例如，产物中会有碳水化合物、挥发性的醇、酮、氨基酸、短链有机酸、长链脂肪酸和其他的成分（抑菌物质、肽类等）。根据一些研究表明，大多数代谢物的变化先于乳酸的利用，因此，研究检测乳酸利用前的生化变化成了重要一环。应用代谢组学方法，能够有效地对其进行检测，发酵工艺的监控和优化需要检测大量的参数，利用代谢组学研究工具可以减少实验数量，从而减小实验误差带来的影响，提高检测通量。代谢组学的研究进一步揭示了发酵过程中的生化网络机制，能够进一步有理有据地优化工艺过程。

此外，为了更容易掌握代谢途径以及代谢中的酶动力学关键参数，加强对代谢动力学的相关研究成为可行的方案之一，该类研究可以对代谢工程的优化产生较为直接的促进作用。

（3）代谢组学在评价发酵食品中的应用　乳酸菌发酵食品中既有营养成分又有非营养成分，它们具有调节人类健康的潜力。代谢组学在食品科学领域被用于监测原材料和最终产品的质量、加工、安全和微生物学，可全方位为人们的健康提供保障。据调查显示，根据原料的不同，利用特定、生态位适应的乳酸菌属和物种进行发酵，生产各种发酵食品和饮料，世界上大概90%的天然发酵食品是在传统条件下发酵产生的。而这些发酵产品的发酵过程中，乳酸菌作为首要发酵条件，自然是必不可少的。乳酸菌能够提高发酵食品本身的营养价值，同时，乳酸菌本身代谢产生的代谢产物也能使发酵的食品产生独特的风味。在对乳酸菌发酵食品感官和营养评价与鉴定上，代谢组学就开始发挥主导作用了。例如，李汴生等对发酵前后各类果蔬汁挥发性风味和影响口感物质的变化进行了分析，并结合定量描述分析（QDA）方法探讨了乳酸菌发酵对果蔬汁风味感官品质产生的影响和适配性等问题，之后进行了初步感官评价，并得出相应的结果。

代谢组学在利用发酵食品中代谢物谱的研究，观察发酵过程中代谢物的变化，以及预测发酵终产物感官和营养质量等方面，均发挥了重要作用。

（4）代谢组学在评价乳酸菌益生效果方面的应用　由于益生菌与人类健康相关，益生菌的研究在全球范围内已经屡见不鲜。益生菌的益生作用已经作为一种新功能，被国际认可，而且人们对其开展一些系列研究。乳酸菌在人体中有着重要的作用，并且在人体中也分布广泛，目前已经在很多个部位被发现。

近一段时间以来，乳酸菌一直是国内外研究者研究的对象，乳酸菌经常被用作益生菌，乳酸菌与宿主之间健康的关系这一论题广受学者青睐。在研究方法上，代谢组学受到一致好评。例如，Hong等采用^{1}H-NMR和多元数据分析相结合的方法，通过代谢谱分析，对益生菌对结肠炎症的影响做出了总结。再比如，以核磁共振的代谢组学为基础，可使人们能够确定益生菌对患乳腺炎妇女的影响，而且这种方法证明了代谢组学在该方面的潜力值。再说一下，RoSa等采用^{1}H-NMR代谢组学方法，检测了女性乳腺炎患者服用益生菌株（唾液乳杆菌PS2）后的代谢组学差异。还有利用^{1}H-NMR代谢组学分析方法，对肝胰脏代谢产物进行了研究，并结合反相高效液相色谱（RP-HPLC）和分光光度法对肝胰脏和血浆中的代谢产物进行了鉴定。

代谢组学是研究乳酸菌对宿主健康影响的有效方法。结合宿主蛋白质组学和基因组学的研究，为人们提供了相关的新信息。不仅如此，代谢组学还可以提供有关使用乳酸菌对不同群体代谢行为影响的相关信息。

（5）代谢组学在乳酸菌代谢物淬灭和提取的研究　微生物代谢组学中没有关于微生物代谢活性瞬淬灭、代谢物综合提取和相关代谢物分析的标准，因此，细胞内代谢物的有效和可靠定量一直受到阻碍。因此，由于不同生物体细胞壁结构和膜组成具有固有差异，制定精准定量细胞内代谢物的淬灭方案时，人们不得不为每一种实验微生物确定最佳的淬灭或提取方法。

最常用的淬灭方法是在-40℃左右使用60%（体积分数）的甲醇（MeOH）水溶液。该方法最初是针对酿酒酵母开发的，并广泛应用于其他微生物，无需优化或验证。但该方法有一定的局限性，低温和高浓度MeOH会引起冷冲击和严重泄漏，为解决此类问题，一系列相对温和的淬灭方法出现了。但并未进行具体的对比和研究，无法确定方案之间的优势与劣势。Jensen等曾提出一种测定乳酸乳球菌胞内磷酸化糖浓度的实验方法。与常用的方法不同点在于温度的控制从-40℃改到了-35℃，这使得所有代谢活动能迅速完全停止。而后氯仿在-25℃条件下进行液体—液体萃取，确保了细胞膜对所需代谢物的总渗透性，以及可改变酶水平的失活状态。最后使用与磷酸化组分具有高度亲和力的柱进行固相萃取。就这个实验而言，实验过程中当乳酸乳球菌与冷甲醇接触时，其代谢物就会从细胞中漏出，并存在于介质中和淬灭后的生物质中。

乳酸菌代谢组学中关于乳酸菌代谢物的淬灭、提取方法和技术有局限性，它仅限于特定单一的菌株中，且存在的泄露问题也没有办法全部解决，通过条件控制，尽量将代谢物泄漏降到最低。

不仅如此，该方法很难通过单一的方法对全部代谢物进行提取，因为乳酸菌种中代谢物较为复杂，这也说明了在该方面的研究仍需深入进行。

总之，代谢组学技术对乳酸菌的研究有着重要的意义，科技在进步，时代在进步，未来代谢组学经进一步的发展和完善，能应用到乳酸菌的代谢研究之中。

（四）乳酸菌代谢调控

1. 乳酸菌的调控

（1）乳酸菌生物膜的形成　乳酸菌是一种发酵碳水化合物并生成乳酸的无芽孢革兰阳性的细菌，还是一种公认的食用安全的益生菌，它可以降低肠道的pH，调节肠道菌群，还可以有效地抑制有害菌的生长，从而防止乳糖不耐症症状的出现，而且还是酸乳、泡菜等生活中常见的发酵食品的重要菌株。与大多数细菌相同，乳酸菌在一般的环境下也可以产生生物膜，但是目前生物膜的研究主要集中于医学、环境学和致病菌方面，对乳酸菌的益生菌生物膜研究还很少，可是乳酸菌不仅在肠道，而且在发酵食品中，大多都是以生物膜方式生活的，所以加强对乳酸菌生物膜的研究就变得很有必要。

虽然目前关于乳酸菌生物膜形成的研究还比较少，但乳酸菌从浮游态到聚集形成生物膜的每个步骤中所涉及的调控机制是错综复杂的，不管是在乳酸菌的生长期还是成熟期，都伴随着大量的基因表达和信号传递来调控生物膜的形成，基于转录组测序的方法研究过植物乳杆菌J26（*Lactobacillus plantarum* J26）形成的生物膜特征，而且说明了潜在的代谢途径。结果表明，浮游状态和生物膜状态下的乳酸菌共有1051个基因表达差异显著，其中，513个基因被向上调整，而538个基因被向下调整，这些被调整的基因包括代谢、应激反应、氨基酸合成、酶和群体感应等。

乳酸菌的生物膜广泛存在于生物和非生物的表面，现在人们对乳酸菌的生物膜结构、成分和形成过程已经有了一个比较深刻的认识和了解，但对于乳酸菌生物膜调控机制却并没有十分明确的了解。由于乳酸菌的生物膜在形成过程中涉及许多基因表达和多种机制的调控，但不同的乳酸菌形成生物膜的方式各不相同，所以即使是同一种乳酸菌，在不同环境下所形成生物膜的方式也是不同的，这些差异给生物膜调控机制的研究带来了较大的困难。

（2）三组分调控系统的组成

① 信号分子。构成三组分系统的信号分子称为寡肽类，同时也被称为自动诱导肽（AIP），在中性条件下常以阳离子的形式存在，净电荷为3~6个，长度为19~26个氨基酸残基，其中疏水残基含量比较高。在诱导肽信号的合成发生在细胞核糖体中，可通过进一步修饰加工，使其达到成熟。Maldonado-Barragán等通过研究*Lactobacillus plantarum* NC8证实了其自诱导分子具有高特异性，这与Brurberg等的研究结果相同，这表明微生物产生的AIP在任何菌株中都不能互换。Syvitski等共同设计并合成了一系列截短而且可以被氨基酸取代的信号肽，并用圆二色谱和核磁共振技术分析比较了变异链球菌（*S. mutans*）信号肽结构与诱导活性之间的关系和区别。但目前为止，信号肽的结构与功能的关系还不十分明确。

② 三组分调控系统调控细菌素合成的机制。调控Ⅰ类和Ⅱ类乳酸菌细菌素合成的三组分调控系统具有特异性但也有相似性，相同之处在于三组分系统的组成均是由自诱导肽、组氨酸激酶和反应调节蛋白组成的，但3种物质的组成成分却有着很大的不同。在Ⅰ类乳酸菌细菌素的三组分系统中，自诱导肽是

抗菌肽，而Ⅱ类细菌素的自诱导肽却是由特定基因簇编码的，且不同的菌株编码基因簇也是不同的。

③ 其他介导群体感应调控的因素。在乳酸菌细菌素的群体感应调控系统中，三组分调控系统发挥了根本性的作用，但还存在着其他影响细菌素合成的因素，例如，细菌的密度和共同培养的影响。关于细菌素合成的研究表明，一些产生细菌素的乳酸菌（Bac+）在细胞密度极低的条件下接种时可以变成非产生菌株（Bac-），而在细胞密度极高的条件下接种时，向生长培养基中添加Bac+变异体（含诱导肽）或含纯化诱导剂肽的上清液或和特定细菌共同培养时，这些菌株却又可以重新恢复细菌素生产能力。但Bac+表型的恢复只可以在固体培养基上面实现，如 *L. plantarum* WCFS1突变株只有添加植物乳杆菌素A（PlnA）后，通过将培养物涂抹在固体培养基上才可以恢复细菌素的能力。据推测，在固体表面上的生长类似于细菌的自然生长，细菌在自然环境中，表面会形成一层生物膜，这些生理条件会影响基因的表达。

目前，乳酸菌细菌素的群体感应的研究主要集中在基因和结构方面，从当前的研究结果看，三组分调控系统在乳酸菌细菌素合成中起了重要作用，而三组分的结构和功能的相关性和不同类型的菌株调控基因的差异性还需进行更进一步的研究。

乳酸菌作为存在于人类体内的益生菌，其在调节机体胃肠道正常菌群、保持微生态界的平衡、提高食物的消化率和抑制肠道内腐败细菌的生长和繁殖等方面具有重要的作用，目前已经被广泛应用于轻工业、食品、医药等多个行业中。近年来有大量的研究成果显示，乳酸菌在肠道炎症的调节和抗肿瘤方面确实具有一定的功效。肠道炎症的频发促使人们寻找更加有效的治疗方式。乳酸菌对肠道炎症的调控机制还是存在着很多的可能性，其中也包括调节肠道菌群平衡和利用免疫进行的一些调节，也有研究表明乳酸菌对炎症的调控作用具有很强的特异性。

2. 乳酸菌的代谢机制

（1）乳酸菌对低聚果糖的代谢　低聚果糖（fructo-oligosaccharides，FOS）又称蔗果低聚糖，是以2~10个果糖基为链节，以1个葡萄糖为链的端基，以果糖基和果糖连接键β-2，1或β-2，6糖苷键为主体骨架连接形成的碳水化合物。FOS经常存在于雪莲果和菊苣根中，不仅具有一般功能性低聚糖的性质，还能明显地改善肠道内微生物种群的比例，同时也是肠道内乳酸菌活化增殖因子。

一些研究显示，乳酸菌的FOS代谢过程受到宿主糖代谢的调控，FOS代谢相关的基因簇是在蔗糖或共转录的，但葡萄糖会抑制它们的转录和表达。

（2）乳酸菌对低聚半乳糖的代谢　低聚半乳糖（galacto-oligosaccharides，GOS），是一种具有天然属性的功能性低聚糖，它的分子结构是在葡萄糖的分子上连接2~8个半乳糖基，即Gal-（Gal）n-Glc/Gal（n为1~6）。在自然界中，动物乳汁中含有微量的GOS，而母乳中含量较多，婴儿体内的双歧杆菌菌群的建立很大程度上是依赖母乳中GOS成分的。

研究表明，乳酸菌对GOS进行代谢一般是有两种途径：一是乳糖渗透酶（LacS）的转运，二是半乳糖苷酶的水解作用。

（3）乳酸菌对低聚木糖的代谢　低聚木糖（xylo-oligosaccharides，XOS）又称木寡糖，是由2~7个木糖分子以β-1,4糖苷键结合的功能性低聚糖。低聚木糖一般是从富含木聚糖的植物，如日常的蔬菜等的细胞壁中提取的，然后再通过木聚糖酶水解，进而分离出的一类非消化性低聚糖。低聚木糖作为力量的主力，相比较其他低聚糖，有效且用量最少，功能也最强，到达结肠后，被宿主在结肠中的微生物所利用，可极大地改善胃肠的功能，能有效地促进食物的消化、吸收及肠道废物的排出。

XOS主要被肠道内的双歧杆菌所利用，代谢途径包括ABC转运蛋白的转运和胞内酶的水解。

（4）乳酸菌对低聚异麦芽糖的代谢　低聚异麦芽糖（isomalto-oligosaccharides，IMO），又称异麦芽寡糖或分枝麦芽低聚糖，是由α-1,6和α-1,4糖苷键将葡萄糖单体进行连接而成的。IMO广泛分布在大麦和小麦等植物中。商品化的IMO主要是由异麦芽糖、异麦芽三糖、异麦芽四糖和潘糖构成的，大部分在人体中不能被完全消化，但却可以被人体结肠中的微生物发酵所利用。

乳酸菌对IMO的代谢存在两条途径：一是ABC转运蛋白的转运和糖苷酶的水解过程；二是麦芽糖H⁺质子同向转运和糖苷酶的水解过程。

（5）乳酸菌对棉籽糖系列低聚糖的代谢　棉籽糖系列低聚糖（raffinose family oligosaccharides，RFO），是由一系列半乳糖通过α-1,6糖苷键连接到蔗糖上的6-葡萄糖基形成的低聚糖，包括棉籽糖、水苏糖和毛蕊草糖。RFO在甜菜、棉籽、麦类、玉米和豆科类植物等中广泛分布。在摄入RFO之后，由于消化道缺乏α-D-半乳糖苷酶，水苏糖不经过消化吸收直接到达大肠内被双歧杆菌利用，快速地增殖生长双歧杆菌，然而，与其他低聚糖不一样的是，RFO被看作抗营养因子，经常会导致肠胃气胀并使肠道产生不适。

乳酸菌对RFO的代谢存在两条主要途径。一是在细胞外，RFO被果聚糖蔗糖酶水解，转化成α-低聚半乳糖和果糖，随后α-低聚半乳糖被转运到细胞内α-半乳糖苷酶水解。罗伊氏乳酸菌（*Lb. reuteri*）可以采用这种方式代谢RFO。二是被整体转运到细胞内，然后，立即被α-半乳糖苷酶水解生成蔗糖和半乳糖，转化成单糖类物质，双歧杆菌主要利用此方法进行代谢。

（6）乳酸菌对其他功能性低聚糖的代谢　人乳低聚糖（human milk oligosaccharides，HMO），是母乳中含量最多的成分，含有1%的低聚糖，主要由D-葡萄糖、D-半乳糖、*N*-乙酰氨基乳糖、L-岩藻糖和唾液酸等成分组成。然而，由于HMO的不同组成存在着一定的差异，对乳酸菌分解代谢HMO机制的研究数据相对较少。

乳酸菌作为肠道中的重要"人物"，对人体健康起着非常重要的作用，而低聚糖却可以促进肠道乳酸菌的增殖，还可以调节肠道菌群的平衡，所以是乳酸菌在肠道中生殖的必要条件。

低聚果糖是一种具有代表性的益生元，它可以有效地调节肠道里的菌群，但由于肠道菌群的组成十分复杂，其他益生菌也同样具有对低聚果糖利用的能力，因此需要对此进行正确的选择。所以就需要对不同的乳酸菌低聚果糖的利用途径进行更深入的了解和分析，以此选择最适合的乳酸菌进行组合，以此发挥最大的效应。

3. 乳酸菌的代谢途径的基因工程调控

乳酸菌作为一类重要的工业微生物，乳酸菌菌体及其代谢产物广泛应用于食品、医药等各个工业领域。其中在食品加工领域中应用最为广泛，例如，乳制品、香精香料、多糖、生物活性物质（叶酸和共轭亚油酸）、一些防腐剂等。

另外，乳酸菌具有丰富的生理特性，但由于乳酸菌属于分类地位差异很大的细菌类群，对其生理功能解析以及调控的研究并不容易。也正因为如此，深入研究解析乳酸菌生理功能，全局优化、调控乳酸菌代谢能力，提高乳酸菌食品微生物制造效率具有重要意义。

为实现代谢产物的产量、产率、生产强度的提升，对乳酸菌代谢的调控成了重中之重。

过去的几十年里，人们通过对传统诱变和生化工程等手段的应用对乳酸菌进行改造，优化其代谢特性，在一定程度上显著提升了乳酸菌的生产效率。最近几年来，随着科技的发展，乳酸菌全基因组序列测序工作得到了不断推进和发展，另外，代谢工程操作手段的不断更新，同样使得人们对乳酸菌的生理功能以及代谢产物的应用有了全局上理解。目前，采用代谢工程或生化工程手段能够更加有效地进行定向调控乳酸菌的代谢，并对生理功能以及代谢产物进行应用。

随着乳酸菌基因工程技术的发展，对乳酸菌的代谢途径进行基因工程调控，可以使其产生除乳酸之外的其他重要的有意义的成分，并促使其发挥重要的作用，完成重要的生理意义，也可以通过对乳酸菌代谢途径的调控抑制某些产物的形成。

（1）内酮酸的代谢途径调控　前几年，乳酸菌代谢调控研究主要着力于乳球菌丙酮酸代谢途径的调控。之后，通过敲除乳酸脱氢酶基因或过量表达NADH氧化酶，可以使糖代谢偏离乳酸的形成过程，而朝着形成α-乙酰乳酸也就是双乙酰前体的方向进行。当然，如果同时敲除α-乙酰乳酸脱羧酶基因，就能有效地实现从葡萄糖或乳糖到双乙酰的转化。

由于双乙酰是发酵乳中的主要风味成分之一，其产量的增加有利于增强发酵乳的特殊风味。为此，可以通过利用基因工程技术敲除或过量表达丙酮酸代谢途径中的关键酶的基因，以达到用双乙酰代替乳酸成为乳球菌的主要代谢产物的目的。

据研究发现，在乳球菌中引入外源性基因，会在乳球菌内表达的丙氨酸脱氢酶有氨存在时，将丙酮酸转化成L-丙氨酸，这是在利用NICE系统[①]引入球形芽孢杆菌的丙氨酸脱氢酶基因的情况下进行的。特别需要注意的是，当乳球菌细胞属于乳酸脱氢酶缺陷型时，引入此丙氨酸脱氢酶基因，可以使丙酮酸全部转化成L-丙氨酸。与此同时，内源性丙氨酸消旋酶活性存在于乳球菌中，也会使L-丙氨酸转化成D-丙氨酸，由此证明通过该种方法得到的丙氨酸是L和D异构体的混合存在。

如果在乳酸脱氢酶缺陷型乳球菌中进一步敲除丙氨酸异构酶基因，那么该

---

① 乳酸菌 NICE 系统是指在乳酸链球菌素诱导下由 nisA 启动子控制目的基因表达的，含 nisR 和 nisK 的两组分调节系统的高效诱导表达系统。

乳酸菌表达L-丙氨酸将达到较高的水平。但乳酸脱氢酶缺陷型乳球菌在长时间的多次使用后，可能会导致该乳球菌中另一处于沉默状态的乳酸脱氢酶基因被激活，造成其产乳酸能力恢复。还有就是，当乙酰乳酸合成酶在乳酸脱氢酶缺陷型乳球菌中过量表达时，会使大概60%的丙酮酸转化成3-羟基丁酮，并进一步形成丁二醇。

（2）B族维生素代谢调控　　B族维生素是维持人体正常机能与代谢活动不可缺少的水溶性维生素，也是酶的辅基和酶的主要组成部分，也正因如此，B族维生素普遍以辅酶的形式参与到各种生理过程中。缺少B族维生素不仅会导致营养不良、精神衰退、出现皮肤病等，也会使细胞功能下降，引起代谢障碍，从而引发多种疾病。

B族维生素的种类很多，目前已知的有维生素B_1（硫铵素）、维生素B_2（核黄素）、维生素B_3（烟酸）、维生素B_5（泛酸）、维生素B_6（吡哆醇）、维生素B_7（生物素）、维生素B_9（叶酸）、维生素B_{12}（钴胺素）。

其中，B族维生素如叶酸（B_{11}）、核黄素（B_2）和钴胺素（B_{12}）是人类膳食中的必需维生素。据调查所知，目前世界人口普遍存在B族维生素缺乏的问题，也因此，近年来，各国学者加大了研究力度，从而发现了某些乳球菌能产生这些维生素。也就是说，可以通过此类乳球菌发酵来增强食品中的B族维生素含量，从而帮助人们补充B族维生素。

乳球菌中叶酸的生物合成有多个合成酶的参与，这些酶的基因已被克隆，并且在乳球菌中进行了有效的表达。在叶酸合成代谢途径中，第一个合成酶是GTP环水解酶，该酶可以使叶酸的产量提高3倍左右，与此同时，GTP环水解酶还可以改变乳酸球菌中单谷氨酰基叶酸和多谷氨酰基叶酸的比例，从而使得合成的叶酸能够更多地在细胞外的环境中释放，也正因为如此，该过程有利于叶酸在人类小肠中被吸收，进一步提高了叶酸的有效利用率。

据实验研究发现，在乳球菌中通过NICE系统引入人或鼠来源的γ-谷氨酰水解酶基因，此酶在乳球菌细胞内的有效表达可以使细胞内的多谷氨酰基叶酸转化成单谷氨酰基叶酸，从而减少了合成的叶酸滞留在细胞内，导致叶酸的分泌的增加。

乳酸球菌中的维生素B_2生物合成途径中的第一个合成酶与叶酸的第一个合成酶类似，是GTP环水解酶Ⅱ。GTP环水解酶Ⅱ也是维生素B_2生物合成途径中的限制酶，利用NICE系统在乳酸球菌中过量表达此酶，与之对应的是它可以使核黄素的产量提高3倍左右。利用经此基因工程改造后的乳酸球菌制作的发酵食品的作用是为人体提供维生素B_2，同时它也算是人类膳食营养中维生素B_2的重要来源。维生素B_2在人体中也起到重要作用，如果缺乏维生素B_2会导致皮肤和血液等疾病的发生。

B族维生素中维生素B_{12}也占有一定地位，据研究表明，目前已知有3种细菌能合成此种维生素，分别是反硝化假单胞菌、巨大芽孢杆菌和费氏丙酸菌。值得一提的是，维生素B_{12}的生物合成途径较复杂，至少有25个步骤。另外，在乳酸菌中发现仅有罗伊氏乳杆菌能合成少量的维生素B_{12}。对于维生素B_{12}相关的生物合成关键酶的基因还有待继续研究，而对这类关键酶基因的发现以及应用将有利于提高乳酸菌中维生素B_{12}的产量。

（3）胞外多糖的生物合成途径的调控　　在乳酸菌发酵过程中，乳酸菌产生的胞外多糖被誉为天然的增稠剂，在发酵食品的质地和流变学特性方面具有重要作用。与此同时，乳酸菌代谢产生的多糖类物质对人体健康有着重要作用。

乳酸菌形成胞外多糖的产量一般来说并不高，那么如何利用基因工程技术，如何对乳酸菌胞外多糖的合成途径进行调控，以达到提高胞外多糖产量的目的呢？

据调查研究发现，胞外多糖组成成分中的单糖必须在细胞内被激活形成糖–核苷酸的复合体后才能参与多糖的生物合成。乳酸球菌中叶酸的生物合成途径糖是乳酸菌胞外多糖生物合成途径中的限制性步骤。

与此同时，在嗜热链球菌中过量地表达该步骤涉及的磷酸葡萄糖变位酶、UDP-葡萄糖焦磷酸化酶或UDP-半乳糖差向异构酶，可以使细胞内UDP-葡萄糖和UDP-半乳糖大量积累，达到提高胞外多糖产量的目的。

对于一些乳酸菌来说，UDP-半乳糖对胞外多糖的形成也具有重要影响，例如，干酪乳杆菌。但有一点，当乳酸球菌中过量地表达UDP-葡萄糖焦磷酸化酶和葡萄糖-1-磷酸胸苷基转移酶时，对UDP-葡萄糖、UDP-半乳糖和dTDP-鼠李糖的水平有提高，对胞外多糖的产量影响却不大。所以，由此可见，细胞内激活糖的水平对胞外多糖产量的影响在乳酸菌属种不同的情况下存在些许差异。

除此之外，还有一种提高乳酸菌胞外多糖产量的方法，是通过提高参与胞外多糖聚合作用的糖基转移酶的酶活性，在胞外多糖生物合成过程中多糖聚合作用的水平上实现的。在乳酸球菌中，过量地表达起始糖基转移（priming glycosyltransferase），能够使其胞外多糖的产量得到一定程度的提高。通过克隆胞外多糖整个基因簇，之后在多拷贝数的单个质粒中过量地进行表达，也可以调控胞外多糖的合成，但是宿主菌的稳定性会受到一定的影响。

二、乳酸菌的生理功能

（一）营养作用

我们生活中经常饮用的牛乳，在经过发酵后，其内部含有的乳糖有20%~30%可分解成葡萄糖和半乳糖，进而可转化为乳酸以及其他有机酸。然而，半乳糖难以被乳酸菌转化，被机体吸收后，可参与幼儿脑苷和神经物质的合成，还可提高乳脂肪的利用率。发酵作用将会使乳蛋白变成微细的凝乳粒，这样易于消化吸收。在乳酸菌作用下，酪蛋白能发生一定程度的降解。乳酸本身可作为人体的营养源，通过磷酸烯醇式丙酮酸和6-磷酸葡萄糖转化为糖蛋白，每克乳酸可向机体提供15.23 kJ热量。由于乳酸菌的作用，可能部分乳脂肪会发生离解。乳酸菌中许多种都能产生维生素B类。经来自人体肠道双歧杆菌研究表明，双歧杆菌能产生维生素B_1、叶酸、维生素B_6、维生素B_{12}等多种维生素，数量会因种类不同而异。双歧乳酸杆菌每克干物质中，维生素B_1为7.5mg、维生素B_2为25mg；每升培养液中细胞外维生素B_1是25~250mg、烟酸400μg、维生素B_2为10μg、维生素B_6 100μg、维生素B_{12} 0.06μg、叶酸25μg。双歧杆菌能抑制肠道细菌，如解硫胺素芽孢杆菌（*Bacillus thiamimolficus*），此菌能分解维生素B_1，引起肠道内维生素B_1缺乏。在这种情况下，口服维生素B_1是无效的，只有改善肠道内微生物组成，抑制有害菌的生长（双歧杆菌有这种作用），才能进行补充。经研究发现，补充嗜酸乳杆菌（*Lactobacillus acidophilus*）发酵制品，B族维生素含量有所增加。烟酸在普通牛乳中的含量为76μg/100g；而干酪中烟酸含量增加到169μg/100g；维生素B_6从17μg/100g，增加到33μg/100g；叶酸从3.8μg/100g增加到 15.2μg/100g；维生素B_{12}从0.48μg/100g增加到0.522μg/100g。乳制品中维生素含量的增加，可认为是在发酵的过程中，由于嗜酸乳杆菌的合成代谢所导致的。

1.缓解乳糖不耐症作用

在我们生活中，有些人饮用牛乳后，会经常出现腹胀、腹痛等症状，有时甚至出现呕吐和腹泻，这是由于体内缺乏乳糖分解酶，不能分解乳糖，此现象即被称作乳糖不耐症。经大量试验研究表明，嗜酸乳杆菌可以帮助不耐受乳糖或有乳糖吸收障碍的个体，改进其乳糖消化情况。在正常的情况下，乳糖酶存在于肠细胞中，乳糖水解是在小肠中进行的。乳糖酶缺乏的个体不能水解乳糖产生供应机体吸收的葡萄糖和半乳糖。乳糖经过大肠发酵时产生相当多的气体，其中包括氢气，氢气可以被血液吸收并通过呼吸系统排出体外，乳糖酶缺乏的个体如果食入牛乳，常常会出现胃肠紊乱，导致胀气或腹泻，这些反应常与乳糖不耐受或乳糖吸收障碍有关。此外，乳糖对于乳糖吸收障碍的儿童是有毒的，它将破坏肠黏膜，出现与腹腔疾病相似的症状。含有乳酸菌的乳制品可以帮助这些患者消化乳糖，原因是乳酸菌在发酵过程中可以产生乳糖酶。据Gilliland报道，与只饮用普通牛乳的个体相比，饮用含2.5×10^8个/mL嗜酸乳杆菌牛乳的个体，可明显增加乳糖的吸收，乳糖吸收情况可以通过呼出氢试验（BHT）来测定。当乳糖在胃肠道中发酵而不被水解时可产生氢气，这些氢气被肠道吸收经呼吸系统排出，BHT以测定排出的氢气含量为基础，分析乳糖的吸收情况。试验结果表明，饮用2.5×10^8个/mL嗜酸乳杆菌的牛乳可以将呼出的氢含量从47.6 mg/kg降低到28.4 mg/kg，氢含量的降低意味着乳糖消化吸收的增加。Alm试验证明，服用乳酸菌发酵的乳制品，可使人体血液标本中的葡萄糖含量明显增加。如果按人体表面积每平方米服用 50g乳糖来计算，那么一个正常个体100 mL血浆中至少增加20~25mg葡萄糖，而乳糖吸收障碍个体血浆中的葡萄糖水平不增加。Gilliland研究发现，乳酸菌可将胆酸解离成可以分解的游离形式，而胆酸解离与保持胆酸的胃肠循环有关。在胃肠循环期间，解离可有规律地发生。胆酸的另一个解离场所即是肠道，这对肠道内微生物十分重要，解离的胆酸比结合的胆酸对细菌具有更强的抑制作用。因此，胆酸的解离，可以促进肠道乳酸菌对肠道致病菌产生拮抗作用，同时可维持肠道各种细菌间有益的平衡关系。发酵乳制品与胆汁的共同作用，可使乳糖酶含量增加，活性加强，使乳糖吸收不良者饮用发酵乳后不会发生腹泻。

2.促进乳蛋白的消化

乳蛋白经过乳酸的发酵将会提高其消化率，原因是由于乳酸可以缓慢地生成膜状，使凝乳粒子变小，在消化酶作用下，其表面积将会增大，进而促进蛋白质的分解。一部分乳蛋白先被乳酸菌内部所含蛋白酶分解成氨基酸和肽，这样就可以提高其消化率了。

3.提高钙、磷利用率

促进铁和维生素D的吸收。钙是牛乳中含量最多的矿物质，也是机体的主要营养成分之一；而维生素D、乳糖、磷和精氨酸等物质将会影响肠道对钙的吸收。除维生素D外，发酵乳品可以满足其所有条件，所以，发酵乳品是补充钙的优选食品。乳酸菌具有增加矿物质代谢，增加血钙、镁含量，减少血钾浓度的生理功能。

（二）保健作用

活性乳酸菌在肠道中的代谢物可以调节肠道中的菌群平衡，改善肠道功能，乳酸菌在发酵过程中产生的有机酸及其一些特殊酶系和乳酸在体内的代谢可以改善人体的血脂。此外，乳酸菌可以抑制腐败菌的繁殖，减缓腐败菌产生的毒素，清除肠道内的垃圾，进而减轻肝脏的解毒重荷，改善肝功能。部分乳酸菌，特别是以活菌形式进入到肠道的乳杆菌，能在肠道内形成其促进机体吸收、调节血压的矿物质，部分乳酸菌产生的胞外多糖可能也具有一定的降压作用。乳酸菌代谢可以明显地减少肠道对胆固醇的吸收，与此同时，乳酸菌可以吸收部分的胆固醇，可将其转化为胆酸盐，进而排出体外。

1.降胆固醇

经国内外大量临床实验证实，服用乳酸菌及其相关制品，具有减少人体胆固醇含量的作用。

诱发高血压、心脏病等多种心血管疾病的重要因素之一是血清中含有过高的胆固醇，死于心血管疾病的人数在美国是多于癌症及其他疾病的。因此，降低血清中胆固醇水平与人类健康有着直接关系，而目前科学研究工作热点之一则是研发降低胆固醇的医药制品。1974年，Mann及Spoerry发现饮用乳酸菌发酵后的牛乳有着降低人体血清中的胆固醇的作用，这为预防和治疗心血管疾病提出了新的理念，此后，益生菌降胆固醇功能的研究已然成为人们的关注点。据报道，在体外或体内有较强的降胆固醇作用的乳酸菌有多种：嗜酸乳杆菌、干酪乳杆菌、嗜热链球菌、植物乳杆菌、罗伊氏乳杆菌等。至目前为止，国外研究者开展了大量益生乳酸菌降胆固醇的体内功能验证工作，并筛选出一些具有降低血清胆固醇含量功能的乳酸菌。Akalin等分别将小鼠饲喂含有嗜酸乳杆菌的酸乳和鲜牛乳，检验发现饲喂含乳酸菌的酸乳有明显降低小鼠血清胆固醇和低密度胆固醇浓度的作用。我国赵丽珺等在进行乳酸菌降低胆固醇的实验研究中，筛选出了许多株具有的降低胆固醇的乳酸菌菌株。肖琳琳和董明盛筛选出的一株西藏干酪乳酸菌KM-16在液体培养基中对降胆固醇达51.8%，并能明显降低高脂血症模型小鼠的血清中总胆固醇、甘油三酯的含量。孙立国等研究发现植物乳杆菌ST-Ⅲ可降低大鼠血清高胆固醇的含量并存提高血清高密度脂蛋白胆固醇水平的作用，因此，认为乳酸菌具有辅助降血脂及降高胆固醇血症的功能。潘道东利用高脂模型，研究发现乳酸乳球菌乳亚种LQ-12能明显降低大鼠血清中的血清总胆固醇、血清甘油三酯、血清总胆酸。一系列研究提出了乳酸菌降胆固醇的可能机制，主要包括以下几种理论。

（1）共沉淀理论　经研究发现，在生长过程中，乳酸菌产生的胆盐水解酶，可以降解结合胆盐且释放出游离的胆酸盐，在pH低于6.0时，游离胆酸盐溶解度小于结合胆盐溶解度，游离胆酸盐与胆固醇可形成复合物，共同沉淀后可降低胆固醇含量。Klaber等利用多株乳杆菌和双歧杆菌进行的降胆固醇研究证实了这一观点。Mott等对仔猪进行研究发现，饲喂嗜酸乳杆菌的仔猪与正常仔猪相比，前者血清胆固醇含量较低，且粪便中类固醇排泄量较高。由此推测，人体内也存在游离胆酸盐与胆固醇共沉淀现象，这一作用将阻止胆固醇进入血液循环，避免了血清高胆固醇的出现。

（2）吸收理论　体外研究表明，乳酸菌在含有胆盐的高胆固醇培养基中生长时，菌体细胞可以吸收介质中的胆固醇，进而降低介质中胆固醇的含量。Grill等研究发现食淀粉乳杆菌在高胆固醇培养基中，能吸收50%的胆固醇。但由于此理论未经过动物研究证明，所以推测，由于肠道中的细菌细胞吸收胆固醇，会减少机体对胆固醇的吸收，进而导致体内血清中胆固醇含量降低。

（3）结合理论　有研究表明，某些乳酸菌菌株，如嗜酸乳杆菌、双歧杆菌能将部分胆固醇吸收并渗入到细胞膜上。Kimoto等发现热杀死细胞既不能吸收胆固醇，也没有共沉淀的发生，却能够去除部分胆固醇，这可能是由于胆固醇掺入了细胞膜，而活细胞去除胆固醇是掺入细胞膜与吸收至细胞内共同作用的结果所致。

（4）其他理论　在降低胆固醇作用时，乳酸菌受着多种因素的影响，部分研究倾向于共沉淀和菌体吸收联合作用的观点，且在不同条件下，乳酸菌会表现出以某一种作用方式为主。此外，经过对双歧杆菌的研究人们还发现，双歧杆菌通过抑制人体内活化的T细胞，进而可以控制新形成的低密度脂蛋白接受器，这将有助于降低血清胆固醇含量。目前对肠道乳酸菌降胆固醇作用机制进行的研究还在不断深入，专家们各抒己见，但毋庸置疑，这些研究都会有助于乳酸菌在医药和保健方面的应用以及推广。

2.增强免疫功能

据调查研究表明，乳酸菌可通过刺激单核因子等效应分子产生，增强单核吞噬细胞（单核细胞和巨噬细胞）、多形核白细胞的活力，促进非特异性免疫系统活性。Dallal等给患有浸润性导管癌的小鼠饲喂干酪乳杆菌后，发现其体内白介素-12和干扰素-γ水平有所增加，脾细胞内NK细胞的活性大幅提升；同时，与对照组相比，小鼠肿瘤的增长速度显著降低，存活时间明显增加。这表明每日摄入干酪乳杆菌可促进癌症小鼠的免疫反应，提高其存活时间。Bleau等发现鼠李糖乳杆菌RW-9595M产生的胞外多糖可促进小鼠腹腔巨噬细胞诱导产生抗炎因子白介素-10，以减轻炎症反应。Dong H等发现4株乳杆菌（干酪乳杆菌Shirota，鼠李糖乳杆菌GG，植物乳杆菌NCIMB 8826和罗伊氏乳杆菌NCIMB 11951）与2株双歧杆菌（长双歧杆菌SP 07/3和两歧双歧杆菌MF 20/5）对外周血单核细胞免疫调节反应不同，它们都能够增强淋巴细胞、T细胞、T细胞亚群以及NK细胞的活性，同时使白介素-1β、白介素-6、白介素-10和肿瘤坏死因子-α等细胞因子的活性也有不同程度的提升；并发现4种乳酸杆菌倾向于调节辅助Th1细胞因子，而2株双歧杆菌则倾向于产生更多的抗炎细胞因子，可发挥增强免疫的作用。Elmadfa等将33名年轻（22~29岁）的健康女性分成两组，让其分别饮用益生菌（德氏乳杆菌、嗜热链球菌和干酪乳杆菌DN114001）发酵牛乳制品和常规的酸乳，4星期后采集实验者血液样本，发现自然杀伤细胞和有丝分裂原诱导的T淋巴细胞的活化、刺激细胞因子的产生、免疫反应显著增强。进一步研究发现，酸乳发酵菌剂德氏乳杆菌能够促进促炎细胞因子白介素-10的分泌；益生菌鼠李糖乳杆菌GG能提高共刺激分子CD80、CD86、CD54以及成熟标志物CD83的表达，诱导树突状细胞成熟。乳杆菌能够通过促进B淋巴细胞活化或抗体（IgA、IgG、IgM、IgE和IgD）产生，诱导机体的有益免疫应答，也可参与调节机体对有害抗原的免疫应答。Hiramatsu等给小鼠口服灌喂假小链双歧杆菌Bp JCM70411后，Bp JCM70411在淋巴集结和盲肠补丁部位被CD11c+细胞包围，这表明Bp JCM70411可能直接诱发CD11c+细胞介导免疫反应。

此外，Bp JCM70411显著增加Thy1.2-细胞和骨髓树突细胞产生的白介素-10和白介素-12p40含量，并诱导派伊尔小结和盲肠补丁中树突细胞产生免疫球蛋白A（IgA），这表明Bp JCM70411能够增强伊尔小结和盲肠补丁中树突细胞的免疫功能。以上研究表明，乳酸菌可通过分泌的代谢物和细胞壁相关分子与宿主细胞相互作用，激活免疫相关。

3.改善肠胃功能

在人体胃肠道中，存在大量多种细菌，其数量、种类及分布定居部位都处于相对稳定的状态，共同构成了人体中最大也是最复杂的微生态系统。一个健康的成年人肠道内微生态系统一旦被破坏，就将会引发疾病，这种疾病称为肠道菌群失调。经研究表明，腹泻患者的肠道乳酸菌菌群的种类以及数量都较少，患者在服用乳酸菌制剂治疗后，肠道菌群得以调节，使肠道恢复健康。在进入到肠道后，乳酸菌可以迅速生长、代谢以及繁殖，为机体提供维生素和部分必需氨基酸等营养物质；产生的酶类、酸可帮助宿主消化；同时可代谢出二氧化碳、乳酸以降低肠道内pH，进而抑制病原菌的繁殖，从而起到维持机体肠内菌群平衡的作用。乳酸菌健胃整肠的作用机制有以下几点。

（1）产生营养成分及特殊酶系　在代谢过程中，乳酸菌自身可合成多种营养成分，包括可以被人体充分利用吸收的多种氨基酸、维生素和L-乳糖等，以及通过发酵产生的乳酸，能促进胃肠道对磷、钙、铁、维生素D等微量元素的利用吸收。此外，乳酸菌能产生合成多糖及各种维生素等的特殊酶系，机体可利用这些酶类来帮助吸收多种营养物质；也有研究表明，某些酶可以修饰毒素受体，减少毒素与肠黏膜受体的结合，利于机体的肠道健康。

（2）产生抗菌物质　肠道内多种益生菌可产生抗菌的物质，以生物拮抗作用来消除病原菌的存在，如双歧杆菌能产生一种人类未知的广谱抗菌物质，以抑制志贺氏菌、沙门菌、霍乱弧菌等病原菌的活性。嗜酸乳杆菌、保加利亚乳杆菌产生的过氧化氢有明显的抑菌效果。乳杆菌在体内可发酵乳糖，产生乳酸乙酸，可降低肠道局部pH，抑菌或杀死肠道内的沙门菌、埃希菌、链球菌等；研究还发现其还可以在肠道内产生一种四聚酸，这种四聚酸可杀死大批具有抗药性、有害的细菌；Dunne等发现唾液乳杆菌UCC118及其抗菌产物ABP118（一种细菌素）对一系列指示菌（潜在病原性）均有较广谱的抑菌性。

（3）乳酸菌的黏附抗性　乳酸菌能防止病原菌在肠上皮细胞表面附着、定植并能防止病原菌入侵肠道细胞，这种机制被人称为"黏附抗性"。在人体肠道中，乳酸菌通过黏附素与肠黏膜上皮细胞互相作用密切配合，形成了一道生物屏障，可以限制病原微生物与肠黏膜之间的黏附、定植，并通过其代谢产物阻止致病菌的入侵，保护宿主免受致病菌侵害，起到益生性功能作用，如植物乳杆菌299v可促进肠上皮细胞分泌黏细胞，可抑制致病菌的定植。Bernet等用嗜酸乳杆菌LA1株与肠致病菌一起同肠上皮细胞（Caco-2）细胞系（具有人小肠微绒毛细胞的某些特性）共培养，发现肠致病菌的黏附能力受抑制，这可能是由于乳杆菌细胞和致病菌细胞之间存在的非特异性的对肠上皮细胞顶端受体的空间位阻现象引起的。沈通一等更深入地研究了植物乳酸杆菌CGMCC NO.1258的表层黏附蛋白（MP2）能同致病性大肠埃希菌竞争黏附肠上皮细胞，从而利于植物乳酸杆菌在肠上皮细胞上定植。杨俊等研究发现，乳酸菌可减缓肠病菌体引起的肠道通透性的增加以及紧密连接（TJ）屏障的损伤。同时也存在这样的报道，在肠黏膜免疫反应中，嗜酸性乳酸菌可以发挥着重要的免疫监视功能，其主要是增强宿主的促进肠道分泌免疫球蛋sIgA、黏液免疫反应性。但是这些作用的产生均取决于乳酸菌是否可以黏附于肠道。

随着对乳酸菌研究的不断深入，乳酸菌制剂已经越来越多地用于一些胃肠道及其它疾病的防治了。

（4）改善血脂平衡　乳酸菌为革兰染色阳性的一类细菌，它可以在发酵乳糖、葡萄糖过程中产生大量的乳酸。血脂是血浆中类脂（磷脂、糖脂、固醇、类固醇）和中性脂肪（胆固醇和甘油三酯）的统称。因为胆固醇是血脂中的主要成分，所以胆固醇的含量可直接代表血脂水平的高低。经调查，近年来，我国已经有近1/3的成年人血脂偏高，甚至患有高脂血症。根据有关调查统计，平均每年有3000万人死于由高血脂直接或间接引发的相关疾病，而且这个数字还在不断上升。

在20世纪70年代，科学家发现，大量饮用由乳杆菌发酵的酸乳的人群，胆固醇水平普遍较低，因此，人们发现一些乳酸菌具有降低人体内血脂水平的作用，之后人们就逐渐开始对降脂乳酸菌进行研究了。

① 降血脂乳酸菌的来源。乳酸菌在自然界的分布是十分广泛的，许多的食品中都含有乳酸菌，除此之外，人体和动物的肠道、粪便中也存在着大量的乳酸菌。大体上，乳酸菌可以分为两大类：第一类是植物源乳酸菌，例如，泡菜、酸菜中的乳酸菌；另一类是动物源乳酸菌，酸乳中的乳酸菌就是典型的动物源乳酸菌。而从这些乳酸菌中分离出来的就包括降血脂乳酸菌。

李凡姝等从市售的酸菜、香肠、酱油、泡菜等乳酸发酵食品中分离出具有较高降胆固醇效果的乳酸菌，其中在最适条件下其对胆固醇的降解率能达到43.6%。马缨和殷红涛在大熊猫的粪便中也分离得到具有降血脂降胆固醇作用的乳酸菌。此外还有从鱼肠道、酸马乳、腊肠、藏獒粪便等发酵食品或动物肠道、粪便中筛选出的高效降血脂的乳酸菌。

② 高效降血脂乳酸菌的筛选。综合近几年与降血脂乳酸菌相关的研究来看，降血脂乳酸菌的体外筛选方法主要有以下三种。

MRS-胆固醇培养基液体发酵法：直接从健康动物的粪便、肠道和一些传统发酵食品中分离纯化出乳酸菌，然后在通过检测的菌株中测得在含高胆固醇的培养基中胆固醇的降解量多少来确定菌株有无降脂作用，其中胆固醇的测定方法通常是使用邻苯二甲醛法和磷硫铁比色法。田建军等采用了邻苯二甲醛法筛选出了具有高效降血脂功能的嗜酸乳杆菌。

碳酸钙平板透明圈法：利用某些乳酸菌具有胆盐水解酶活性，最后能与Ca^{2+}结合形成沉淀圈，再通过测定沉淀圈大小的方法来筛选具有高效降脂作用的菌株。吕秀红等采用此方法从传统泡菜中筛选出了两株胆固醇降解率在50%左右的植物乳杆菌。

指示剂法：先分离纯化得到乳酸菌，然后将其接入到改良Kenji培养基中，如果发酵后指示剂变黄，则证明胆固醇被降解了，根据其变色速度来判断菌株对胆固醇的降解效率。这种方法有一定的局限性，因为其只适用于以胆固醇为唯一碳源的菌株，所以有可能会出现漏筛现象。

③ 改善血脂途径。乳酸菌发酵产生的细菌表面的成分、特殊酶系、有机酸，以及乳酸在体内的代谢，能降低血脂含量。有机酸中的乳酸盐、醋酸盐和丙酸盐可对脂肪的代谢进行调节，对降低血浆总胆固醇和甘油三酯，升高高密

度脂蛋白起着一定的作用。

乳酸菌改善血脂的机制可能有以下几个途径。

a. 有机酸中的一些盐类，如乳酸盐、醋酸盐和丙酸盐对脂肪的代谢调节、对降低血浆总胆固醇和低密度脂蛋白、升高高密度脂蛋白起着重要作用。

b. 在乳酸菌产生的特殊酶系中，有降低胆固醇的酶系，它们可以抑制内源性胆固醇的合成。

c. 乳酸菌能抑制羟甲基戊二酰辅酶A还原酶（胆固醇合成过程中的限速醇），通过这个过程可抑制胆固醇的合成。

d. 乳酸菌能在肠黏膜上黏附定植，它的代谢能有效减少肠道对胆固醇的吸收，这可能与乳酸菌对胆固醇的同化作用有关。

e. 乳酸菌可吸收胆固醇并将其转变为胆酸盐排出体外。

④ 降血脂乳酸菌发酵食品。目前，对降血脂乳酸菌应用相对较为广泛的就是将其添加到发酵肉类、各类乳制品之中，使这些食品在人们食用后能产生降血脂降胆固醇的作用，或者直接降低食品中的胆固醇，以达到减少人体对高胆固醇食品的吸收的目的。当前已经有公司利用降血脂乳酸菌开发研究出具有降血脂降胆固醇的系列乳制品，另外，在生产猪肉香肠时，加入能降血脂降胆固醇的乳酸菌后，生产出来的香肠制品比普通的香肠制品胆固醇含量低。

4. 抗高血压作用

根据世界卫生组织（WHO）规定，对于成人而言，如静息血管收缩压（SBP）超过140mmHg（1mmHg=0.133kPa）即属于高血压，当静息SBP超过160mmHg，即须采取药物治疗措施，而静息SBP在120~140mmHg属于血压偏高的范围。在西方工业化国家中，有15%以上的人群患有高血压，中国2002年高血压患者的人数超过1.3亿人，占总人口的10%。高血压人群中，由于各种原因，仅有少数人采取了药物治疗措施。

高血压会导致患者心、脑、肾等器官受损害，而且高血压病与糖、脂质代谢紊乱等有密切关系，可明显降低患者生活质量，是引发心脏病的主要原因，常用的降血压药物有利尿降压药物、β-受体阻滞剂、钙拮抗剂、影响血管紧张素Ⅱ形成的药物[包括血管紧张素转化酶（Angiotensin Converting Enzyme，ACE）抑制剂和血管紧张素Ⅱ受体拮抗剂]等。

血管紧张素转化酶抑制剂（ACEI）与血管紧张素Ⅰ转化酶结合，可抑制血管紧张素Ⅱ（Ang Ⅱ）生成，导致设激肽分解减慢，出现血管舒张、血压下降的现象，对早期高血压患者进行ACEI为基础的抗高血压治疗能使心血管疾病的发病和死亡的危险降低。新型ACEI，如卡托普利、依拉普利和贝拉普利等具有心肌修复作用，并防止修复性纤维化形成。此外，ACEI可扩张肾小球动脉，故能有效降低肾小球内毛细血管血压，从而降低肾脏高灌注，减少白蛋白排泄，与其他几类抗高血压药物相比，只有ACEI类药物能减少尿蛋白和改善肾功能。因此，在寻找新的降压药物的过程中，血管紧张素转化抑制剂成为一种重要的筛选目标。

牛乳作为一种营养丰富的传统食品，对改善和提高人的身体素质发挥了重要的作用。乳蛋白的不同成分分别具有免疫调节、抑制致病菌感染和生长、多肽性生长因子等重要的生理功能，而且乳蛋白在消化过程中经过各种消化性蛋白酶或在体外经过部分细菌蛋白酶（如瑞士乳杆菌 CP790）的降解作用，可产生多种具有重要生理活性作用的肽，分别具有阿片肽活性、免疫调节活性、促进矿物质利用、抑制食欲、抗血栓形成、降高血压等重要的生理作用，这些生理活性肽，在各种乳蛋白序列中以非活性状态存在，只有通过特殊的蛋白水解作用才能释放出来。

乳酸菌作为一类被公认为安全的微生物，长期用于多种发酵食品的加工，已经被人类食用上千年。乳酸菌对人体健康的调节作用如调节胃肠道菌群组成、预防和治疗各种腹泻、免疫调节等已得到广泛的研究和论述，但对其抗高血压功能的研究还处于起步的阶段，大多数的研究集中在通过乳蛋白酶水解或发酵的方法获得ACE抑制肽，以及这些ACE抑制肽对自发性高血压大鼠（SHR）的降压作用，对特定乳酸菌在体内的降压作用，特别是对高血压患者的作用则仅有零星研究。

通常认为，乳酸菌的降血压作用来自三方面。①通过其胞外蛋白酶、肽酶（段肽酶、氨肽酶）的水解作用，将食物蛋白如乳蛋白中具有降低活性的脑片段释放出来，如ACE抑制肽、阿片活性肽等；②乳酸菌的渊体成分，如来自干酪乳杆菌ＹⅠP9018细胞壁的一种多糖——肽聚糖成分在SHR及高血压患者体内可表现出降血压作用；③部分乳酸菌，尤其是可以活菌形式到达肠道的乳杆菌，在肠道内促进机体对部分可以调节血压的矿物质的吸收。此外，部分乳酸菌产生的胞外多糖可能也具有一定的降血压作用。

5. 抗血栓功能

乳酸菌的代谢产物能抑制血小板的凝聚并可将纤维蛋白原结合到血小板上。所以，经常食用富含乳酸菌的食品，具有预防高血脂、降低血黏度和抗血栓的作用。

6. 改善肝功能

在人体的肠道中存在大量的乳酸菌，通过抑制有害菌的黏附定植及有害菌的黏附定生长、产生有益的代谢产物和调节机体的免疫和代谢水平等改善人体肠道健康状况。

近些年来，越来越多的实验证明，乳酸菌能够缓解酒精性肝病的发病。Kirpich等经过一项前瞻性随机临床实验表明，与健康对照组相比，酒精性肝病患者组血清中的丙氨酸氨基转移酶（alanine aminotransferase，ALT）和天冬氨酸氨基转移酶（aspartate aminotransferase，AST）含量均显著升高；而在口服乳酸菌（两歧双歧杆菌和植物乳杆菌8PA3）治疗5d后，与标准治疗组（戒酒+维生素）相比，乳酸菌治疗组的患者血清中的ALT和AST水平显著降低。在大量的乳酸菌缓解酒精性肝病的研究中，国内外的许多研究人员已经提出了几种重要的机制，包括调整肠道菌群、改善肠屏障功能、减弱肝脏氧化应激、调节肝脏炎症水平和抑制肝脏脂肪堆积等。

（1）乳酸菌通过调整肠道菌群缓解酒精性肝病　人体肠道菌群由细菌、真菌、古生菌和病毒构成的，其微生物数目与人体自身细胞数目的比例大约为1∶1。多种疾病的描述中均有肠道菌群的改变，例如，肝硬化、炎症性肠病、帕金森病、孤独症和艰难梭菌感染等。肠道和肝脏之间有着密切的解剖学及功能关系，称为肠肝轴，越来越多的研究证明，在酒精性肝病的发生和发展中，肠道菌群通过肠肝轴发挥着重要的作用。肠道菌群中的主要菌门包括拟杆菌门、变形菌门、厚壁菌门和放线菌门，在正常的情况下，各个菌门保持动态平衡；而经过大量的研究表明，酒精性肝病患者的肠道菌群通常处于紊乱的状态，如变形菌门的丰度增加以及拟杆菌门的丰度降低等。在肠道菌群中，酒精可直接的应用，可增加革兰阴性菌的数量，在此之后其细胞壁成分脂多糖会更多地进入门静脉循环并且到达肝脏，超出肝脏的清除能力，会造成肝脏氧化应激和炎性浸润。Bajaj等研究表明，在酒精性肝硬化患者的肠道菌群中，肠杆菌科（属于变形菌门）的相对丰度增加，毛螺菌科和瘤胃菌科（二者属于厚壁菌门）的相对丰度降低。Llopis等将38名住院患者（16名无酒精性肝炎患者，12名非严重酒精性肝炎患者和10名严重酒精性肝炎患者）进行分析发现，肠杆菌科等潜在致病家族的丰度与酒精性肝炎的严重程度呈正相关。为了进一步研究肠道菌群与酒精性肝病的关系，Kang等将酒精性肝硬化患者的粪便移植于无菌小鼠后，在小鼠体内发现了细菌移位和肝脏炎症。因此，调整肠道菌群或许能够预防/治疗酒精性肝病。Bull-Otterson等在实验的最后2周，将鼠李糖乳杆菌GG（Lactobacillus rhamnosus GG，LGG）菌悬液（1×10^9 CFU/mL）加入小鼠的含酒精的Lieber-DeCarli液体饲料中，实验结束后，将小鼠的粪便进行宏基因组分析发现，酒精组小鼠肠道中的厚壁菌门和拟杆菌门丰度显著降低，而变形菌门和放线菌门的比例显著增加，与肠道菌群的定性和定量改变相一致，血清中LPS和ALT水平显著增加，肝脏炎症以及肝损伤明显；LGG菌悬液加入后，可能是由于产生了短链脂肪酸（short chain fatty acid，SCFA）和降低了肠道内pH的原因，显著抑制了肠道菌群的上述变化，明显降低了血清中的LPS和ALT水平，缓解了肝脏炎症以及肝损伤的情况。武岩峰在LGG缓解慢性酒精性肝损伤的研究中也得出了部分类似的结果。一项随机双盲的临床实验表明，酒精性肝炎患者补充屎肠球菌或枯草芽孢杆菌7 d后，粪便中革兰阴性的大肠杆菌数量显著减少，血清中的LPS、ALT、AST和γ-谷氨酰转肽酶水平显著降低，肝脏中的肿瘤坏死因子（tumor necrosis factor-α，TNF-α）水平也显著降低，这意味着屎肠球菌或枯草芽孢杆菌通过调整肠道菌群，进一步改善了内毒素血症，从而减弱了肝脏炎症，改善了肝功能。张冬进行的随机双盲的临床实验显示，治疗酒精性肝病的同时增加口服益生菌制剂（含有长双歧杆菌、嗜酸乳杆菌和粪肠球菌），可以使酒精造成的紊乱的肠道菌群恢复至接近健康对照组的情况，从而减轻肝损伤。肠道菌群中除细菌之外的微生物，例如，真菌、古生菌和病毒，都可以调节宿主和细菌之间的相互作用并直接影响宿主和细菌。在小鼠ALD模型中，酒精的摄入可导致真菌的过度生长，尤其是念珠菌属，可增加肝损伤。研究人员还发现，真菌细胞壁上的β-葡聚糖通过结合库普弗细胞上的C型凝集素样受体CLEC7A，可上调白细胞介素（interleukin，IL）-1β水平，从而诱发肝脏炎症。目前，还没有关于乳酸菌是否能够抑制酒精造成的其他微生物（除细菌之外）紊乱的相关报道，这或许是未来研究的一个方向。

（2）乳酸菌通过改善肠屏障功能缓解酒精性肝病　　肠屏障是肠肝轴的一个重要的组成部分，肠屏障包括物理层和免疫层，具体而言，包括具有抗菌肽的黏液层、分泌型免疫球蛋白A（secretory immunoglobulin A，sIgA）和共生微生物；相邻细胞间紧密连接的肠上皮细胞层；含有先天和适应性免疫细胞（例如T细胞、B细胞，树突状细胞和巨噬细胞）的固有层。其中，肠上皮细胞层是最重要的一道屏障，肠上皮细胞通过紧密连接、黏着连接和桥粒形成肠上皮细胞屏障，而紧密连接是肠上皮细胞之间最关键的连接方式，紧密连接由跨膜蛋白（例如，claudins和occludin）、外周膜蛋白（例如，ZO-1和ZO-2）和调节蛋白构成。酒精摄入后，会抑制紧密连接蛋白的表达，进而破坏肠上皮细胞屏障，可使肠道的通透性增加，大量的LPS进入门静脉循环到肝脏后，可刺激库普弗细胞，引发氧化应激以及炎症反应。Kim等研究发现，给小鼠灌胃植物长双歧杆菌LC67、植物乳杆菌LC27以及二者的复合物，可显著提高酒精抑制的紧密连接蛋白（claudin-1和occludin）的表达，从而抑制酒精造成的肠道通透性增加，降低血清中的LPS含量，进一步通过检测肝脏中TNF-α等指标发现，由酒精引起的炎症能得到缓解；并且在Caco-2细胞模型中可发现，只用酒精处理Caco-2细胞，紧密连接蛋白（claudin-1和occludin）表达量呈现显著降低状态，而加入长双歧杆菌LC67、植物乳杆菌LC27或二者的复合物后，再用酒精处理时，无论是单菌株还是复合菌株都可显著增加酒精抑制的claudin-1和occludin的表达。李逢源给小鼠喂食LGG的发酵上清液（LGGs）也发现了上述类似的结果。根据一项研究表明，与酒精组的小鼠相比，酒精+发酵乳杆菌LA12组的小鼠的ZO-1、claudin-1和occludin的蛋白表达量显著提高，并且恢复了小鼠的小肠绒毛长度和隐窝深度，血清中的ALT和AST含量显著降低，显示出LA12通过保护肠道屏障，预防了酒精造成的肝损伤。Chang等给大鼠灌胃益生菌制剂VSL#3（包含短双歧杆菌、长双歧杆菌、婴儿双歧杆菌、嗜酸乳杆菌、植物乳杆菌、副干酪乳杆菌、保加利亚乳杆菌和嗜热链球菌）表明，VSL#3可以防止酒精引起的ZO-1和occludin的mRNA及蛋白表达量降低，通过电子显微镜观察小肠的紧密连接情况，也进一步显示出了VSL#3可防止酒精对紧密连接破坏的作用，从而防止了酒精造成的肠道通透性增加。

（3）乳酸菌通过调节肝脏炎症水平缓解酒精性肝病　　在酒精摄入后，导致通过静脉运输到肝脏的LPS增多，LPS刺激肝脏库普弗细胞，可引起肝脏炎症。具体信号传导过程为，LPS与血清中的LPS结合蛋白（LPS-binding protein，LBP）结合，经血液循环后，与肝脏库普弗细胞膜上的CD14形成了复合物，复合物中的LPS解聚后，在分泌蛋白MD-2辅助下，与Toll样受体4（Toll-like receptor 4，TLR4）结合，导致TLR4活化，然后TLR4胞内尾状结构与接头蛋白MyD88结合，后者通过其死域与IL-1受体相关激酶（IL-1 receptor-associated kinase，IRAK）结合，二者相互作用引起IRAK自身磷酸化，进而激活肿瘤坏死因子受体相关因子6（TNF-receptor-associated factor 6，TRAF6），后者再激活IkB激酶（IkB kinase，IKK）复合物，使其磷酸化IkB并发生降解，由此，NF-κB得以释出而转位入核，与DNA分子特定基因增强启动分子的RHD区内NF-κB位点结合，启动多种炎性细胞因子（如TNF-α、IL-6等）、ROS和辅助刺激分子CD80与CD86基因的转录，以上就是TLR4介导LPS活化NF-κB信号公认的通路，但也有报道声称，TLR4可直接与LPS相结合。在信号传导入细胞内时，还能激活细胞内的丝裂原活化蛋白激酶（mitogen-activated protein kinase，MAPK）途径，与NF-κB的信号途径协同，引发机体的一系列炎症反应。国内外学者的研究表明，乳酸菌可以抑制酒精增强的CD14、TLR4以及NF-κB和MAPK通路中一些基因的表达来减少TNF-α、IL-6等炎症因子的产生，从而降低肝脏炎症水平。Wang等给小鼠喂食含酒精的液体饲料发现，酒精显著增加了TLR4的mRNA表达，导致TNF-α的mRNA表达量明显增加，髓过氧化物酶（myeloperoxidase，MPO）活性显著增强，在小鼠的含酒精的液体饲料中加入LGG后，LGG能显著降低TLR4的mRNA表达量，从而降低TNF-α的mRNA表达量，MPO活性也显著降低；用LGGs预处理外周血单个核细胞（peripheral blood mononuclear cell，PBMC）发现，LGGs可以显著抑制LPS激活的p38MAPK磷酸化，从而明显降低TNF-α的活性。有实验证明，给小鼠开始灌胃乳酸菌（鼠李糖乳杆菌R0011和嗜酸乳杆菌R0052）后，酒精造成的TLR4的蛋白表达量增加被显著抑制，进一步降低了TNF-α的活性，从而降低了肝脏炎症水平。Stadlbauer等进行了一项开放性研究，酒精性肝硬化患者每天给予3次干酪乳杆菌Shirota（6.5×10^9 CFU/L），持续4周，与未给予干酪乳杆菌Shirota的酒精性肝硬化患者相比，TLR4的表达量显著降低，并改善了中性粒细胞的吞噬功能，减轻了肝脏炎症。将植物乳杆菌C88灌胃给小鼠，发现它可以显著阻止乙醇诱导的p65的mRNA和蛋白表达量增加，并且也可以显著抑制酒精引起的p38MAPK的磷酸化，表明植物乳杆菌C88通过抑制MAPK和NF-κB路，降低了肝脏中IL-6、IFN-γ和TNF-α的水平，起到了预防了酒精引起的肝脏炎症。

7. 降血糖

（1）乳酸菌激活胰岛素信号通道，改善胰岛素抵抗　乳酸菌可以在分子水平上激活胰岛素信号通道，而且具有降低血糖的功能，与糖尿病治疗相关的靶点可以分为4类。①调节葡萄糖代谢相关的酶，包括α-葡萄糖苷酶、醛糖还原酶和葡萄糖激酶等。②与调节胰岛素分泌相关的生长抑素受体、胰高血糖素样肽（GLP-1）受体、ATP敏感性钾通道等。③与胰岛素生理活性有关的酶和细胞因子，包括磷脂酰肌醇激酶、促分裂原活化蛋白激酶和酪氨酸激酶等。④与胰岛素增敏有关的过氧化物酶体增殖物激活受体（PPARs），在不同物种中有PPAR-α、PPAR-δ和PPAR-γ 3种亚型。

（2）乳酸菌的抗氧化能力，缓解胰岛素抵抗　相关研究显示，糖尿病的发病机制与机体氧化损伤以及机体自身的抗氧化能力具有很大的联系，胰岛β-细胞的氧化损伤是导致糖尿病的一个极为重要的原因。患者体内高水平自由基会攻击肝细胞膜表面胰岛素特异性受体，从而使得胰岛素做出抵抗，从而进一步导致酶与细胞器出现氧化损伤，最终使得糖尿病加重，甚至引起一系列糖尿病的并发症。

（3）乳酸菌改善肠道菌群，减少内毒素　肠道菌群与糖尿病的发生发展密切相关：第一，有害菌的频繁增加、益生菌的减少会使肠道菌群失调，肠道免疫功能剧烈下降；第二，肠道菌群代谢产物破坏胰岛细胞从而引发糖尿病；第三，革兰阴性菌大量增加从而分泌大量内毒素，内毒素入血增加引起高血糖，长期处于高血糖的状态会导致机体产生胰岛素抵抗。2005年，别明江等发现小鼠血糖与其肠道内益生菌的变化趋势呈负相关的关系。2006年，Dumas等发现某些肠道菌群中含有谷氨酸脱羧酶，换句话说，这些菌能够合成并分泌谷氨酸，谷氨酸还可以介导肠源淋巴细胞破坏胰岛细胞引起糖尿病。同年，Neal等实验发现高脂饮食容易造成肠道菌群失调，双歧杆菌、类杆菌和肠球菌减少、革兰阴性菌（G-菌）/革兰阳性菌（G+菌）比例增高，还会引发一系列反应导致糖尿病、肥胖症及炎症反应。

（4）乳酸菌调节机体免疫，减少系统炎症　糖尿病是一种代谢疾病，其产生的原因有很多，一个重要的原因就是机体免疫能力下降。相对于正常人来说，糖尿病患者中性粒细胞（N细胞）的趋化、黏附、吞噬和杀菌能力均处于较低的水平，其自然杀伤细胞（NK细胞）活性也相对较低。胃肠道是人体内最大的免疫器官，乳酸菌作为肠道优势菌群，还可以通过调节机体免疫，发挥降血糖功效，其具体机制有以下两种：第一，通过黏附肠道上皮细胞调节宿主的免疫反应，可抑制糖尿病的发生；第二，通过调节抗炎因子的分泌防止黏膜炎症和肠道感染，从而达到防治糖尿病的目的。

8. 预防女性泌尿生殖系统疾病

乳酸菌的作用及对治疗妇科病的功效，据很多专家的多年研究，乳酸菌与人体内特别是女性下体的健康问题和酸碱平衡问题直接相关，pH（酸碱平衡）一旦不平衡，人体的健康会很快出现问题。而人体内的益生菌就是专门负责调解酸碱平衡的，并且可吞噬有害细菌。但益生菌的数量会因个人压力的增大、生活的无规律、精神状态的低沉及年龄的增大而迅速减少。也正因此，人的健康特别是妇科问题，治疗的根本是及时补充益生菌，以调节体内酸碱平衡，改善健康环境，增强免疫力，以安全、彻底的方式解决自身的病症。

而乳酸菌对人体的作用就是直接补充益生菌的数量，增加有益细菌的数量，微生物细菌直接相互制约并产生共生关系，可迅速恢复女性生殖系统平衡的菌群状态。也就是利用乳酸菌产生乳酸调节机体内pH，改善和保障活性益生菌群最佳的生存环境，使机体pH达酸碱平衡状态。通过活性益生菌来抑制致病菌的感染，做到自治自愈，促使肌体恢复微生态平衡状态，从源头解决女性的下体问题。

这种治疗理念就是目前国际上最先进的生物酸碱疗法，这种疗法的优势有以下几种。

首先定位准确，利用微生物有益菌和致病菌的相互制约及共生关系，"益菌抑菌"准确查清致病菌种，给予精确定性，实现快速治疗。其次安全高效，在不破坏人体正常组织的情况下，通过机体自身调理阴道内微生态环境，激活自体有益菌繁殖，阻止致病细胞复制，避免交叉感染，安全无损伤、无痛苦、不产生耐药性。与此同时疗效确切，使用生物酸碱平衡疗法能快速抑制阴道内部细菌，排出生殖器官内积存的炎性分泌物和毒素。消除月经期前后、更年期前后和生育前后各种因素及内分泌引起的情绪不宁和烦躁抑郁等心理障碍。能全面有效地杀灭致病菌，清除体内病毒，修复受损表皮细胞，使机体自身免疫功能自然恢复，从而解决久治不愈、疾病易反复等难题，还具有安全快捷的优点，能够快速杀菌、当天止痒、去除异味。一周内完全阻止细菌沿生殖道上行及血行播散，半个月即可利用增加体内有益菌群改善和平衡体内微生态环境，清除致病菌在阴道内异常繁殖，安全无损伤、无痛苦、无耐药性、无副作用。最后还可以滋阴润道，纳米级微生物分子超强渗透阴道黏膜，深层清洁阴道内部。活性菌进入阴道后立即开始以几何倍增的形式释放活菌因子，并在阴道壁形成薄膜层，快速修复因用药不当、性生活不洁造成的阴道黏膜损伤，补充缺失的各类有益菌，祛腐生肌。维护女性阴部生态环境，促进血液循环，滋养阴部器官，延缓阴部器官衰老。

这种生物酸碱平衡疗法彻底打破了人类传统医学治疗生殖系统疾病以及清洁护理方式，利用有益细菌和有害细菌之间的共生及相互制约关系，通过"非药物酸碱平衡疗法"来修复各种致病菌感染造成的生殖系统疾病。以"益菌抑菌"的微生物原理将人类健康发展带入一个崭新的时期。

9. 减缓衰老

乳酸菌主要是碳水化合物发酵后产生的有益真菌，其价值仍然非常丰富。适量的菌群可以有效吸收乳酸菌中的蛋白质、糖、钙离子、铁离子和镁离子等多种营养物质，从而起到一定的营养神经作用。

此外，乳酸菌可以在肠道菌群中起作用以维持肠道菌群的平衡。其次，乳酸菌可以有效提高体内草皮酶的活力，从而消除自由基并延缓皮肤衰老。

10. 其他功能

（1）抗变异原性　目前，乳酸菌的抗变异原性功能主要通过以下几个方面发生作用：许多细菌的细胞壁均具有与变异原性无知和致癌物结合的性质，而乳酸菌细胞壁的这种性质更为显著，其结合能力比其他细胞更强；在细胞壁成分中，肽聚糖具有这种性质；死亡的乳酸菌菌体也具有这种能力，活菌和死菌对变异原物质的结合力没有明显差异；细胞壁与变异原结合在极短的时间内发生，这种结合十分稳定；细胞壁与变异原相结合，SDS具有拮抗作用。乳酸菌的抗变异原性，是由菌体直接作用于变异原始变异原不能活化，从而减弱或消除其害性。

（2）抗肿瘤　乳酸菌抗肿瘤、抗癌，双歧杆菌和乳酸菌之所以被称为益生菌，是因为它们具有以下保健功能。

① 肿瘤抗癌。国内外研究者通过大量科学实验，都证实双歧杆菌和乳酸菌等益生菌能够强化人体抗癌免疫反应，直接抑制肿瘤细胞的增殖，同时阻止肿瘤细胞的转变；另外，双歧杆菌和乳酸菌等益生菌能抑制食物和肠内变异原物质的变异原性，减少肠内致癌物质的产生。

② 抗衰老。人类的衰老是由多种因素造成的，其中之一是肠道中双歧杆菌、乳酸菌等益生菌在减少。人到老年期，双歧杆菌、乳酸菌等益生菌所占数量逐渐在减少。由于双歧杆菌、乳酸菌等益生菌可以合成多种维生素，如硫胺素、核黄素、尼克酸、泛酸、叶酸等，因此，双歧、乳酸杆菌等益生菌的缺乏，必然导致老年人体内维生素的缺乏，直接影响老年人的生理功能从而加速衰老过程。诺贝年中心图业物学家梅切尼可夫的"长寿学说"中指出，保加利亚居民长寿的重要原因就是保加利亚居民日常生活中饮用的酸乳中含有大量的乳酸菌。

③ 治疗菌群失调。在人类和动物的消化道中，正常菌群在其数量、种类以及所在的部位上都是相对稳定的，各种菌之间互相制约着这种动态的平衡，称为微生态平衡，如果平衡被打破即为微生态失调或称菌群失调。菌群失调可引起双重感染、消化系统疾病或原病情加重。菌群失调症多是由于应用抗生素而引起的，其次是激素疗法、免疫抑制疗法、同位素照射以及外科手术等引起的，这是因为使用抗生素等在杀灭致病菌的同时，对身体有益的正常菌群也会被一定程度地杀灭，导致肠道的微生态平衡存在被破坏的可能，这种菌群失调不但影响了患者的康复，甚至引起耐药菌株的再度感染而使病情更复杂化。如果在应用抗生素等后及时内服双歧杆菌和乳酸菌等益生菌，可迅速使肠道建立起微生态平衡，阻止耐药菌的过量繁殖，防止发生双重感染并可改善胃肠道的生理功能，从而大大促进机体的康复。

④ 提高机体抗病能力。双歧杆菌和乳酸菌等益生菌，除具有营养作用外，它还能与肠黏膜紧密结合，形成一个生物学屏障，并有抵抗和竞争性排斥作用，可使机体抵御致病菌的侵袭和定居，同时，还可诱发机体的特异和非特异免疫反应，能激活机体吞噬细胞的吞噬活性而提高机体的抗感染能力；另外，双歧杆菌和乳酸菌等益生菌还有降低血压、改善血脂代谢和防止儿童虫牙等功能。

（3）抑制有害菌群增长　乳酸菌是益生菌的重要成员。乳酸菌是机体先天性免疫系统的重要成员，是机体维持免疫稳态不可缺少的部分。乳酸菌与肠黏膜免疫系统间的相互作用是肠道营养学要解决的重要课题。乳酸杆菌作为重要的益生菌来源，主要通过恢复或增强肠道稳态发挥作用，是一类具有佐剂活性的非病原细菌，并有作为黏膜疫苗载体使用的潜能。在食品、饲料与医药工业中，它们经常被添加用来帮助动物预防致病微生物，维持肠道健康，达到促进生长、防治疾病的目的，其使用价值日益受到重视。

乳酸菌与肠上皮细胞黏附可使其发挥最佳的益生功能。乳酸菌对肠道上皮细胞的黏附作用有助于其在肠道定植、增强乳酸菌与肠道细胞之间的信号交流、抑制病原菌在肠道的定植并提高机体的免疫力。因此，乳酸菌的黏附性是评价其作为益生菌的重要标准。乳酸菌的黏附性具有菌株特异性和宿主特异性。目前几种黏附素已被鉴定，主要为脂磷壁酸、表层蛋白以及肽聚糖等菌体表面成分。这些黏附素与肠上皮细胞表面的特异性受体结合，可启动一系列复杂的生理反应。乳酸菌黏附性是决定其免疫调节活性的重要因素。乳酸菌可调节黏膜免疫系统，保护宿主肠道健康。黏附性强的乳酸菌能延长与宿主细胞的相互作用时间，从而更好地增强机体的免疫应答。乳酸菌的黏附性与免疫调节作用具有显著的菌株特异性。

（4）预防龋齿　日本东海大医学部古贺泰裕教授的研究发现，乳酸菌具有对龋齿和牙周病的预防效果。他将含有乳酸菌LS1的成分制成几克重的片剂，给60名志愿者以每天5次计25片的剂量连服8周。基础实验证明，从健康人口腔中分离出的乳酸菌LS1有抑制龋齿菌活动、阻碍牙周病菌增殖的作用。

（5）促进机体生长　乳酸菌在体内能够正常发挥代谢活性，分解食物中的蛋白质、糖类、合成维生素以及脂肪。在乳酸菌蛋白酶的作用下，食物中的大分子蛋白质部分降解为宿主可直接利用的小分子肽和必需氨基酸，显著提高了食物的消化率和生物价，促进了胃肠的吸收。经乳酸菌发酵后，食物中的乳糖可被乳酸菌转化成葡萄糖和半乳糖，进而转变为乳酸等小分子化合物，易于消化。部分脂肪可被乳酸菌发酵降解，易于消化并增加其中游离脂肪酸、挥发性脂肪酸的含量。乳酸菌在代谢过程中消耗部分维生素，同时合成叶酸等B族维生素，提高护物元素的生物活性，进而达到为宿主提供必需营养物质、增强营养代谢、促进其生长的作用。此外，乳酸菌产生的酸性代谢产物可以使肠道环境呈现偏酸性，与一般消化酶的最适pH符合（淀粉酶6.5、糖化酶4.4），有利于营养素的消化吸收。

三、组学技术解析乳酸菌的生理功能

（一）基因组工程技术对乳酸菌生理功能解析

以基因组序列为基础从基因表达、蛋白质组的时序变化、代谢物含量及代谢流量比率等方面对乳酸菌代谢及生理功能进行研究分析，进行基因调控，为更好地对其进行利用、优化，打下坚实基础。

1. 乳酸菌全基因组测序研究及其在乳酸菌生理功能解析中的应用

资料显示，2001年乳酸乳球菌乳酸亚种（*Lactococcus lactis* ssp.*lactis* ILl403）——第一株乳酸菌，全基因组测序工作完成，掀起了世界范围内的乳酸菌全基因组测序的热潮。时间飞逝，到2010年，已经有超过34株乳酸菌基因组测序工作相继完成，并向国际公共数据库递交了全基因组序列。

根据资料显示，乳酸菌的基因组具有以下特点。

（1）1.8~2.9Mb是全基因组的长度，但也有例外，如干酪乳杆菌ATCC334和植物乳杆菌WCFS1的基因组达到了2.95Mb和3.35Mb。

（2）G+C含量通常为50%左右，其中最高大概60.1%是双歧杆菌，与之相对的是，唾液乳杆菌UCC118和德式乳杆菌ATCC BAA-365为最低的，大约为32.9%。

乳酸菌全基因组测序完成，从极大意义上为全面分析和阐释其生理功能打下了坚实基础。

乳酸菌具有完整的碳源转运和代谢系统。

能量代谢途径：乳酸菌主要通过糖酵解途径来获取能量，但也存在其他产能途径。

生长因子合成途径：通过基因组进行分析发现，不同种属乳酸菌的氨基酸合成途径都存在缺失现象，但缺失的程度都不尽相同，举几个例子，例如植物乳杆菌则可合成除亮氨酸、异亮氨酸、缬氨酸以外所有的氨基酸，而嗜酸乳酸菌、约氏乳杆菌等缺乏维生素和嘌呤核苷酸等合成必需的关键酶。

理解两菌生理关系：如保加利亚乳杆菌和嗜热链球菌是发酵乳生产中的常用菌种，保加利亚乳杆菌几乎不具备氨基酸的合成能力，而嗜热链球菌基因组中具有除组氨酸以外所有与氨基酸合成相关的酶，保加利亚乳杆菌利用较强的蛋白水解能力为嗜热链球菌提供生长所需的氨基酸和短肽。

细菌素合成基因：有关研究人员调查表明，在乳酸乳球菌6F3中，发现了编码nisin合成酶的具有11个基因，大小为15kb的完整基因簇；

细胞表面多糖合成基因：乳酸菌基因组分析发现与胞外多糖产生相关的一个EPS基因簇，大概有14个基因组成，编码高度保守的蛋白*eps*A、*eps*F、*eps*J、*eps*I和5种糖基转移酶、多糖合成酶。

2. 转录组及蛋白质组解析乳酸菌生理功能

到目前为止，转录组学数据在解析乳酸菌生理功能的研究上已经有了一定突破，包括以下几方面。

（1）解析抵御环境，胁迫的生理机制　由Broadbent等发现在酸胁迫作用下 *L.casei* ATCC 334 组氨酸合成中的8个基因簇（LSEI_1426-1434）和组氨酸渗透酶基因明显上调，通过外源添加组氨酸，使 *L. casei*酸胁迫（pH 2.5）条件下的存活率提高了100倍。另外，由Pieterse等研究发现*L. planturum* WCFS1 在乳酸/乳酸盐、pH、渗透压等胁迫下的基因表达存在一定差异，并发现了一组编码细胞表面蛋白且高表达的基因在乳酸响应环境胁迫过程中具有重要作用。

（2）解析乳酸菌糖代谢机制　Barrangou等发现摄取单糖和二糖时需要PTS；而多糖的利用需要ABC转运系统，乳糖和半乳糖的摄取需要GPH转运系统。

（3）挖掘代谢调控因子　Azcarate-Peril等曾发现嗜酸乳杆菌NCFM的组蛋白激酶的双组分调控系统（LBA1524HPK）是其在环境改变时与蛋白水解相关的重要调控因子之一，其能够影响80个基因的表达。之后基因组在研究热运动的影响下，乳酸菌蛋白质组学研究也取得了一定的进展。例如，2009年，Wu等首次在国际上提供了我国第一株具有自主知识产权的乳酸菌（*Lactobacillus casei Zhang*）的蛋白质组参考图谱，还有一系列重要的研究发现。例如，蛋白在不同生长期具有的表达量不同，以及稳定期蛋白表达与对数生长期相比，会出现明显上调等。这些关键蛋白的研究，为进一步增强乳酸菌酸胁迫抗性提供了可借鉴的方法。

与此同时，通过整合其他组学数据和生物信息学的研究策略，建立在全基因组序列基础上的基因组工程技术，可让研究人员更加全面理解细胞的代谢网络、调节网络以及遗传和环境对细胞全局代谢的影响，更进一步全面深入地对乳酸菌生理功能进行解析，对生理功能进行优化等。

（二）代谢工程策略优化与调控乳酸菌生理功能

1. 代谢工程策略拓展乳酸菌底物谱和利用能力

为了解决在以乳酸菌为主体的食品微生物制造中遇到的关键问题，例如，乳酸菌营养条件需求苛刻，原料成本占比，以及产物抑制问题等，可以通过拓展乳酸菌的底物谱，以期选择廉价碳源，来提高乳酸菌的生理功能。目前就有研究显示，可以利用其降解豆制品中难以消化的寡糖（non-digestible oligosaccharides，NDO）如棉籽糖、水苏糖等，来防止肠胃气胀和胃肠功能紊乱等疾病的发生。

2.代谢工程策略强化乳酸菌代谢能力和产物分泌能力

强化乳酸菌代谢功能的研究主要包括增强主流代谢途径、削弱分支代谢途径以及提高产物的分泌能力。在正常条件下，野生型乳酸乳球菌（*Lactococcus lactis*）的代谢是以同型乳酸发酵为主的，如果敲除乳酸脱氢酶基因*ldh*，则细胞将不产生乳酸，同时因为丢失了氧化NADH的能力，生长将被明显地抑制。据Hugenholtz等实验研究发现，在*L.lactis*中表达源于人的γ-谷氨酰水解酶cDNA，能明显降低叶酸中多聚谷氨酰链的聚合度，导致分泌到胞外的叶酸产量比对照组提高了6倍左右。此外，Hugenholtz等还在*L. lactis* NZ9050 中过量表达NADH氧化酶，致使碳代谢流转向不需要NADH的代谢反应方向进行，从而发现双乙酰产量得到了明显的提高。

3.代谢工程策略提高乳酸菌环境胁迫抗性

构建新的代谢途径、拓展已有的代谢途径和削弱竞争代谢途径，是利用传统的代谢工程手段提高乳酸菌环境胁迫抗性的主要方法。例如，Fu等进行的研究，使利用代谢工程手段在乳酸乳球菌NZ9000中引入谷胱甘肽（GSH）合成能力，使宿主菌对氧胁迫的抗性提高了15倍左右。另外，还有研究发现，传统的代谢工程手段在提高乳酸菌环境胁迫抗性方面虽然有成功的例子，但由于微生物代谢网络的全局调控，对单条代谢途径进行改造，往往并不能完全实现预期目标。

1996年一种称为反向代谢工程（inverse metabolic engineering）的代谢工程策略被提出。而这种策略最重要的有两部分，如下所述。

获得预期的表型；确定这一表型所对应的基因型。

对于第一种获得预期表型的代谢工程方法还可以继续拓展，主要包括：结合高通量筛选方法的传统诱变技术、全局转录工程（global transcription machinery engineering，gTME）、基因组重排（genome shuffling）、核糖体工程（ribosome engineering）。

接着，确定其基因型的方法也有多种，主要包括："组学"技术、人工转录因子工程（artificial transcription factor engineering）以及文库富集尺度分析技术（scalar analysis of library enrichments，SCALEs）。

面对如何解决高效地改造生产菌以及改善其生理功能等问题。代谢工程和组学分析可以起到一定的作用，但由于研究不够全面，在实际应用上仍存在一定的局限性。为此，进一步深入研究，在现有的基础上深化、改变或是另辟蹊径，进行创新，都尤为重要。

综上所述，乳酸菌种类很多，有益的代谢产物较多，例如，双歧杆菌、植物乳杆菌、嗜酸乳杆菌、干酪乳杆菌肠球菌及嗜热链球菌等乳酸菌，它们可合成酸性代谢产物、胞外多糖、细菌素、维生素及共轭亚油酸等多种对人体生理功能有益的物质。乳酸菌代谢产物较为丰富，乳酸菌生理功能也有很多，也因此在各个领域中，应用广泛，取得了很大的成绩。乳酸菌在营养、保健以及疾病预防方面的应用，已引起各类学科的重视，例如微生物学、医学以及食品科学等。

目前，我国积极开展乳酸菌的生态分布、理化生理特征、活性物质以及医疗保健等方面的研究，以优化未来发展、造福人类。

 **参考文献**

[1] 白凤翎，张柏林，蒋湘宁. 乳酸菌有氧呼吸代谢研究进展 [J].食品科

学专题论述，2009，13（06）：262-267.

［2］陈臣，卢艳青，于海燕，等.乳酸菌代谢低聚糖机理的研究进展[J].中国食品学报，2019，19（06）：274-283.

［3］郭芳，王静静.乳酸菌利用低聚果糖代谢机理的研究进展[J].现代食品，2017（09）：52-54.

［4］侯星，易戈，张兴猛，等.发酵食品中微生物的功能特性[J].中国调味品，2019，44（1）：191-197.

［5］侯旵，戴学文，房志仲.抗高血脂药物的研究进展[J].天津药学，2016，28（4）：59-64.

［6］胡慧敏，张嵘，韩春茂，等.口服Cocktail A乳酸菌制剂对人肠道乳酸菌群影响的研究[J].检验医学，2007，22（3）：276-279.

［7］黄鹭强.降酸酵母菌株的构建及其在枇杷酒酿造中的应用研究[D].福州：福建农林大学，2013.

［8］黄雨霞，武瑞赟，李平兰.群体感应系统调控乳酸菌细菌素合成的研究进展[J].生物加工过程，2019，17（03）：251-256.

［9］李汴生，卢嘉懿，阮征.植物乳杆菌发酵不同果蔬汁风味物质品质研究[J].农业工程学报，2018，34（19）：293-299.

［10］李凡姝，张焕丽，马慧，等.降胆固醇乳酸菌的筛选及其发酵条件研究[J].农业技术与装备，2016（8）：11-14.

［11］李逢源.益生菌鼠李糖乳杆菌GG菌株发酵液对酒精性肝病保护机制的研究[D].西安：西北大学，2015：3，2-34.

［12］李慧臻，史佳鹭，占萌，等.乳酸菌缓解酒精性肝病的研究进展[J].食品科学，2020，41（7）：306-314.

［13］李清春，张景强，贺稚非.乳酸菌胞外多糖的研究[J].电子科技大学学报，2003（6）：764-769.

［14］李全阳，夏文水.乳酸菌胞外多糖的研究[J].食品与发酵工业，2002（5）：86-90.

［15］李少慧，张英春，张兰威，等.乳酸菌及其代谢产物对肠道炎症的调控作用研究进展[J].食品工业科技，2014（18）：366-369

［16］刘良澳.乳酸菌的降血糖作用研究进展[J].科学咨询（科技·管理），2020（02）：27-29.

［17］刘屹峰.乳酸菌的生理特性和生物学功能[J].丹东纺专学报，2002，9（2）：6-7.

[18] 芦夏霏，刘毕琴，柳陈坚，等.乳酸菌苯乳酸的合成及其代谢调控机制研究进展[J].食品与发酵工业，2014，40（11）：177-181.

[19] 吕铭守，林美君，陈凤莲，等.乳酸菌的代谢组学研究进展[J].中国调味品，2019，44（11）：174-182.

[20] 吕秀红，陈凯飞，朱祺，等.降胆固醇乳酸菌的筛选与鉴定[J].中国食品学报，2016，16（3）：198-204.

[21] 马缨，殷红涛.大熊猫源乳酸菌的降胆固醇作用研究[J].中国饲料，2016（17）：20-22.

[22] 马媛，耿伟涛，王金菊，等.乳酸菌代谢与食品风味物质的形成[J].中国调味品，2019，44（1）：159-172.

[23] 欧阳平凯.生物科技词典[M].北京：化学工业出版社，2004：296.

[24] 潘道东，张德珍.降胆固醇乳酸菌的筛选及其降胆固醇活性研究[J].食品科学，2005，26（6）：233-237.

[25] 沈通一，张明，张鹏，等.植物乳酸杆菌CGMCC NO.1258表层黏附蛋白同致病性大肠埃希菌竞争黏附肠上皮细胞的研究[J].中国微生态学杂志，2009，21（5）：403-406.

[26] 舒慧萍，张冬星，张海月，等.延边泡菜益生性乳酸菌的筛选及其部分生物学特性分析[J].中国调味品，2019，44（5）：45-49.

[27] 孙立国，莫蓓红，蒋能群.植物乳杆菌ST-Ⅲ对实验性动物高胆固醇血症影响的研究[J].乳业科学与技术，2004（4）：150-152.

[28] 孙茂成，李艾黎，霍贵成，等.乳酸菌代谢组学研究进展[J].微生物学通报，2012，39（10）：1499-1505.

[29] 田建军，张开屏，靳烨.高效降胆固醇乳酸菌的筛选[J].食品科技，2011（11）：21-25.

[30] 王贵珍.黑曲霉降解酒石酸关键酶的分离纯化及酶学性质研究专题论述[D].长春：吉林农业大学，2012.

[31] 王月娥，李东霞，李智，等.基于四峰超材料THz传感器的B族维生素检测[A].光谱学与光谱分析，2020，40（06）：1785-1790.

[32] 文连奎，赵薇，张微，等.果酒降酸技术研究进展[J].食品科学，2010，31（11）：325-328.

[33] 吴泽明，孙晖，吕海涛，等.代谢组学研究进展及其在中医药研究中的展望[J].世界科学技术—中医药现代化，2007，9（2）：99—103.

[34] 吴正均，叶锦，郭本恒.乳酸菌的抗高压作用[J].光明乳业技术中心，

2004：1671-5187.

［35］吴重德，张娟，刘立明.乳酸菌生理功能的系统解析与代谢调控[J]. 微生物学报，2012，52（1）：22-29

［36］武岩峰.鼠李糖乳杆菌通过调整肠道正常菌群缓解慢性酒精性肝损伤的研究[D].长春：吉林农业大学，2016：16-36.

［37］肖琳琳，董明盛.西藏干酪乳酸菌降胆固醇特性研究[J]. 食品科学，2003，24（10）：142-145.

［38］肖荣，王远亮，李宗军.益生菌乳酸菌粘附性研究进展[J]. 食品与发酵工业，2008，34（5）：134-137.

［39］谢笔钧，费鹏.乳酸菌的代谢、发酵及其在食品工业中的应用[D].武汉：华中农业大学，2013.

［40］谢国祥.基于集中色谱分析方法的生物样本的代谢组学研究[D]. 上海：上海交通大学，2006.

［41］熊萍，肖丽英，李继遥.变异链球菌、血链球菌及嗜酸乳杆菌代谢组学鉴定的初步研究[J]. 华西口腔医学，2008，26（5）：537-540.

［42］杨俊，张中伟，秦环龙.乳酸菌对肠上皮细胞侵蚀性大肠杆菌损伤的保护作用[J].世界华人消化，2008，16（30）：3394-3399.

［43］杨贞耐，张雪.乳酸菌代谢途径的基因工程调控[A]. 中国乳品工业，2007，35（11）：44-47.

［44］于鑫，吕嘉枥，余芳.乳酸菌在不同培养基中产抗氧化酶活性的研究[J]. 中国调味品，2018，43（1）：39-42.

［45］袁星星，余元善，徐玉娟.柠檬酸的乳酸菌发酵降解途径及其应用[J]. 食品研究与开发，2017，38（10）：204-208.

［46］张冬.肠道菌群失调、益生菌对酒精性肝病的影响及其机制的研究[D].青岛：青岛大学，2017：37-42.

［47］张英春，冯锐，曹维强.乳酸菌胞外多糖的合成及生理功能研究进展[J]. 中国甜菜糖业，2008，3（9）：33-36

［48］张英春，王琳琳，马放，等.乳酸菌对肠道炎症调控作用研究[J]. 中国乳品工业，2015，43（08）：31-35.

［49］张珍，李波清.乳酸菌主要代谢产物及作用研究进展[J]. 滨州医学院学报，2012（4）：274-276.

［50］赵丽珺，齐凤兰，陈有容.降胆固醇乳酸菌的初步筛选[J]. 2004，13（2）：180-183.

［51］赵玲艳，邓放明. 乳酸菌的生理功能及其在发酵果蔬中的应用[J]. 中国食品添加剂，2004（5）：77-81.

［52］中西武雄. 乳与乳制品微生物学[M]. 日本：东京出版社，1983：248.

［53］钟颜麟，彭志英，赵谋明. 乳酸菌胞外多糖的研究[J]. 中国乳品工业，1999，27（4）：7-9.

［54］周长玉，王江滨. 益生菌治疗炎症性肠病的研究进展[J]. 国外医学：消化系疾病分册，2004，24（3）：172-174.

［55］周德庆. 微生物学教程[M]. 北京：高等教育出版社，2002.

［56］朱寒剑，李雷兵，郑心，等. 乳酸菌生物膜形成调控及在食品的应用研究进展[J/OL]. 食品科学，2020：1-12.

［57］Altermann E，Russell W，Azcarate-Peril M，et al. Complete genome sequence of the probiotic lactic acid bacterium Lactobacillus acidophilus NCFM[J]. *Proceedings of the National Academy of Sciences*，2005，102：3906-3912.

［58］Azcarate-Peril MA，McAuliffe O，Altermann E，et al. Microarray analysis of a two-component regulatory system involved in acid resistance and proteolytic activity in Lactobacillus acidophilus[J]. *Applied and Environmental Microbiology*，2005，71：5794-5804.

［59］Bajaj J S，Betrapally N S，Gillevet P M. Decompensated cirrhosis and microbiome interpretation[J]. Nature，2015，525：E1-E2.

［60］Bajaj J S，Heuman D M，Hylemon P B，et al. Altered profile of human gut microbiome is associated with cirrhosis and its complications[J]. *Journal of Hepatology*，2014，60（5）：940-947.

［61］BAJAJ J S. Alcohol，liver disease and the gut microbiota[J]. *Nature Reviews Gastroenterology & Hepatology*，2019，16（4）：235-246.

［62］Barrangou R，Azcarate-Peril MA，Duong T，et al. Global analysis of carbohydrate utilization by Lactobacillus acidophilus using cDNA microarrays[J]. *Proceedings of the National Academy of Sciences*，2006，103：3816-3821.

［63］Bleau C，Monges A，Rashidan K，et al. Intermediate chains of exopolysaccharides from Lactobacillus rhamnosus RW-9595M increase IL-10 production by macrophages[J]. *Journal of Applied Microbiology*，2010，108（2）：666-675.

［64］Boels I C，Kleerebezem M，De Vos W M. Engineering of Carbon Distribution

between Glycolysis and Sugar Nucleotide Biosynthesis in Lactococcus lactis [J].
Applied and Environmental Microbiology, 2003a, 69（2）: 1129-1135.

［65］Boels I C, Van Kranenburg R, Kanning M W, et al. Increased
Exopolysaccharide Production in Lactococcus lactis due to Increased Levels of
Expression of the NIZO B40 eps Gene Cluster[J]. *Applied and Environmental
Microbiology*, 2003b, 69（8）: 5029-5031.

［66］Bolotin A, Wincker P, Mauger S, et al. The complete genome sequence of
the lactic acid bacterium Lactococcus lactis ssp. lactis IL1403[J]. *Genome
Research*, 2001, 11: 731-753

［67］Broadbent JR, Larsen RL, Deibel V, et al. Physiological and transcriptional
response of Lactobacillus casei ATCC 334 to acid stress[J]. *Journal of
Bacteriology*, 2010, 192: 2445-2458.

［68］Bull-otterson L, Feng W, Kirpich I, et al. Metagenomic analyses of alcohol
induced pathogenic alterations in the intestinal microbiome and the effect of
Lactobacillus rhamnosus GG treatment[J]. *PLoS ONE*, 2013, 8（1）: e53028.

［69］Chang Bing, Sang Lixuan, Wang Ying, et al. The protective effect of VSL#3
on intestinal permeability in a rat model of alcoholic intestinal injury[J]. *BMC
Gastroenterology*, 2013, 13（1）: 151.

［70］Chypre M, Zaidi N, Smans K. ATP-citrate lyase: A mini-review[J].
Biochemical and Biophysical Research Communications, 2012, 422（1）:
1-4.

［71］Crili J P Cayuela C, Antoine J M, et al. Effects of Lactobacillus amylovorus
and Bifidobacterium breve on Cholesterol[J].*Lett in Appl Microbiol*, 2000, 32:
154-156.

［72］Dallal M M S, Yazdi M H, Hassan Z M. Lactobacillus casei ssp. casei
Induced Th1 Cytokine Profile and Natural Killer Cells Activity in Invasive
Ductal Carcinoma Bearing Mice[J]. *Iranian Journal of Allergy, Asthma and
Immunology*, 2012, 11（2）: 183-189.

［73］Degeest B, De Vuyst L. Correlation of Activities of the Enzymes α-
phosphoglucomutase, UDP - galactose 4 -epimerase, and UDP- glucose
Pyrophosphorylase with Exopolysaccharide Biosynthesis by Streptococcus
thermophilus LY03 [J]. *Applied and Environmental Microbiology*, 2000, 66
（8）: 3519-3527.

［74］Dong H, Rowland I, Yaqoob P. Comparative effects of six probiotic strains on immune function in vitro[J]. *British Journal of Nutrition*, 2012, 108（3）: 459-470.

［75］Drici H, Gilbert C, Kihal M, et al. Atypical citrate-fermenting Lactococcus lactis strains isolated from dromedary's milk[J]. *Journal of Applied Microbiology*, 2010, 108（2）: 647-657

［76］Elamin E E, Masclee A A, Jan D, et al. Ethanol metabolism and its effects on the intestinal epithelial barrier[J]. *Nutrition Reviews*, 2013, 71（7）: 483-499.

［77］Elmadfa I, Klein P, Meyer A L. Immune-stimulating effects of lactic acid bacteria in vivoand in vitro[J]. *Proceedings of the Nutrition Society*, 2010, 69（3）: 416-420.

［78］Fu R, Bongers R, Van Swam I, et al. Introducing glutathione biosynthetic capability into Lactococcus lactis subsp. cremoris NZ9000 improves the oxidative-stress resistance of the host[J]. *Metabolic Engineering*, 2006, 8: 662-671.

［79］Furuta G T, Turner J R, Taylor C T, et al. Hypoxia-inducible factor 1-dependent induction of intestinal trefoil factor protects barrier function during hypoxia[J]. *Journal of Experimental Medicine*, 2001, 193（9）: 1027-1034.

［80］Groschwitz K R, Hogan S P. Intestinal barrier function: molecular regulation and disease pathogenesis[J]. *Journal of Allergy and Clinical Immunology*, 2009, 124（1）: 3-20.

［81］Han S H, Suk K T, Kim D J, et al. Effects of probiotics（cultured Lactobacillus subtilis/Streptococcus faecium）in the treatment of alcoholic hepatitis: randomized-controlled multicenter study[J]. *European Journal of Gastroenterology & Hepatology*, 2015, 27（11）: 1300-1306.

［82］Hiramatsu Y, Hosono A, Konno T, et al. Orally administered Bifidobacterium triggers immune responses following capture by CD11c（+）cells in Peyer's patches and cecalpatches[J].*Cytotechnology*, 2011, 63（3）: 307-317.

［83］Hong YS, Ahn YT, Park JC, et al.1H-NMR-based metabonomic asessment of probiotic effects in acolitis mouse model[J]. *Archieves of Pharmacal Research*, 2010, 33（7）: 1091-1101.

［84］Hugenholtz J, Sybesma W, Groot M N, et al. Metabolic Engineering of Lactic Acid Bacteria for the Production of Nutraceuticals[J]. *Antonie van Leeuwenhoek*, 2002, 82: 217-235.

［85］Hughes H K, Rose D, Ashwood P. The gut microbiota and dysbiosis in autism spectrum disorders[J]. *Current Neurology and Neuroscience Reports*, 2018, 18（11）: 81.

［86］Huttenhower C, Gevers D, Knight R, et al. Structure, function and diversity of the healthy human microbiome[J]. *Nature*, 2012, 486: 207-214.

［87］Kim B K, Lee I O, Tan P L, et al. Protective effect of Lactobacillus fermentum LA12 in an alcohol-induced rat model of alcoholic steatohepatitis[J]. Korean Journal for Food Science of Animal Resources, 2017, 37（6）: 931-939.

［88］Kim W, Kim H I, Kwon E K, et al. Lactobacillus plantarum LC27 and Bifidobacterium longum LC67 mitigate alcoholic steatosis in mice by inhibiting LPS-mediated NF-κB activation through restoration of the disturbed gut microbiota[J]. *Food & Function*, 2018, 9（8）: 4255-4265.

［89］Kirpich I A, Solovieva N V, Leikhter S N, et al. Probiotics restore bowel flora and improve liver enzymes in human alcohol induced liver injury: a pilot study[J]. *Alcohol*, 2008, 42（8）: 675-682.

［90］Kleerebezem M, Hugenholtz J. Metabolic Pathway Engineering in Lactic Acid Bacteria [J]. *Current Opinion in Biotechnology*, 2003, 14（2）: 232-237.

［91］Li F, Duan K, Wang C, et al. Probiotics and alcoholic liver disease: treatment and potential mechanisms[J].*Gastroenterology Research and Practice*, 2016, 2016: 1-11.

［92］Lin YP, Thibodeaux CH, Pena JA, et al. Probiotic Lactobacillus reuteri suppress proinflammatory cytokines via c - Jun [J]. *Inflammatory Bowel Diseases*, 2008, 14（8）: 1068-1083.

［93］Llopis M, Cassard A M, Wrzosek L, et al. Intestinal microbiota contributes to individual susceptibility to alcoholic liver disease[J]. *Gut*, 2016, 65（5）: 830-839.

［94］Makarova K, Slesarev A, Wolf Y, et al. Comparative genomics of the lactic acid bacteria[J]. *Proceedings of the National Academy of Sciences*, 2006, 103: 15611-15616.

［95］Ménard S, Cerf-Bensussan N, Heyman M. Multiple facets of intestinal permeability and epithelial handling of dietary antigens[J].*Mucosal Immunology*, 2010, 3（3）: 247-259.

［96］Mutlu E A, Gillevet P M, Huzefa R, et al. Colonic microbiome is altered in alcoholism[J]. *American Journal of Physiology Gastrointestinal & Liver*

Physiology, 2012, 302（9）: 966-978.

［97］NJ J, Wu G D, Albenberg L, et al. Gut microbiota and IBD: causation or correlation? [J]. *Nature Reviews Gastroenterology &Hepatology*, 2017, 14（10）: 573-584.

［98］Platteeuw C, Hugenholtz J, Starrenburg M, et al. Metabolic Engineering of Lactococcus lactis: Influence of the Overpro- duction of Alpha- acetolactate Synthase in Strains Deficient in Lactate Dehydrogenase as A Function of Culture Conditions [J]. *Applied and Environmental Microbiology*, 1995, 61（11）: 3967- 3971.

［99］Remus DM, Kleerebezem M, Bron PA. An intimate tête-à- tête—How probiotic lactobacilli communicate with the host [J]. *European Journal of Pharmacology*, 2011, 668（1）: 33-42.

［100］Sampson T, Debelius J, Thron T, et al. Gut microbiota regulate motor deficits and neuroinflammation in a model of Parkinson's disease[J]. *Cell*, 2016, 167（6）: 1469-1480.

［101］Sender R, Fuchs S, Milo R. Are we really vastly outnumbered? revisiting the ratio of bacterial to host cells in humans[J]. *Cell*, 2016, 164（3）: 337-340.

［102］Svensson M, Waak E, Svensson U, et al. Metabolically Improved Exopolysaccharide Production by Streptococcus thermophilus and Its Influence on the Rheological Properties of Fermented Milk[J]. *Applied and Environmental Microbiology*, 2005, 71（10）: 6398- 6400.

［103］Sybesma W, Starrenburg M, Kleerebezem M, et al. Increased Production of Folate by Metabolic Engineering of Lactococcus lactis[J]. *Applied and Environmental Microbiology*, 2003, 69（6）: 3069- 3076.

［104］Urshev Z, Gocheva Y, Hristova A, et al. Gene-Specific PCR Amplification of Technologically Important Lactococcal Genes[J]. *Biotechnology & Biotechnological Equipment*, 2012, 26（1）: 39-44

［105］Van Kranenburg R, Vos H R, Van Swam I, et al. Functional Analysis of Glycosyltransferase Genes from Lactococcus lactis and Other Gram-positive Cocci: Complementation, Expression, and Diversity[J]. *Journal of Bacteriology*, 1999c, 181（20）: 6347- 6353.

［106］Vancamelbeke M, Vermeire S. The intestinal barrier: a fundamental role in health and disease[J]. *Expert Review of Gastroenterology & Hepatology*, 2017, 11（9）: 821-834.

［107］Wang Yuhua, Liu Yanlong, Kirpich I, et al. Lactobacillus rhamnosus GG reduces hepatic TNFα production and inflammation in chronic alcohol-induced liver injury[J]. *The Journal of Nutritional Biochemistry*, 2013, 24（9）: 1609-1615.

［108］Welman A D, Maddox I S. Exopolysaccharides from Lactic Acid Bacteria: Perspectives and Challenges[J]. *Trends in Biotechnology*, 2003, 21（6）: 269- 274.

［109］Wu R, Wang W, Yu D, et al. Proteomic analysis of Lactobacillus casei Zhang, a new probiotic bacterium isolated from traditionally home-made Koumiss in Inner Mongolia of China[J]. *Molecular & Cellular Proteomics*, 2009, 10: 2321-2338.

［110］Yang A M, Inamine T, Hochrath K, et al. Intestinal fungi contribute to development of alcoholic liver disease[J]. *Journal of Clinical Investigation*, 2017, 127（7）: 2829-2841.

［111］Yong jiang X, Chenshu W, Wanxing H, et al. Recent development sandapplications of metabolmics in microbiological in vestigations[J]. *Trends in Analytical Chemistry*, 2014, 56: 37-48.

［112］Zhang Z, Liu C, Zhu Y, et al. Complete genome sequence of Lactobacillus plantarum JDM1[J]. *Journal of Bacteriology*, 2009, 191: 5020-5021.

第三章

乳酸菌发酵
在果蔬制品中的应用

乳酸菌是食品工业中应用较为广泛的菌种，乳酸菌发酵的食品除了人们所共识的具有保健、营养功效之外，还能丰富相关食品的风味、增加人们的味觉享受。尤其是乳酸菌在果蔬加工中的应用更加丰富了果蔬加工产品的种类，为食品市场增加了更多的可供人们选择的营养健康食物。在一定程度上用乳酸菌对水果及蔬菜进行发酵，使原料口味进行了全面的改善，提高了其实际利用价值。

一、乳酸菌发酵酸菜工艺技术

（一）概述

1.酸菜的发展历史

酸菜的历史颇为悠久。《齐民要术》记载酸菜古称菹，并详细介绍了北魏时期我们祖先用白菜（古称菘）等原料腌渍酸菜的多种方法。《本草纲目》记载：1578年不仅大白菜首现身影，同时又有酸渍大白菜的初次出现，东北栽培大白菜最早是在辽阳和辽西地区。《诗经》中有"中田有庐，疆场有瓜，是削是菹，献之皇祖"的描述。据东汉许慎《说文解字》解释："菹菜者，酸菜也。"这里菹菜即类似今天的酸菜。《吉林通志》记载："菘俗呼白菜，肥厚嫩黄者为黄芽白，窄茎者为箭竿白。"甚至连腌韭菜花、酱腌苤蓝和苤蓝叶作菹等都有记述。《奉天通志》记载："及至秋末，车载'秋菘'（即大白菜）渍至瓮中，名曰酸菜。"清代满族诗人顾太清写有《酸菜》一诗，描述得十分形象逼真，诗中说："秋登场圃净，白露已为霜。老韭盐封瓮，香芹碧满筐。刘根仍涤垢，压石更添浆。筑窖深防冻，冬窗一脩筋。"

2.酸菜主要地域

（1）东北地区　过去，东北人家里有两样东西不可缺少：一是酸菜缸，二是腌酸菜用的大石头。贫苦人家如此，豪门富户也如此。从前没有反季节的大棚作物，人们为了在冬天吃到绿色蔬菜就发明了腌酸菜这种冬贮大白菜的方法。当年张作霖的大帅府配有七八口酸菜缸，可往往还是不够吃。张大帅的儿子，即张学良的弟弟张学思少将，在弥留之际，最想吃的就是酸菜。

（2）西南地区　四川、重庆、云南的酸菜又称泡酸菜。味道咸酸，口感脆生，色泽鲜亮，香味扑鼻，开胃提神，醒酒去腻，老少咸宜。贵州的酸菜味道是纯酸，制作过程中并不放盐，是居家过日子常备的小菜，这是在西南地区家喻户晓的一种开胃菜。

（3）山西北部　在山西北部，尤其是雁北地区，到秋分过后也会腌浸酸菜。

3.酸菜生产机制

东北地区酸菜生产主要是以大白菜为原料，是利用有益微生物活动的生成物并控制一定生产条件，对大白菜进行保藏的一种方式。有益微生物主要是乳酸菌，同时还有其他微生物的辅助作用，并且伴随着化学成分的变化和形成，可以赋予酸白菜特殊的风味和营养价值。

（1）微生物的发酵作用　在大白菜腌渍过程中，由微生物引起的发酵作用，不但能抑制有害微生物的活动而且能起到防腐作用，还能使产品产生酸味和香味。这些发酵作用以乳酸发酵为主，辅以轻度的酒精发酵和醋酸发酵，相应地生成乳酸、酒精和醋酸。

①乳酸发酵。乳酸发酵是蔬菜腌渍过程中最主要的发酵作用，是在乳酸菌作用下进行的。乳酸菌广布于空气中、加工用水中、白菜及容器用具等物体的表面。种类繁多，有球菌、杆菌，属兼性厌氧菌。乳酸菌将原料中的糖分，主要是单糖、双糖，分解成乳酸及其他代谢产物。在蔬菜发酵过程中，各时期的乳酸菌种类及生长、繁殖、衰亡的时间不一致。一般分三个阶段：第一阶段（最初阶段）是繁殖快而不耐酸的产气球菌类乳酸菌，其不能完全分解糖类，但可生成乳酸、醋酸、乙醇和二氧化碳等，是异型乳酸发酵，当溶液的含酸量达到0.5%~1.0%时，它们就衰亡；第二阶段（中间阶段）是非产气乳杆菌，如植物乳杆菌发酵，生成大量乳酸，是同型乳酸发酵，同时伴有短乳杆菌发酵（异型乳酸发酵，产气）；第三阶段（最后阶段）由乳杆菌继续发酵，同时存在同型和异型乳酸发酵，它们能耐受1.0%~2.0%的酸度。发酵前期异型乳酸发酵占优势，但这类异型发酵乳酸菌不耐酸，到发酵的中后期以同型发酵为主。异型乳酸发酵下乳酸菌发酵葡萄糖等单糖、双糖的主要产物为50%的乳酸及大量的二氧化碳、乙醇、醋酸，并产气；同型乳酸发酵下乳酸菌发酵葡萄糖等单

糖、双糖的主要最终产物为乳酸，约为80%或更多，不产气。常见的同型乳酸菌有植物乳杆菌和乳酸片球菌及戊糖片球菌，这些微生物所进行的同型乳酸发酵是蔬菜原料泡渍发酵的主要形式。

$C_6H_{12}O_6 \rightarrow CH_3CHOHCOOH+C_2H_5OH+CO_2$（异型发酵）

$C_6H_{12}O_6 \rightarrow 2CH_3CHOHCOOH$（同型发酵）

②酒精发酵。主导酸菜发酵的微生物是乳酸菌，其次是酵母。酵母利用蔬菜中的糖分解成酒精和CO_2。进行酒精发酵作用的微生物除酵母外，还有少量其他微生物。此外，发酵初期蔬菜的无氧呼吸作用及异型乳酸发酵作用也能生成少量的酒精。酵母发酵生成的乙醇对酸菜在后熟阶段中发生酯化反应，生成芳香物质很重要，其他醇类的产生对风味也有一定的影响，酵母产生的乙醇也为醋酸菌进行醋酸发酵提供了物质基础。但是，如果长期在厌氧条件下酵母的酒精发酵不加以控制，会对酸菜有一定的不良影响。一些酵母的大量繁殖也会使酸菜发酵液表面产生白花、白膜，产生不愉快的刺激性臭味，使酸菜发酵失败。

$C_6H_{12}O_6 \rightarrow 2C_2H_5OH+2CO_2$

③醋酸发酵。主导酸菜发酵的微生物是乳酸菌，其次是酵母和醋酸菌，醋酸发酵是由于好气性的醋酸菌或其他细菌的活动而形成的一种发酵。醋酸菌为需氧菌，在供氧充足的条件下，可迅速生长繁殖，具有氧化酒精生成醋酸的能力，醋酸发酵实质上是醋酸菌的氧化作用，酸菜醋酸发酵轻微。在白菜发酵过程中，极少量的醋酸不但无损于酸菜的品质反而有利于白菜的发酵，使产品具有香味。

$2C_2H_5OH+O_2 \rightarrow 2CH_3COOH$

（2）生化（反应）作用　供腌渍的白菜在一定浓度的食盐水中发酵，是一系列复杂的物理、化学和生物变化，发酵过程伴随原料成分和发酵产物及酶之间发生的生化反应，主要包括因蛋白质的分解、醇酸酯化、苷类的水解、褐变等作用而产生的色香味物质等。

①蛋白质分解，鲜味形成。大白菜原料除含糖分外，还含有一定量的蛋白质和氨基酸，一般蛋白质含量为0.5%~2.0%。在腌渍发酵期间，其所含的蛋白质受微生物作用和蔬菜原料本身所含蛋白质水解酶的作用而逐渐被分解为氨基酸。氨基酸有一定的鲜味和甜味，有的氨基酸还可与食盐作用而生成鲜味，鲜味是一种复杂的综合味感，或者说是一种复杂的美味感。这一生化变化，在

发酵后期是比较重要的生化变化，也是酸菜产品形成一定鲜味物质的主要原因之一，但其是缓慢而复杂的。蛋白质分解反应式如下：

蛋白质 → 多肽 → RCH（NH$_2$）COOH

大白菜发酵产生的自然鲜味主要是氨基酸及氨基酸与食盐作用生成的谷氨酸钠（即味精），其反应式如下：

COOHCH$_2$CH$_2$CH（NH$_2$）COOH+NaCl → COONa（CH$_2$）$_2$CH（NH$_2$）COOH+HCl

此外，微量的乳酸及具有甜味的甘氨酸、丙氨酸、丝氨酸等，也是鲜味的来源。

② 酸醇酯化，香气的形成。酸菜的香气等风味物质是大白菜在泡渍发酵过程中经过复杂的生物、化学等变化而形成的。酸菜的香气等风味物质，有的是原料和辅料本身具有的，有的是在发酵过程中形成的。白菜在发酵过程中，一些原有的香气和味道消失了，而一些原来没有的香味又形成了。发酵过程中形成的风味物质，主要是由乳酸菌等益生菌的发酵代谢产物（酸菜产品芳香风味的前体物质），进而通过酸和醇的酯化反应而形成的香味物质。乳酸菌可将糖发酵生成乳酸，同时还可生成具有芳香气味的双乙酰、醇、高级酮等，可赋予酸菜独特的香味。

CH$_3$CH COOH+CH$_3$CH$_2$OH → CH$_3$CHCOOCH$_2$CH$_3$+H$_2$O
　｜　　　　　　　　　　　　　　　｜
　OH　　　　　　　　　　　　　　 OH

③ 非酶及酶促褐变，色素的形成。酸菜是由新鲜大白菜等通过泡渍发酵生产加工而成的蔬菜制品，微生物引起的酸菜产品色泽的变化是酸菜产品色素形成的途径之一。氨基酸与糖引起的非酶褐变能形成黑色物质，有时还具有香气。

（3）食盐渗透作用　食盐化学名称氯化钠（NaCl），易溶于水、味咸、pH呈中性，没有分子存在，电离常数K（25℃）大于1，为强电解质。氯化钠具有渗透力强、渗透速度快和高渗透压的特点。食盐在蔬菜的腌制中起防腐、脱水、变脆、呈味等作用，这些作用的大小与食盐的浓度成正比，微生物在等渗透压的食盐溶液中代谢活动仍可正常进行，其细胞也可保持原有状态而不发生变化，但当增加食盐浓度时，食盐溶液的渗透压大于微生物细胞液的渗透压，细胞内的水分会渗透到细胞外面，造成蔬菜失水程度增加，防腐、变脆效果也越明显。食盐水溶液的渗透压随浓度的提高而增加，而一般微生物细胞液的渗透压为0.85% NaCl的等渗状态，但乳酸菌耐盐，一般为10%~12%。有的腐败细菌耐盐能力较差，3%~5%食盐溶液对大肠杆菌、丁酸菌等均能产生明显的抑制作用，而对乳酸菌抑制较少；8%~10%食盐溶液对大肠杆菌、丁酸菌等均能产生完全的抑制作用，同时对乳酸菌也能产生一定的抑制作用。但某些耐盐力很强的微生物如酵母和霉菌，甚至能忍受饱和食盐溶液。此外，食盐对酶活性和水分活度（A_w）也都有抑制作用。酸菜盐水中除食盐外，还有发酵等作用，蔬菜中的水分、气体通过渗透扩散作用而被置换出来，既恢复了蔬菜细胞的膨压而变脆，又进行了物质交换而渗入大量的美味成分，就使得酸菜增加了脆度和风味。

4.酸菜的营养价值和食用价值

酸菜的营养成分除了白菜本身营养成分外，发酵过程中也可生成多种有机化合物，主要有乳酸、胆碱、乙酰胆碱、氨基酸等，其中乳酸可以抑制人体内具有生理伤害性的有机酸形成，这对癌细胞的形成与扩展具有一定的阻抑作用，还可提高Ca、Fe、P的利用率；胆碱对改善、调节、平衡血液成分及滋养血液等方面具有重要作用；乙酰胆碱具有调节神经、降压及改善睡眠的作用；酸白菜中还有激糖素能促使胰腺供应与肝糖贮藏；大白菜腌渍发酵后氨基酸含量增多，含有大量的人体必需氨基酸；大白菜腌渍发酵的主要菌群是乳酸菌，具有调节人体肠道微生态平衡的主要菌系，具有帮助消化、改善肠道微生态环境、抑制腐败菌生长、合成营养素等生理功效；富含微量元素铜，对血液、中枢神经系统、免疫系统、头发、皮肤、骨骼、脑及内脏的功能有重要影响。酸菜具有开胃提神、醒酒去腻、增进食欲等食用价值。酸菜的营养成分，见表3-1。

表3-1　每100g可食酸菜的营养素含量

成分	单位	含量	成分	单位	含量
热量	kcal	14	硫胺素	mg	0.02
蛋白质	g	1.1	核黄素	mg	0.02
脂肪	g	0.2	烟酸	mg	0.6
碳水化合物	g	1.9	维生素 C	mg	2

续表

成分	单位	含量	成分	单位	含量
膳食纤维	g	0.5	维生素E	mg	0.86
维生素A	μg	5	胆固醇	mg	0
胡萝卜素	μg	1.1	钾	mg	104
视黄醇当量	μg	95.2	钠	mg	43.1
钙	mg	48	镁	mg	0.36
铁	mg	21	锰	mg	0.04
锌	mg	1.6	铜	mg	38
磷	mg	0.07	硒	μg	0.27

（二）影响酸菜发酵的因素

酸菜在发酵过程中，受诸多因素影响，若控制不好容易使酸菜在发酵过程中脆度变差、香气不足、酸度不够、有杂菌污染甚至腐烂，造成不必要的经济损失。

1.原料和辅料

对白菜原料应进行严格选择，原料品质及加工适应性是保证产品质量的前提，品种不同，其总糖、蛋白质、维生素C、粗纤维等指标也不相同，差异显著，对不易于消除污染的原料应废弃，不得在生产中使用，对于原料一定要除尽泥垢等污染物；酸菜发酵用水量极大，生产用水须符合《生活饮用水卫生标准》（GB 5749—2006），如果水中含有较高的硝酸盐、亚硝酸盐，在发酵过程中硝酸盐在细菌作用下会被还原成亚硝酸盐，造成人体中毒；食盐是酸菜生产的主要辅料，食盐不仅赋予酸菜一定的味感还有抑菌保脆作用，所用必须符合《食品安全国家标准　食用盐》（GB 2721—2015），否则有的海盐氟含量过高易造成氟中毒，而工业盐含有较高的硫酸盐，易造成酸菜腐烂且味道苦涩，用盐浓度要适宜，浓度太低易在发酵初期造成污染且易出现菜体变软的情况，浓度过大会影响乳酸菌活力，同时影响酸菜风味。

2.乳酸菌菌种

乳酸菌是酸菜发酵的主导菌，其代谢产物乳酸既有保鲜功能，又可增强产品风味，如果乳酸菌发酵不正常或者乳酸菌数量不足，不仅会影响酸菜风味，而且会使其他杂菌大量滋生繁殖，导致酸菜品质下降，甚至造成发酵失败。因此，应根据乳酸菌的生理特性创造最佳生长条件，使乳酸菌快速生长繁殖抑制其他杂菌生长。乳酸菌的种类、乳酸菌活菌数量及不同功能乳酸菌配比、生产环境的温度、食盐浓度、厌氧环境条件、发酵时间等诸多因素，对酸菜发酵成品质量有着重要的影响，适宜的发酵温度可缩短酸菜生产周期，温度过低时乳酸菌会受到抑制，温度过高时，丁酸发酵会产生一种难闻的有害气味，另外，不适的高温会使酸菜成品中维生素C损失严重。

3.发酵方式

酸菜有两种发酵方式，一种是自然发酵方式，是酸菜完全在自然条件下进行的，其中的微生物基本上是遗传学性状比较稳定的野生菌株，在生产过程中不可避免地受到诸多因素的影响，采用自然发酵方式，存在着发酵周期长、发酵质量不稳定以及不利于工厂化、规模化及标准化生产等诸多弊端；另一种是乳酸菌发酵方式，在白菜腌渍发酵过程中占主导地位的是乳酸菌，其种类、数量及配比，对酸菜成品质量有着重要的影响。乳酸菌发酵相比自然发酵在发酵后期pH低、总酸含量高、质构性优，酸菜中后期总菌数相对较低，但乳酸菌数量明显升高、大肠菌群数明显降低，乳酸菌发酵酸菜更具有优越性；乳酸菌是兼性的嫌气菌，在嫌气状态下能正常的进行发酵。而酵母和霉菌等有害微生物都是好气性菌，因此，在腌渍发酵过程中，菜入缸一定要码紧压实，用水淹盖，通过隔绝空气的措施抑制它们的活动，防止酸白菜腐烂，以及菜中维生素C的进一步损失。

4.亚硝酸盐的影响

蔬菜中的亚硝酸盐含量与蔬菜的种属、生长期、栽培条件、蔬菜部位及区域性相关，蔬菜从土壤中吸收的硝酸盐在发酵过程中被转化为亚硝酸盐，在发酵初期，微生物生长旺盛，将硝酸盐还原成亚硝酸盐，因此，随着发酵进行，亚硝酸盐含量会逐渐升高。随微生物代谢活动的持续，氧气被消耗殆尽，酸度升高，发酵环境不适合除乳酸菌以外的大多数微生物的生长，有害菌的生长逐渐受到抑制，硝酸盐被还原的能力减弱，已生成的亚硝酸盐继续被还原或被酸分解破坏，因此，亚硝酸盐含量会逐渐下降。采用生物降解酸菜中亚硝酸盐的方式是以引入纯种乳酸菌或混合乳酸菌对酸菜中的亚硝酸盐进行降解，与单一菌种比较，在酸菜中引入混合菌株可明显降低亚硝酸盐含量。

5.食盐浓度

在酸菜腌渍工艺中，加入一定量的食盐，不仅有防腐作用，可抑制一些有害微生物的活动，而且具有高渗透压力的作用，可使原料细胞内水分向外流出，赋予原料纤维，增进酸菜风味，也就是说食盐添加量的大小在影响酸菜发酵速度的同时对酸菜的风味也会产生影响。但是，添加食盐的浓度一定要适量，食盐添加量小对防腐、酸菜口感作用弱，食盐添加量大造成酸菜颜色发暗、口感咸、乳酸菌生长受抑制，一般来说，用盐为原料质量的3%~4%适宜乳酸菌生长繁殖、发酵速度快、酸菜产品色泽好，酸香味浓、口感清脆；用盐为原料质量的5%~6%，酸菜产品口味咸，产品味道差；食盐用量继续增大，对乳酸菌发酵作用大大减弱。

（三）乳酸菌发酵酸菜工厂设计

工厂是食品加工必备条件，是食品卫生、质量、安全的重要物质保障，工厂设计要有一定前瞻性，以防投产后针对不合理之处进行大范围改造，造成大量人力、物力的浪费，专业设计要围绕工厂设计主题，按照相关工艺要求进行。各个专业涉及人员要相互配合，共同完成设计任务。

1.工厂设计原则

设计之前需要选址，选址是设计的重要前期内容之一。选择交通方便、有充足水源的地区，厂区不应设于受污染河流的下游；厂区周围不得有粉尘、有害气体、放射性物质放性污染源，不得有昆虫大量孳生的潜在场所，避免危及产品卫生；厂区要远离有害场所；生产区建筑物与外缘公路或道路应有防护地带；避免选址在流沙、淤泥、土崩断裂层上，在山坡上选址则要注意避免滑坡、塌方等，厂址要具有一定的地耐力，一般不低于$2 \times 10^5 \text{N/m}^2$。

符合国家食品工业发展的方针和政策，遵循相应的食品规划；按照《工业企业设计卫生标准》（GBZ 1—2010）、《工业企业总平面设计规范》（GB 50187—2019）、《食品安全国家标准　食品生产通用卫生规范》（GB 14881—2013）、《洁净厂房设计规范》（GB 50073—2013）、良好操作规范（GMP）等标准规范进行设计；工艺技术流程应具有一定的先进性，又具有现实的可靠性，人流、物流通畅。对资源应尽量做到综合利用；选用先进、高效、可靠的生产设备或装置，同时与工艺技术配套，具有较高的机械化和自动化及智能化水平，配备必要的维修设施；结构元件和建筑构件，力求做到通用化和标准化，以减少建设资源、节省建设时间；具有必要的技术安全和劳动保护措施，厂房环境应便于清净化，噪声区间须采取消声措施，充分考虑节能减排的情况，"三废"处理恰当，应符合国家的环保法规；投产后产品在质量和数量上均能达到设计所规定的指标，各项经济指标和技术指标都能达到国内同类工厂的先进水平或国际先进水平，工厂应能获得最佳的经济和社会效益。

2.总平面图设计内容

（1）平面布置设计　平面布置是在用地范围以内对规划的建筑物、构筑物及其他工程设施就其水平方向的相对位置和相互关系进行合理的布置。先进行厂区划分，后合理确定全厂建筑厂房、构筑物、道路、堆场、管路管线、绿化美化设施等在厂区平面上的相互位置，使其适应生产工艺流程的要求，并且方便生产管理的需要。

（2）竖向布置设计　平面布置设计不能反映厂区范围内各建筑物、构筑物之间在地形标高上配置的关系和状态。因此，还需要竖向布置设计。虽然对于厂区地形平坦、标高基本一致的厂址总平面设计是否进行竖向布置设计并不重要，但对于厂区内地形变化较大、标高有显著差异的场合，还需要进行竖向布置设计并对布置方案进行较直观的垂直方向显示。竖向布置设计就是要确定厂区建筑物、构筑物、道路、沟渠、管网的设计标高，使之相互协调并充分利用厂区自然地势地形，较少土石方挖填量，使运输方便、地面排水顺利。

（3）运输设计　要确定厂内外货物的周转量，制定运输方案，选择适当的运输方式和货物的最佳搬运方法，统计各种运输方式的运输量，计算出运输设备的数量，选定和配备装卸机具，相应确定为运输装卸机具服务的保养修理设施和建筑物、构筑物（如库房）等。对于同时有铁路、水路运输的工厂，还应分别按铁路、公路、水运等的不同系统，指定运输组织调度系统，确定所需运输装卸人员，制定运输线路的平面布置和规划。分析厂内外输送量及厂内人流、物流组织管理问题，进行厂内输送系统的设计。

（4）管线综合设计　根据工艺、水、气、电等各类工程线的专业特点，综合规定其在地上或地下敷设的位置、占地宽度、标高及间距，使厂区管线之间，以及管线与建筑物、构筑物、铁路、道路及绿化设施之间，在平面和竖向上相互协调，既要满足施工、检修、安全等要求，又要贯彻经济和节约用地的原则。

（5）绿化布置和环保设计　对食品工厂来说，绿化布置可以美化厂区、净化空气、调节气温、阻挡风沙、降低噪声、保护环境等，从而改善工人的劳动卫生条件。但绿化面积增大会增加建厂投资，所以绿化面积应该适当，绿化布置主要是绿化方式（包括美化）选择、绿化区布置等。工厂的四周，特别是在靠近道路的一侧，应设有一定宽度的树木组成防护林。种植的绿化树木、花草，要经过严格选择，厂内不宜栽植产生花絮、散发种子和特殊异味的树木、花草，以免影响产品质量。一般来说，选用常青树较为适宜。工业"三废"和噪声，会使环境受到污染，直接危害到人民的身体健康，在工厂总平面设计时，在布局上要充分考虑环境保护的问题。

3. 总平面图设计原则

总平面图设计是一项政策性、系统性、综合性很强的设计工作。因此，总图设计人员在进行总平面图设计时，必须从全局出发，结合实际情况，进行系统的综合分析，经多方案的技术经济比较，选取最优方案，以便创造良好的工作和生产环境，提高建设投资的经济效益和降低生产能耗。

（1）总平面设计符合厂址所在地区的总体规划　需要了解厂址所在地区的总体规划，特别是用地、工业区、居住、交通运输、电力系统、给排水工程等相关规划，便于了解拟建厂的环境条件和外部条件，使工厂的总平面图布置与其适应，使厂区、厂前区、生活居住区与城镇能构成一个有机的整体。食品工厂总平面图设计应按任务书要求进行，布置必须紧凑合理，做到节约用地。分期建设的工程，应一次布置，分期建设，还必须为远期发展留有余地。

（2）总平面设计必须符合生产工艺技术要求　主车间、仓库等应按生产流程布置，并尽量缩短距离，避免物料的往返运输。但并不是要求所有主车间都被安排在一条直线上，否则当车间较多时，势必形成一长线，从而给仓库、辅助车间的配置及车间管理等方面带来困难和不便。为使生产车间的配置达到线性的目的，同时又不形成长线，可将建筑物设计成T形、L形或U形；全厂的物流、人流、原料、管道等的运输应有各自路线，力求避免交叉，合理给以组织安排；动力设施应接近负荷中心。变电所应靠近高压线网输入本厂的一边，同时变电所又应靠近耗电量大的车间，而杀菌工段等用气量大的工段应靠近锅炉房。

（3）总平面图设计必须满足酸菜工厂卫生要求　生产区（各种车间和仓库等）和生活区（宿舍、食堂、商店等）、厂前区（传达室、办公室、俱乐部等）和生产区分开；生产车间应注意朝向，我国大部分地区车间最佳朝向为南偏东或偏西30°角的范围内，生产车间朝向应保证阳光充足，通风良好。相互间有影响的车间，尽量不要放在同一建筑里，但相似车间应尽量放在一起，提高场地利用率；生产车间与城市公路有一定的防护区，一般为30~50m，中间最好有绿化地带阻挡，防止尘埃污染食品；根据生产性质的不同，动力供应、货运周转、卫生防火等应分区布置。同时，主车间应与对卫生有影响的综合车间、废品仓库、煤堆及有大量烟尘或有害气体排出的车间间隔一定距离。主车间应设在锅炉房的上风向；总平面中要有一定的绿化面积，一般要求厂房之间、厂房与公路或道路之间有不少于1.5m的绿化防护带；给水排水系统应能适应生产需要，设施应合理有效，经常保持畅通。废水处理站应布置在厂区和生活区的下风向，并保持一定的卫生防护距离，同时应利用标高较低的地段，使废水尽量自流到污水处理站中，废水排放口应在取水下游。公用厕所要与主车间原料仓库或堆场及成品库保持一定距离，并采用水冲式厕所，以保持厕所的清洁卫生。

（4）厂区布置要符合规划要求，同时合理利用地址、地形和水文等的自然条件　厂区道路应按运输量及运输工具的情况决定其宽度，一般厂区道路应采用水泥或沥青或其他硬质材料铺设路面以保持清洁。一般道路应为环形道路，以免在倒车时造成堵塞现象；厂区道路之外，应从实际出发考虑是否需要有铁路专用线和码头等设施；厂区建筑间间距（指两幢建筑物外墙面相距的距离）应按有关规范设计。从防火、卫生、防震、防尘、噪声、日照、通风等方面来考虑，在符合有关规范的前提下，使建筑物间的距离最小。

（四）乳酸菌发酵酸菜工艺技术

为大力普及和推广乳酸菌发酵酸菜综合加工利用技术及其应用，推动酸菜产业整体发展，早日达到酸菜工艺规范化、质量标准化的目标，从而保证广大消费者的食品安全、指导广大的酸菜生产企业正规有序地健康发展。

1.工艺技术路线图

技术路线分成两部分：一是原料投入和产品产出过程；二是发酵液及其他副产物处理过程。

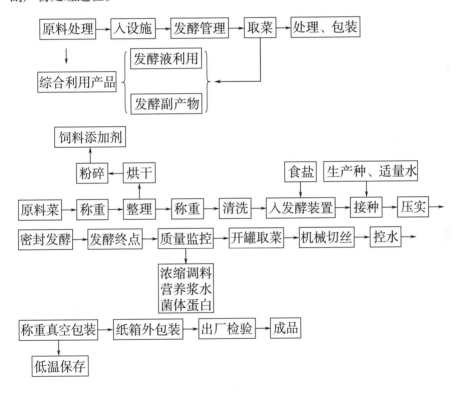

2.主要设备配置要求

清洗设备以槽式清洗设施为主，应选用对菜叶清洗具有较好适应性的设备；工作台用于处理原料菜的工作台，可为水泥或瓷砖铺面，处理已完成发酵过程的酸菜的工作台选用不锈钢制品；发酵设施包括发酵池、发酵罐、发酵桶；切菜机选用削根切丝一体机，可提高生产效率，降低生产成本；真空包装机，根据实际生产要求确定单室或双室；运输设备是根据实际生产要求确定的，包括输送带、运送车和吊车等；化验室设备：配备分析天平、pH计、蒸馏水器、粉碎机、电热恒温水浴锅、鼓风干燥箱、台式干燥箱、电冰箱、箱式高温电阻炉、水分快速测定仪、压力消毒器、生化培养箱、超净工作台、药品柜、生物显微镜等。

3.原辅料要求

（1）原料品种及要求　在酸菜工厂化生产中原料问题一直被忽视，购进随意性很大，随着生产品种不断变化，导致产品质量不稳定。选择适宜的品种是酸菜工厂化、规模化生产的迫切需要，也是稳定产品质量、企业健康发展的保证。因此，选择青白帮或白帮品种，这样腌制成的酸菜褐变程度低或不褐变，商品性状好；要求大白菜无泥根、无变质，符合《大白菜》（SB/T 10332—2000）和《食品安全国家标准　食品中污染物限量》（GB 2762—2017）、《食品安全国家标准　食品中农药最大残留限量》（GB 2763—2019）的规定。原料进厂前，要进行必要的成熟度、腐烂度和杂质含量等物理化学检验，以保证产品质量，原料菜经过预处理后存放时间不能超过12 h，须及时入发酵罐或发酵池。

（2）辅料品种及要求　食盐应符合《食品安全国家标准　食用盐》（GB 2721—2015)的规定，工业用盐达不到食用盐指标，且含有砷、汞、超标的镁等对人体有害的微量元素，预盐腌时要掌握好盐浓度及腌制时间，一层菜一层盐。生产加工用水应符合《生活饮用水使用标准》（GB 5749—2006）的要求。食品添加剂质量应符合相应标准和规定；食品添加剂的品种和使用量应符合《食品安全国家标准　食品添加剂使用标准》（GB 2760—2014）要求。

4.乳酸菌菌种选择及要求

（1）多菌种混合接种发酵是将两种或多种植物性乳酸菌菌种按照一定配比逐级扩大培养，应用于酸菜发酵生产中，有利于发挥菌种之间优势互补、协同增效作用，以提高酸菜质量。

（2）乳酸菌菌种应用注意合适的碳氮比例、适宜的pH和温度条件是乳酸菌迅速生长繁殖的必要保证；乳酸菌菌种是厌氧菌，在发酵过程中，加强发酵容器内无氧处理，不仅能使乳酸菌更好地生长，还能有效抑制好氧杂菌的生长。

（3）在大规模生产中，选择生产种培养基应以"纯天然，贴近原料的廉价培养基"为原则，所用成分可为乳酸菌生长提供必要的碳源和氮源，按照一定的碳氮比复配，通过提取其有效成分，适用于乳酸菌大规模培养，用于工厂化生产酸菜。

5. 发酵容器要求

2014年6月1日实施的《食品安全国家标准 食品生产通用卫生规范》（GB 14881—2013）规定与原料、半成品、成品接触的设备与用具，应使用无毒、无味、抗腐蚀、不易脱落的材料制作，并应易于清洁和保养。盛装食品原料、食品添加剂、直接接触食品的包装材料的包装或容器，其材质应稳定、无毒无害，不易受污染，符合卫生要求。采购食品包装材料、容器、洗涤剂、消毒剂等食品相关产品应当查验产品的合格证明文件，实行许可管理的食品相关产品还应查验供货者的许可证。食品生产加工中的卫生要求应符合GB 14881—2013的规定，即能保证发酵所用容器的质量卫生安全。发酵容器周围应设置防护遮挡设施，不得露天；容器最好用不锈钢发酵罐，但设备造价高；如果采用玻璃钢或塑料材质的发酵容器应必须是食品级；如果采用水泥发酵池必须内衬玻璃钢、瓷砖或食品级塑料；如果是泥窖，必须内衬食品级塑料。新发酵容器使用前应进行适当的清理和清洗，使之清洁卫生，方可放白菜原料；发酵结束后，要彻底放出发酵液，清理和清洗发酵容器内部，注意清理发酵液面相交部分的结垢以及容器底部的沉淀；清理容器顶的水封槽，检查发酵容器的各种附件，注意进出液阀门是否完好。

6. 原料菜入发酵容器要求

工厂化生产酸菜目前最大困难是原料菜入和出发酵容器只能人工操作，并以电动提升机械为辅，入原料菜时须严格遵守卫生标准，工作人员穿经灭菌的专用工作服和消毒雨靴，摆菜人员不能直接踏在菜上，须在菜上面铺上已灭菌的多层布垫，从而创造清洁环境，以减少杂菌入侵菜体，原料菜须摆放紧密并压实，这样做，一方面有利于增加发酵装置的有效容量，另一方面有利于提高发酵环境的厌氧水平。

7.接种、注水、压实及密封环节要求

发酵容器内原料菜装满预腌制后，要及时接入乳酸菌生产种，由于工厂化生产酸菜所用原料菜无法实现灭菌处理，因此，必须接入足够数量活性强的乳酸菌，使其在发酵初期形成竞争优势，抑制其他杂菌生长。接种后，将清水注入到发酵容器内，水温太低，乳酸菌增殖慢，产酸量小，发酵周期长；反之，杂菌易快速繁殖，影响酸菜产品质量；加清水量须没过原料菜，然后对菜体压实、密封处理，最大限度创造厌氧环境，在条件允许情况下，最好在发酵容器顶部安装专门的消毒设施，从接种至密封整个工艺环节须做到"迅速、卫生、压实、密封"，以确保表层酸菜质量。

8.发酵期间管理

发酵初期，原料体积会缩小，发酵液面下降，通过水封口排气。要定时观察液面指示器，及时补液。同时，注意观察排气水封中水的体积，并适当调整。中后期，池内压力低于池外大气压，通过进气水封进气，应注意观察进气水封中水的体积，并适当调整。发酵后期，定时取样，检测发酵程度，及时结束发酵，发酵池周围的相对湿度范围为50%~75%。发酵温度恒定为好，可保证产品质量和生产周期的一致性。温度为18~22℃时，产品质量最好；低于15℃时，发酵速度过慢，高于30℃时，则产品质量较低。

9.发酵周期要求

适宜的发酵周期是生产高质量酸菜的重要保证。若果发酵周期过短，造成亚硝酸盐降解不充分，若其含量超标，影响产品食用安全性，同时原料菜酸化程度不够，影响产品保质期，酸菜中乳酸菌素等有益物质富集量小，酸菜的保健水平降低，风味物质生成量小，产品风味寡淡。因此，酸菜食用安全期应在发酵30d以上；在原料菜发酵过程中，不应轻易打开发酵容器，以免杂菌侵染和空气进入，待充分发酵后，才可打开容器取菜进行后续加工。

10.取菜、包装、贮藏要求

检查菜质达到标准后及时取出，首先进行清理，将部分菜叶、菜根去掉。清理后进行清洗，污水统一进行处理后达标排放，清洗好的酸菜切半后送入切

丝工段。在无菌的操作车间室内尽可能做到取菜、整理、切丝、漂洗、脱水、装袋、封袋环节快速卫生，真空包装袋应符合《包装用塑料复合膜、袋　干法复合、挤出复合》（GB/T 10004—2008）规定，同时要求耐酸、耐压，以达到良好的真空度。真空包装后的成品酸菜应常温避光存放，有条件的尽可能在1~5℃贮藏。

11.副产物综合利用技术

若将原料菜整理后副产物菜帮、叶及酸菜发酵液，大批量扔掉，会造成极大资源浪费和环境污染。应采取多渠道对其充分利用，通过烘干控制含水量（低于5%），干品经粉碎机粉碎，细度达到不同饲料产品要求，装入防潮包装袋内存放；对于质量好的发酵液（发酵液清澈、透明、流动性好）可作为老汤，用于下一批次原料菜发酵的菌种重复利用；也可按一定配方调配成营养浆水，作为饮品；也可通过浓缩、脱盐等工艺制成酸菜浓缩调料膏；也可利用提取、纯化工艺收集蛋白产品。

发酵液重复利用要求：在每次结束发酵后，对发酵液过滤，静置除去沉淀，取上清液保存待用。使用前，对发酵液中乳酸发酵菌的数量和活性进行调整，为相同的发酵生产提供质量相同的发酵液；调配发酵液是保证产品质量稳定的关键技术之一。

（五）乳酸菌酸菜成品质量标准

酸菜成品的感官要求、理化指标和大肠菌群指标分别见表3-2、表3-3和表3-4。

表3-2　感官要求

项目	要求	检验方法
色泽	叶呈淡黄色至黄褐色，帮呈半透明白色至深黄色，允许保质期内颜色略微变暗	自然光线下目测
组织形态	质地脆嫩，无发黏、腐烂现象	口尝、手捏、目测检测
滋气味	具有酸菜特有的酸香味，无异味	口尝、鼻嗅检测
杂质	无肉眼可见外来杂质	自然光线下目测

表3-3　理化指标

项　目	指　标	检验方法
固形物含量[a] / %	≥ 80.0	GB/T 10786—2006
总酸（以乳酸计）/（g/kg）	≥ 8.0	GB/T 12456—2008
食盐（以NaCl计）/ %	≤ 3.0	GB/T 12457—2008
总砷（以As计）/（mg/kg）	≤ 0.5	GB/T 5009.11—2014
铅（以Pb计）/（mg/kg）	≤ 1.0	GB 5009.12—2017
亚硝酸盐（以$NaNO_2$计）/（mg/kg）	≤ 6.0	GB 5009.33—2010
食品添加剂使用	符合 GB 2760—2014	

a 适用于预包装产品。

注：其他污染物限量 符合 GB 2762 规定。

表3-4　大肠菌群指标

项　目	指　标		检验方法
	包装产品	散装产品	
大肠菌群 (MPN/100g)	≤ 30	≤ 90	GB/T 4789.3—2003

二、酱腌泡菜加工技术

（一）概述

1.泡菜的历史

我国是世界上蔬菜资源最丰富的国家，生产历史非常悠久，远在3500年前就有蔬菜栽培的记载。利用蔬菜制作酱腌菜的历史最早可追溯到周朝，《周礼·大官》郑注："大美不致五味，刑美加盐菜矣"。这是我国关于酱腌菜的最早文字记载。据《礼记·内则》记载："编有牛肉焉，屑桂以姜，以酒诸上而盐之，干而食之"。到了秦汉时期由于豆麦酱的出现，蔬菜的腌制逐步发展成了酱渍。1971年，在湖南长沙东郊马王堆西汉古墓的随葬品中发现了酱菜-豆豉姜，这是我国迄今发现的最早的实物证据，它是世界上贮藏最久的酱菜。在东汉崔塞的《四民月令》中有"正月可作诸酱，上旬炒豆，中旬煮之，以碎豆作末都，至六七月之交，分以藏瓜"的记载。隋·杜台卿注："末都·酱属也。"这是我国迄今发现的用豆酱做酱瓜的最早例证。

至南北朝，我国各种类型的酱腌菜已经相继出现。我国历史上最伟大的农学家贾思勰在他的《齐民要术》一书中记载了许多品种的酱菜制作方法；到了唐代，我国制作酱菜的技术不仅有了很大发展，而且，还传到了日本。唐玄宗天宝十二年（公元753年），唐高僧鉴真和尚第六次东渡日本成功，将我国的制酱方法传入了日本。著名的奈良渍就是鉴真所传。因此，日本的酱菜和我国颇多相似之处。当时，日本孝谦皇帝曾向鉴真和尚表示："江水异域，日月同光，以唐为范"。鉴真和尚答称："中华文化，两国共享"。至今日本人还传诵着"豆腐酱菜数奈良，来自贵国育圣乡，民俗风气千年久，此地无人不称唐"的一段佳话。这是我们中华民族可引以为自豪的事。

经过长期生产实践，酱腌菜生产发展到了明清时期，其工艺和品种都已经有了很大的发展，很多古籍，如明代刘基所撰写的《多能鄙事》、清代袁枚所著的《随园食单》等书中都对其有详尽的记载。其加工工艺、酱菜品种一直流传至今，目前很多酱菜的做法基本沿袭传统制法。

如上所述，酱腌菜这一传统食品是我国历代劳动人民智慧的结晶，是祖国宝贵文化财富的一部分。但是，在近代，由于种种原因，有些产品只是保留了名字，而没有恢复其传统的质量，特别是一些名特传统食品或已断档失传，或者正面临失传的危险。

长期以来，传统的酱腌泡菜一般采用散装的方式进行销售，其货架期短，腐败损失比较严重。而现代酱腌泡菜除了以散装的形式销售以外，通常采用玻璃瓶、复合塑料袋或铝箔袋包装，然后再进行杀菌，制成方便食品的形式销售，以方便运输、销售和食用。其中，咸菜中的涪陵榨菜，被制成各种形态、各种风味、各种包装的产品，并采用了现代工业化生产技术和设备，产品远销全世界。

2. 泡菜的功能

泡菜是一种发酵食品，具有丰富的营养价值。泡菜含有维生素A、维生素

B₁、维生素B₂、维生素C、钙、磷、铁、胡萝卜素、辣椒红素、纤维素、蛋白质等多种营养成分。泡菜富含乳酸，一般为0.4%~0.8%，酸度适中，味美而嫩脆，能增进食欲，帮助消化，具有一定的医疗功效。据报道，多种病原菌在泡菜中均不能发育。中医有泡菜具健胃治痢之功效的说法。泡菜是一种既营养又卫生的蔬菜加工品。现代医学证明，泡菜中的乳酸和乳酸菌对人体的健康有益，有抑制肠道中腐败菌的生长和减弱腐败菌在肠道产毒的作用，同时有降低胆固醇等保健和医疗作用。泡菜中的辣椒、蒜、姜、葱等刺激性辅料可起到杀菌、促进消化酶分泌的作用。泡菜可以供应氨基酸，维持营养的均衡，泡菜制造是经过微生物的复合过程，配料液先浸透蔬菜细胞里面，再由微生物作用泡制呈酸，从而产生泡菜特有的香味；低热量泡菜是以蔬菜为主体的低热量食品，多含有膳食纤维，能帮助肠胃的活动，降低体内糖类及胆固醇，有助于预防糖尿病、心脏疾患、肥胖等疾病；泡菜是使蔬菜自然酸化做成的食品，不仅能提供维生素A、B族维生素、维生素C，也可提供各种蔬菜中的营养成分；泡菜以独特的风味和颜色引起人们的食欲，发酵的泡菜可生产含有有机酸、酒精、酯的有机酸发酵食品，泡菜以蔬菜类的汁液和食盐等的复合作用来净化肠胃，促进分解肠胃中的蛋白质。泡菜有助于消化、吸收，并使肠内微生物的分布趋于正常化。

3.泡菜加工原理

泡菜是以多种新鲜蔬菜为原料，浸泡在加有多种香料的盐水中，经起主导作用的乳酸菌发酵而成的。乳酸菌利用原料中的糖分发酵生成乳酸，乳酸能抑制有害微生物活动并起到保储泡菜的作用，并使泡菜产生酸味，而且清脆凉爽。

泡菜加工原理，一是利用有益的微生物进行发酵，产生所需的风味物质，同时抵抗有害微生物引起产品败坏；二是利用食盐的渗透作用，使物质分布均匀，组织内外的品质一致；三是要利用有益的生化反应，产生有利于提高产品色、香、味的物质，以增进产品的质量。

（1）防腐原理

① 泡菜泡制中的有害微生物。蔬菜在加工制作前，其表面总是会有一定数量的微生物存在。当蔬菜遭受植物病原微生物侵害时，会发生病变。这些病原微生物主要侵入途径有以下几种。收获前，从蔬菜根、茎、叶、花、果等

部位侵入；收获后，从蔬菜包装、运输、贮藏过程中侵入；由于蔬菜接触外界环境，蔬菜表面可被大量的腐生微生物污染；蔬菜有可能被人畜病原微生物所污染。

当蔬菜表皮组织受到昆虫刺伤或其他机械损伤时，即使是肉眼觉察不到的极为微小的损伤，微生物也会侵入并进行繁殖，从而促使蔬菜溃烂变质。泡菜在加工过程中发生的各种变化以及成品的败坏，也是由于这些微生物生长繁殖的结果，引起蔬菜变质的微生物主要是霉菌、酵母和其他细菌。

霉菌中主要是青霉菌。在加工过程中，由于青霉的作用可使制品出现生霉现象。当霉菌侵入蔬菜组织后，细胞壁的纤维素被破坏，进而分解蔬菜细胞内的果胶、蛋白质、淀粉、有机酸糖类，使之成为更简单的物质。不仅会使泡菜质地变软，而且会使霉菌大量繁殖。霉菌是需氧菌，其生长的部位大部分在盐液表面或发酵容器上层，能耐很高的渗透压，抗盐能力很强，因此，制品极易被污染。

细菌中危害最大的是腐败菌。在加工过程中，如果食盐溶液浓度较低，就会导致腐败细菌生长繁殖，使蔬菜组织中的蛋白质及含氮物质被破坏，生成吲哚、甲基吲哚、硫醇、硫化氢和胺等，产生恶臭味，造成泡制品腐烂变质。有时还可生成一些有毒物质，如胺可以和亚硝酸盐生成强烈的致癌物质——亚硝胺。

有害酵母中，最主要的是几种伪酵母，如产膜酵母和红色酵母。产膜酵母到处可见，是蔬菜泡制中最难对付的一种微生物。在盐液表面形成一层白色粉状并有皱纹的薄膜，又称"生花"。此菌具有强大的氧化能力，若仅在盐液表面生长，对泡菜质量影响不大，若在泡菜体中生长，将会大量消耗蔬菜组织内的有机物质，分解乳酸、糖分和乙醇，造成泡制品质量下降，甚至引起泡制品的败坏。

从有害微生物的危害机制看，大部分情况都是将乳酸分解，使泡菜的酸度下降，造成制品的腐败。泡菜加工作为一种保藏蔬菜的手段，其首要目的是使制品能够有一个较长时间的贮藏期。

② 有益菌发酵生成有机酸的防腐作用。蔬菜泡制时起主要发酵作用的是乳酸菌。乳酸菌是产生乳酸的菌类的总称，其种类很多，形态有球状、杆状等，它是一种厌氧菌。在泡菜加工过程中，各种泡制品除非用盐量过大而使发酵过程停止外，都存在着由乳酸菌引起的乳酸发酵过程，此外还有轻度的酒精发酵和微弱的醋酸发酵过程。这三种发酵过程对抑制有害微生物的生长十分重要。乳酸发酵可分作两大类：其一为同型乳酸发酵，其二为异型乳酸发酵，如果发酵原料为双糖，则在乳酸菌的作用下，先将其水解为单糖，最后也可生成

乳酸等。发酵过程中产生了许多产物，如乳酸菌利用戊糖发酵生成乳酸和醋酸。乳酸和醋酸的积累，可以使蔬菜的酸度增加，从而抑制有害微生物活动，起到防腐和延长保藏期的作用；酒精发酵主要是由于附在蔬菜表面上酵母活动的结果而产生乙醇的，其发酵过程比较复杂，也比较微弱。乙醇本身具有杀菌作用，同时它还可以与有机酸作用形成酯，增加产品的香气；醋酸发酵则是由于好气性的醋酸菌或其他细菌的活动而形成的。酒精被氧化为醋酸，醋酸有利于提高产品的防腐能力，微量的醋酸还能改善产品的风味，但是含量过高则会使产品口味变酸，导致产品的质量下降。在泡菜加工时，将菜坯用原来的卤汁和料液浸泡，由于隔绝了产品与外界空气的接触，可避免蔬菜在泡制过程中产生过量的醋酸。

在泡菜的加工过程中，正常发酵的最主要产物是乳酸、醋酸和乙醇等，同时放出二氧化碳气体。酸和二氧化碳能使泡菜局部环境的pH下降，即酸度增加。二氧化碳还能隔绝氧化作用。这些因素都起到抑制有害微生物生长的作用，这就是利用微生物的发酵作用使蔬菜泡制品防止腐烂变质的原因。泡渍环境中的酸度对微生物的活动有极大的影响。如果环境的pH过低或过高，则微生物细胞中的很多组分会被破坏，微生物会受到抑制以至于死亡。同时，不同种类的微生物对pH的适应性各不相同。各种微生物所能忍受的最小pH的范围是：乳酸菌为pH 3.0~4.0，酵母为pH 2.5~3.0，霉菌为pH 1.2~3.0，丁酸菌为pH 4.5，大肠杆菌为pH 5.0~5.5，腐败菌为pH 4.4~5.0。pH在4.5以下时，腐败菌、大肠杆菌、丁酸菌均不能正常生长，可达到防腐的目的。乳酸菌、酵母及霉菌可以生长繁殖，但后两种菌是好气性菌，在厌氧条件下生长受抑制。因此，在加工过程中，泡的容器要装满压紧，盐水要淹没菜体，并要密封，使发酵迅速，排出大量二氧化碳，使菜内的空气或氧气很快地排出，造成贫气的环境，抑制有害微生物生长，同时创造一个有利于乳酸发酵的条件，促使乳酸的迅速生成。

在实际生产过程中，乳酸发酵受食盐浓度和发酵温度等因素影响。食盐浓度越低，泡菜发酵开始得越早，乳酸发酵完成得也就越早。乳酸菌所能生存的盐液最高浓度大于绝大多数有害微生物所能生存的浓度，要严格限制食盐用量，对泡菜发酵需添加较多的食盐，以使乳酸发酵缓慢进行，使制成品含酸量不致过高；温度对发酵产酸也有显著的影响，乳酸菌生长的适宜温度为26~30 ℃，在实际生产中，温度不宜过高，一般控制在12~22 ℃。

③ 食盐的防腐作用。在泡菜的泡制过程中会浸在较高浓度的食盐水中。食盐具有很高的渗透作用，1%的食盐溶液就会产生6×10^5Pa的渗透压力，而一般微生物细胞内的压力在（3.4~16.4）$\times 10^5$Pa。由于微生物的细胞结构和蔬菜植物细胞结构相似，也具有一层半渗透性膜。微生物的细胞液、原生质和食盐溶液构成了一个渗透系统，能够调节细胞内外渗透压平衡。微生物在等渗压的食盐溶液中，代谢活动可正常进行，其细胞保持原有形状而不发生变化。但当食盐溶液的渗透压大于微生物细胞液的渗透压时，细胞内的水分就会渗透到细胞外面，造成微生物细胞失水。脱水后的微生物细胞，由于其代谢活动呈抑制状态，可迫使其停止生长或者死亡。在泡菜加工过程中，含盐量一般在8%左右，可产生4.8×10^6Pa的压力，远远超过了一般微生物细胞液的渗透压力，从而有效地抑制一些有害微生物造成的危害。另外，由于食盐在水溶液中离解的离子发生了水合作用，使食盐溶液中的游离水含量大大减少。其浓度越高，水分活性越小，可抑制一些有害酵母和细菌的活动。抑制微生物生长所需要的食盐浓度，依据微生物的种类而有所不同。一般有害微生物的耐盐力较差，但也有些有害菌耐盐力较强，18%~25%盐溶液才能完全阻止微生物的生长。蔬菜泡制方法的选择就是设法使有害微生物细胞处于无法适应的高渗透环境中，使其原生质脱水，发生质壁分离从而将其抑制。食盐溶液中的一些离子在高浓度时，能对微生物产生生理毒害作用。高浓度的盐液还可使氧气很难溶解在盐水中，从而使好气性的微生物受到抑制。

但是，对于泡菜制品来说，食盐浓度不仅决定了它的防腐能力，而且对泡菜的品质风味也有直接影响。由于食盐对心血管病所产生的影响，人们越来越偏重于食用低盐的食品。因此，只靠提高食盐的浓度来解决泡菜制品的防腐问题显然是不可取的，还要依靠乳酸发酵和添加一些香料、调味品等方法，来提高泡菜制品的防腐能力。

④香料与调味品的防腐作用。蔬菜在泡制加工时，通常加入大蒜、姜、醋、酱、糖液等香料和调味品，这样不但能起到调味作用，而且还具有不同程度的防腐能力。大蒜含有蒜氨酸，在大蒜细胞破碎时，蒜氨酸便在细胞中蒜氨酸酶的作用下分解出一种具有强烈杀菌作用的挥发性物质——蒜素；十字花科蔬菜中的芥子苷所分解出的芥子油，具有很强的防腐能力；常用的花椒、胡椒、辣椒和生姜等香料，含有相当数量的芳香油，芳香油里有些成分具有一定的杀菌能力；调味品中的醋，可以使环境的pH下降；糖液因渗透压很高，可

抑制有害微生物生长，具有保存泡制品的作用。

（2）泡菜加工中的渗透作用

① 由于食盐渗透作用引起的物质置换。高浓度食盐溶液具有极高渗透压，而蔬菜细胞中细胞质也有一定的渗透压。蔬菜细胞在等渗溶液中时，不会发生相互渗透的现象；若蔬菜处于食盐溶液中时，蔬菜细胞内液体，尤其是水会迅速向外渗透。而食盐溶液也相应地渗入蔬菜细胞中，最终达到蔬菜内外食盐浓度平衡。蔬菜细胞是个渗透系统，水既可进入细胞，又可从细胞中溢出。在泡菜制作过程中，蔬菜的细胞和食盐溶液间便发生了渗透作用，由于食盐溶液中的水势低于蔬菜细胞液，造成细胞液中水分外渗、细胞中液泡体积变小，细胞液对原生质层及细胞壁的压力也相应减小，整个细胞体积也缩小，但由于细胞壁收缩性有限，而原生质层伸缩性较大，所以当细胞壁终止收缩后，原生质层继续收缩，发生"质壁分离"现象。此现象一般发生在蔬菜泡制加工的初期，对改善泡菜风味、品质具有重大意义；进入中后期，由于盐溶液使蔬菜细胞失活，加剧了外界泡渍液渗透作用，直到渗透压平衡。当料液渗入达到一定浓度时，即可得到各种风味的、成熟的泡菜产品。

② 影响渗透作用的主要因素。

a. 菜坯的细胞结构：对泡菜加工进程的速度影响最大，成熟度低的蔬菜渗透速度快；细胞壁中含角质纤维素少的蔬菜渗透速度快；细胞排列疏松的蔬菜渗透速度快；料液沿毛细管渗透快于沿细胞间隙、细胞壁渗透。

b. 料液浓度：渗制的速度通常取决于渗透压大小，渗透压大小取决于料液浓度。在泡菜生产中，料液浓度越大，渗制速度就越快，但当料液达到一定浓度后，再升高浓度，反而减慢渗制速度。

c. 温度：渗透压不仅与料液浓度相关，也与料液温度相关。料液温度每增加1℃，渗透压相应增加0.30%~0.35%。通常来讲，生产环境温度越高，料液渗入速度就越快。但是，在实际生产中必须根据生产工艺及品种要求，对温度进行控制，否则长时间温度过高，易造成制品色泽加深、光泽减退、口感变软、失去鲜味。

d. 空气：在泡菜发酵过程中，要尽量减少与空气接触，保持泡菜处于缺氧状态，以利乳酸发酵，保留维生素C，提高泡菜色泽、风味、质地等品质。

e. 原料含糖及质地：原料含糖量范围应为1.5%~3%，应用含糖量较少的原料进行发酵性泡制时，应适当加入一些蔗糖。在实际生产中，应对适当原料进行去皮、切分、揉菜以及热烫等前处理，使蔬菜细胞内可溶性物质迅速外渗，缩短渗制时间。

③ 蔬菜泡制过程中主要的变化。泡菜的制作过程既是一个复杂发酵、物质置换的过程，同时也伴随着一系列的化学和生物化学的变化。

a.色泽变化：色泽是泡菜感官指标中的重要指标，良好的色泽有利于直接刺激人们的感觉器官，激发人们的食欲。由于加工方法不同，蔬菜色泽的主要变化也不同。在泡菜制作过程中，由于乳酸及其他有机酸起作用，使得蔬菜中含有的叶绿素在酸性条件下脱镁而变成黑色。另外，泡制过程中会出现酶促褐变和非酶褐变，使得菜色呈现淡黄色、金黄色、棕色、棕红色等不同色泽，应尽可能避免褐变发生。

b. 香气和滋味变化：泡菜的香气与滋味是泡菜品质的主要指标。新鲜蔬菜原料原有的一些香气和味道会在泡菜加工过程中消失，形成新的香气和味道。使许多不宜鲜食的蔬菜在改变风味的同时提高了食用价值。通过泡制，一些蔬菜原料中含有的某些苷类物质会被水解成带有芳香气味的物质。在高浓度食盐溶液中，某些溶于水的辛辣物质多为挥发性物质，通过倒缸工序而散失，改进了产品的风味。新鲜蔬菜泡制过程中，辅料产生的香气和滋味，渗入到蔬菜细胞之中，赋予产品香气和滋味；由于蔬菜原料中蛋白质水解酶的作用，产生某些不同种类的氨基酸，使泡制品增添鲜味；正常的微生物发酵作用以乳酸发酵为主，并伴随着少量的酒精发酵和微量的醋酸发酵。这些发酵的生成物本身都能赋予产品一定的风味。

c. 质地变化：蔬菜质地是泡菜品质的重要指标，蔬菜细胞壁中胶层中含有原果胶，原果胶是一种含有甲氧基的多缩半乳糖醛酸缩合物，与纤维素结合，具有黏结细胞、保持组织脆硬性能。在蔬菜泡制过程中，原果胶水解是影响泡菜脆性的一个重要因素。在实际生产中，由于蔬菜过熟或受到机械损伤，原果胶为酶所水解，致使蔬菜原料在泡制前脆性减弱，或者由于泡制过程中一些有害微生物分泌的果胶酶促使果胶物质水解，使蔬菜变软甚至失去脆感。如果原果胶遭受果胶酶水解成水溶性果胶，或者由水溶性果胶再进一步水解成果胶酸、甲醇等产物时，就会使蔬菜组织的硬脆度减弱，甚至变成软烂状态，严重影响了泡菜质量。生产中应尽量避免此现象发生。

d. 营养成分变化：新鲜蔬菜原料经过泡制，由于乳酸菌利用原料中的糖分进行发酵占主导，使得蔬菜含糖量大大降低或者完全消失，进而生成乳酸；由于蔬菜原料中部分含氮物质被微生物所消耗或者渗入到发酵液中，使得蔬菜中蛋白质被分解而含量明显减少；新鲜蔬菜中维生素C的稳定性与蔬菜的种类有关，在泡制过程中因氧化作用而大量减少，其损耗量与泡制时间、盐用量呈正相关，产品接触空气越多，维生素C被氧化越快；蔬菜中的其他维生素比较稳定，变化不大；泡菜钙含量一般高于新鲜蔬菜，而磷含量及铁含量低于新鲜蔬菜，其他矿物质含量明显高于新鲜蔬菜。

④ 泡菜发酵三个阶段。

a. 发酵初期：蔬菜原料经预处理刚刚入坛时，表面附着主要微生物为不抗酸的酵母和大肠杆菌等，相对活跃，其进行异型乳酸发酵与较弱酒精发酵生成乳酸、乙醇、醋酸和二氧化碳等。由于生成较多二氧化碳，气泡由坛沿间歇性地排出，使坛内逐渐形成嫌气状态，此时泡菜液含酸量为0.3%~0.4%，菜体偏咸而不酸且有生味，这个阶段为泡菜发酵初熟阶段。

b.发酵中期：随着发酵的推进，乳酸不断积累，pH不断下降，逐渐呈现厌氧状，乳酸杆菌开始活跃，进行的是同型乳酸发酵，此时乳酸积累量达到0.6%~0.8%，pH为3.5~3.8。大肠杆菌、腐败菌、酵母和霉菌在此环境条件下，活动受到抑制，泡菜清香且有酸味，这个阶段为泡菜完全成熟阶段。

c.发酵后期：在此阶段是同型乳酸发酵，乳酸含量可达1.0%以上，当乳酸含量大于1.2%时，泡菜酸度过高、风味不协调乳酸杆菌活性受到抑制，发酵速度趋于平缓甚至停止，但泡菜酸度过高、风味不佳。从乳酸含量及泡菜的风味品质来看，在发酵初期的末期和发酵中期阶段，乳酸含量为0.4%~0.8%，泡菜的风味品质最好。

4.泡菜发酵容器

泡菜坛子为我国大多数地区制作泡菜不可缺少的容器。泡菜坛子抗酸、抗碱、抗盐，还可密封且自动排气，具有隔离空气、坛内自动嫌气的作用，可利于乳酸菌活动，防止外界杂菌对泡菜的侵害，使泡菜得以长期保存。泡菜坛子是由陶土烧制而成的，口小肚大，在距坛口边缘5~17cm处配有一圈水槽，槽缘稍微低于坛口，坛口放一个菜碟等物品以防止生水进入。坛子大小、规格和形式各异，最小的容量只有几千克，最大的容量可达数十千克。

泡菜坛子质地好坏直接影响泡菜和泡菜盐水，因此，应对泡菜坛子进行严格检验，坛子优劣辨别有以下方法。①看形体：泡菜坛以釉质好、无砂眼、无裂纹、火候老、外形美的为佳。②视内壁：将泡菜坛压入水中，看内壁，以无裂纹、无砂眼、无渗水的为佳。③观吸水：往坛沿内倒入清水，将少量废纸点燃放入坛内，盖上坛子盖，可把坛沿内水分吸干的为佳。④听声音：用手敲击坛字，钢音的为佳，有空响、砂响、音破的不选。

另外，根据不同家庭的取材条件，土陶缸、罐头瓶、玻璃罐、木桶等，都可用来做泡菜，但必须有配套的盖子，这些容器，一般只能泡制即食的泡菜，如果要长期储存，必须进行杀菌。

5.泡菜盐水的配制

井水和泉水由于含矿物质较多为硬水，用来配制泡菜盐水可以保持泡菜成品的脆性，硬度较大的自来水也可使用，但是经过处理后的软水不能用于配制泡菜盐水。

在制作泡菜过程中，为了增强泡菜的脆性，在配制盐水时可添加0.05%的钙盐；应选择氯化钠含量95%以上的食盐，常用的包括海盐、井盐和岩盐。最适合制作泡菜的食盐是井盐，其次是岩盐。目前，市面上销售的食盐均可用于制作泡菜。

（二）泡菜加工的方法

1.调料的使用

（1）作料的搭配　一般有白酒、料酒、醛糟汁、红糖和干红辣椒。蔬菜泡制时，通过添加白酒、料酒、醛糟汁有助于盐的渗透、保持脆度，同时也起到一定杀菌作用，这些佐料可直接均匀分散在盐水中；添加红糖和干红辣椒有助于调和诸味、增进鲜味，红糖需先溶解再被均匀地加入泡菜容器内，干红辣椒需在蔬菜入泡菜容器时被合理放入。一般来讲，佐料与泡菜盐水添加量配方为盐水100g、白酒1~2g、料酒2~5g、红糖3~5g、醛糟汁2~5g、干红辣椒5~10g。随着蔬菜品种的变化，配方也要做相应调整。因为有的蔬菜需要保色，需将红糖调整为怡糖或白糖，只用醛糟汁，不用糟粕。

（2）香料的搭配　一般有排草、白菌、山奈、八角、花椒、草果、胡椒，添加这些香料大部分有助于泡菜增进香味、去除异味、掩盖腥味，而山奈有助于保持泡菜的鲜艳色泽，若有的蔬菜不适合添加八角、草果时，使用量减半；而胡椒仅在泡鱼、辣椒时使用，有助于去除其腥臭味。还有，小茴香、桂皮、橘皮、丁香等也可用于制作泡菜。一般来讲，香料与泡菜盐水添加量配方为：盐水100g、八角0.1~0.2g、花椒0.2~0.3g、白菌1g、排草0.1~0.2g。使用香料时，需将排草切成长度约3cm的段，洗去白菌附着的泥沙，除掉草果、八角灰尘后装入纱布袋封口，放入泡菜坛中间处。根据实际需要，香料袋放置一段时间后，调整其位置。泡制一段时间后，开坛检查，如果发现泡菜香味过浓，应立即将香料包取出；反之，则应适当添加香料进行调整处理。

2.蔬菜预处理

（1）蔬菜清洗　需用符合卫生标准的流动清水清洗蔬菜。为了便于去除农药，需要将蔬菜浸没在浓度为0.05%~0.1%的高锰酸钾溶液中约10min后，再用清水充分清洗，经整理，去除老叶、须根、粗皮、粗筋及品相不好的蔬菜。一般来讲，个体小的蔬菜无需切分，个体大的蔬菜可适当进行切分，使用的刀具必须无锈。可将胡萝卜、萝卜等根菜切成大小为直径5cm、厚度0.5cm的块；芹菜需要去叶、去老根，切成长度为4cm的段；削去葛笋老皮，斜刀切成长度5cm、厚度0.5cm的块；白菜、洋白菜，需要去掉外帮、老叶和根部，切成长度3cm的段；黄瓜需要洗净，斜刀切成厚度0.5cm的段；刀豆、豇豆、菜豆等需要去掉老筋，洗净，切成长度4cm的段。

（2）蔬菜预处理　预处理是指蔬菜在装坛泡制前，先将其置于25%的食盐溶液中，或直接用盐腌渍。通过盐水逼出蔬菜本身过多水分，以防止装坛后降低盐水浓度和泡菜质量，同时也起到一定杀菌作用，通过预处理也利于蔬菜保色、定色，消除或减轻对泡菜盐水的影响，也可除去蔬菜异味。由于不同蔬菜的生长条件、品类、季节和可食部分不同，其质地也不同，所以选料、预处理时间、盐用量等对泡菜质量有很大影响。

3.装坛方法

根据蔬菜的品种、泡制和储存时间不同，装坛方法通常为干装坛、间隔装坛、盐水装坛三种。

（1）干装坛　如泡辣椒、泡马铃薯（土豆）块类的蔬菜由于本身浮力较大，泡制所需时间较长，适合干装坛。需将泡菜坛洗净、拭干；把蔬菜装至半坛后放入香料包，继续装至八成满，用篱片或青石压紧；佐料放到盐水中搅拌均匀缓慢倒入坛中，待盐水淹过原料后，立即盖上盖子，用清水封坛沿。

（2）间隔装坛　为了充分发挥佐料的作用，提高泡菜质量，可间隔装坛方法。需将泡菜坛洗净、拭干；把蔬菜与佐料间隔装至半坛后放入香料包，继续装至九成满，用篱片或青石压紧；将余下佐料放入盐水中搅拌均匀缓慢倒入坛中，待盐水淹过原料后，立即盖上盖子，用清水封坛沿。

（3）盐水装坛　对于萝卜、大葱、马铃薯片等茎根类蔬菜，泡制时能自动下沉，可将其直接放至预先装好泡菜盐水的坛中。需将泡菜坛洗净、拭干；注入盐水，把作料放入泡菜坛内搅拌均匀，装入蔬菜至半坛后放入香料包，继续装至九成满，待盐水淹过原料后，立即盖上盖子，用清水封坛沿。

装坛时必须注意以下四点：

一是要根据蔬菜品种、季节、味别、食用方法、储存期限等，尽力做到按比例调配盐水，同时又要灵活调整。

二是要严格做好操作人员、使用的工具和盛装器皿的清洁卫生，尤其是要格外注意泡菜坛内、外的清洁。

三是要严格把握蔬菜入坛时的放置次序，避免装得过满，坛内一定要留有空隙，以防止盐水热涨溢出。

四是要严格把握盐水必须没过原料，以防原料接触空气而变质。

4.食盐用量

泡菜质量优劣，关键在于食盐用量是否适宜。需要根据蔬菜品种、质量及加工方法来确定用盐量。一般来讲，对于果菜、根菜和茎菜泡制时，由于其组织结构细密、肉质坚实、盐水浸透慢，用盐量要高于叶菜。不同的泡菜制作方法，用盐量也不同，由于食盐相对密度较大，配制盐水时需要不断搅拌，防止其沉入容器底部造成浓度不均匀。

（三）泡菜加工中常见的问题

1.泡菜的脆度

（1）脆性变化

① 细胞膨压变化。当蔬菜细胞处于饱满状态时，细胞膨压比较大，食用时脆性强。当蔬菜细胞脱水，造成蔬菜萎蔫，细胞膨压下降，食用时脆性下

降。在泡制初期会出现脆性下降现象，但到了中、后期，由于细胞失活，原生质膜会变成全透性膜，盐水和调味液等向细胞内扩散，进而恢复了膨压，脆性相应增强。因此，蔬菜泡制过程中一定按要求进行，一般不会造成产品脆性下降；对于冬菜、梅干菜、萝卜干、咸干笋等先经过盐渍后再晾晒成半干态或干态的泡菜产品，由于细胞过度失水，导致膨压下降，使产品变柔脆，这并不是泡菜品质下降，而是此类泡菜的正常质量要求。

② 原果胶变化。在蔬菜泡制过程中，细胞壁中原果胶水解是造成泡制品脆性的一个重要因素。如果原果胶被水解成水溶性果胶，或进一步水解成果胶酸和甲醇等产物，就会失去其粘连作用，致使细胞彼此分离，使蔬菜组织变软，严重影响产品质量。

（2）保脆措施　首先要在蔬菜泡制前，将过熟和受过机械伤的蔬菜剔出；二是要及时泡制收购的蔬菜，若在加工旺季，大量蔬菜不能及时泡制，必须对蔬菜摊放在阴凉处，以免造成蔬菜腐烂变质；三是在泡制过程中，严格控制盐水浓度、菜卤pH和环境温度，保持环境清洁，以减少有害微生物，抑制有害微生物的繁殖；四是使用保脆剂，如添加0.05%~0.1%钙盐或铝盐、初期使用蔬菜的0.05%~0.1%石灰；用碱性井水浸泡蔬菜；调整泡制液pH为4.3~4.9。

2.色泽变化及护色

泡菜色泽是感官质量的重要指标之一，其色泽变化主要有以下几种。

（1）叶绿素变化　由于蔬菜采收后，其细胞中叶绿素的合成基本消失，在氧和阳光作用下，叶绿素会迅速分解，使蔬菜失去绿色。叶绿素不溶于水，在酸性环境中不稳定，分子式中的镁离子被置换掉，变成脱镁叶绿素，使蔬菜由绿色变成褐色或绿褐色。

使得原来被叶绿素掩盖的类胡萝卜素颜色呈现出来，造成黄瓜、绿色豆角、雪里红等经过泡制后变成黄绿色。

（2）褐变引起的色泽变化　酶促褐变是由于蔬菜中的酚类和单宁物质，在多酚氧化酶作用下，被空气中的氧气氧化，经复杂变化过程，生成褐色的物质。酶促褐变现象在泡菜加工中普遍发生。非酶褐变即美拉德反应，其反应过程十分复杂，首先由含羰基的还原糖与含氨基的氨基化合物在中性或弱碱环境下发生缩合反应，生成的葡萄糖胺再经过复杂变化，反应产物再与氨基化合物经缩合与聚合反应，最终生成黑色素。由辅料色素引起的色泽变化则是由于盐渍液食盐浓度高，造成氧气溶解度大幅下降，蔬菜细胞因缺氧发生窒息而失去活性、细胞死亡、原生质膜被破坏，半透性膜变成全透性膜，致使蔬菜细胞吸附辅料中的色素而改变原有色泽。

3. 色泽的保持

（1）叶绿素的保持

①倒菜。蔬菜呼吸作用强弱与其品种、成熟程度、细胞结构关系密切。其中，叶菜类最强，其次是果菜类，最弱的是根菜和茎菜类。在蔬菜泡制初期，呼吸作用加强，会产生大量水分和热量，如去除不及时，就会加快乳酸发酵，使蔬菜处在酸性条件下，使叶绿素分解而失去绿色。因此，采用倒菜方法以便排除呼吸热，同时使菜体能够均匀地接触浸渍液，增加渗透速度。

②用盐量要适当。采用适当浓度的食盐溶液泡制蔬菜，既可抑制微生物生长繁殖，又可抑制蔬菜的呼吸作用。如果用盐量过高，虽说能够保持蔬菜的绿色，但会极大地影响泡菜质量和出率，还会造成食盐浪费。

③弱碱水浸泡蔬菜。在新鲜蔬菜泡制初期，可先用含有适当的石灰乳、碳酸钠、碳酸镁弱碱液（pH 7.4~8.3）浸泡蔬菜至发生泡沫时将蔬菜取出，使得蔬菜中生成的酸性物质被弱碱中和，进而防止脱镁叶绿素生成。同时，碱性物质可使叶绿素酯基碱化生成叶绿酸盐，维持了原有共轭体系不被破坏，使蔬菜保持了绿色。但是，要掌握好所用碱液的浓度，如果碳酸钠用量过大会造成蔬菜组织变"软"，石灰乳用量过大会造成蔬菜组织发"韧"，相对来讲，使用碳酸镁则比较安全，一般用量是蔬菜质量的0.1%。

④热处理。在绿色蔬菜泡制前，采用热处理（常用60~70℃中性或弱碱性热水）使叶绿素水解酶失去活性，经处理后的蔬菜组织中氧气量明显减少，被氧化的可能性减小。烫漂也可减少蔬菜组织中大部分有机酸，进而防止脱镁叶绿素的生成，使泡菜产品仍保持绿色。需要注意的是烫漂温度不能过高，时间也不能过长，对于采用袋装、罐装的绿色泡菜，必须采用巴氏杀菌处理后立即将其冷却，以确保叶绿素不被破坏。

⑤护色剂处理。在使用弱碱水浸泡绿色蔬菜或用热处理蔬菜时，可在弱碱液或烫漂液中加入适量的硫酸铜、硫酸锌、醋酸锌、叶绿素铜钠等护色剂。

⑥低温和避光。对泡菜的流通和储存应在低温和避光条件下进行，以便更好地保持蔬菜的绿色。

（2）褐变的控制

①蔬菜的选择。由于我国蔬菜品种繁多，不同品种所含的单宁、还原糖等物质含量也不同，因此，在选择原料时，要选其含量少、品质好、易保色的品种。

②抑制或破坏氧化酶的酶系统。酶是由蛋白质组成的，一定温度的热处理可使蛋白质凝固造成酶失去活性，因此，要破坏酶系统可用沸水或蒸汽处理。一般来讲，氧化酶在71~73℃，过氧化酶在90~100℃条件下，5min内即可被破坏。用硫磺熏蒸、亚硫酸溶液浸泡，可破坏氧化酶，将蔬菜放入食盐溶液或氯化钙溶液中浸泡可抑制过氧化酶活性，但离开氯化物溶液，其酶活性又可恢复，致使蔬菜在空气中被氧化变色。褐变反应的速度与环境温度高低有关，春、夏季褐变速度快于秋季，因此，采用低温储存或空气流通方式可抑制褐变。

③控制泡制液pH。糖在碱性溶液中分解速度非常快，其易参与糖胺褐变反应，因此，为控制褐变速度，应控制泡制液pH 3.5~4.5。

除了上述三种褐变控制方法外，采取减少游离水、隔绝空气、避免日光照射，均可抑制褐变。

（3）使用着色剂　着色剂有红曲、叶绿素等天然色素和果绿、胭脂红等化学合成色素两大类，可根据泡菜加工实际需要，用色素来调配泡菜色泽。其中，天然色素是今后使用的方向和重点，其优点是安全、卫生，但价格高、易褪色；而化学合成色素相对来讲价格低，不易褪色，但使用时要严格按照国家相关标准规定进行。

4. 泡菜的调味

世界各国对味感的分类并不相同，其中，日本对味感分为酸、甜、苦、辣、咸五类，欧美各国再增加金属味共六类；而我国通常对味感分为酸、甜、苦、辣、咸、涩、鲜共七类。重点介绍泡菜的咸味、酸味、甜味和鲜味。

（1）咸味　咸味是人类的基本味感，在调味中常居首位，是泡菜味感中最原始的味。一般人们喜欢的盐浓度为2%，在调味时要充分考虑到此浓度要与人体细胞和血液中的浓度相近。过量摄入食盐会导致人体出现高血压等疾病，为此人们寻找新型咸味剂取代食盐，同时尽量降低泡菜中食盐含量。目前，葡萄糖酸钠、苹果酸钠等有机酸盐可替代食盐，但多数应用于无盐酱油、肾脏病患者食品，食物的咸味通常是食盐。

（2）酸味　酸味是泡菜原始味感之一，因发酵产生乳酸和醋酸等呈酸物质，酸味强度与氢离子浓度相关联。当发酵液pH在5.0~6.5时，人们不易感觉到酸味，但当发酵液pH＜3.0时，其酸味难以为人们接受。通常来讲，酸味剂pH小的，其酸味越强，反之越弱，但二者间无函数关系。用于调整泡菜酸度的酸味剂主要包括苹果酸、柠檬酸、琥珀酸、醋酸、抗坏血酸、富马酸、葡萄糖酸等有机酸。其中，柠檬酸与苹果酸具有爽口的酸味、醋酸的酸味刺激且易挥发、琥珀酸有琥珀味等。因此，最好采用两种或两种以上有机酸搭配使用，通常用苹果酸、酒石酸与柠檬酸搭配使用，醋酸与乳酸搭配使用可以达到最佳强酸味的口感等。

（3）甜味　甜味是最受人们喜爱的基本味感，通常用来改进食品的适口性和食用性，也是泡菜的重要味感之一。除了糖及其衍生物之外，还有很多非糖的天然化合物、天然物的衍生品和化学合成物也具有甜味。甜味强弱通常用甜度表示，即以5%或10%的蔗糖水溶液在20℃时的甜度为1.0，其他甜味剂与其比值即为甜度又称比甜度。甜味剂有天然甜味剂和合成甜味剂两类，出于人类健康需求，使用天然甜味剂更为普遍。

（4）鲜味　鲜味的呈味机制仍处于探讨中，是一种复杂的综合味感或者说是美味感。当鲜味剂使用量大于阈值时，可提升泡菜鲜味，反之，仅是增强风味。目前，多数鲜味剂是谷氨酸型和核苷酸型。研究表明，食品中添加的味精在提高食品的味觉强度的同时会带来不同于4种基本味感的整体味感，但不影响食品的香气，而且还能增强食品的气爽性、持续性、浓厚感、温和感等一些风味特征。目前，我国大多是采用淀粉发酵来制取味精，产量和质量在国际上已占优势。

（四）亚硝酸盐的生成和预防

1. 亚硝酸盐的生成

有许多蔬菜从土壤中浓集了更多的硝酸盐，在适宜条件下，硝酸盐被还原成亚硝酸盐。亚硝酸盐对人体有害，是合成亚硝基化合物的前体物质。蔬菜泡制和发酵过程中，有害的微生物以及某些杂菌将蔬菜中的硝酸盐还原成亚硝酸盐。人体摄入亚硝酸盐后，其与胃中的含氮化合物结合生成具有致癌性的亚硝胺，对人体健康造成极大危害。通常来讲，食盐浓度、发酵温度、发酵时间、添加物、环境pH是影响泡菜中亚硝酸盐含量的主要因素。

2.亚硝酸盐防止措施

在蔬菜泡制时，应严格防止亚硝酸盐生成。应该做到以下几个方面。

（1）选用蔬菜要新鲜　应选用新鲜、成熟的蔬菜为原料，但不能使用堆放时间较长，温度较高，尤其是发黄的蔬菜，原因在于其亚硝酸盐含量高；泡制前，采用水洗、晾晒方法可减少蔬菜亚硝酸盐含量。

（2）选择适量盐泡制　蔬菜泡制时，若用盐量太少，会造成亚硝酸盐含量增加，且生成速度加快。实验证明：1%的食盐用量抑制腐败菌繁殖的能力很微小，5%的食盐用量可防止腐败菌繁殖，但对于乳酸菌、酵母来说尚可能繁殖，因此，该食盐用量可作为蔬菜泡制发酵时的浓度。

（3）严格控制泡菜液表面的生霉点　蔬菜泡制时，要采取严格的防霉措施，不要将泡菜露出液面，尽量减少与空气接触机会；取菜时要用清洁卫生、无油渍的专用工具；一旦发生泡菜液生霉或出现霉膜下沉现象时，要及时对泡菜液进行加热处理或者更换新液。

（4）保持泡菜液面的菌膜　通常来讲，不要打捞泡菜液面的菌膜，更不能搅动，以防因其下沉而导致泡菜液腐败，进而生成胺类物质。

（5）应做好密封处理　需要久储的泡菜，须在未出现霉点之前，在缸口或坛子口加盖塑料薄膜，并用盐泥密封，使泡菜隔绝空气，可通过在泥封面预留的小孔来排除缸内的二氧化碳。

（6）选择适宜的泡制时限　蔬菜泡制最好达1个月时间，至少要泡制20d以上才能食用。泡菜必须泡透，同时要在食用前多用清水洗涤，以便尽可能减少其亚硝酸盐含量。

（7）经常检测泡菜液pH　若发现泡菜液pH上升或发生霉变现象，必须迅速处理，否则会造成亚硝胺含量的迅速增加。

（8）泡菜用水要符合国家卫生标准　一定不能用含有亚硝酸盐的井水加工泡菜。

（五）典型泡菜案例

下面介绍几种典型泡菜案例。

1. 白菜为主料

白菜是人们日常生活中的重要蔬菜之一，其味道鲜美，营养丰富，素有"菜中之王"之美誉。原产于我国北方，后来引种至南方。19世纪传入日本、欧美等国。其种类很多，含有蛋白质、维生素、粗纤维及钙、磷等矿物质。食用方法很多，如炖、熘、炒、拌、制馅、配菜等。白菜除了具有食用价值外，还具有药用功效。白菜性味甘平，解渴利尿、清热除烦，常吃可防止维生素C缺乏症。

（1）泡辣白菜

① 原辅料配方。白菜500g、梨25g、白萝卜50g、苹果25g、凉开水150g、盐15g、葱25g、辣椒粉15g、蒜25g、味精1g。

② 工艺流程。 原料预处理 → 腌制 → 装坛 → 泡制 → 成品

③ 操作要点。

a.原料预处理：将白菜去根、去老帮，用水洗净，控干水分后，用刀顺剖成两瓣，切成5cm长。苹果、梨洗净，经去皮、核，切成片。葱、蒜均切成末备用。

b.腌制：把切好的白菜、白萝卜分别用5g盐腌制4h。

c.装坛：将腌好的白菜、白萝卜控净水，装入坛中。

d.泡制：把苹果、梨、盐、葱末、蒜末、辣椒粉和味精混放，用凉开水调匀，浇在泡菜坛内，卤汁加入量没过菜料最佳，用一干净石块压实，置于25~35℃的环境条件下发酵3~4d，即可食用。

④ 成品特色。此产品具有酸辣清香、脆嫩可口的特点。

⑤ 质量标准。

a.感官指标：本产品具有白菜特有的香气，味道鲜美、具有辣味、咸淡适口、质地脆嫩，无异味、无杂质。

b.理化指标：砷（以As计）≤0.5mg/kg，铅（以Pb计）≤1mg/kg，亚硝酸盐含量符合《食品安全国家标准　食品中亚硝酸盐与硝酸盐的测定》（GB 5009.33—2016）规定、食品添加剂使用符合GB 2760—2014规定。

c.卫生指标：大肠菌群≤30个/100g，致病菌不得检出。

⑥ 注意事项。在冬季制作此泡菜时，可将泡菜坛置于炉旁或暖气旁，以提供适宜的温度条件，促进泡菜尽快发酵；选用的苹果、梨要求无虫蛀、无病

烂果、去柄、去皮核。

（2）四川泡白菜

① 原辅料配比。白菜2.5kg、胡萝卜0.5kg、食盐1.25kg、白萝卜0.25kg、黄瓜0.15kg、甘蓝0.8 kg、苦瓜0.1kg、豇豆0.4kg、芹菜梗0.1kg、料酒50g、酒糟汁100g、鲜青辣椒0.1kg、鲜红辣椒100g、干红辣椒250g、白糖0.1kg、大蒜150g、鲜姜80g、白酒50g、调料包（花椒100g、八角5g、草果5g、排草5g）。

② 工艺流程。 原料选择 → 整理 → 洗涤、晾晒 → 切分 → 盐水配制 → 装坛 → 发酵 → 成品

③ 操作要点。

a. 原料选择：原料应选择肉质肥厚、质地细嫩、无虫蛀、无病害的新鲜白菜、甘蓝、胡萝卜、白萝卜、芹菜梗等；黄瓜、苦瓜、豌豆应鲜嫩。

b. 整理：削去白菜和甘蓝的根茎，剔除老帮、黄叶；摘掉芹菜叶片，剥离叶柄；削除萝卜的叶和根须；摘除黄瓜、苦瓜和豌豆的果柄。

c. 洗涤晾晒：将整理后的蔬菜用清水洗净、晾干水分。白菜、甘蓝等蔬菜也可放在阳光下晾晒至萎蔫。

d. 切分：对于白菜、甘蓝、芹菜和豌豆等，可以用手摄、撕、掰成小块或小段；对于白萝卜、胡萝卜、黄瓜、苦瓜等可用刀具切条或片。

e. 盐水配制：应选用川盐和自贡井盐为佳，由于海盐和岩盐色泽较差、颗粒较粗、含杂质较多，不宜用于四川泡菜的盐水配制；按照清水与食盐质量比为10∶2.5将清水和食盐混合加热至沸腾，静置冷却后滤除沉淀物后，按配方将白酒、料酒、酵糟汁、白糖等作料，加入盐水中调配成盐水；按比例将花椒、八角、草果和排草等装入纱布袋内，扎好袋口，制成香料包。

f. 装坛：严格挑选泡菜坛、刷洗干净、控干水分备用；将各种鲜菜与辣椒、大蒜、姜等作料混合一起，搅拌均匀后装入泡菜坛至一半时放入香料包，再继续装至八成满，用竹片卡紧，再缓慢灌入配制好的盐水至没过原料为宜，盖好坛盖。在坛沿水槽中注满10%的盐水或洁净清水。

g. 发酵：把泡菜坛放在通风、干燥、明亮、洁净的室内发酵，若环境温度高时，盐分易渗透，泡菜发酵快；反之，泡菜发酵慢。

④ 成品特色。该泡菜具有红色彩斑斓、有光泽、质地鲜嫩、口感清脆、味道酸咸，甜辣爽口，酯香浓郁的特点。

⑤ 质量标准。

a. 感官指标：具有四川泡菜固有的色泽，有酯香，无不良气味、滋味纯正、适口、无杂质、质地脆嫩。

b. 理化指标：氨基酸态氮 ≥ 0.1g/100g，总酸（以乳酸计）≤1.8 g/100g，还原糖（以葡萄糖计）≥10g/100g，砷（以As计）≤0.5mg/kg，铅（以Pb计）≤1mg/kg，亚硝酸盐含量符合GB 5009.33—2016规定，食品添加剂使用符合GB 2760—2014规定。

c. 卫生物指：标大肠菌群≤30个/100g，致病菌不得检出。

（3）朝鲜辣白菜

① 原辅料配比。白菜1kg、白梨10g、食盐50g、香菜适量、生姜10g、白糖适量、辣椒粉5g、大蒜100g、味精适量。

② 工艺流程。原料整理 → 腌制 → 抹料码坛 → 泡制 → 成品

③ 操作要点。

a. 原料整理：选择大棵、包心白菜，去掉根部、老帮、青叶，用清水洗3遍，然后整齐地放入泡菜坛中。

b. 腌制：烧开盐水，晾凉过滤沉淀后，将其倒入坛中，至淹没白菜为止，腌3~4d，将白菜取出，再用清水洗两遍，控干水分。

c. 抹料码坛：将生姜、大蒜剁成泥状，与盐、香菜、辣椒粉混合搅拌，取出，放少许水和味精搅拌均匀。将梨去皮，横切成大片，备用。将调料均匀地抹在白菜叶上，整齐码在坛内，每放儿层，铺一层白梨片。

d. 泡制：在余下调料和水中，放入少量盐，味道调淡些，3d之后倒入坛中，使水没过菜体约1cm。将泡菜坛置于地窖中，20d左右产品可食用。

④ 成品特色。该泡菜酸辣可口、味香质脆、诱人食欲。

⑤ 质量标准。

a. 感官指标：具有泡菜固有色、香和辣味，咸淡适口、质地柔软、无杂质、无不良气味、无霉斑白膜。

b. 理化指标：砷（以As计）≤0.5mg/kg，铅（以Pb计）≤ 1 mg/kg，亚硝酸盐含量符合GB 5009.33—2016规定，食品添加剂使用符合GB 2760—2014规定。

c. 卫生指标：大肠菌群 ≤30个/100g，致病菌不得检出。

⑥ 注意事项。原料必须清洗干净，应当装满压实；经清洗及水烫后的原

料均需晾干水分，否则容易变质；尽量随泡制随食用，若需长期保存，可在泡菜液表面加入几滴高度白酒。

2.萝卜

萝卜是制作泡菜的主要原料之一，其营养丰富，除含有葡萄糖、果糖、蔗糖、多缩戊糖、维生素C、粗纤维、矿物质及少量粗蛋白外，还含有多种氨基酸。具有特有的辣味，生食具有助消化、增加食欲、解腻、顺气、预防肠癌、促进胆汁分泌、预防坏血病等功效。萝卜可生食、炒食、腌渍、干制，还可做汤、干腌、盐渍和制作泡菜等。

（1）泡萝卜条

① 原辅料配比。白萝卜1kg、干辣椒20g、老盐水800g、食盐12 g、红糖60g、白酒60g、香料包（花椒、八角、桂皮、小茴香各1g）。

② 工艺流程。 原料整理 → 泡制 →成品

③ 操作要点。

a. 原料整理：选取新鲜脆嫩的白萝卜，除去根须，洗净晾干后切条，晒至稍软。

b. 泡制：按照配比将调料拌匀放入泡菜坛后，再放入白萝卜，加入香料包，盖坛后泡制3~5d，即可食用。

④ 成品特色。该产品色泽鲜艳、质地脆嫩。

⑤ 质量标准。

a. 感官指标：具有泡萝卜条固有的色、香、味，无杂质、无不良气味、无霉斑白膜、质地脆嫩。

b. 理化指标：砷（以As计）≤ 0.5mg/kg，铅（以Pb计）≤ 1 mg/kg，亚硝酸盐含量符合GB 5009.33—2016规定，食品添加剂使用符合GB 2760—2014规定。

c. 卫生指标：大肠菌群≤30个/100g，致病菌不得检出。

⑥ 注意事项。压实泡菜坛内原料，装满泡菜水，注意保持坛沿水不干。

（2）酸萝卜

① 原辅料配比。萝卜1000g、盐40g、白糖10g、醋精适量、柠檬酸2g。

② 工艺流程。 原料处理 → 泡制 →成品

③ 操作要点。

a. 原料处理：选择无虫害、无腐烂、不空心的萝卜为原料，经清洗、去顶、去根须，用刀具切成小片或小块，放到用开水溶解的盐水中浸泡，盐水用量以没过萝卜为宜。夏季泡2d后（冬季泡1周）备用。捞出泡过的萝卜，用清水洗净备用。

b. 入坛泡制：将开水500g与醋精混合放入泡菜坛晾凉后，放入萝卜、白糖、柠檬酸，以溶液浸没萝卜为宜，需浸泡约3 h，可食用。

④ 成品特色。该产品口味酸甜，以酸味为主，质地脆嫩。

⑤ 质量标准。

a. 感官指标：具有泡酸萝卜固有的色、香、味，无杂质、无不良气味、无霉斑白膜、质地脆嫩。

b. 理化指标：砷（以As计）≤ 0.5mg/kg，铅（以Pb计）< 1 mg/kg，亚硝酸盐含量符合GB 5009.33—2016规定，食品添加剂使用符合GB 2760—2014规定。

c. 卫生指标：大肠菌群≤30个/100g，致病菌不得检出。

⑥ 注意事项。浸泡萝卜所用时间以泡软为准；此产品含盐量较少，所用的水均为开水，切记不能在泡制过程中加入生水；浸泡过程中，坛子应加盖。

3.包菜

包菜又称甘蓝、圆白菜、洋白菜，其营养价值与白菜相似，维生素C含量较白菜高出约50%，富含叶酸，具有提高人体免疫力作用。

（1）泡包菜Ⅰ

① 原辅料配比。包菜300g、大蒜20g、黄瓜100g、干辣椒5g、芹菜50g、醋精10g、胡萝卜25g、白糖30g、青辣椒25g、食盐5g。

② 工艺流程。 原料整理 → 焯菜 → 泡制 → 成品

③ 操作要点。

a. 原料整理：包菜洗净，切成小块；黄瓜洗净切成2cm小块；芹菜洗净，切成3cm的长段；胡萝卜去皮、去须根、切成小片；青辣椒切成块；大蒜去皮；干辣椒切段。

b. 焯菜：将清水400g加入锅中煮沸，把经整理的蔬菜放入锅内漂烫，焯好捞出放至泡菜坛中。

c. 泡制：把其余配料加入至原锅水中搅拌均匀，冷却后入坛，1d后可食用。

④ 成品特色。本产品味酸甜咸辣，质地脆嫩。

⑤ 质量标准。

a. 感官指标：具有泡包菜固有的色、香、味，无杂质、无不良气味、无霉斑白膜、质地脆嫩。

b. 理化指标：砷（以As计）≤0.5mg/kg，铅（以Pb计）≤1 mg/kg，亚硝酸盐含量符合GB 5009.33—2016规定，食品添加剂使用符合GB 2760—2014规定。

c. 卫生指标：大肠菌群≤30个/100g，致病菌不得检出。

⑥ 注意事项。此产品适于现泡现吃，若想长期保存，需倒入玻璃罐内盖好罐盖，沸水加热15min，可保存1年以上；原辅料必须保证质量。

（2）泡包菜Ⅱ

① 原辅料配比。包菜3000g、胡萝卜2000g、萝卜200g、盐500g、花椒15g、八角10g、凉开水适量。

② 工艺流程。原料整理 → 入坛 → 泡制 → 成品

③ 操作要点。

a. 原料整理：将包菜洗净，晒干水分；胡萝卜、萝卜整理好，洗净；小棵蔬菜不做处理，大棵蔬菜一切两瓣。

b. 入坛：先将胡萝卜、萝卜装入坛内，再放入包菜。

c. 泡制：将盐、花椒、八角放入凉开水中，倒入坛内，液体以没过包菜为宜，泡制4~6d，即可食用。

④ 成品特色。本产品香脆可口、酸中有辣。

⑤ 质量标准。

a. 感官指标：具有泡包菜固有的色、香、味，无杂质、无不良气味、无霉斑白膜，质地脆嫩。

b. 理化指标：砷（以As计）≤0.5mg/kg，铅（以Pb计）≤1mg/kg，亚硝酸盐含量符合GB 5009.33—2016规定，食品添加剂使用符合GB 2760—2014规定。

c. 卫生指标：大肠菌群 ≤30个/100g，致病菌不得检出。

⑥ 注意事项。此产品在泡制过程中一定不要让生水进入；在泡制初期，可能会有白色泡沫产生，但无需采取措施，几天后可自行消失。

4.黄瓜

黄瓜营养丰富，具有清热利水、解毒消肿、生津止渴的功效。其含有的葫芦素C，具有提高免疫力、治疗慢性肝炎和迁延性肝炎等作用；含有丰富的维生素E，可延年益寿、抗衰老；含有黄瓜酶，可有效促进机体新陈代谢；含有的葡萄糖苷、果糖等不参与通常的糖代谢；所含的丙醇二酸，可抑制糖类物质转变为脂肪；含有的纤维素对排除肠道内腐败物质、降低胆固醇有一定作用。

（1）泡黄瓜

① 原辅料配比。黄瓜1000g、盐50g、红糖10g、白酒10g、泡菜老盐水1000g、干红辣椒20g、香料包（花椒、八角、桂皮、小茴香2g）。

② 工艺流程。$\boxed{原料整理}$ → $\boxed{原料预处理}$ → $\boxed{入坛泡制}$ → 成品

③ 操作要点。

a. 准备容器：将坛子刷洗干净、擦干备用。

b. 原料预处理：将黄瓜洗净，先用25%的盐水泡2 h后，捞出沥干。

c. 入坛泡制：将调料撒入坛内，再放黄瓜，盖上坛盖，封口泡制1 h。

④ 成品特色。该产品颜色青黄、咸鲜略酸、香脆可口。

⑤ 质量标准。

a. 感官指标：具有泡黄瓜菜固有的色、香、味，无杂质、无不良气味，无霉斑白膜、质地脆嫩。

b. 理化指标：砷（以As计）≤ 0.5mg/kg，铅（以Pb计）≤ 1mg/kg，亚硝酸含量符合GB 5009.33—2016规定，食品添加剂使用符合GB 2760—2014规定。

c. 卫生指标：大肠菌群≤30个/100g，致病菌不得检出。

⑥ 注意事项。严把黄瓜质量，不用老黄瓜。

（2）酸黄瓜

① 原辅料配比。黄瓜1000g、盐30g、青椒50g、白糖100g、红辣椒50g、醋100g、香菜10g、香叶2片。

② 工艺流程。$\boxed{准备容器}$ → $\boxed{原料预处理}$ → $\boxed{腌制}$ → $\boxed{码坛}$ → $\boxed{泡制}$ → 成品

③ 操作要点。

a. 准备容器：将坛子刷洗干净、擦干备用。

b. 原料预处理：将黄瓜去柄去蒂、洗净、去籽，切成长条；青椒、红辣椒洗净、去柄、去籽，切条；香菜洗净，沥干。

c. 腌制：将黄瓜条放到干净盆中间，青椒、红辣椒各放一旁，一层黄瓜一层盐，加清水100g，将余下的盐撒在表层，压上扣盆。腌制4 h后，取出黄瓜、青椒、红辣椒，轻轻挤出盐水。

d. 码坛：将黄瓜放入坛中，一层黄瓜一层香菜，最后将青椒、红辣椒放在一旁。

e. 泡制：将白糖、醋和香菜混合调匀，待糖溶化后，香菜香味浸出，将卤汁撒在黄瓜上，盖好坛盖，泡制2~4 h后即可食用。

④ 成品特色。该产品色泽红绿、酸甜爽口、质地脆嫩。

⑤ 质量标准。

a. 感官指标：具有泡黄瓜菜固有的色、香、味，无杂质、无不良气味，无霉斑白膜、质地脆嫩。

b. 理化指标：砷（以As计）≤ 0.5mg/kg，铅（以Pb计）≤ 1mg/kg，亚硝酸盐含量符合GB 5009.33—2016规定，食品添加剂使用符合GB 2760—2014规定。

c. 卫生指标：大肠菌群≤30个/100g，致病菌不得检出。

⑥ 注意事项。本产品加工相对复杂，每道工序必须认真，否则难以得到令人满意的风味；青椒、红辣椒放在一旁是为了不与黄瓜混合，食用时可任意配色。

5.辣椒

辣椒，又称番椒、海椒、秦椒等，未成熟时为绿色，成熟时为鲜红色、黄色或紫色，以红色居多，在我国各地均有栽培，是一种大众化蔬菜。适量食用对人体可产生助消化、促脂肪新陈代谢、预防胆结、改善心功能、美容养颜等功效。

（1）泡辣椒

① 原辅料配比。辣椒2.5kg、食盐50g、红糖15g、浓度为25%的盐水2.5kg、白酒30g、香料包（白菌、八角、胡椒1个，桂皮、小茴香各20g）。

② 工艺流程。 原料整理 → 入坛泡制 → 成品

③ 操作要点。

a. 原料整理：辣椒经挑选、去蒂、洗净、沥干，用50g食盐腌5d后，取出沥干。

b. 入坛泡制：将盐水及食盐入坛，加红糖、白酒搅拌均匀，待红糖和食盐溶化后，放入辣椒和香料包，用干净石头压实，封坛，泡制约60d可食用。

④ 成品特色。产品色泽鲜艳、呈黄绿色、质地脆嫩、口味咸辣微带酸香、可口开胃，可四季食用。

⑤ 质量标准。

a. 感官指标：具有泡辣椒固有的色、香、味，无杂质、无不良气味、无霉斑白膜、质地脆嫩。

b. 理化指标：砷（以As计）≤ 0.5mg/kg，铅（以Pb计）≤ 1mg/kg，亚硝酸盐含量符合GB 5009.33—2016规定，食品添加剂使用符合GB 2760—2014规定。

c. 卫生指标：大肠菌群≤30个/100g，致病菌不得检出，

⑥ 注意事项。加水量以完全淹没菜体为宜，保持坛沿水不干。

（2）泡红辣

① 原辅料配比。红辣椒1kg、大蒜40g、精盐300g、八角50g、花椒100g、生姜40g。

② 工艺流程。 原料整理 → 加料 → 泡制 → 成品

③ 操作要点。

a. 原料处理：辣椒经挑选、清洗；大蒜去皮、切片；生姜去皮、洗净切片备用。

b. 加料：将水加热，放入精盐、花椒、八角、大蒜片、生姜片煮沸，晾凉。

c. 泡制：挑选泡菜坛，将冷却的汁液倒入坛中，再放入红辣椒，没过泡菜，封坛，坛沿加满水，泡制约20d，可取出食用。

④ 成品特色。本产品色泽鲜红，开胃可口，四季食用。

⑤ 质量标准。

a. 感官指标：具有泡椒固有的色、香、味，无杂质、无不良气味，无霉斑白膜、质地脆嫩。

b. 理化指标：砷（以As计）≤ 0.5mg/kg，铅（以Pb计）≤ 1 mg/kg，亚硝酸盐含量GB 5009.33—2016规定，食品添加剂使用符合GB2760—2014规定。

c. 卫生指标：大肠菌群≤30个/100g，致病菌不得检出。

⑥注意事项。加水量以完全淹没菜体为宜，保持坛沿水不干。

6. 豆角

豆角又称长角豆、带豆、裙带豆。含有多种维生素和矿物质等。豆角极易种植，产量高。具有使人头脑宁静、调理消化系统、解渴健脾、补肾止泻、益气生津的功效。

泡豆角

① 原辅料配比。豆角5kg、辣椒200g、盐300g、白酒50g、蒜100g、生姜100g。

②工艺流程。原料整理 → 入坛泡制 → 成品

③ 操作要点。

a. 原料整理：挑选新鲜、无病虫害的豆角，洗净、焯熟、沥干后待用；辣椒经清洗、去蒂、去籽，切成细丝；生姜经去皮、洗净、沥干、切成细丝。

b. 入坛泡制：先将盐、大蒜、辣椒、生姜放入凉开水里，注入坛内泡制1个月后，放入豆角，再加入白酒，泡1d可食用。

④ 成品特色。本产品为四川风味，味浓菜嫩，有独特之处。

⑤ 质量标准。

a. 感官指标：具有泡豆角固有的色、香、味，无杂质、无不良气味、无霉斑白膜、质地脆嫩。

b. 理化指标：砷（以As计）≤0.5mg/kg，铅（以Pb计）≤ 1mg/kg，亚硝酸盐含量符合GB 5009.33—2016规定，食品添加剂使用符合GB 2760—2014规定。

c. 卫生指标：大肠菌群≤30个/100g，致病菌不得检出。

⑥ 注意事项。由于姜、蒜等泡制时间较长，需在豆角成熟前准备；一定要选质量好的豆角。

7. 大蒜

大蒜含有碳水化合物、蛋白质、脂肪、膳食纤维、维生素、挥发油等。挥发油中的二硫化合物和蒜素具有杀菌、驱虫、防治流行感冒、伤寒、霍乱、痢疾等的功效。

（1）泡大蒜

① 原辅料配比。大蒜1000g、干红辣椒10g、白酒15g、新盐水750g、红糖

15g、川盐200g、香料包（花椒、八角、桂皮、小茴香各5g）。

② 工艺流程。原料整理→入坛泡制→成品

③ 操作要点。

a. 原料整理：新鲜大蒜经去皮、清洗后用盐、酒拌匀，放盆内腌10d，每两天翻动1次，捞出、沥干。

b. 入坛泡制：将备料调匀，装坛，放入大蒜及香料包，盖上坛盖，加满坛沿水，泡制1个月。

④ 成品特色。本产品色泽微黄、鲜脆咸香、辣中带甜、可储存1年。

⑤ 质量标准。

a. 感官指标：具有泡大蒜固有的色、香、味，无杂质、无不良气味，无霉斑白膜、质地脆嫩。

b. 理化指标：砷（以As计）≤0.5mg/kg，铅（以Pb计）≤1 mg/kg，亚硝酸盐含量符合GB 5009.33—2016规定，食品添加剂使用符合GB 2760—2014规定。

c. 卫生指标：大肠菌群≤30个/100g，致病菌不得检出。

⑥ 注意事项。要选个大、无病害的大蒜。

（2）腊八蒜

① 原辅料配比。大蒜1000g、白糖300g、醋500g。

② 工艺流程。准备容器→原料处理→泡制→成品

③ 操作要点。

a. 容器准备：最好备用开水煮过的干净盛具。

b. 原料整理：选好大蒜，经去皮、清洗、晾干。

c. 泡制：大蒜先经醋泡制，再加白糖拌匀，置于10~15℃环境，泡制10d即成。

④ 成品特色。本产品呈淡绿色，味道酸、甜、辣，十分可口。

⑤ 质量标准。

a. 感官指标：具有泡腊八蒜固有的香味和翡翠色，无杂质、无不良气味、无霉斑白膜、质地脆嫩。

b. 理化指标：砷（以As计）≤0.5mg/kg，铅（以Pb计）≤1mg/kg，亚硝酸盐含量符合GB 5009.33—2016规定，食品添加剂使用符合GB 2760—2014规定。

c. 卫生指标：大肠菌群≤30个/100g，致病菌不得检出。

⑥ 在腊月初泡蒜气候适宜，放在室内阴凉处；南方称为"翡翠蒜"；醋、

糖的用量可适当变换，但不能变动过大。

三、乳酸菌发酵果脯蜜饯

（一）果脯蜜饯加工原料

果脯蜜饯是以新鲜的果品和蔬菜为主要原料，经筛选、预处理、硬化、糖渍、干燥等加工工序制成，具有一定感官和营养的休闲食品。用于果脯蜜饯加工的原料特性与其加工工艺和产品品质有极重要的关系。因此，了解原料的成分及特性，对研究果脯蜜饯的加工具有重要意义。

1. 水果原料

人们日常食用的各种水果均是由花器官的不同部位发育而成的。根据园艺学的分类，将适宜进行果脯蜜饯加工的水果原料进行如下分类。

（1）仁果类　仁果类的果实由果皮、肉质部分和种子构成。花器官的花托发育形成果实的肉质部分，子房形成果核部分。这类水果包括苹果、海棠、沙果等。

（2）核果类　核果类的果实由外果皮、中果皮、内果皮和种子构成。花器官的子房壁发育成果肉，单个胚珠发育成种子，果实内只有一粒种子，种子被由内果皮发育成的硬壳包裹，形成果核。这类水果包括桃、李子、杏、樱桃、枣、芒果等。

（3）柑橘类　柑橘类的果实由外果皮、中果皮、内果皮和种子构成，是一种由复合子房发育而成的多瓣、多种子果实。外果皮与中果皮粘连，分界不明显。外皮为覆有蜡质的黄皮层，内含油胞，内层为白色海绵状组织，含有大量果胶和纤维管束，内果皮为瓣状果肉，每一瓣外包薄膜，内有肉质化小瓤囊，果汁和种子含在瓤囊之中。这类水果包括橙、柑、柚、金橘等。

（4）浆果类　浆果类的果实形状较小，由单子房发育而成，具有一个或多个种子，果肉成熟后呈浆状，多汁。这类水果包括葡萄、猕猴桃等。

（5）其他　除上述几类果品外，菠萝、柿子等也可用作加工果脯蜜饯的原料。

2.蔬菜原料

我国蔬菜种类多、资源丰富。近年来，将蔬菜用作原料制作的果脯蜜饯品种越来越多。根据蔬菜的可食用部分和加工特性，将适宜进行果脯蜜饯加工的蔬菜原料进行如下分类。

（1）根菜类　根菜类是指以肥大肉质直根作为可食用部分的一类蔬菜。肉质为发达的薄壁细胞组织，细胞结构紧密、干物质含量高、水分含量少。这类蔬菜包括白萝卜、胡萝卜等。

（2）茎菜类　茎菜类是指以肥嫩肉质而富含养分的茎作为可食用部分的一类蔬菜。茎部脆嫩、粗纤维少。这类蔬菜包括藕、姜、莴笋、山药等。

（3）瓜果类　瓜果类是指以肉质肥厚的果实作为可食用部分的一类蔬菜。这类蔬菜包括南瓜、冬瓜等。

（4）茄果类　茄果类是指以肉质化的中果皮和浆状的内果皮作为可食用部分的一类蔬菜。这类蔬菜包括有番茄、茄子等。

（5）其他　除上述几类蔬菜外，食用菌和野生菜等也可用作加工果脯蜜饯的原料。

（二）乳酸菌发酵果脯蜜饯加工基本流程

乳酸菌发酵果脯蜜饯的加工基本流程如图3-1所示。

原料的选择和分级 → 预处理 → 接种发酵 → 糖渍 → 干燥 → 包装

图3-1　乳酸菌发酵果脯蜜饯工艺流程图

1.原料的选择和分级

果脯蜜饯的加工主要是用糖液浸渍果实，使糖分渗入果实内部代替果实水分而制成的。因此，果蔬品种质量必须经过严格挑选，才能制出品质优良的产品。

（1）原料选择　用于加工成乳酸菌发酵果脯蜜饯的原料虽然非常广泛，但仍以果品和蔬菜为主。各种果蔬原料的组成成分与质地均有较大差异，导致了不同的加工适宜性。因此，应根据不同产品需求与不同加工工艺对原料进行选择。制作乳酸菌发酵果脯蜜饯的果蔬原料，一般应选择固形物含量高、水分含量低、果肉致密、耐煮性强、皮薄、肉厚、可食部分占比大、单宁含量少、糖酸比例适宜且具有香气的种类和品种。这样的原料可使糖液与果实内水分的置换量相对减少，缩短糖煮时间，使产品形态良好且具有良好风味。例如，以苹果为原料宜选用肉厚、果核小、肉质致密、糖酸比例大的品种；而番茄应选用色泽鲜红、肉质坚实、肉厚汁少的品种；胡萝卜则应选择橙红色且直径以3~3.5cm的品种为宜。

果蔬成熟度是表示原料品质与加工适宜性的重要指标之一。果蔬原料与其制品的理化特性与感官品质等均与成熟度有关。选用成熟度适宜的原料进行加工，产品质量高，原料消耗少。否则，不仅影响产品品质，还会给加工过程带来一定难度。若果品过度成熟，果肉质地柔软，会给去皮、切分等工序带来困难，并且在煮制时容易造成软烂；而过度成熟的蔬菜粗纤维增多、糠心等会降低成品率，使产品质地粗糙、不易成形。若成熟度过低，同样会使产品风味欠佳，煮制时容易出现干缩现象。用于乳酸菌发酵的果脯蜜饯的原料的成熟度一般以八成熟为宜，但青梅、蜜枣等个别产品要求六七成熟。在此成熟度下，果实肉质坚实、细腻、耐煮，产品色泽与风味良好。

果蔬原料的新鲜度也是原料品质的重要标志之一。新鲜完整的原料，经加工制成的产品成品率高，营养丰富、质地细致、风味良好。新鲜果蔬原料，如不及时加工，则会失去原有新鲜度，发生老化，从而降低营养成分含量、使粗纤维增多、风味变差，甚至出现腐烂变质的情况而不能用作原料。因此，应做到适时加工，并采取有效的保鲜措施，以保证果蔬原料的新鲜度。

此外，还应减少和避免果蔬原料在采收及运输过程中受到的机械损伤。否则破损处会引起微生物侵害，导致品质下降，甚至腐烂变质。

（2）原料的分级　乳酸菌发酵果脯蜜饯在加工前应对原料进行分级，以便采用统一工艺条件，使产品品质具有一致性。选择原料时，可按原料的品种、大小、成熟度和形态等进行分级。原料的分级，一般多采用人工分级的方法，工业上可配备必要的机械设备，进行机械分级。

最简便的人工分级法是在一块长方形木板上，按要求规格开不同规格尺寸的孔。分级时果实恰好通过该孔的为一级果实。此法设备投资抵，但效率低、用工多、劳动强度大。相比而言，机械分级法用机械分级快速、准确、省工、高效。目前，常用长方形振动筛和圆筒形倾斜旋转筛，以及输送带式分级机、回转式拣选机进行分级挑拣。

成熟度与色泽的分级在大部分果蔬中是一致的，常用目测法进行。成熟度一般按照人为制定的等级进行分选，也有的如豆类中的豌豆在国内外常用盐水浮选法进行分级，因成熟度高的豌豆淀粉含量多，相对密度大，在特定相对密度的盐水中利用浮沉原理即可进行分选。但这种分级方法会受到豆粒内空气含量的影响，故有时将此步骤改在烫漂后装罐前进行。色泽常以深浅为指标进行分级，除目测外，也可用灯光法采用电子拍照装置进行色泽的分辨选择。

2. 预处理

对制作乳酸菌发酵果脯蜜饯的鲜果精选后进行一系列的预处理，包括清洗、去核、切分等。这些预处理是决定产品品质的物质基础和先决条件。

（1）果蔬原料的洗涤　对果蔬原料进行洗涤的目的主要为除去原料表面沾染的泥沙、灰尘以及原料表面沾染的农药和微生物。果蔬原料在其生长、采摘和贮运过程中，不可避免地会沾染泥沙、灰尘等异物，尤其是采自地下的果实，如红薯、马铃薯、萝卜等，更是紧密粘连泥土。这些杂质的存在，将对乳酸菌发酵果脯蜜饯的品质带来极为不利的影响，所以必须将这些异物除去。此外，为了控制病虫害，果蔬原料在生长过程中常要被喷洒一些农药，这些农药的残留会损害人体健康。而果蔬表面沾染的各种微生物，同样有可能危害果蔬原料和人体健康，因此，必须将其除去。在清洗时加入一些化学洗涤剂能有效去除农残和微生物，例如醋酸、盐酸或氢氧化钠等强碱以及漂白粉、高锰酸钾等强氧化剂，可降低果蔬原料中耐热菌芽孢数量并有效去除虫卵。在清洗水中加入柠檬酸、次氯酸钠等可减少微生物数量并阻止部分酶的作用，从而改善产品货架期及感官品质。

由于果蔬原料的种类、规格及性质、状态等差异甚大，因此，洗涤设备各有不同。一般有浸泡、喷淋、洗刷、沥水、传送等设备。

（2）果蔬原料的去皮　对果蔬原料进行去皮，一般是为了保证产品的口感和形态一致，并且有利于加工。果蔬（大部分叶菜类除外）外皮一般坚硬、口感粗糙，虽具有一定营养成分，但口感不良。其口味与口感均与果肉组织有很大差异，加工后产品的口感也很不相同，会严重影响产品品质。由于外皮与果肉组织的质地也很不一致，加工时外皮与果肉具有不同的物理特性，因此，加工后二者形态也不一致，降低了产品外观品质，同时也影响了产品的色泽和风味。此外，果蔬外皮会为某些加工工序带来一定障碍，如浸糖时，外皮的存在会使浸糖时间延长、导致浸糖均匀度下降等。

并非所有果蔬原料都需要去皮，如金橘、梅子等就无需去皮，但多数果蔬原料是需要去皮的。同时，去皮时要求去掉不可食用或影响产品品质的部分即可，不可过度，否则会增加原料的消耗，使产品品质降低。

由于果蔬原料的种类多，形态差异大，因此，针对原料特性有不同去皮方法，一般来说主要有以下几种。

① 手工去皮。手工去皮是一种传统的去皮方法。借助小刀或刨刀等简单工具，人工削皮。去皮彻底、损失率小，并可与修整、去核、切分等工序合并进行，尤其是对伤残次果蔬原料进行去皮时，手工去皮更加常见。然而手工去皮费工、费时、成本高、效率低，难以满足工业化生产的需求。

② 机械去皮。机械去皮是利用机械力进行去皮的操作，如通过摩擦力、切削力将果蔬外皮去除，是一种常用的去皮方法，使用范围广。如马铃薯、荸荠等均可用摩擦去皮，而苹果、梨等原料宜采用切削去皮。

③ 热力去皮。热力去皮是果蔬先经短时高温处理，使表皮在急热作用下松软，表皮膨胀破裂，与内部肉质组织分离，然后迅速冷却去皮的方法。此法适用于成熟度高的番茄、桃、杏、枇杷等。在实际生产中，多采用高压蒸汽或沸水来提供热量。

④ 冷冻去皮。冷冻去皮是一种新型的去皮方法，是将果蔬置于低温环境中，在极短时间内使表皮冻结，其冻结深度略厚于果蔬皮层而不深及肉质层，随后迅速解冻，使表皮松弛与肉质发生分离后去皮的一种方法。该方法时间短、效果好，但低温会刺激部分酶，提高其活性，使果蔬易发生褐变。此方法适用于全熟或轻微过熟的果品，如番茄、桃等。

⑤ 真空去皮。真空去皮是指将成熟的果蔬进行加热，升温后果皮与果肉分离，接着放入有一定真空度的真空室内，适当处理，使果皮下的液体迅速"沸腾"，导致皮与肉分离，随后破除真空，冲洗去皮。此法适用于成熟的果蔬，如番茄、桃。

⑥ 红外辐射去皮。红外辐射去皮也是一种新型的去皮方法。它利用红外线的照射，使果蔬表皮温度在短时内迅速升高，皮层下的水分气化，压力骤增，破坏皮肉组织之间的联系，导致皮肉分离，而达到去皮效果的。红外辐射去皮的效率高、损耗少、效果好，但在操作过程中，若无法较好地把握加热温度和时间，则难以达到理想的效果。

⑦ 碱液去皮。碱液去皮是果蔬原料去皮方法中应用最广的一种，其具有成本低、损失小、效率高、适用范围广等优点。一般是采用碱性化学物质，如氢氧化钠、氢氧化钾或二者的混合液进行去皮的。它是利用碱的腐蚀性，将果蔬表皮与肉质间的中胶层溶解，从而使表皮与肉质发生分离而去皮的。为了提高去皮速度，对碱液一般进行加热处理。碱液去皮工艺条件的选择因果蔬种类、大小和成熟度等条件而异。一般而言，碱液的浓度、处理时间和温度为三个重要参数。碱液去皮的处理方法有浸碱法和淋浸法两种。

果蔬原料在用碱液去皮后，应立即被投入流动的清水中进行彻底漂洗，并擦去皮屑。再用0.1%～0.2%的盐酸或0.25%～0.5%的柠檬酸中和果蔬原料上沾染的碱液，同时防止变色。

⑧ 酸液去皮。酸液去皮是利用酸的腐蚀作用，分解果蔬外皮组织，而非使皮层松脱后除去表皮的方法。常用的酸有柠檬酸、盐酸、酒石酸、草酸等。酸液去皮由于有酸的作用，去皮后的原料不会发生褐变或发生其他的氧化作用，但需要大量的水来去除酸液和皮渣。此外，酸液对金属的腐蚀作用较强，需采用塑料、不锈钢等耐蚀容器。

⑨ 氯化钙去皮。氯化钙去皮属化学去皮中的一种，同样是一种较为新型的去皮方法。主要用于对根块类物料，如红薯、马铃薯等的去皮，也可用于苹果、梨等水果类物料的去皮操作。该方法是利用氯化钙水溶液的沸点高于水的沸点的原理，更高的温度有利于表皮的熟化。将果蔬原料浸于高温氯化钙水溶液中，物料表皮在高温作用下会迅速熟化，随即迅速冷却，原料表皮受冷会变得柔软疏松，再利用手工或机械作业即可去皮。该方法操作简单、成本低、效率高、热熟层薄、去皮后外形完整，肉质部分氧化变色少，但耗水量较大。

果蔬去皮方法除了物理、化学方法外，目前还有生物方法（酶法去皮）以及其他高新技术方法。

（3）果蔬原料的修整和切分　原料的修整包括挖心、去核、去蒂柄、刺孔、划缝以及剔除原料果肉上的黑斑、硬疤、腐烂点和芽眼窝中的未除净部分等。

去核（心）的方法有人工去核和机械去核。最简单的人工去核（心）工具为不锈钢挖核（心）刀。常用于苹果、梨、桃、杏等原料。挖出果核后的果实称为"碗子"。对于一些果形较小、不去皮的原料，为有利于糖液的渗透，常在果实周围均匀地刺上许多小孔或划上许多条缝，如枣、李子、金梅等。此外，有些制品加工时还需要对原料进行开裂，如雕梅、橄榄等。

对于个体较大的原料，需要根据产品规格进行切分。原料切分时，可对半、四切分或八切分等。有些则需切成片、条、块，有些则需要雕切成独特形状。切分后的原料需块形整齐、规格一致，以保证产品外形整齐美观，同时有利于渗入糖分，缩短糖煮时间。

（4）果蔬原料的褐变和护色

① 果蔬原料的酶促褐变和非酶褐变。褐变不仅是果蔬能发生的现象，也是整个食品工业中普遍存在的变色现象。褐变反应主要有在氧化酶催化下的多酚类氧化和抗坏血酸氧化；另外则是非酶褐变。

酶促褐变，必须是在多酚类物质、多酚氧化酶和氧气同时存在的情况发生。要阻止酶促褐变的发生，就必须严格控制这三个要素。防止果蔬酶促褐变最常用的方法是抑制多酚氧化酶的活性，其次是防止隔绝氧气。通常采用热处理的方式使多酚氧化酶及其他酶类失活，故在果蔬加工过程中常采用烫漂的方法灭酶。还可采用化学药品处理方法，通过加入多酚氧化酶的强抑制剂来抑制酶的活性。此外，调节pH也能达到抑制酶的催化作用效果。

相比之下，非酶褐变较为复杂，如美拉德反应、抗坏血酸氧化、叶绿素脱镁褐变等。美拉德反应是胺、氨基酸以及蛋白质与糖、醛、酮类之间的反应。羰基化合物单独存在时，也有可能发生褐变，而与氨基酸、蛋白质共存时，更有促进作用。褐变反应速度与参与反应的糖和氨基化合物的结构、温度、pH和基质浓度有关；抗坏血酸氧化褐变是植物体内含有的抗坏血酸氧化酶，在果蔬组织被破坏时与空气接触，迅速破坏抗坏血酸而造成褐变；叶绿素脱镁褐变一般是绿色蔬菜在加热处理时，与叶绿素共存的蛋白质受热凝固，使叶绿素游离于植物体中，叶绿素转变为脱镁叶绿素，从而失去鲜绿色而呈现褐色。

避免果蔬非酶褐变的主要方法是应用护色剂或低温储存。美拉德反应是食品加工中非酶褐变的主要反应，传统上，一般可以使用亚硫酸盐来抑制其发生，但亚硫酸盐对人体健康有不良影响。柠檬酸与抗坏血酸结合可成为亚硫酸盐替代物。

② 其他变色现象。除酶促褐变和非酶褐变外，还有单宁与色素会引起果蔬的变色。单宁所引起的变色也是果蔬加工中最常见的变色现象之一，包括酶和单宁引起的褐变，单宁遇金属离子的变色，单宁遇碱变色以及单宁在酸性条件下加热会形成粉红色。

　　果蔬中所含的色素分为水溶性和非水溶性色素。水溶性色素一般为广义的类黄酮类化合物，包括花色素和花黄素，非水溶性色素主要指类胡萝卜素和叶绿素。这些色素不稳定，极易变色或褪色，例如花色素在酸性到中性环境内变化时会由红色逐渐变为紫色，花色素遇铁呈灰紫色，遇锡呈紫色；花黄素在酸性条件下遇铁离子变绿色或蓝色，花黄素在碱性条件下生成查耳酮类物质呈现黄至褐色，花黄素与铝螯合颜色发暗；β-胡萝卜素在酸性时不稳定，弱碱性时较稳定，在低浓度时呈橙黄色至黄色，高浓度时呈橙红色，β-胡萝卜素遇金属离子，尤其是铁离子易褪色。

　　防止上述变色现象的有效手段是消除引起变色、褪色的根源。最为有效的方法是使用天然色素护色剂。它对天然色素的稳定性有着广泛的护色适应性，特别适用于在高温和光照条件下的护色作用。

　　（5）果蔬原料的脱气和烫漂

　　① 脱气。某些果蔬内部组织较疏松，含空气较多，需进行抽气处理，即将原料放在一定真空状态下，使内部空气排出，代之以糖水或无机盐水等介质。果蔬抽空的具体方法有干抽法和湿抽法两种。干抽法是将处理好的果蔬置于90kPa以上的真空室或锅内抽去组织内的空气，然后放入规定浓度的糖水或无机盐水等浸渍液。吸入浸渍液时，需防止真空室或锅内的真空度下降；湿抽法是将处理好的果实，浸没于浸渍液中，放在抽空室内，在一定的真空度下抽去果肉的空气，抽至果蔬表面透明。

　　果蔬所用的浸渍液一般根据原料种类和成熟度不同而常选用糖水、无机盐水或护色液3种浸渍液。原则上浸渍液浓度越低，渗透越快，影响抽空效果的因素有温度、真空度、抽空时间和原料受抽面积。理论上，温度越高，渗透效果越好，但温度一般不宜超过50℃；真空度越高，空气逸出越快，但需要根据原料成熟度对真空度进行调整；抽空时间需要根据果蔬原料的成熟度等情况而定，一般抽至浸渍液渗入肉质组织，果块呈透明状即可；理论上受抽面积越大，抽气效果越好。小块比大块效果好，切开效果好于整果，皮核去掉的好于带皮核的。但需根据生产标准和果蔬的具体情况而定。

　　② 烫漂。烫漂也称预煮，是许多产品加工工艺中的一个重要工序。因此，烫漂处理的好坏，将直接关系到加工产品的品质。烫漂处理可以破坏酶的活性，减少氧化变色和营养物质的损失；增加细胞通透性，有利于水分蒸发，缩短干燥时间；排除果肉组织内的空气，可以提高制品透明度；降低原料中的

污染物，杀死大部分微生物；排除某些果蔬原料的不良气味，如苦味、涩味、辣味，改善产品品质；使原料质地软化，果肉组织变得富有弹性，果块不易破损，有利于装罐操作。

烫漂处理常用热水法和蒸汽法。热水法是指在不低于90℃的温度下热烫2~5min。但是某些原料如葡萄和小葱等则只能在稍低温度下热烫几秒或几分钟，以防影响组织状态及感官品质。有些绿色蔬菜为了保持原色，常在烫漂液中加入碱性物质如小苏打、氢氧化钙等，但此类物质对维生素C影响大，为保存维生素C，有时也加入亚硫酸盐类。除此以外，制作罐头的某些果蔬也可以采用2%的食盐水或0.1%~0.2%的柠檬酸液进行烫漂。烫漂操作可以在夹层锅内进行，也可以在专门的连续化机械如螺旋式连续预煮机或链带式连续预煮机内进行。

热水烫漂的优点是物料升温快，受热均匀，操作简单；但缺点是部分维生素及可溶性固形物损失较多。蒸汽法是将原料装入蒸锅或蒸汽筒内，用蒸汽喷射数分钟后立即取出冷却的方法，采用蒸汽热烫，可避免营养物质的大量损失，但容易出现加热不匀的情况，效果差。

果蔬热烫的程度，需根据其种类、大小及工艺要求等条件而定。一般情况烫至半熟，组织较透明，较有硬度但又不会像煮熟后的柔软程度即被认为适度。通常以果蔬原料中过氧化物酶活性全部被破坏为限度。果蔬原料烫漂后应立即冷却，以防止热处理的余热对产品造成不良影响，一般采用流水漂洗或风冷。

（6）果蔬原料的硬化和盐渍

① 果蔬原料的硬化。为增加果蔬原料的耐煮性，对某些肉质柔软、质地疏松的果蔬原料如桃、樱桃和番茄等，在糖煮前需进行硬化处理。对于杨梅类或青梅类及部分易返砂的橄榄和蜜饯类制品，在制作过程中除注意原料的选择和糖制技术外，往往也要采取硬化处理进行保脆。

硬化处理是将果蔬原料在硬化剂中浸泡适当时间，来起到硬化保脆的目的。这是由于硬化剂中所含的钙、镁离子与原料中的果胶物质生成不溶性的盐类，使细胞相互黏结在一起，坚硬了组织，使耐煮性增强。常用的硬化剂有氯化钙、石灰、亚硫酸钙和明矾等。在硬化处理时，硬化剂的选择、用量及处理时间必须适当。用量过多会生成过多的果胶酸钙或导致部分纤维素钙化，使产品质地粗糙、品质劣化。因此，经硬化处理的原料，在糖制前应先漂洗，以除去残余的硬化剂。

② 盐渍。果坯是某些蜜饯品种的半成品。果坯的盐渍就是用食盐把果蔬原料盐渍制成果坯。盐渍主要用于凉果类和甘草类产品的制作。果坯的盐渍工艺主要包括盐渍、暴晒、回软和复晒，一般常用的盐渍方法有干法和湿法。

干法盐渍时，按配料比例一层原料一层食盐地逐层码放在缸（或池）中，每层要均匀撒盐，底层盐需少于上层盐。一般中部以下的加盐量占全部盐量的40%，中上部加盐量为总盐量的60%，在顶部撒满一层封缸盐后密封。由于腌制时不加清水或卤水，故称为干腌法。干腌法适用于盐渍成熟度较高或汁水含量较多的果蔬。用这种方法盐渍的果坯，果蔬原料的风味和营养成分损失较少，而且操作简单。湿法盐渍又称盐水盐渍。这种盐渍方法是将原料浸没在预先配制好的食盐溶液中，通过扩散作用使食盐渗入果蔬组织，脱除原料中部分水分，直至平衡。这种盐渍方法多用于未成熟或肉质紧密、含水较少、干物质含量较高、酸涩味较强的果蔬原料。盐渍时，一般先配成浓度约为10%的食盐溶液，盐液用量以能淹没原料为度。为防止原料上浮，可在上面加盖竹帘，压上重物，一直盐渍到果实呈半透明状为止。

3. 接种发酵

将半成品原料放入发酵罐，接入乳酸菌发酵剂，接种后密封发酵罐，在18~28℃下发酵。定期检测发酵液的pH，当其降至3.1~3.2时，制品酸度就可以满足下一步的生产需要了。一般发酵需要7~15d，在室温低于15℃的情况下，发酵后的制品可在发酵罐里储存，根据生产情况随取随用。

4. 糖渍

糖渍是乳酸菌发酵果脯蜜饯加工中的重要工序。糖渍技术的高低会直接影响产品品质的优劣。糖渍是果蔬原料吸糖排水的过程，目的是使糖分在扩散作用下均匀地渗透进入到原料组织中，同时脱去原料的部分水分，同时保持原料应有的形态。在乳酸菌发酵果脯蜜饯制作过程中，要经过糖液的煮制或蜜渍。为确保产品优良的品质，部分产品在加工时，需配制多种不同浓度的糖液，经多次煮制和浸渍，才能完成制作。因此，糖液的配制会直接影响乳酸菌发酵果脯蜜饯产品的品质。

（1）糖液的配制　蔗糖溶于水形成糖液，其中水为溶剂，蔗糖为溶质。因溶剂与溶质占比不同而形成不同浓度的糖液。所谓浓度，就是单位体积（或质量）溶液中溶有的物质质量。在果脯蜜饯生产中，糖液浓度常采用的具体表示方式有波美度（°Bé）和锤度（白利度，°Bx），分别可通过波美计和锤度计测定。

在果脯蜜饯生产工艺中，糖液的配制是必备环节，尤其是需多次糖煮和糖渍的制品，要配制不同浓度的糖液，在循环使用糖液时，还要不断进行浓度调整，所有这些对产品品质都有重要的影响。因此，必须掌握好糖液的配制方法。直接配制法和稀释勾兑配制法是糖液配制的两种主要方法，其中直接配制法更为常用。直接配制就是根据所需糖液浓度，直接称取糖和水，混合后加热溶解配制。而稀释勾兑法则是在把现有已知浓度的糖液，提高或降低浓度时采用的配制方法。先通过计算得出需要加糖和水的量，再进行勾兑配制。

（2）糖煮　乳酸菌发酵果脯蜜饯以高浓度的糖液保藏为依据。糖煮过程，将大量糖分渗入果肉的同时排出果实内部水分。糖液的浓度一般要达到60%~65%，需具有很大的渗透压力，这样可以析出微生物体内的水分，使微生物处于脱水状态，从而抑制微生物的生理活性。因此，乳酸菌发酵果脯蜜饯可长期保存，不易变质。浸渍的糖液还能阻止果实中维生素C的氧化损失，并改善产品风味。但含糖量过多，甜度过高既会破坏营养价值，又会影响产品滋味。因此，要求产品含糖量要恰到好处，既要达到防腐脱水的目的，又要能保持产品风味特点，这才是乳酸菌发酵果脯蜜饯加工中的关键。

（3）蜜渍　蜜渍是用糖液糖渍果坯，使制品达到要求的糖度，这种糖渍方法需要分次加糖，无需加热，能更好地保存产品的风味、色泽、营养以及形态。适用于皮薄汁多、质地柔软的原料，如杨梅、青梅、樱桃以及多数凉果类制品均是采用此法进行糖渍加工。

蜜渍过程中，由于原料组织细胞内外渗透压存在差别，会发生相互渗透现象，使糖分则向组织内部扩散渗入的同时水分向外扩散排出。若开始就以极高浓度的糖液浸渍时，由于外部糖液浓度过高，黏度较大，糖分不易向组织内渗透，而原料组织在较大压差的作用下会快速失水，使原料组织迅速收缩，从而影响制品的饱满度。因此，在糖渍初期糖液浓度不宜过高，一般采用逐步提高糖度的办法，使果蔬原料的含糖量逐渐提高，以保持其一定的饱满状态。通常可采用分次加糖法或一次加糖多次浓缩法进行蜜渍。

分次加糖法是在蜜渍过程中，分3~4次加入砂糖，逐步提高蜜渍的糖液浓度。每次提高糖度10%左右。一般整个糖渍周期为7~15d。一次加糖多次浓缩法则是在蜜渍过程中，分期将糖液倒出，经浓缩提高糖浓度后，再回加到原料中继续进行糖渍。糖液浓缩一般多采用加热煮沸浓缩法或真空浓缩法。真空浓缩时加热温度不宜过高，以防引起糖液的褐变，同时可较好地保留果蔬制品的色泽和营养成分。操作时，利用真空吸取糖液，浓缩后再由管道回添到原料中继续浸渍，可减轻劳动强度。糖液经浓缩提高浓度后，再回加到原料中，分热浸式和冷浸式两种方式。

热浸式是将糖液加热浓缩后，把糖液趁热浇入原料之中。该方法可杀灭酵母，防止发酵，适合于糖渍时有轻度发酵的糖液；对于肉质较硬的原料，热烫也可以适度软化质地，加快糖液渗透；原料与糖液间的温差和糖浓度差有利于加速糖分的扩散渗入。冷浸式是糖液加热浓缩后，待温度降至40℃以下时再回加到原料中进行浸渍。质地较柔软的原料，比较适宜采用此法，可以防止原料进一步变软；对于要求制品具有脆性的也适合采用此法。

5. 干燥

乳酸菌发酵果脯蜜饯在糖渍后需进行干燥，脱除部分水分，使产品表面干爽，质地柔韧，外形美观并利于保存。干燥方法根据热源和设施条件不同，可分为自然和人工两种干燥方式。

（1）自然干燥　自然干燥是指在自然环境条件下，利用太阳辐射热和空气对流脱除料坯中水分的干燥方法。自然干燥又有别于晾干和晒干。晾干又称阴干，是将原料放在通风良好的室内或阴棚中以风吹干；而晒干是将原料直接放在太阳下暴晒。

自然干燥的主要设备是晒场和晒干用具如晒盘、晒架、席箔等，还有必要的建筑物如工作室和储藏室等。晒场位置宜选择地势平坦、通风向阳、交通方便的地方，但要注意远离垃圾场、饲养场、养蜂场等地，以避免污染，保证清洁卫生。干燥时，可将料坯摆放在晒盘或晒架的席箔上，直接暴晒。

自然干燥法成本低、操作简单、节约能源，但速度慢、周期长，又易受环境等条件的影响和限制。目前这种方法多用于凉果类和甘草类制品的干燥。

（2）人工干燥　人工干燥是在人为控制条件下脱除料坯水分的干燥方法。人工干燥设备应具有良好的加热和保温控件，以保证干燥时所需要的稳定高温。且要有良好的排水通道，能及时排出从料坯中脱出的多余水分。此外还应具有较好的卫生条件，避免产品被污染。目前，常用的人工干燥设备有烘房和隧道式干燥机。烘房一般为比较简易的土木结构建筑。通常由烘房主体、升温设备、通风排湿系统和烘盘、烘架等装载设备组成。烘房在我国北方地区的应用较为普遍。隧道式干燥机是在干燥部分设有加热器和鼓风机的狭长隧道，原料摆放在载车的烘盘上，载车沿隧道间歇或连续通过，在热空气的作用下进行对料坯的干燥，可根据需要控制干燥空气的温度、湿度和流速，是一种短时、高效、适应性广的热空气对流式干燥设备。

6. 包装

乳酸菌发酵果脯蜜饯是即食食品。从食品卫生及保质防潮方面来考虑，包装是重要的一个环节。此外包装既是美化商品、扩大销售的重要因素，也是保护商品食用价值的有力措施，因此在经营过程中也具有重要意义。

（1）包装材料　外包装多采用纸箱、木箱或筒、坛等，封装严密，捆扎牢固，坚实耐压，外观整洁。内包装可采用袋装、盒装、瓶装等，均应封口牢固、包袋严密。包装规格及质量按不同产品的要求及产销习惯可自行规定，但同一批产品的包装规格和净重需一致。各种包装材料应按《食品包装用纸与塑料复合膜、袋》（GB/T 30768—2014）规定执行。外包装应于明显位置加印"防潮""防晒""防震"及"小心轻放"等字样。各种标志应符合《食品安全国家标准　预包装食品标签通则》（GB 7718—2011）规定要求。

包装材料及包装过程需注意防止吸湿潮解，以免产品受潮结块，污染包装内部。包装材料在相对湿度为60%的环境中，每年因吸湿引起的增量值不应超过2%；在贮藏和运输过程中应具有牢固耐久的特点。运输包装要有一定的坚固性，要能承受运输期间的颠簸和外力挤压，并容易回收。最好用内加果实衬垫的纸箱，对在运输过程需要加冰的乳酸菌发酵果脯蜜饯，可用泡沫箱。包装材料在1m高处落下200次应不破损；在高湿情况下应不霉烂；包装的形状、尺寸和外观应有利于商品的运输和销售；与乳酸菌发酵果脯蜜饯相接触的包装材质应无毒、无害、无味，必须符合国家食品卫生标准规定；销售包装以轻巧、直观方便和美观为准。但因产品而异，一般选择透气性好、透明度高的塑料薄膜或小纸箱包装。

（2）包装方法　半干态或干态的乳酸菌发酵果脯一般采用不透气又耐煮的多层复合膜材料或硬质塑料盒包装，再按规定装于纸箱或木箱，箱内应衬防潮纸或装于大塑料袋内。液态乳酸菌发酵蜜饯应装于浓度65%以下糖液中进行缸藏，再进行灭菌处理。现在很多中小企业仍然手工包装即用手抓、用天平称，故很容易掺入灰尘、头发等杂物，尤其易受微生物污染而影响保质期。因此应尽快改变这种不卫生的作坊式包装方法。比较好的乳酸菌发酵果脯蜜饯包装方法为使用干法消毒的多层耐热煮复合塑料袋，并采用自动或半自动真空充氮式包装机，把袋内空气抽净的同时充入氮气，再经过60~70℃热水进行巴氏杀菌或微波杀菌，这样的包装过程可防止产品氧化变色以及微生物污染导致的变质。并且此类包装品外形饱满，不怕挤压变形。有些干态粒状乳酸菌发酵果脯制品采用全自动包装机，类似医药粒状包装机，这种包装方式既卫生，又高效。乳酸菌发酵果脯成品的包装，其环境卫生及操作卫生十分重要，包装间宜设在干燥、清洁、低温、通风良好的地方，同时要设有防蝇、防鼠等措施。

（三）乳酸菌发酵果脯蜜饯加工中常用的食品添加剂

食品添加剂有很多种类，并且具有各不相同的性质、用途。常用的食品添加剂主要包括甜味剂、酸味剂、着色剂、漂白剂、硬化剂和防腐剂。

1. 甜味剂

果脯蜜饯加工中所指的甜味剂不包括蔗糖、葡萄糖或糖浆等糖类物质，常以天然甜味物质或甜蜜素、糖精和甘草等人工合成物质作为增加甜度的甜味剂。主要用于含糖量较低的梅类或凉果类制品。

（1）甜蜜素　甜蜜素是非营养型的甜味剂。白色结晶或粉末，对光、热和氧气稳定，无臭、溶于水，甜度高，具有蔗糖风味又兼具蜜香，适用于糖尿病患者。

（2）糖精钠　糖精钠俗称糖精，是非营养型的合成甜味剂。无色至白色结晶或白色结晶性风化粉末，无臭。稀浓度时味甜，大于0.026%时味苦，甜度极高，对热及碱的耐性弱，易溶于水。溶液煮沸后可分解而甜味减弱，酸性条件下加热则甜味消失。摄入人体后不分解，不提供热量，无营养价值。

（3）甘草　甘草是我国常用的中草药之一，也是传统生产干果类食品广泛应用的一种天然甜味剂。淡黄色粉末，甜味成分主要为甘草酸。甘草的水浸液为淡黄色，浓缩物为黑褐色黏稠液，具有特殊的香甜味，甜度高；可缓和食盐的咸味，并有较好的增香作用。

除以上几种甜味剂外，还有木糖醇、甜叶菊和蛋白糖等均属于甜度高、无热量的甜味剂。

2. 酸味剂

酸味剂是可以赋予食品酸味的一类食品添加剂。酸味可给予味觉爽快的刺激，具有增进食欲和助消化的作用。在果脯蜜饯的制作中，酸味剂不仅可以调节制品的风味，更在于可以调节蔗糖溶液的pH，促进蔗糖转化，得到适宜的转化糖与总糖的比例，防止产品的"返砂"现象。同时，酸味剂的添加还可以起到抑菌、防腐和抗氧化的作用，有利于产品的贮运。目前使用最多的酸味剂为柠檬酸，其次为酒石酸等。

（1）柠檬酸　柠檬酸为白色结晶性粉末或无色半透明结晶。无臭、有强酸味，易溶于水。在干燥的空气中可失去结晶水而风化，在潮湿条件下可缓慢潮解。柠檬酸能抑制细菌繁殖，具有一定的防腐能力。对金属离子的螯合力强，也可用作抗氧化增效剂和护色剂。

（2）酒石酸　酒石酸为白色结晶性粉末或无色半透明结晶。无臭、酸味强度为柠檬酸的1.2~1.3倍，易溶于水。多与柠檬酸混合使用。

3. 着色剂

食用色素是以食品着色为目的的一类食品添加剂，又称着色剂。食用色素能赋予制品鲜艳颜色，从而提高商品价值，增进食欲。新鲜果蔬原料本身具有鲜艳颜色，但经加工处理后会有在不同程度上失去原有色彩。为了改善制品的色泽，提高感官品质，在加工过程中常使用食用色素进行着色。食用色素按来源和性质一般可分为天然色素和人工合成色素两大类。一般认为天然色素较为安全、色泽自然，部分还具有药理作用。而人工合成色素色彩艳丽、着色力强且均一，价格低廉，性质稳定，但却具有一定毒性，必须限量使用。在果脯蜜饯生产中常用的食用色素主要有以下几种。

（1）苋菜红　苋菜红为红棕至暗红棕色颗粒或粉末。无臭，易溶于水，水溶液呈瑰红色。着色力较弱。易被细菌分解，但对光、热、氧气和柠檬酸或酒石酸稳定。遇碱变暗红色，遇铜、铁等易褪色。最大限用量为0.05g/kg。

（2）胭脂红　胭脂红为红棕至暗红色颗粒或粉末。无臭，吸湿性强，易溶于水，水溶液呈红色。易被细菌分解，但对光、热和柠檬酸或酒石酸稳定。遇碱变褐色。最大限用量为0.05g/kg。

（3）柠檬黄　柠檬黄为橙黄色颗粒或粉末。无臭，易溶于水，水溶液呈黄色。对光、热和柠檬酸或酒石酸稳定。遇碱稍变红色，还原时褪色。最大限用量为0.1g/kg。

（4）日落黄　日落黄为橙红色颗粒或粉末。无臭，易溶于水，水溶液呈橙色。对光、热和柠檬酸或酒石酸稳定，遇碱变褐红色，还原时褪色。最大限用量为0.1g/kg。

（5）靛蓝　靛蓝为有铜色光泽的暗青色粉末。无臭，溶于水呈紫蓝色。着色力较强。对光、热、氧和酸、碱均不稳定，还原时褪色。靛蓝很少单独使用，多与其他色素混合使用。最大限用量为0.1g/kg。

此外，目前还有天然色素如甜菜红、红曲色素、胡萝卜素类、姜黄、叶绿素铜钠盐和紫胶色素等可供使用。

4. 漂白剂

漂白剂是抑制食品褐变和使色素褪色的一类食品添加剂。漂白剂一般为强还原剂，不但具有较强的漂白作用，还具有很强的防腐和抗氧化作用。常用的漂白剂主要为焦亚硫酸钠、低亚硫酸钠和亚硫酸氢钠等。

（1）焦亚硫酸钠　焦亚硫酸钠为白色结晶或粉末。有二氧化硫臭味，易溶于水，具有较强的还原性。在果脯蜜饯加工中具有漂白和护色作用。

（2）低亚硫酸钠　低亚硫酸钠为白色粉末，有时略带黄或灰色。无臭或略带二氧化硫臭味，溶于水。对热和氧极不稳定，但对碱性条件稳定。吸湿性强，潮解后有一部分可生成亚硫酸氢钠。其漂白作用和还原性比亚硫酸类漂白剂强。

（3）亚硫酸氢钠　亚硫酸氢钠为白或黄白色晶体或粉末。有二氧化硫臭味，易溶于水。对热、氧和无机酸均不稳定，可氧化成硫酸盐和二氧化硫。在果脯蜜饯加工中，具有漂白和防止褐变的作用。

（4）硫黄　硫黄为黄色或淡黄色片状或粉末。有特殊的硫黄味，不溶于水。在果脯蜜饯生产中常用硫黄燃烧产生二氧化硫气体熏蒸果蔬原料，可以起到防变色、抗氧化、漂白和防腐的作用。亚硫酸及其盐类和硫黄都是由于能产生二氧化硫气体，才具有漂白和防腐的作用。此外，二氧化硫气体还可抑制部分好氧性微生物的生长繁殖以及抑制某些酶的活性。

5.硬化剂

在乳酸菌发酵果脯蜜饯加工过程中，部分果蔬原料质地柔软，不适宜进行工艺操作。因此，通常在加工过程中加入一些硬化剂，改善原料质地，增强硬度及耐煮性，尽量保持原始形态。常用的硬化剂有碳酸钙、氯化钙和硫酸钾铝等。

（1）碳酸钙 碳酸钙为白色粉末。无臭，无味，可配合乳酸浸渍以硬化果蔬原料。

（2）氯化钙 氯化钙为白色硬质碎块或颗粒。无臭，微苦，易溶于水，吸湿性极强。与果胶和多糖类凝胶化，可保持果蔬原料的硬度和脆性，并具有护色作用。也可作为营养强化剂和蛋白质凝固剂。

（3）硫酸钾铝 硫酸钾铝俗称明矾，为无色透明坚硬结晶、结晶性碎片或白色的结晶粉末。无臭，略有甜味和收敛涩味，溶于水，在空气中风化会失去透明性。在果脯蜜饯加工中具有保脆和护色的双重作用。

6.防腐剂

防腐剂是能够杀灭、抑制微生物的生长同时保藏加工制品的一类食品添加剂。作为高糖食品的果脯蜜饯，一般不必加入防腐剂。但针对某些低糖制品或夏季高温可适当加入防腐剂。在生产中常用的防腐剂主要有山梨酸钾和苯甲酸钠。

（1）山梨酸钾 山梨酸钾为白或浅黄色针状结晶或粉末。无臭或少有臭味，易溶于水，有吸湿性。对热稳定，但对光和氧不稳定。山梨酸钾的pH适用范围较广，pH小于5时能强效抑制霉菌和腐败菌。最大限用量为0.5g/kg。

（2）苯甲酸钠 苯甲酸钠又名安息香酸钠，为有光泽的白色鳞片或粉末。质轻、无臭或微有安息香气，易溶于水。对氧稳定。pH小于4.5时能强效抑制霉菌和酵母，最大限用量为0.5g/kg。

（四）加工贮藏过程常见问题

1.煮烂和干缩

煮制过程存在煮烂和干缩的现象。煮烂的原因一是果实成熟度太高，二是预处理时处理过度，煮制时外皮脱落，容易煮烂。干缩的原因则是成熟度不够，不易吸收糖液，煮制时容易出现干缩现象。对此需要挑选成熟度适当的果实，糖煮前可以先用清水煮几分钟，糖煮时大量加糖，迅速提高糖液的浓度。

2. "返砂"和"流汤"

品质优良的果脯质地柔软，鲜亮透明。但如果采用不恰当的煮制工艺，就会造成产品表面和内部蔗糖的"重结晶"，这种现象称为"返砂"。"返砂"会使果脯质地变硬，失去光亮色泽，品质降低。造成这种现象是因为果脯中蔗糖含量过高而转化糖含量不足。但如若果脯中转化糖含量过高，在高温高湿的季节，又容易"流汤"，无法形成糖衣而使产品发黏。果脯中的总糖含量68%~70%，水分含量17%~19%，转化糖占总糖含量50%以下时，容易出现不同程度的"返砂"现象，而转化糖达总糖含量60%时，在良好的保存条件下就不会出现"返砂"现象。但当转化糖占总糖含量90%以上时，则易产生"流汤"现象。因此，掌握好果脯中蔗糖与转化糖的比例，是避免"返砂"和"流汤"现象发生的根本途径。

3. 变色现象

果脯的颜色一般为鲜亮的金黄或橙黄。但由于加工不当，就会发生色泽变褐、发暗，这是由于果实中单宁物质发生了氧化的结果。大多数酶类在60~70℃的温度下会失去活性，因此，烫煮是防止变色的一个途径。然而，糖液与果实中的氨基酸作用会因美拉德反应而引起褐变，故应缩短煮制时间以防加剧美拉德反应的发生。此外，硫处理可夺取单宁氧化时所需氧气，在一定程度上抑制酶的活性，有效防止果实变色。

四、乳酸菌发酵果蔬汁

随着人们生活水平的提高及保健意识的增强，饮食调整健康的观念逐渐被人们所接受。消费者对饮料的选择逐渐向绿色、天然、营养、保健的方向转变。发酵果蔬汁恰好迎合了现代消费者的追求，显示出良好的发展趋势。乳酸菌发酵果蔬汁是以果蔬汁（浆）或浓缩果蔬汁（浆）为原料，经乳酸发酵，添加或不添加其他食品原辅料和（或）食品添加剂的一类现代发酵饮品。

我国发酵果蔬饮料以20世纪后期的各类发酵果醋为主，凭借多种健康功效，开启了醋酸饮料的新时代。此时，一些谷物类和植物类发酵饮料在市场上也逐渐开始流行。时至今日，发酵果蔬饮料已日趋成熟，其中以乳酸菌发酵果蔬饮料的关注度最高。乳酸菌发酵果蔬汁是近几年兴起的新饮品，通过适当处理果蔬原料，得到果肉与细胞汁液，再经乳酸菌发酵而制成的。由于结合了乳酸菌的发酵优点，加工后的果蔬汁风味独特，兼具改善营养健康、调节胃肠道、抑制有害菌等健康功能益处，因此，深受消费者喜爱。众多研究人员也利用一些果蔬原料，如蓝莓、苹果、龙眼、西瓜、番茄、胡萝卜、芹菜、苦瓜、南瓜等，采用乳酸菌进行发酵，开发出了一系列的乳酸菌发酵果蔬汁产品。

（一）乳酸菌发酵果蔬汁的益生作用

1. 改善风味

乳酸菌发酵的果蔬汁，既保留了原始果蔬自身特有的香气，又被赋予了因乳酸发酵而产生的独有香气。乳酸菌发酵所产生的乙酸乙酯、2-壬酮等风味物质使乳酸菌发酵果蔬汁在饮用过程中保有清香爽口的感觉，而生成的醋酸、乳酸等有机酸则赋予制品较为柔和的酸味。

2. 提高营养价值

乳酸菌发酵果蔬汁的过程中，因其蛋白酶和纤维素酶的缺乏，不会破坏果蔬汁中的营养成分，且乳酸菌在代谢过程中可使微量元素转换成离子形式，提高某些矿物质的利用率。此外，较低的pH环境能提高果蔬汁中维生素的稳定性。

3. 维持人体肠道菌群平衡

乳酸菌发酵的果蔬汁，会存在大量的乳酸等有机酸，产品pH一般在5.0以下，而细菌的最适生长pH范围一般为6.0~7.0。乳酸菌发酵果蔬汁中大量的有机酸恰好对一些肠道致病菌和腐败菌具有抑制作用。此外，乳酸菌还可产生细菌素等其他具有抑菌活性的物质，进一步抑制肠道内有害菌群的生长繁殖及毒素的产生。研究表明，经乳酸菌发酵的果蔬饮料可以有效地杀灭病原性大肠杆菌、沙门菌、金黄色葡萄球菌等病原微生物。

4. 提高人体对食物的消化吸收利用

加工处理后的果蔬汁经乳酸菌在适宜条件下发酵，产品乳酸菌含量可达$1 \times 10^{8} \sim 1 \times 10^{9} CFU/mL$，乳酸菌发酵果蔬汁中大量的乳酸菌进入人体胃肠道，有助于促进胃蛋白酶的分泌和肠道蠕动，从而有助于人体对食物的消化吸收和利用，有效缓解便秘。此外，乳杆菌、双歧杆菌、链球菌等乳酸菌可利用自身特有的某些酶类补充人体消化酶的不足，帮助分解上消化道未被充分降解吸收的营养物质，有利于机体对食物的进一步吸收利用。

（二）乳酸菌发酵果蔬汁生产工艺

乳酸菌发酵果蔬汁在生产中有多个加工环节，一般生产工艺流程如图3-2所示。

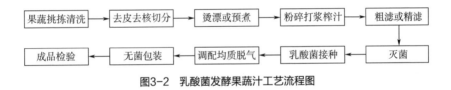

图3-2　乳酸菌发酵果蔬汁工艺流程图

1. 果蔬选择

果蔬汁加工必须选择适宜制汁的原料。一方面要求加工品种成熟度适宜、色泽好、香味浓郁、出汁率高、糖酸比合适；另一方面，在加工过程中要剔除腐烂果、霉变果、病虫果、未成熟果以及枝、叶等，以充分保证最终产品的质量。

2. 果蔬洗涤

通过清洗去除果蔬表面的尘土、泥沙、微生物、农药残留以及携带的枝叶等。清洗的方法主要包括物理法和化学法两种，其中物理法包括浸泡、鼓风、喷洗、摩擦搅动等，化学法主要包括使用洗涤剂、消毒剂和表面活性剂。生产时经常需要对果蔬原料进行多次清洗，而且根据原料的具体情况还可以添加清洗剂如稀酸（如盐酸、柠檬酸，常用浓度0.5%~1.0%）、稀碱（常用浓度

0.5%~1.0%）和消毒剂如漂白粉（0.06%）、高锰酸钾（0.05%）等。

3. 热处理

果蔬经破碎，其中的酶被释放，活性会大为增加。多数酶，尤其是多酚氧化酶会引起果蔬汁色泽的变化，影响果蔬汁的感官品质，对加工极为不利。通过热处理可抑制酶的活性，软化果蔬组织，破坏原生质膜，使胞内可溶性物质更易向外扩散，有利于果蔬中可溶性固形物、色素和风味物质等的提取。同时适度加热还可以使胶体物质发生凝聚，降低果蔬汁黏度，便于榨汁，提高出汁率。此外，对果胶含量高的果蔬加热会加速果胶质的水解，将其变成可溶性果胶进入破碎后的果汁内，增加汁的黏度，容易堵塞榨汁设备通道，同时使后续过滤、澄清等工艺操作发生困难。因此，对于果胶含量极高的水果可直接采用常温破碎，由于水果中的果胶酯酶和半乳糖醛酸酶等果胶分解酶的活性较强，在短时间内就能分解果胶，使水溶性果胶明显减少，降低了果浆黏度，对于澄清果汁具有明显的优势。

4. 果蔬破碎打浆

果蔬的汁液存在于果蔬原料的组织细胞内，只有打破细胞壁，细胞汁液和可溶性固形物才能流出，因此，须对果蔬进行破碎处理，以提高出汁率。特别以体积大、果皮较厚、果肉致密的果蔬原料的破碎尤为重要。果蔬破碎方法有磨碎、切碎和压碎等。果蔬的破碎程度会直接影响出汁率。因此，要根据果蔬品种、破碎方式和设备及果汁的性状和要求选择合适的破碎程度。一般破碎过粗、果块太大，压榨时出汁率低；而破碎过度、果块太小，压榨时容易形成厚皮，导致内层果汁难以流出，降低出汁率，并且导致果汁中悬浮物过多，不利于后续澄清和过滤。破碎时由于果肉细胞中酶的释放，在有氧情况下会发生酶促褐变和其他一系列氧化反应，破坏果蔬汁的色泽，风味和营养成分等，因此，需要采用一些措施来防止酶促褐变和其他氧化反应的发生，例如，破碎时加入抗氧化剂，在密闭环境中进行充氮破碎或加热钝化酶活性等。生产中一般采用三道打浆，筛网孔径由大逐级变小。经打浆后变小的果肉颗粒有利于均质处理。如果采用单道打浆机，筛眼孔径不能过小，否则容易堵塞网眼。打浆时应注意果皮和种子不要被磨碎。

5. 过滤

（1）粗滤　破碎后的果蔬汁中含有大量的悬浮颗粒如果肉纤维、果皮、果核等，它们的存在会影响产品的感官品质，须及时除去。粗滤可在榨汁过程中同时进行或单机操作，生产中通常使用50~60目的筛滤机如水平筛、回转筛、振动筛等进行粗滤。

（2）精滤　粗滤的果蔬汁，需要进行精滤处理以除去汁液中的悬浮物质和胶体物质，因为这些物质在后续的加工过程中会引起果蔬汁的混浊和沉淀，影响产品口感和感官品质。

果蔬汁的精滤主要采用压滤法。常用的压滤机有板框式过滤机、硅藻土过滤机和超滤机3种。由于板框式过滤机和硅藻土过滤机无法连续生产，企业往往需要多台交替使用，因此生产能力较小。一些大型果蔬汁加工厂基本都使用超滤机，但超滤过后的混浊物极易堵塞超滤膜，过滤速率慢，最后需要与板框式过滤机或硅藻土过滤机配合。除此之外，真空过滤法、反渗透法、离心分离法等也常用于果蔬汁的精滤。

6. 果蔬汁的杀菌

乳酸菌发酵果蔬汁的杀菌工艺，不仅影响产品的储存性，还影响产品的品质。因此，在杀菌时需要选择合理的杀菌方式，在确保达到杀菌目的的前提下尽量减少果蔬汁风味、色泽和营养成分的损失以及杀菌过程对果蔬汁物理特性如黏度、稳定性等的影响。目前，常用的杀菌方式有巴氏杀菌、高温短时杀菌（HTST）和超高温瞬时杀菌（UHT）。

巴氏杀菌是将果蔬汁加热至68~70℃，并保持此温度30min后急速冷却至4~5℃。因一般细菌在温度68℃，时间30min以上致死，所以果蔬汁经此法处理后，可杀灭其中的致病细菌和绝大多数非致病细菌。此外果蔬汁骤然的变温，也可以促使细菌的死亡。该方法由于加热时间长，对产品营养和感官品质方面都有不良影响，在实际生产中的使用越来越少。目前随着杀菌技术的进步，实际生产更倾向于选用食品营养成分损失较少的高温短时杀菌技术和超高温瞬时杀菌技术。对于pH<3.7的高酸性果蔬汁用高温短时杀菌法，一般温度为95℃，时间为15~30s；而对于pH>3.7的果蔬汁，更多的是采用超高温瞬时杀菌法，温度为120~130℃，时间则为3~10s。目前，国内外众多学者正致力于非热杀菌技术的研究，包括超高压杀菌技术、辐射杀菌技术、膜分离技术、脉冲强光技术等，其中超高压杀菌技术已在果蔬汁加工领域成功应用，但由于设备与生产效率的限制，目前还有待推广和应用。

果蔬汁的加热杀菌设备有板式、管式、刮板式等多种形式。生产中需要根据果蔬汁的黏度、固形物含量、杀菌时间、杀菌温度和压力等选择通用型号的杀菌设备。此外，还需考虑加热时是否会出现局部过热现象，加热介质是否会污染物料，以及清洗和拆卸的安装是否方便等因素。

7. 果蔬汁的发酵

果蔬汁的pH一般较低，因此乳酸菌在果蔬汁中的生长繁殖会受到一定限制。为了使乳酸菌能在果蔬汁中进行正常繁殖，可采用提高果蔬汁pH的方法，但提高果蔬汁pH后，果蔬汁易被杂菌污染，而且高pH果蔬汁杀菌后，易发生颜色变化并产生异味，致使果蔬汁的感官品质变差。为解决这一问题，可以采用动物乳对乳酸菌进行培养，然后将其加到果蔬汁中，以制成果蔬汁乳酸菌饮料。然而，这种饮料的乳酸菌仍会随时间的延续而减少。

目前多采用的方法是将果蔬汁经酰胺树脂和硅藻土固体剂处理，使果蔬汁的pH降到4.0以下，再用它培养同型乳酸菌，即可用来生产果蔬汁乳酸菌饮料。将其投入经高温灭菌冷却的果蔬汁中，在适宜温度（35℃左右）下培养2~3d，乳酸菌数可达到10^6 CFU/mL以上。能进行乳酸菌发酵的发酵液中果蔬汁含量一般应达到50%~100%。所用乳酸菌为同型乳酸菌，分属于乳杆菌属、链球菌属和片球菌属。果蔬汁处理所用固体处理剂种类不同，对乳酸菌的繁殖有一定影响。在酰胺树脂处理的果蔬汁中，保加利亚乳杆菌生长繁殖较好。

8. 乳酸菌发酵果蔬汁的调配

制成的乳酸菌发酵果蔬汁，根据需要可以添加常用的食品添加剂，例如甜味剂、酸味剂等。还可以加入水、乳、发酵乳等进行稀释，以制成饮料。这样加工成的乳酸菌饮料通常不进行杀菌处理，可直接灌装，也可用无菌灌装法进行灌装。

9. 均质

均质的目的是使乳酸菌发酵果蔬汁中的悬浮颗粒进一步破碎细化，得到更为均匀的小颗粒，形成均匀稳定的分散体系。如若不进行均质处理，由于发酵果蔬汁中的悬浮颗粒较大，产品不稳定，在重力的作用下颗粒会慢慢下沉，放置一段时间后会出现界限分明的分层现象，容器上部发酵果蔬汁清亮，下部混浊，严重影响产品的感官品质。此外，发酵果蔬汁经过均质处理后可以减少增稠剂的用量，降低原料成本。均质设备通常为胶体磨、高压均质机、超声波均质机等。高压均质机位生产上最常用的均质设备，其均质压力一般在20~40 MPa，但也因果蔬种类而异。然而，在工厂加工过程中，通过均质处理，虽然降低了发酵果蔬汁中悬浮颗粒的粒径，但相应增强了色泽强度。同时，发酵果蔬汁本身的物理特性及营养物质可能遭受损失。

10. 脱气

加工包括破碎、发酵、均质以及管道输送，这些过程都会带大量的空气到发酵果蔬汁中，在生产中需将这些溶解的空气脱除，称为脱气或去氧。脱气可以尽可能地减少或避免发酵果蔬汁的氧化，以及营养成分的损失和感官品质的下降。同时防止马口铁罐被氧化腐蚀，避免悬浮颗粒吸附气体上浮，以及防止灌装和杀菌时产生泡沫。

脱气的方法有真空脱气法、加热脱气法、化学脱气法、气体置换脱气法及酶法脱气法等。生产中基本采用真空脱气法，通过真空泵创造的真空条件使发酵果蔬汁在脱气机中以雾状形式喷出，脱除气体；在没有脱气机的情况下可以使用加热脱气，但气体脱除不彻底；化学脱气是利用抗氧化剂消耗发酵果蔬汁中的氧气，常与其他方法结合使用；气体置换脱气是通过将惰性气体如氮气充入发酵果蔬汁中，从而置换发酵果蔬汁中存在的氧气，该法可在减少挥发性风味成分损失的同时，避免氧化变色；酶法脱气法则是利用葡萄糖氧化酶耗氧将葡萄糖转化成葡萄糖酸，该方法在生产中使用较少。

11. 乳酸菌发酵果蔬汁的包装

果蔬汁的包装容器经历了玻璃瓶、易拉罐、纸包装和塑料瓶几个过程。目前市场上乳酸菌发酵果蔬汁的包装形式基本上同时覆盖了这4种形式。

玻璃瓶的设计美观，以三旋盖代替了原始的皇冠盖；金属罐以三片罐为主，近年来也有在充入氮气的二片罐；纸包装目前提供无菌纸包装的公司有瑞典的利乐公司（Tetra Pak）、德国的KF公司（KF Engineer GmbH）以及美国的国际纸业（International Paper）公司等，外形有砖形和屋脊包形两种，包装材料则由PE/纸/PE/铝箔/PE 5层组成，利乐包是由纸卷在生产过程中先通过杀菌然后依次完成成形、灌装、密封（form-fill-seal）等过程，而康美包（Combiblock）则是先预制纸盒，再进行杀菌，随后在生产过程中完成灌装到密封过程；塑料瓶主要为PET瓶和BOPP瓶。

目前在乳酸菌发酵果蔬汁加工的生产过程中，多数采用无菌灌装的方式。食品无菌、包装材料无菌和包装环境无菌是无菌灌装的3个基本条件。乳酸菌发酵果蔬汁的无菌灌装是指包装材料先经过过氧化氢或热蒸汽杀菌，发酵果蔬汁经杀菌冷却后在无菌的环境条件下的灌装，产品可在常温下流通销售，并可贮藏6个月以上。目前广泛使用的纸包装是利乐包和康美包。对于一些加热容易产生异味的乳酸菌发酵果蔬汁或为了很好地保存乳酸菌发酵果蔬汁的品质，一般可采用冷灌装进行冷冻贮藏。冷灌装为发酵果蔬汁经杀菌后，立即冷却至5℃以下灌装、密封，包装容器一般采用PET塑料瓶。灌装前包装容器需经过清洗消毒，包装产品需在<10℃的低温下流通销售，需冷链，产品可保持2周的货架期。此外，热灌装也是一种灌装方式。果汁经加热杀菌后，趁热灌装，不进行冷却，随即密封，包装容器一般采用玻璃瓶、金属罐或PET塑料瓶等。在灌装前包装容器需经过清洗消毒，可在常温下流通销售，产品一般不会变质，可贮藏1年以上。

最近，在乳酸菌发酵果蔬汁灌装技术中出现了中温灌装技术。中温灌装技术又称为超洁净灌装技术，是于热灌装工艺中融入了栅栏技术，将充填温度从83~95℃降低至65~75℃。在不添加防腐剂的前提下，通过合理的生产线硬件配制和品控管理，使得采用非耐热PET瓶的乳酸菌发酵果蔬汁，产品卫生指标达到耐热PET瓶饮料和国家标准的要求。与热灌装技术相比，中温灌装技术的优势在于大幅降低原料和加工成本。冷灌装技术在实际生产中，因没有有效控制乳酸菌发酵果蔬汁内部菌群的有效途径，乳酸菌发酵果蔬汁产品极容易感染杂菌，而中温灌装技术则可以有效避免这一缺点。目前，伊利、完达山、北京乐天华邦集团、哈药集团制药六厂、日本大冢制药、泰国Natt食品、印度尼西亚Cherrio集团、越南IMV公司等众多国内外知名食品药品企业已将中温灌装技术应用于生产当中。

（三）乳酸菌发酵果蔬汁生产中常见的质量问题

加工工艺直接影响乳酸菌发酵果蔬汁在贮藏、运输和销售过程中产品的质量，尤其是乳酸菌发酵果蔬汁的安全问题如致病菌、毒素、农残，只有建立良好的道德操作规范（good manufacturing principle，GMP）、实行危害分析和关键控制点（hazard analysis and critical control point，HACCP）管理才能有效防止上述问题的发生。

1. 沉淀分层

乳酸菌发酵果蔬汁要求产品混浊度均匀，在贮藏、销售过程中产品不能出现分层、澄清以及沉淀，这一点对透明包装容器如玻璃瓶和塑料瓶的产品尤为重要。混浊乳酸菌发酵果蔬汁在生产过程中主要通过均质处理细化果蔬汁中悬浮颗粒或添加一些增稠剂提高产品的黏度来保证产品的稳定性。然而，乳酸菌发酵果蔬汁中的部分酶类如果胶酯酶能将发酵果蔬汁中的高甲氧基果胶分解为低甲氧基果胶，而后者与发酵果蔬汁中的钙离子结合，易造成胶凝化导致沉淀分层。此外，由于微生物的污染，在产品储运过程中，杂菌代谢产生的蛋白类、糖类、酚酸类会造成沉淀现象。因此，在生产中，针对这些原因需要完全钝化果蔬中酶的活性并彻底杀灭杂菌。

2. 颜色变化

乳酸菌发酵果蔬汁出现颜色变化可能有3种原因包括产品本身所含色素发生改变以及酶促褐变和非酶褐变。产品本身所含色素发生改变，比较常见的例如绿色的发酵蔬菜汁中叶绿素在酸性条件下脱色、橙黄色的发酵果蔬汁中胡萝卜素等在光敏氧化作用下褪色、含花青素发酵果蔬汁中花青素的分解褪色。

酶促褐变主要发生在破碎、过滤、泵输送等过程中。由于果蔬组织被破坏，在有氧条件下果蔬中的氧化酶如多酚氧化酶（polyphenol oxidase，PPO）催化酚类物质可氧化褐变。为了防止发生酶促褐变，在加工过程中，可以热处理尽快钝化酶活；添加抗氧化剂如维生素C或异维生素C，还原酚类物质的氧化产物；添加有机酸如柠檬酸降低pH抑制酶的活性；充入惰性气体如氮气，创造无氧环境或采用密闭式连续化管道以隔绝氧气。

非酶褐变一般发生在乳酸菌发酵果蔬汁的贮藏过程中，这类颜色变化是由还原糖和氨基酸之间的美拉德反应引起的。还原糖和氨基酸都是果蔬汁本身所含成分，控制较难。为了防止发生非酶褐变，在加工过程中可以避免过度地热处理，以防形成羟甲基糠醛（hydroxy methyl furfural，HMF）；应低温或冷冻贮藏。

3. 味道变化

乳酸菌发酵果蔬汁的变味，如酒精味、臭味、霉味等，主要是由微生物生长繁殖引起腐败造成的。在变味的同时经常伴随发酵果蔬汁出现澄清、沉淀分层、黏稠、胀罐、长霉等现象。通过控制加工原料、生产环境和杀菌条件来解决产品变味的问题。例如，酵母通过酒精发酵作用会产生二氧化碳和酒精味，同时易造成胀罐。以青霉属（Penicillium）和曲霉属（Aspergillus）为主的霉菌，生长繁殖时会产生霉味，并能分解果胶引起混浊乳酸菌发酵果蔬汁的澄清。尤其是，青霉属中的棒青霉（P.claviforme）、扩张青霉（P.expansum）、展开青霉（P.patulum）和曲霉属中棒曲霉（A.clavatus）、土曲霉（A.Terreus）以及丝衣霉属（Byssochlaamys）中的雪白丝衣霉（B.nivea）、纯黄丝衣霉（B.fulva）等，能产生棒曲霉素（Patulin），是一种能致癌和致畸的霉菌毒素，其在果蔬汁的国际贸易中是有非常严格的限制指标的，规定在果蔬浓缩汁中必须少于50×10^{-6}mg/L。此外，使用三片罐装的发酵果蔬汁有时会有金属味，这是由于罐内壁的氧化腐蚀或酸腐蚀，采用脱气或选用内涂层良好的金属罐，就能避免这种情况的发生。另外，高温加热也会使发酵果蔬汁带有"焦味"或"煮熟味"。

4. 掺伪鉴定

掺假是指果蔬汁或果蔬汁饮料产品中的果蔬汁含量没有达到规定的标准，生产企业为了降低生产成本，人为添加一些相应成分的化学成分使其达到含量，即采用一定方法将低果蔬汁含量的产品伪装成高果蔬汁含量的产品。目前国际上有50%~80%的果蔬汁存在掺伪问题。常见掺假成分有水（低含量标示为高含量）、甜味剂（蔗糖、果葡糖浆、高果糖浆等）、酸味剂（苹果酸、柠檬酸等）、胶体溶液（阿拉伯胶、瓜尔豆胶、黄原胶等），除此以外，虚假标注等也是掺假事件中的一大问题。

随着科技的发展，发酵果蔬汁的掺假手段也出现"日新月异"的变化，令发酵果蔬汁的鉴伪检测变得越来越困难。目前国际上还没有统一的发酵果蔬汁含量的测定方法。很多地方会根据各自区域情况和果蔬资源的品种差异等因素制定本地区发酵果蔬汁含量的检测方法，然而我国的发酵果蔬汁含量检测与鉴别标准则非常欠缺。为了快速发展发酵果蔬汁的掺假鉴定，鉴伪技术从原始单一性状、常见组分、常规分析到现在的多性状、特异组分、专门分析及数理统计方法地运用。同时，应用现代分子生物学的方法进行发酵果蔬汁的检测也成为发酵果蔬汁鉴伪技术发展的新方向。这些技术方便、快捷、准确，其结果能为发酵果蔬汁的真伪鉴定提供更加可靠的依据。

常规的理化检测主要利用发酵果蔬汁中特征成分含量或某一些常规成分之间的比例来进行检测判断，如二氢查耳酮糖苷是苹果的特征物质，可用于苹果汁的掺伪检测；脯氨酸在梨汁中含量极高，因此可以通过脯氨酸的含量判断发酵苹果汁中是否混入了梨汁；分析还原糖含量与可溶性固形物含量之间的比例，可判定发酵果蔬汁中是否加入甜味剂来调整可溶性固形物的含量以及对比发酵果蔬汁与原果蔬汁中各种有机酸含量信息以及果蔬汁pH的变化与缓冲能力来进行鉴别发酵果蔬汁中是否掺有酸味剂等。

新型的理化检测主要包括色谱技术、光谱技术、质谱技术、嗅觉味觉分析技术、以及分子生物学相关技术。举例如下所述。① 每种果蔬原料都具有自身的特征化合物，利用色谱技术建立发酵果蔬汁的有机酸指纹图谱、糖类指纹图谱和氨基酸指纹图谱能够更加方便快捷地将其应用于发酵果蔬汁生产的监控中，甚至能鉴别不同原产地原料制成的乳酸菌发酵果蔬汁产品，结果准确可靠。② 不同浓度的果葡糖浆、蔗糖溶液（含果糖、葡萄糖和蔗糖）或二者的混合溶液均具有不同的光学性质，基于近红外光谱技术的成分分析能够有效建立甜味剂添加模型，快速判别苹果汁的掺假程度。该法适用广泛，检测成本低，且样品无须预处理、操作简便，为发酵果蔬汁中各物质成分含量的实时监测与无损检测提供了一种新的方法。③利用同位素变化在果蔬汁真伪鉴别中也同样得到广泛地关注。例如，天然果蔬汁的含量鉴别可以用$^{18}O/^{16}O$值和$^2H/^1H$值作为依据，利用毛细管区带电泳和基质辅助激光脱附游离飞行时间质谱可以准确判定橙汁中是否掺杂了甜味剂。但由于同位素测定法所需分析时间较长，检测成本较高，样品处理工艺繁杂，该方法在国内的应用还较少。④ 利用电子鼻和电子舌等不同的嗅觉味觉传感器组合成传感器阵列采集样本信息，再将神经网络作为模式识别的工具训练样本的识别与分类。目前，该方法能够定性地识别出苹果、橙子、红葡萄和菠萝等几种不同的果汁。然而，该方法的稳定性及检测的精确度有待于进一步地提高。⑤ 利用不同热处理和贮藏条件下DNA的完整性不同导致的PCR不同扩增情况，可鉴定发酵型果蔬汁或发酵果蔬之中是否掺杂其他低成本还原果汁。

 参考文献

［1］艾启俊.果品蔬菜加工工艺学[M].北京：中国农业出版社，1999.

［2］陈金.胡柚果汁混浊态丧失的原因探讨及超高压均质处理对其稳定性的影响[M].南京：南京农业大学，2012.

［3］陈历水，丁庆波，吴伟莉，等.发酵果蔬汁的功能特性研究进展[J].食品工业科技，2012，33（11）：418-421，425.

［4］陈卫.乳酸菌科学与技术[M].北京：科学出版社，2019.

［5］崔波.饮料工艺学[M].北京：科学出版社，2014.

［6］董明盛，贾英民.食品微生物学[M].北京：中国轻工业出版社，2006.

［7］杜明.果蔬汁饮料工艺学[M].北京：农业出版社，1992.

［8］郭本恒.益生菌[M].北京：化学工业出版社，2003.

［9］韩建勋，陈颖，黄文胜，等.苹果汁鉴伪技术研究进展[J].食品科技，2008（08）：205-209.

［10］杭锋，陈卫.益生乳酸菌的生理特性研究及其在发酵果蔬饮料中的应用[J].食品科学技术学报，2017，35（04）：33-41.

［11］胡小松.现代果蔬汁加工工艺学[M].北京：轻工业出版社，1995.

［12］姜雪晶.混合乳酸菌发酵对酸菜品质的影响[J].食品与发酵工业，2016（5）：126-131.

［13］李基洪等.果脯蜜饯生产工艺与配方[M].北京：中国轻工业出版社，2001.

［14］李祥.特色酱腌菜加工工艺与技术[M].北京：化学工业出版社，2009.

［15］李欣蔚.东北地区自然发酵酸菜中乳酸菌时空分布规律的研究[D].沈阳：沈阳农业大学博士论文，2017.

［16］李瑜.新型果脯蜜饯配方与工艺[M].北京：化学工业出版社，2007.

［17］廖雪义，郭丽琼，林俊芳，等.益生乳酸菌在发酵果蔬饮品开发上的应

用[J].食品工业，2014（07）：223-229.

［18］林淑珠.现代人食谱-泡菜、凉拌菜.[M].北京：中国轻工业出版社，2004.

［19］刘玉冬.果脯蜜饯及果酱制作与实例[M].北京：化学工业出版社，2008.

［20］龙桑.果蔬糖渍加工[M].北京：中国轻工业出版社，2001.

［21］卢丙俊.发酵性蔬菜汁的生产[J].现代农业，2007（08）：134-135.

［22］鲁明，吴兴壮，张华，等.低糖乳酸菌发酵胡萝卜果脯工艺[J].食品研究与开发，2014，35（11）：83-86.

［23］马昕.乳酸菌在果蔬加工中的应用现状与前景[J].农业开发与装备，2017（5）：54.

［24］满丽莉，向殿军，布日额，等.提高乳酸菌细菌素合成量方法的研究进展[J].现代食品科技，2019，35（04）：293-300.

［25］孟繁博.接种发酵对酸菜品质的影响[J].食品与机械，2017（03）：179-183，206.

［26］牟增荣.酱腌菜加工工艺与配方[M].北京：科学技术文献出版社，2001.

［27］倪元颖.温带、亚热带果蔬汁原科及饮料制造[M].北京：轻工业出版社，1999.

［28］聂继云.果品标准化生产手册[M].北京：中国标准出版社，2003.

［29］牛灿杰，张慧，陈小珍.果汁掺假鉴别检测技术研究进展[J].江苏农业科学，2015，43（6）：292-294.

［30］蒲彪，胡小松.饮料工艺学.第3版[M].北京：中国农业大学出版社，2016.

［31］史瑞雨，史瑞雪.乳酸菌发酵果蔬汁研究进展[J].现代食品，2019（08）：49-54.

［32］谭兴和.新版酱腌泡菜与脱水菜配方[M].北京：中国轻工业出版社，2003.

［33］田耕，单国生.传统酱腌菜制作120例[M].北京：中国轻工业出版社，1992.

［34］田慧敏.乳酸菌发酵酸菜及廉价培养基的筛选[J].赤峰学院学报，2012（10）：23-25.

［35］王宁.发酵果蔬汁饮料发展现状及趋势分析[J].农业科技与装备，2017（05）：75-76.

［36］王如福.食品工厂设计[M].北京：中国轻工业出版社，2001.

［37］王彦蓉，李强，刘鹏，等.果蔬汁生产过程主要危害物质控制技术研究进展[J].中国食物与营养，2016，22（11）：13-17.

［38］吴锦涛，等.果蔬保鲜与加工[M].北京：化学工业出版社，2001.

［39］吴兴壮，张华，张晓黎，等.低糖乳酸菌发酵南瓜果脯工艺研究[J].食品科技，2009，34（11）：69-71.

［40］肖亚成.家庭泡菜100例[M].北京：金盾出版社，2003.

［41］谢红涛，余瑞婷，赵瑞娟，等.果蔬汁加工技术进展[J].农产品加工（学刊），2010（01）：76-80.

［42］叶兴乾.果品蔬菜加工工艺学[M].北京：中国农业出版社，2002.

［43］于新.果脯蜜饯加工技术[M].北京：化学工业出版社，2013.

［44］于新，马永全.果蔬加工技术[M].北京：中国纺织出版社，2011.

［45］张德权.蔬菜深加工新技术[M].北京：化学工业出版社，2003.

［46］张菊华，单杨，李高阳.乳酸菌发酵蔬菜汁的研究进展[J].饮料工业，2003（06）：27-31.

［47］张晓黎，赵春燕，吴兴壮，等.乳酸菌发酵桃脯制备工艺[J].食品与发酵工业，2011，37（05）：123-126.

［48］张文玉.泡菜制品645例[M].北京：科学技术文献出版社，2004.

［49］张晓黎.不同温度条件对乳酸菌发酵酸菜效果的影响[J].农业科技与装备，2019，（6）：34-35，38.

［50］张晓黎.直投式乳酸菌发酵酸菜综合利用技术要点[J].农业工程技术，2015，（17）：42-44.

［51］张欣.果蔬制品安全生产与品质控制[M].北京：化学工业出版社，2005.

［52］章善生.中国酱腌菜[M].北京：中国商业出版社，1994.

［53］朱珠.软饮料加工技术[M].北京：化学工业出版社，2011.

［54］Evrendilek G. A., Jin Z. T., Ruhlman K. T., et al. Microbial safety and shelf-life of apple juice and cider processed by bench pilot scale PEF systems[J]. *Innovative Food Science &. Emerging Technologies*，2000，1：77-86.

第四章

乳酸菌在
谷物类食品中的应用

乳酸菌是一群形态、代谢性能和生理特征不完全相同的革兰阳性菌的统称，目前发现的乳酸菌约有40余种。它们以碳水化合物为食物，分解产生乳酸。许多乳酸菌被公认为安全的食品级微生物，具有多种益生功能，能维持人体微生态系统平衡，降低血脂、血压，抑制癌细胞，控制机体内毒素，增强免疫力，抑制肠道内杂菌的生长繁殖，调节机体胃肠道正常菌群。乳酸菌作为最早为人类所认识的微生物之一，备受人们的重视。食品中，尤其是在谷物类食品中，经乳酸菌发酵，不仅口味可有所改善，还提高了营养价值，对机体具有保健作用。虽然乳酸菌目前的应用已经比较广泛和全面，但仍存在有待改善的地方，如利用乳酸菌发酵产品的优势，研究开发更多的新型品种；拓展乳酸菌种来源，将发酵性能优良并具有特殊保健功能的乳酸菌种应用到食品中。随着分子生物技术和现代微生物技术的发展，利用其鉴定、检测乳酸菌的质量，确保乳酸菌在谷物中的安全性还有待进一步深入研究。下面比较深入地总结归纳一下乳酸菌在谷物中的应用以及在改善食品（特别是淀粉类食品）品质方面所起的作用。

一、乳酸菌与淀粉类主食

乳酸菌对改善以谷物为原料的传统主食的风味及质构，以及提高其营养价值方面起着重要的作用。馒头、面包、米粉、面条等均为百姓餐桌上的常见淀粉类主食，也是国人饮食结构中必不可少的重要组成部分。作为主食，淀粉类食品消费量大，因原料或工艺等方面的差异，淀粉类食品品质存在诸多不足，如面包和馒头的密度小、硬度大、易老化和风味不足；米粉和面条的弹性不足、咀嚼性不佳和口感不够滑爽等。因此，通过改进加工工艺来提高淀粉类食品品质尤为重要。尽管添加剂可以改善淀粉类食品品质，但随着人们生活水平的提高和对食品安全的重视，消费者更倾向于选择微生物发酵等技术生产的天然、健康食品。乳酸菌发酵淀粉类食品不仅品质佳，而且安全性高。国内外已经有很多关于乳酸菌发酵改善淀粉类食品品质的研究报道，如增加比容、改善质构、提升感官品质、延缓老化等，改善效果与采用的原料、菌种和工艺等因素密切相关。本书较为系统地归纳总结了乳酸菌发酵对馒头、面包、米粉和面条的质构、感官品质和抗老化性质的影响，为淀粉类食品的发酵生产提供了参考。

（一）馒头

作为传统主食之一的馒头，通常是以小麦粉为主要原料，添加发酵剂充分搅拌混合后，在一定的温度和湿度下经发酵、成型、蒸制而成。随着生活水平的提高、生活节奏的加快，人们的饮食逐渐向社会化转型。但消费者在追求主食更加方便、快捷的同时，也开始追求主食保留更多原有的传统风味。与商用发酵剂单纯使用酵母发酵相比，馒头制作中传统发酵剂的使用可以赋予馒头更加细腻的口感和更为丰富的风味，在饮食习惯、文化传承方面也更能满足人们的需求。传统发酵剂一般为多菌种混合作用体系，除了使用酵母外，通常还含有乳酸菌、醋酸菌、霉菌等多种微生物。在发酵过程中，各菌种相互作用，使制成的馒头口感细腻、后味丰富且更有嚼劲。资料表明，乳酸菌除在发酵乳行业应用广泛外也是传统馒头发酵剂中的常见菌种。

1. 乳酸菌在馒头中的应用

传统的馒头制作过程中通常会使用"碱面"，其主要目的即用来中和乳酸菌等产酸菌过量发酵带来的刺激风味。已有研究证实乳酸菌除可以形成馒头特有的风味外，对酵母生长、馒头品质形成也有十分重要的作用，主要体现在以下几个方面。

（1）乳酸菌可通过代谢产生乳酸等有机酸调节面团的酸碱环境，通过部分降解面团中的戊聚糖降低面团黏度，为其他微生物繁殖提供有利条件；除此以外，乳酸菌还可以使面团中的水溶性蛋白质（氨基酸、肽、小分子蛋白质等）比例增高，与酵母形成某种良性的互生关系，促进面团的醒发。

（2）乳酸菌发酵直接可以代谢多种有机酸（乳酸、醋酸、丙酸等）。适量有机酸的产生除可以赋予馒头柔和的酸味外，特定的有机酸还可与酵母发酵产生的醇、醛、酮等物质相互作用，形成丰富的呈香、呈味物质，使馒头风味物质种类和含量得到大幅度提升。

（3）乳酸菌可以改善馒头的质构、延长其保质期。乳酸菌在生长代谢过程可直接产生多种胞外多糖（如乳杆菌可产生果聚糖），多糖的产生对面团流变特性及馒头质构均可产生积极影响。例如，乳酸菌产生的胞外多糖（EPS）具有显著的增稠、乳化、保湿、提高面团吸水率、增大体积及延缓老化等作用。而部分研究也证实，利用微生物代谢合成的胞外多糖与从外部添加多糖相比，前者对馒头质构的改善效果更加明显。

除此以外，国外相关研究人员对酸面团微生物的研究表明，部分种类乳酸菌还可以代谢生成乳链球菌肽、乳杆菌素和类细菌素等抑菌类物质，可有效抑制病原菌和腐败菌的繁殖，延长产品货架期。运用现代微生物技术纯菌接种，进行多菌种混合发酵生产馒头，既能解决传统主食发酵剂蒸制馒头存在的缺陷，又充分利用了乳酸菌的特性，同时还保留了馒头酵母的优势。而乳酸菌在馒头面团中的代谢包括碳水化合物及蛋白质等的代谢作用有待进一步研究。酸面团的许多应用有待去开发，如应用自然发酵菌种或生产新型生物活性物质等。期待充分发挥菌种混合发酵，尤其是乳酸菌在中国传统主食馒头中的应用潜能，以满足消费者的需求，满足时代的要求。

乳酸菌可以充当馒头的发酵剂。通常情况下，中国传统馒头发酵剂主要有老酵头和酵子，在天然发酵剂菌群中，除主要含有酵母外，还含有一定数量和种类的其他微生物群，其共同发酵产生二氧化碳、乙醇、乳酸、醋酸等物质，以及少量的风味辅助物质。经加碱中和后，制品产生出特有的口感和风味。其中，野生乳酸菌、醋酸菌等微生物群也在面团中发生着乳酸发酵和醋酸发酵等生命代谢过程，由此可产生出乳酸、醋酸等几种有机酸。而且乙醇和有机酸之间又进一步可发生酯化反应，生成一定数量的芳香类物质——酯类，还会形成极少量的醛类、酮类等化合物，它们也是重要的风味物质和风味辅助物质。

传统发酵剂发酵的馒头由于特有的口感和风味，很多中国人都喜食这种馒头，但其在馒头生产应用中存在缺陷，如菌种质量不稳定，因是自行接种，除含有酵母和一些产风味酶的细菌和霉菌外，还含有一些有害的杂菌；制作工艺落后、培养条件不稳定；储存过程品质变化明显等。由此导致使用时难以控制，难以应用于馒头的工业化生产。自从我国1922年引进了酵母的生产，尤其是20世纪80年代中期，即发活性干酵母从国外引入中国市场，人们开始用酵母发酵蒸制馒头，酵母品质稳定，发酵力强，能明显缩短面团的发酵时间，适合馒头等的工业化生产，既可提高效率，也可节约成本；不含杂菌，不会有微生物产酸现象，不必加碱中和，不会造成制品的营养损失；酵母本身具有很高的营养价值，富含蛋白质、维生素和矿物质。纯酵母为馒头制作带来极大的方便性，逐渐取代传统发酵剂。但酵母纯菌酶系单发酵产品风味平淡，香味不浓。

2. 乳酸菌对馒头比容的影响

在馒头的制作过程中，比容是食品中的重要参数，表征了馒头的松软度，比容越大，越柔软，比容增大是微生物产气和面团面筋强度共同作用的结果。

酵母发酵可增加馒头比容，但受工艺的影响较大，如和面次数、面团大小、醒发时间等。

乳酸菌纯种发酵对小麦粉馒头比容的改善效果优于酵母。程晓燕利用植物乳杆菌（*Lactobacillus plantarum*）ZS3-11和旧金山乳杆菌（*Lactobacillus sanfranciscensis*）XD1-4纯种发酵馒头，比容分别为2.7mL/g和2.8mL/g；刘娜利用植物乳杆菌Biogreen300、短乳杆菌（*Lactobacillus brevis*）ZL6和植物乳杆菌XL3发酵，比容分别为2.42mL/g、2.59mL/g和2.46mL/g；吕莹果等利用植物乳杆菌发酵馒头，比容为2.1mL/g。上述乳酸菌纯种发酵的馒头的比容均大于相应的酵母发酵对照品。乳酸菌和酵母混合发酵对馒头比容的增加效果更好。陈军丽研究发现，植物乳杆菌和嗜热链球菌（*Streptococcus thermophilus*）分别与酵母混合发酵馒头的比容高于酵母单独发酵馒头的比容，且三种菌混合发酵的比容更高。

乳酸菌发酵馒头比容增加的机制归纳如下几点。

（1）乳酸菌和酵母等微生物协同生长，产生更多气体。

（2）乳酸产生的较低pH环境激活了基质中的蛋白酶和淀粉酶，改变了蛋白质和淀粉的结构，进而改善了面团的持气性；另外，适度的酸化使面团面筋结构软化且弹性增强。

（3）乳酸菌等微生物产生的胞外多糖可以形成网络结构，并且与面筋网络相互用，从而提高了持气稳定性。

3. 乳酸菌对馒头感官品质的影响

食品的感官品质（如外形、色泽、口感、气味、均匀性等）是描述和判断产品质量最直观的指标，体现了食品的可享受性和可食用性的要求。淀粉老化问题是影响馒头感官品质的主要问题之一。淀粉老化是淀粉溶液在较低温条件下放置时，溶液中有固体析出、混浊度增加的过程，是糊化的逆过程。淀粉的老化过程主要是直链淀粉双螺旋结构快速形成和支链淀粉侧链缓慢结晶的过程。馒头老化的主要表现有硬度增加、老化焓值增加和水分迁移等。

乳酸菌发酵可以延缓馒头的老化速度。随着储存时间的延长，所有馒头老化焓值均增大，但是乳酸菌发酵馒头焓值变化速率较慢；乳酸菌发酵对馒头水分的迁移影响不明显，但硬化速率明显降低。

乳酸菌发酵延缓馒头老化的原因有以下几点。

（1）乳酸菌代谢的酸类物质把支链淀粉水解成低分子质量糊精，从而抑制支链淀粉的回生。

（2）馒头基质中淀粉酶和蛋白酶活性被较低pH环境激活，与乳酸菌产生的酶共同降解淀粉和蛋白质，使其交联作用减弱。

（3）乳酸菌分泌的胞外多糖可以作为增稠剂，减少水分的迁移。

除外淀粉老化因素外，馒头内部结构越细腻，馒头越白。与普通的酵母馒头相比，乳酸菌发酵馒头白度更大，表皮更光滑，内部结构更细腻。馒头风味物质主要来源有①原料本身带有的；②微生物发酵产生的醇、酸、酯、醛和酮等；③馒头蒸制过程中，醇类和有机酸反应生成的酯类芳香物质；④蛋白质降解生成风味前体物质，如可供微生物代谢转化为挥发性风味的氨基酸。

乳酸菌发酵馒头的挥发性风味物质含量是普通馒头的1.60~1.85倍，且种类也显著增多，其中包括一些独特的挥发性物质，如2-乙基己醇、棕榈酸、乙酸己酯、4-庚烯醛等。乳杆菌发酵不但使小麦粉馒头和荞麦馒头的风味物质总量分别提高了53.11%~61.06%和24.16%~36.29%，还促进了馒头中内酯化合物5-苯基-2（3H）呋喃酮、5-丁基-2（3H）呋喃酮、壬酮和2-壬烯醛等的生成。KIM等也得出相似的结果。乳酸菌与酵母协同发酵的馒头风味物质含量和感官评分均比酵母单独发酵的高。研究表明，融合魏斯氏菌（*Weissella confusa*）和异常威克汉姆酵母（*Wickerhamomyces anomalus*）混合发酵馒头的风味强度明显高于酵母单独发酵，且使馒头酒香和果香更浓郁。利用酿酒酵母（*Saccharomyces cerevisiae*）与面包乳杆菌（*Lactobacillus panis*）混合（2:1）发酵苦荞麸皮馒头的感官评分也比酵母单独发酵的高。

不同发酵类型的乳酸菌对馒头风味的影响不同。异型发酵的短乳杆菌、罗伊氏乳杆菌、干酪乳杆菌和鼠李糖乳杆菌（*Lactobacillus rhamnosus*）等比同型发酵的格氏乳杆菌（*Lactobacillus gasseri*）、戊糖片球菌和乳糖乳球菌（*Lactobacillus lactose*）更有助于馒头风味的改善，前者有更强的麦芽味、水果气味、酒味和乳酸味，主要风味物质是乙醇、醋酸和酯类，而后者主要是壬醛和2,3-丁二酮等醛类和酮类。

4. 发展趋势

随着社会的进步和经济的发展，人们的消费趋势也在改变。当今世界食品发展的潮流是生产营养保健食品及天然无添加剂食品。菌种混合发酵除对产品风味有显著影响外，对其他方面也具有积极影响，能够满足当今消费需求，所以传统主食发酵剂再度引起了人们的关注。随着人们生活水平的不断改善，人类的消费逐渐关注于食品的健康因素，包括具有特定理化功能及有助于健康的功能性食品。而好的感官特性仍旧是任何成功食品的首要条件，不仅如此，消费者还期望食品满足其他标准，如安全性和方便性。

酸面团对于改善产品的质构和风味是有用的，它还可能稳定或增加生物活性物质的水平。在中国用传统发酵剂发酵（混合菌种发酵）馒头，具有悠久的历史，但从目前看，要使其迅速而稳定地发展，还有许多需要解决的问题，如质量标准、食品功能评价、新产品的开发等。运用现代微生物技术纯菌接种，进行多菌种混合发酵生产的馒头，既能解决传统主食发酵剂蒸制馒头时存在的缺陷，又充分利用了乳酸菌的有效特性，同时还保留了传统酵母的优势。而乳酸菌在馒头面团中的代谢包括碳水化合物及蛋白质等的代谢作用有待进一步研究。酸面团的许多应用有待开发，如应用自然发酵菌种或生产新型生物活性物质。期待充分发挥菌种混合发酵尤其是乳酸菌在中国传统主食馒头中的应用潜能，满足消费者的需求，满足时代的要求。

（二）面包

面包起源于西方，在西方的传统文化中，面包的含义被扩大了，面包不仅仅是面包，而且是人民生活所需的各种物质资源，还有人将其作为经济来源来指代。随着改革开放的不断深入，东西方文化不断融合，我国已经逐渐将面包当作常见主食。面包属于烘焙食品。近年来，烘焙食品作为主食或者代餐食品，在食品工业中的地位日渐凸显。近年来，烘焙食品在我国消费量剧增，总利润突破百亿大关且每年保持10%速度增长。面包作为焙烤食品中的主流产品，因其营养丰富，食用方便快捷，一直备受人们青睐。随着时代的发展，人们对烘焙食品品质要求不断提升，这也促使了烘焙行业在生产面包时对发酵剂以及营养物质做出调整，以期满足"绿色，安全，营养"等食用要求。传统烘焙食品的主发酵剂一般是干酵母，由于菌群较单一，在产生风味物质方面存在一定的缺陷。此外，单一地使用酵母进行发酵生产面包，面包在存储过程中易发生老化以及长霉，在面包制作中的使用弊端愈加明显。以乳酸菌为代表的混合发酵剂日前在工业应用中逐渐增多。其中，乳酸菌和酵母协同能促进面团发酵，增加营养物质的含量，并且在发酵过程中能抑制其他微生物杂菌的生长，相应地产生有机酸、多糖和酶等物质，能显著改善面包性能，提升品质。

相关研究表明，以此发酵剂做出的面包具有独特的风味、品质好、营养丰富、货架期长等优点，利用各种乳酸菌开发新型酸面团发酵剂的研究如今已成为国内外的研究热点。

1. 乳酸菌在酸面团中的作用

制作面包离不开酸面团；在通常情况下，酸面团中含有大量乳酸菌，如旧金山乳杆菌、干酪乳杆菌、植物乳杆菌、乳酸短乳杆菌、乳球菌等，另外，假丝酵母和肠球菌也是酸面团中常见的发酵菌，它们常与传统面包酵母混合作为酸面团的发酵剂。酸面团有许多优势，首先，它含有大量益生菌，乳酸菌和酵母的协同效果能促进面团的发酵，提高酸面团面包中矿物质及其他营养物质的含量和生物利用率，使面包具有更高的营养价值；其次，酸面团中大量的乳酸和酵母，及其酸性发酵环境可防止酸面团发酵过程中受其他杂菌的污染，起到抑制其他微生物繁殖的作用；再者，在酸面团发酵过程中，乳酸菌产生的有机酸、多糖和酶等物质，能对面团发酵特性和面包品质产生多方面的影响。大量研究显示，利用酸面团制作面包能增大面包体积、改良面包质构、提高面包风味，并且能提高面包抗老化能力，延长面包货架期。

传统方法自然发酵成熟的酸面团pH一般在3.5~4.3，按照20%酸面团的用量制作的主面团pH在4.7~5.4。酸面团的酸化会对构成面团中的面筋，淀粉和阿拉伯糖基木聚糖等产生影响。面筋在酸性环境下会发生膨胀，弱酸还促进面团中淀粉的水解，因此面团混合时间会缩短，面团稳定性降低，面团被弱化。另外，酸性环境的面团里存在大量正电荷，这会使分子内静电排斥作用加大，促使原来疏水性的面筋蛋白延展暴露，同时，分子间的静电排斥力还会阻碍新的面筋网络形成，所以，静电作用也会使得面团结构被弱化，面筋变得柔软。这都一定程度上提高了面团的操作性。酸性环境下，面团面筋蛋白质溶解度会增大。面粉中的蛋白酶在pH为4左右活性最强，若经过长时间发酵，酸面团中的一些氨基酸含量会较一般面团有明显提高。利于人体对氨基酸的吸收与利用。此外，还有试验证明有机酸对餐后血糖起作用，当面包中含有如乳酸、醋酸和丙酸等酸时，能减弱敏感性血糖症和胰岛素反应，从而起到降低食用者餐后血糖和胰岛素水平的作用。对糖尿病患者、高血糖患者有一定的保健作用。

全谷物除了富含膳食纤维、矿物质外，还含有广泛的营养因子和生物活性物质，即植物素，如苯酸、植醇、生育酚、三烯甘油酯和其他维生素，存在于颗粒的胚芽和外层。然而，由于缺乏诱人的风味和良好的口感，市场上全谷物食品非常少。与食品相关的疾病，如肥胖和Ⅱ型糖尿病，逐渐成为人类健康的极大威胁，并且正发生在西方世界、中国及印度，而全谷物食品对这些疾病具有预防作用。食用全谷物食品可以改善血糖水平、调控和降低糖尿病和某些癌症的患病率，因为完整的植物学结构可使得麦粒中包裹的淀粉不能被胃肠内淀粉酶快速消化。有试验证明，有机酸可对餐后血糖起作用。当某些酸如醋酸、丙酸和乳酸存在于面包食品中时，能够降低餐后血糖和胰岛素水平。面包中添加乳酸或酸面团发酵形成的乳酸，降低了灵敏的血糖和胰岛素反应。进一步的研究发现表明：在热处理过程中，乳酸的存在促进了淀粉和面筋蛋白之间的相互作用，降低了淀粉的生物利用，即酸面团发酵产生的有机酸能降低肌体对淀粉的消化能力。生产诱人的全谷物产品及增加全谷物的消费，加工是首要条件。加工必须首先赋予食品一种合适的形式和好的味道。加工可能降低或增加胚芽中生物活性物质的水平，并改变这些物质的生物利用性。利用酸面团工艺不仅能改善全谷物面包的口感和风味，还能增加产品的营养价值和健康价值。

膳食纤维的重要性已被许多研究所证明。典型西方膳食中膳食纤维的含量低于20g/d，而推荐量为25~30g/d，由于摄入的纤维太少，导致了一系列疾病的发生。焙烤工业中膳食纤维最普遍的来源是谷物麸皮，尤其是小麦麸皮。对大麦麸皮和燕麦麸皮的利用也逐渐普遍起来，因为它们的可溶性膳食纤维含量高，特别是含有混合相连的β-葡聚糖，但添加谷物麸皮，尤其是使其添加量达到益于健康的程度，会引起面包质量方面的严重问题。改善高纤维小麦面包的方法是：麸皮在添加到面团以前将其浸泡或发酵。浸泡虽能提高纤维产品的质量，但谷物麸皮层含有多种微生物，如枯草芽孢杆菌。麸皮浸泡环境恰恰适合微生物的生长，所以必须小心处理以避免微生物的危害。还有谷物全粉或纤维产品的其他安全问题应当始终关注：如存在的生物素或异种生物素底物等。酸面团能改善谷物麸皮，能够使更多麸皮用于面包制作。试验发现用酵母，尤其是酵母和乳酸菌应先发酵麸皮，由于面粉内源酶尤其是淀粉酶和蛋白酶的活性能够改善面包的体积及储存过程中瓤的软度。发酵产生的酸降低了面团pH，从而影响到酶的活性和面筋特性。依赖于小麦类型和胚的位置，碳水化合物降解酶如淀粉酶、戊聚糖酶或D-葡聚糖酶的适合pH范围较广（pH 3.6~5.6）。面粉中与面筋蛋白相关的蛋白酶通常在pH<4时有活性。酸面团中pH的快速下降可能降低淀粉酶活性，从而影响产品质量。

2. 乳酸菌对面包比容的影响

乳酸菌发酵和酸处理均会使面包比容增加，但发酵效果更好。利用乳酸、玉米粉和水制成的pH为3.4的酸面团制作玉米面包，比容为1.9 mL/g，小于植物乳杆菌发酵玉米面包的2.3 mL/g。国外有学者向面团中加入0.433%的乳酸：醋酸混合液（4∶1，体积比），制成酸处理小麦粉面包，测得比容为3.04 mL/g，显著小于植物乳杆菌FST1.7和旧金山乳杆菌LTH2581发酵面包的4.02 mL/g和3.54 mL/g（$P<0.05$）。

面包的比容还与乳酸菌的种类和添加量有关。国外学者分别利用植物乳杆菌、短乳杆菌和旧金山乳杆菌发酵大麦粉面包，测得比容大小各异。方靖将保加利亚乳杆菌、嗜热链球菌、干酪乳杆菌接种到10%乳粉溶液中制成发酵剂，将其添加到面包中，在0%~40%的范围内，比容随添加量的增加而增大。但如果乳酸菌发酵产生过多的酸，则会水解面筋蛋白，导致面团面筋网络变弱，使面包比容变小，因此，植物乳杆菌发酵荞麦面包的比容可能比酵母发酵的反而小。

乳酸菌发酵面包的比容还与原料和制作工艺相关。利用植物乳杆菌发酵的高直链淀粉大麦粉、全麦高直链淀粉大麦粉、普通大麦粉、全麦普通大麦粉和燕麦麸制作面包，比容大小各异。分别以5种伊朗小麦酸面团制作面包，其比容大小差异明显。还有利用马克斯克鲁维酵母（*Kluyveromyces marxianus*）、保加利亚乳杆菌和瑞士乳杆菌（*Lactobacillus helveticus*）混合发酵制作小麦粉面包，当前两者比例为1∶4、发酵温度为30℃和酸面团添加量为小麦粉质量30%时，面包的比容最大。国外学者经过反复实验得出结论，当使用酸面包发酵剂A和白麦面粉制作面包时，25℃发酵的比容最大。

将麸糠添加到面包中可增加膳食纤维，但因其不含面筋蛋白，弱化了面筋网络结构，使面包比容减小。研究发现，自然发酵对增加麸糠面包的比容作用不大，而酵母发酵尽管改善效果明显，但酵母不产酸、风味物质产生较少、产品保质期也较短。而添加乳酸菌与酵母协同发酵16h的麸糠面包的比容增大了14%左右，这说明两种菌株协同作用，对面包的品质提升更有利。

3. 乳酸菌对面包感官品质的影响

乳酸菌发酵可改善面包的色、香、味。有国外学者研究发现，食窦魏斯氏菌（*Weissella cibaria*）和肠膜明串珠菌（*Leuconostoc mesenteroides*）发酵面包比传统酸面团面包的甜度大，酸味小。植物乳杆菌和红乳杆菌混合发酵藜麦面包的色泽、咸味等感官特性有所提升。植物乳杆菌发酵的大豆面包可消除其豆腥味，其外观、色泽、风味和口感均比酵母发酵的感官评分高。植物乳杆菌发酵的紫薯粉面包色泽由浅紫色变为浅红色，其颜色评分比未发酵的紫薯粉面包的高。同时，嗜酸乳杆菌（*Lactobacillus acidophilus*）和米酒乳酸菌（*Lactobacillus sakei*）混合发酵的面包比单株乳酸菌发酵或酵母发酵的酸度高，挥发性风味物质多。植物乳杆菌，短乳杆菌和肠膜明串珠菌发酵玉米面包的表观、质构、口感和总体可接受性评分比单一菌发酵高。利用各种乳酸菌开发新型酸面团发酵剂的研究在近些年已成为了国内外的研究热点。在国外，2008年，国外学者Ann Fisher等指出，用克鲁维酵母（*Kluyveromyces marxianus*，IFO 288）、保加利亚乳杆菌（ATCC 11842）及瑞士乳杆菌（ATCC 15009）作为混合菌种发酵剂制作酸面团面包，通过测定酸面团面包乳酸和醋酸含量，面包体积，挥发性物质，保质期及感官品质，对菌种用量、酸面团用量、发酵温度等参数进行优选。发现采用混合菌种发酵制作的酸面团面包，其滴定酸度和乳酸含量，防腐能力，香气，口感都优于普通方法制作的面包。De Vuyst指出利用乳酸菌发酵酸面团对面包以下方面有显著影响。

（1）面团机械加工性等技术性特性。

（2）营养特性，如水解植酸盐，提高生物利用率等。

（3）感官性质，如改善面包体积，面包心结构，独特风味等。

（4）延长保质期。

Hansen等指出在抑制大肠杆菌方面，同型发酵的乳酸菌比异性发酵的效果更好。Ruas-Madiedo等则认为在乳制品发酵中常用的保加利亚乳杆菌，在对抵抗巨噬细胞的吞噬，噬菌体攻击，抗生素和有毒的化合物等方面都有作用。

S.Plessas等用10%（质量分数）嗜酸乳杆菌，10%乳酸菌*L.sakei*，5%嗜酸乳杆菌和5%乳酸菌*L.sakei*混合，发现混合菌种发酵的酸面团制作的面包比其他面包总滴定酸度更高，pH更低，保质期更长达12d，挥发性物质更多，面包总体品质更优。另外，常见的酸面团发酵菌还有乳酸短乳杆菌、植物乳杆菌、罗伊氏乳杆菌、干酪乳杆菌、乳球菌、假丝酵母、肠球菌，它们常与传统面包酵母混合作面包发酵剂。

　　酸面包的加工关键在于酸面团中的微生物组成，乳酸菌和酵母等混合发酵的酸面团为传统的面包发酵剂，用酸面团发酵焙烤的面包为酸面包。酸面团含有20余种酵母，其中酿酒酵母最常见，含有50余种乳酸菌，主要有旧金山乳杆菌（*Lactobacillus sanfranciscensis*），短乳杆菌（*Lactobacillus brevis*），植物乳杆菌（*Lactobacillus plantarum*）和发酵乳杆菌（*Lactobacillus fermentum*）。一般认为，酸面团应含有代谢活性的乳酸菌（10^8~10^9 CFU/g）和酵母（10^6~10^7 CFU/g），乳酸菌与酵母的比例为100：1时具有较优的活性。而乳酸菌对风味形成的影响导致酸面团发酵会产生两类风味化合物，即非挥发性和挥发性化合物。非挥发性物是同型发酵和异型发酵乳酸菌产生的有机酸。挥发性物是在发酵过程中通过生物和生化反应产生的醇、醛、酮、酯和羰基化合物。这些风味复合物由乳酸菌和酵母单一或通过相互作用产生。乳酸菌可改善酸面团的营养价值和健康价值，更理想的感官特性是食品成功的基础，消费者对食品的营养价值和健康价值也是特别关注的。

　　它可以减少抗营养因子。谷物是矿物质如钾、磷、镁或锌的重要来源。但是由于植酸的存在使得矿物质的利用受到限制。小麦和黑麦含2~58 mg/g植酸，以镁-钾盐的形式存在于颗粒的糊粉层。植酸与6个磷高度结合，并与矿物离子形成不可溶复合物，可阻止矿物质的生物利用。植酸还可与蛋白质的基本氨基酸形成复合物，降低蛋白质的生物利用。植酸含量的降低依赖于植酸酶的活性。植酸酶存在于谷物及酸面团酵母和乳酸菌中。一般来说，低pH有利于植酸的降解，酸面团或酸化面团能增加植酸的分解以改善矿物质的生物利用。酸面团的pH为4.5时，植酸酶的活性最佳，水解IP6为IP5，进一步将其水解为低分子质量的肌醇磷酸酯（IP4~IP1），这些物质较少，可与矿物质结合或形成较弱的矿物质复合物。人们还发现低分子质量的肌醇磷酸衍生物对预防冠心病、动脉硬化和神经组织疾病有作用。对照面团比较，用混合菌种（*Lb. plantarum*，*Lb.brevis*，*Lactobacillus curvatus*）制作的面团发酵12h后，IP6降低了80%~90%，这表明微生物在改善谷物产品营养价值方面具有潜力。

4.乳酸菌发酵面包的发展趋势

乳酸菌发酵面包作为天然健康食品发展前景广阔。近些年，国民对于面包的天然性及营养性十分重视，对其食用的安全问题与健康问题十分关注。现阶段，乳酸菌面包的发展趋势良好，其制作成分均来源于天然的水果与谷物。水果表皮的附着物可用于培养酵母，天然且无污染，无论是新鲜水果，还是晒干的水果。例如葡萄、葡萄干、桂圆、桂圆干等，新鲜水果多以含糖量较高的水果为主。用水果培养出的酵母，自身便带有一定的水果香味，用其做出的面包，深受广大消费者喜欢。谷物是人类生活的必需品，用其培养酵母天然，可再有。用此类物质培养酵母，虽发酵能力较弱，但可以有效遏制杂菌生长，能丰富面团的风味，并使其酸味有相应增加。从来源看，乳酸菌面包营养、健康，取自天然食物，现阶段发展前景较为良好，是人类生活中不可或缺的食品。

乳酸菌发酵面包市场需求不断加大。乳酸菌虽缺乏一定的发酵能力，但其包含的微生物丰富，味道浓郁。例如，植酸酶，可降解成为植酸，对于人体矿物质具有提高其吸收率的功效。胞外多糖体，是在对天然酵母进行发酵的过程中产生的，是面包改良剂的一种，其可以替代亲水胶体，提高胞外多糖体的产值，利于添加剂使用量的减少，从而可使面包的制作成本降低。而乳酸菌其自身便可作为一种生物型的防腐剂。在对其进行发酵的过程中，产生的有机酸、过氧化氢、乙醇及二氧化碳等抗菌物质，也具有相应的防腐作用，可以使面包的储存时间延长，减轻其因储存时间过长而产生的腐烂问题。乳酸菌面包因其成分中含有丰富的微生物，普遍受到人们的喜爱，其销售数量日益增加。生产结构的调整与工艺的进步，为酵母面包的生产与销售提供了支持。

乳酸菌拥有29种风味各异的物质，相比于普通面包，其物质种类多于9种。据分析，由乳酸菌参与下的发酵过程，产生的氨基酸都是以游离状态存在的，具有改变风味的作用，特别是鸟氨酸。充分利用乳酸菌的独特味道，是未来乳酸菌面包的发展趋势。引用相关的食品技术，可以使其风味种类高达45种。例如，气质连用技术，固相萃取技术等。其含有较高的酯类物质，使其风味更加丰富。

乳酸菌面包的制作材料，使其拥有丰富且独特的风味，其种类丰富，是由乳酸菌及多种酵母组合而成的，属天然健康食品。改变传统面包制作原料较为单一的问题，提高其发酵能力与活性，经过烘烤后，会增强面包外皮的口感。综上所述，采用乳酸菌发酵技术制作的面包，势必在未来市场中占据一席之地。

（三）米粉

米粉是我国特色小吃，是中国南方地区非常流行的美食。米粉以大米为原料，经浸泡、蒸煮和压条等工序制成的条状、丝状米制品，米粉质地柔韧，富有弹性。米粉是我国南方及东南亚地区重要的饮食组成部分。与我国北方地区面条相类似，通常呈长条状。

1. 米粉的加工技术

常见米粉的加工工艺有切粉类、榨粉类和其他类三种形式。其中，切粉类米粉是将部分米浆预先完全化，而后与生米浆混匀，涂于输送带上，经蒸汽隧道炉加热、风冷、切片成型；而榨粉类米粉则主要通过挤压成型的方式加工而成，即将大米经浸泡、湿磨、过滤脱水至水分含量为38%~42%后，水煮后置于挤压机内挤压成型。此外，米粉还分有发酵型米粉和非发酵型米粉。发酵型米粉是将糙粒大米经长时间的浸泡，自然发酵而成的，使其制得的产品与非发酵型米粉相比，具有更为特殊的质地特性，口感劲道，有咀嚼性。由于人们饮食习惯的不同，关于米粉的研究主要集中在中国和某些东南亚国家。在原料选择方面，2011年，张兆丽等研究发现，采用直链淀粉含量高于22%的品种制得的米粉品质最佳；在加工方面，2015年，马霞等研究发现，浸泡时间和温度是决定发酵型米粉品质的两个重要因素。

2. 乳酸菌发酵对米粉品质的影响

乳酸菌在米粉的自然发解过程中发挥着不可或缺的作用，其对米粉质构特性、营养特性和动能特性均发挥着积极的影响。稻米中主要成分为淀粉，故米粉被视作一种淀粉凝胶。研究发现，采用乳酸菌发感制得的米粉，由于乳酸菌在发酵过程中可代谢产生胞外酶和乳酸等有机酸，产品经发酵后直链淀粉的含量和平均聚合度均会显著增加。直链淀粉平均聚合度的增大可显著提高淀粉凝胶的弹性。因此，加入乳酸菌的米粉与非发酵型米粉相比，柔韧性、劲道感、拉伸性能等食用品质更佳。2001年，李里特等进一步证实了导致米粉中直链淀粉含量升高的原因主要是乳酸菌发酵过程代谢产生的乳酸菌，其可影响淀粉结晶区的比例，从而可导致大分子支链淀粉的断链与脱支，进而使其发生直链淀粉含量增加等现象。此外，乳酸菌发配程可代谢产生多种具有抑制腐败细菌的细菌素，有效延长产品的货架保质期。

发酵米粉通常采用自然发酵的方式，2013年，佟立涛等研究发现，米粉在发酵加工过程中微生物多样性发生着不断的变化。其中，主要以乳酸菌为主，且在发酵过程中始终保持着菌群优势，酵母主要在发酵前24h生长速率较快，而后趋于稳定。由于霉菌生长需要大量的氧气，故在米粉发酵过程中多生长于发酵液的表面，对米粉的发酵过程所发挥的作用较为有限。近年来，众多学者针对发酵米粉中的菌群多样性进行了深入研究。2006年，鲁战会等对湖南常德发酵米粉菌群组成的研究发现，该地区米粉主要由乳酸杆菌属、链球菌属和酸酒酵母等组成；而后又对中国和南亚3个地区14个样品的菌群分析发现，植物乳杆菌和酸酒酵母是发酵米粉的主要优势发酵菌种。

米粉品质与硬度、咀嚼性、弹性和回复性呈正比。乳酸菌发酵可以改善米粉品质，且与菌种组成、比例和发酵时间有关。利用植物乳杆菌、发酵乳杆菌（*Lactobacillus fermentum*）和罗伊氏乳杆菌（*Lactobacillus reuteri*）单独和混合（1：1：1，体积比）发酵米粉，除了发酵乳杆菌外，其他发酵米粉的硬度、咀嚼性、弹性和回复性均显著增加（$P<0.05$），单菌种发酵时，罗伊氏乳杆菌发酵变化最大；另外，发酵使米粉复水率增大、蒸煮损失率和断条率减小。LIN等研究发现，不同比例的发酵乳杆菌与假丝酵母混合发酵可提高米粉的硬度和咀嚼性，其中5：5和8：2的效果最佳，检测发现在该比例下淀粉颗粒结构完整性破坏较少，使米粉淀粉颗粒膨胀稳定性较好，从而增加了米粉的硬度，提高了其咀嚼性和口感。研究发现，发酵0~12h米粉的硬度、弹性和回复性变化明显，由于支链淀粉被水解，其平均聚合度降低，使米粉硬度减小，还有直链淀粉含量增加，强化的凝胶网络增强了保水性，使米粉弹性增加。12~84h米粉质构变化不明显，但84~96 h米粉硬度和回复性显著增加（$P<0.05$）。

乳酸菌发酵可以提高米粉的感官评分。国内学者研究发现，当发酵乳杆菌：假丝酵母的比例为5：5和8：2时，发酵的米粉感官评分比0：10、2：8、10：0、未发酵和自然发酵的高。此外，植物乳杆菌YI-Y2013发酵米粉的风味物质主要有壬醛、辛醛、2,4-戊二烯醛等醛类和己醇、1-正壬醇等醇类，其感官评分比未发酵的和另外5种混合发酵剂发酵的高。

（四）面条

面条是一种用谷物或豆类的面粉加水磨成面团，然后通过物理方法制得的。在我国的一些省份，面条是百姓每天必备的主食。面条作为我国的传统主食之一，因其烹调方便、易消化吸收、营养价值高等优点而深受人们的喜爱。面条的种类很多，其中拉制面条具有独特的质构和口感，但拉制面条不但制作工艺复杂，主要需要由拉伸性能良好的面团来制作。例如拉面，作为一种非常受欢迎的传统面食，对面团的拉伸性能要求很高。传统拉面制作工艺中，会添加拉面剂（蓬灰），它能够增强面团的延伸性。然而，在食品中加入蓬灰会产生一种刺激性气味，而这对人的健康会造成潜在的危害。乳酸菌是一种新型安全、高效、成分明确的改良剂，通过改变加工工艺的方式可以提高面团延伸性能。研究表明，一定程度的发酵作用不仅能够提高面制品的营养价值、增加面制品风味，而且在很大程度上可以改变面团的内部结构，对面团的流变学特性有一定改善作用。例如，贵州绥阳的空心面，这种面条在制作的过程中经过了多次发酵、多次醒发的过程，持续的发酵作用使面条形成了中空的细孔，由这种方法制作的空心面往往能够被拉至数米长。与此类似的制作工艺又如河南省信阳市光山县的油条挂面，也是采用乳酸菌发酵的制作工艺，得到的挂面能够拉数米长。这是由于适度发酵有利于面筋蛋白沿长度方向上面筋网络形成，增加了面团的延伸性。但这方面的研究较少，尤其是对于发酵菌种和发酵条件的控制没有较深入的理论研究，大部分的发酵拉制面条生产仍是靠经验、靠天气的作坊式生产，甚至生产者根本就不清楚发酵的发生和其所引起的改变，因此产品的品质不稳定，无法实现大规模生产。另外，这两种自然发酵的拉制面条，由于发酵条件得不到良好控制，往往通过大量添加食盐来保证面团的操作性能，造成面条成品的含盐量较高，对口感和健康不利。已有发明专利成功地利用混合乳酸菌发酵，结合传统手工拉制面条制作方法，通过控制发酵条件和工艺，制备出营养价值高、拉伸性能良好的拉制面条，使拉制面条不仅更加安全，而且营养美味，爽滑适口，符合现在人们对于新类型食品的更高追求。但是由于种种因素制约，暂时尚未实现产品的工业化。

选用三种不同乳酸菌（植物乳杆菌、乳双歧杆菌、嗜酸乳杆菌）混合发酵，结合传统工艺拉制面条，可制备出一种拉伸性能良好、营养美味、爽滑适口的拉制面条。以下为具体操作要点。

（1）和面　称取适量的高筋面粉，以面粉量为基称取2%~3%的食盐、将1%~3%的混合乳酸菌（植物乳杆菌0.8%~1.8%，乳双歧杆菌0.3%~1%，嗜酸乳杆菌0.2%~0.8%）溶于盛有53%~55%水的烧杯中，一起加入到和面机中，搅拌13~15min后取出面团；

（2）面团发酵　将步骤（1）所得的面团以保鲜膜覆盖，在温度30~35℃、相对湿度80%~85%的醒发箱中发酵1~1.5h；

（3）切大条　将步骤（2）面团取出，切成直径为3~4cm的长条，用手反复来回捻搓成直径为1.5~2.5cm的圆条；

（4）盘条发酵　将步骤c中长条盘起来置于容器中，刷涂上食用油；以保鲜膜覆盖，放入温度30~35℃、相对湿度80%~85%的醒发箱中发酵1~1.5h；

（5）搓小条　将步骤（4）中的面条拿出在面板上搓成直径为0.8~1.5cm的小条；

（6）上杆绕条　将小条缠绕在两根长约50cm竹竿上，间距15~30cm；

（7）最终发酵　将上杆后的面条置于温度30~35℃、相对湿度80%~85%的醒发箱中发酵1~2h；

（8）拉制　取出竹竿，双手握住竹竿两端，以适当力度拉制一定长度，制成直径为1~2mm的面条；

（9）切条收面　用刀沿纵向竹竿两端方向将面条切断，将面条整理好放入托盘中。

具体实例为：称取200g高筋面粉、4g食盐于和面机中搅拌均匀，将1.0g植物乳杆菌、0.5g乳双歧杆菌和0.5g嗜酸乳杆菌加入106g的水中，充分溶解后倒入和面机中，和面13min后取出面团，以保鲜膜覆盖，在温度35℃、相对湿度84%的醒发箱中发酵1h。将面团拿出，切成直径为3cm长条，用手反复来回捻搓成直径为2cm的圆条；再将面条盘起来刷涂上食用油，以保鲜膜覆盖，放入醒发箱，发酵1h。将面条拿出在面板上搓成直径约为1cm的小条；将长条盘起来，刷涂上食用油；以保鲜膜覆盖，放入温度35℃、相对湿度84%的醒发箱中发酵1h；再将小条缠绕两根长约50cm的竹竿上，间距20cm；将面架置于温度35℃、相对湿度84%的醒发箱中发酵2h；取出面架，双手握住竹竿两端拉制至合适长度，得到直径1mm的面条；用刀沿纵向竹竿两端方向将面条切断，将面条整理好放入托盘中。

实验证明，将乳酸菌发酵法应用到拉制面条的制作工艺中，提高了面团的延伸性，使其易于拉伸，通过多次发酵、拉伸，制备出的拉制面条营养价值高、拉伸性能良好、口感劲道爽滑。同时，植物乳杆菌发酵面条的色泽、外观、适口性、韧性、黏性和光滑性的得分均比未发酵的得分高。与未经乳酸菌发酵的对照品相比，其发酵面条的硬度和弹性增加，酸味减轻。同时，面条口感与硬度、弹性和咀嚼性呈正相关，与黏度呈负相关，最大剪切力较大的面条具有更好的筋道感和弹性。乳酸菌发酵可以改善面条的质构，利用植物乳杆菌发酵的面条与未发酵面条相比，硬度和最大剪切力增大、黏度减小，这说明发酵面条品质较好。保加利亚乳杆菌、植物乳杆菌、短乳杆菌和旧金山乳杆菌发酵12h，可增加燕麦面条的硬度，且耐咀嚼性提高，蒸煮损失率降低，其中，植物乳杆菌的改善效果最佳。研究表明，发酵使支链淀粉平均链长增加，分支密度下降，使得其对长链的空间阻碍作用减弱；直链淀粉含量增加可促进交联缠绕，利于形成更强的凝胶，从而提高面条品质。

二、乳酸菌谷物类饮料

（一）谷物饮料的发展概况

我国的传统饮食结构以植物性食品为主，其中以谷物食品为重，谷物食品作为人类最基本的膳食纤维来源，对人体健康起着至关重要的作用。发酵型谷物饮料，是以谷物为主要原料，通过酶降解和发酵工程等技术调配而成的饮料，这种饮料能适应消费者需求。从总体上看，我国谷物饮料的生产水平和消费水平与世界平均水平相比尚有一定的差距，清心堂的市场调查发现，国内市场滞后欧美、日韩地区饮料市场6~10年。早在1995年，韩国的"雄津"牌米乳产品悄然进入中国，一直销售至今，并在2003年销售数量达1亿瓶（罐），销售额近0.8亿美元。而我国，谷物饮料发展较晚，近几年才逐渐成为我国饮料行业的新成员。2007年，厦门惠尔康集团率先在国内推出"谷粒谷力"系列谷物饮料，年生产能力超过30万t。2008年，佛山广粮饮料食品有限公司相继推出"粗粮系列谷物饮料"，包括燕麦浓浆、小米红枣浓浆、红豆浓浆等。近年，国内谷物饮料突然成为饮料市场的一匹"黑马"，发展增速惊人，吸引众多饮料巨头纷纷涉足，如中粮的"粗粮"、维维的"维维谷物饮料"、伊利的"谷物多"、蒙牛的"谷物牛奶"等众多谷物饮料。据了解，亚太地区的谷物早餐规模已达到16亿美元，其中尤以中国市场成长最为迅速，每年增幅达7%。

　　世界范围内，常用于传统的谷物发酵饮料的细菌有肠膜明串珠菌属、乳杆菌属、链球菌属、小球菌属等；真菌有曲霉菌属、拟青霉属、分子孢子属、镶刀霉、青霉属和单端孢属。土耳其的Boza是由小麦、黑麦、玉米和其他谷物混合并加入蔗糖，在30℃条件下，经长时间发酵加工制作而成的。对Boza中菌株进行分离鉴定发现，其主要由旧金山乳杆菌、类肠膜明串珠菌、肠膜明串珠菌、棒状乳杆菌、葡聚糖明串珠菌、发酵乳杆菌、酒明串珠菌、葡萄汁酵母、酿酒酵母构成。Mahewu是津巴布韦的一种传发酵粗粮饮料，主要以玉米和高粱为原料，在45℃条件下经16h的发酵加工制得。研究已证实其主要发酵微生物为乳球菌，其中，由于乳酸乳球菌可代谢生成乳酸链球菌素，因此产品具有抗沙门菌、空弯曲杆菌和大肠杆菌等作用。

　　发酵谷物饮料是以谷物为主要原料，采用发酵工程和酶法相结合的技术，利用酶将谷物中的淀粉转化为乳酸菌可利用的低聚糖，添加适当的氮源物质，经乳酸菌发酵制备的一种功能性谷物发酵饮料。该产品既保存了谷物的营养价值，又具有乳酸菌发酵制品的营养保健作用，口感独特，其营养价值和保健功能均高于纯动物蛋白食品，产品成本低廉，有着很大的市场发展潜力。天然谷物经过发酵可以合成某些氨基酸，提高B族维生素的利用率。在发酵的同时为酶解植酸提供最佳的pH环境，由于谷物中的植酸常与铁、锌、镁和蛋白质结合在一起，因此植酸的减少可以增加可溶性铁，锌，钙离子的含量。先将小米糖化液化，再同时接种3.5%的乳酸菌和0.6%的酵母，于35℃下发酵10h，4℃后贮藏2d，得到一种营养丰富，酸甜可口且醇香浓郁的小米发酵饮料。2008年，颜海燕等将玉米与水按100g/L的浓度混合，接种乳酸菌发酵，发酵温度为37℃，时间12h，发酵后添加0.1%黄原胶和0.15%的CMC，制作出一种玉米发酵饮料。葛磊等先用乳酸菌以接种量3%，发酵温度42℃，发酵时间9.15h，然后再用酵母以接种量0.13%，发酵温度33℃，发酵时间1.5h，研究了不同发酵工艺及发酵菌种对全燕麦发酵饮料品质的影响，得到独特的两次发酵全燕麦饮料的制备工艺，生产出一种有特殊口感和风味的燕麦发酵饮料。

　　通过实验测得菌种的最佳发酵温度后，进行恒温保存，直到酸度达到设定值。国内学者对发酵谷物的乳酸菌菌种进行了比较深入的研究。2002年，杜云建等以黑大麦、牛乳为原料，用驯化的乳酸菌种进行发酵制成营养丰富、酸甜适口的黑大麦乳酸菌饮料。结果表明，黑大麦浸出物浓度为17%，接种经梯度驯化的乳酸菌为3%~5%，在42℃的条件下发酵8h后，制出了具有发酵麦香味的黑大麦乳酸菌饮料。2002年，国内有学者以糖化的大米为基质，对6株乳酸菌的发酵性能进行了测试，其中以嗜酸乳杆菌产酸最高，产酸速度最快。确定了嗜酸乳杆菌、乳明串珠菌和两歧双歧杆菌为最佳菌种组合，并通过scheffe三因子单形重心设计法，确定了最佳种间比，即La:L1:Bb=3:3:2。证明了多菌种混合发酵比单一的菌种发酵谷物的效果更好。2004年，孔庆学等以嫩玉米为主要原料进行乳酸菌发酵生产发酵乳食品。通过正交实验确定最佳稳定性参数及风味的研究。试验结果表明，嗜热链球菌与干酪乳杆菌混合发酵，菌种的比例为1:1，pH为3.5~4.0；CMC、黄原胶用量分别为0.15%、0.1%；玉米乳与牛乳的比例为3:2；玉米品种为沈农2号；成品具有酸甜可口、风味独特、色泽宜人、营养丰富等特点。科学家们在实验中首先对保加利亚乳杆菌和嗜酸乳杆菌的培养特性进行了研究，结果表明经过驯化的乳酸菌产酸效果明显高于未驯化的菌种，复合菌种发酵样品风味明显好于单菌种发酵的风味。具体的最佳工艺参数是：粉碎颗粒大小为30~50目、料液比为1:18、浸泡时间为2h、蔗糖添加量为3.5%、乳粉添加量为1%、添加量为2.5%、保加利亚乳杆菌和嗜酸乳杆菌的接种比例为3:2、发酵温度为37℃、发酵时间为6h。由于各种谷物都具有自己的特殊风味，对发酵饮料的成品风味及组织状态都有很大影响。

近年来，国内很多学者对谷物乳酸发酵饮料的原料进行了研究，制作了各种不同风味的发酵饮料。2004年，饶佳家、陈柄灿以桑叶和糯米为原料，采用烘干、打浆、浸提、酶处理、调配、均质等加工工艺，研制出一种富含膳食纤维的桑叶米乳营养保健型饮料，并在实验中解决了米乳中由于含淀粉质较多而易沉淀的问题，最后提出了合理的生产工艺流程。早在1998年，马晓军等就以碎米为原料，利用酶和微生物加工不发酵和发酵米汁饮料工艺总结了不同加工工艺条件对产品品质和原料利用率的影响，确定了最佳工艺条件，分析了产品的理化指标，为碎米的利用开辟了新途径。郑建仙进行了米乳汁发酵饮料的研究，以大米或碎米为原料，根据中国传统酒酿的制备原理，研制出一种新型的米乳汁饮料。该产品具有牛乳的外观，酒酿的风味和碳酸水的口感，市场前景广阔。适宜的发酵条件是28~30℃，55~65h。产品含20%固形物，15.45%还原糖，0.52%有机酸和1.5%乙醇。

（二）谷物饮料的制作工艺

通过对国内外谷物乳酸菌饮料工艺的比较，发现它们都有相同的主线。

1. 谷物乳酸菌饮料工艺流程

谷物 → 磨浆 → 糊化液 → 糖化 → 添加稳定剂及牛乳或其他氮源 → 均质 → 杀菌 → 发酵剂（驯化与选择）→ 发酵 → 后期调配 → 成品

2. 操作要点

磨浆是将谷物磨成小分子颗粒，使产品口感细滑，顺畅，使香味物质释放自然，协调，也使产品可保持在一定的稳定状态。细磨加工具有操作简单，耗时少，生产效率高等特点。但细磨加工对谷物营养损耗严重，尤其是维生素和膳食纤维。2011年，贾卫昌在"谷物加工过程对营养素的影响"文章中介绍，小麦采用细磨加工出粉率80%时，膳食纤维的质量分数由10.8%锐减至3.0%。细磨加工产品的口感和营养价值与酶解，发酵工序的产品存在一定的差距，是谷物饮料初级发展阶段。然后将淀粉与水加热到一定温度，使淀粉粒溶胀、分裂、体积膨胀、黏度急剧上升，变成均匀黏稠糊状物的过程。

用淀粉酶水解淀粉，使其分子质量变小、黏度急剧下降，成为液体糊精的过程。

利用淀粉酶或酸的催化作用，使淀粉分解为低分子糖（如低聚糖、葡萄糖等）的过程。有些工艺过程可不加入糖化工艺。

稳定剂的选择与添加：由于谷物与牛乳是一个复杂的体系，如果没有添加合适的稳定剂，这个体系很难达到稳定状态。物料经过均质后，体系的颗粒更小，更容易以稳定的状态悬浮。

发酵剂（驯化与选择）：选择更加合理的菌种与然后经过传代驯化，得到所需要的产酸能力强、时间短的发酵剂。

（三）谷物饮料的微生物检测与质量控制

卫生质量直接关系到消费者的身体健康，无论是饮料加工中常用的热力杀菌还是高压致死杀菌，以及无菌包装，都无法100%保障产品卫生质量安全。

卫生检验是饮料产品必不可少的环节。根据《食品微生物学检验 冷冻饮品、饮料检验》(GB/T 4789.21—2003),饮料产品主要对细菌总数,大肠杆菌数,霉菌数,酵母数,致病菌进行检测。国内外微生物检测技术已从传统培养方法向分子水平迈进,并朝着自动化,标准化的方向发展。传统的微生物检测方法主要包括标准平板培育法、显微镜直接观察法、干重法、细菌长度测定法等。饮料企业一般采用平板培育法,目前市场上已经出现各种显色培养基,利用微生物自身代谢产生的酶与相应显色底物反应显色的原理来检测微生物的新型培养基,这些相应的显色底物是由产色基因和微生物部分可代谢物质组成的,在特异性酶作用下,游离出产色基因并显示一定颜色,直接观察菌落颜色即可对菌落作出鉴定,合并检验步骤,使培养和鉴定一步完成,从而达到快速检测的目的。分子生物学技术的发展使得微生物的检测技术进一步向分子水平迈进,如基因探针法、PCR技术、PCR-DGGE技术等。生物快速检测法也不断发展,人们进一步研制了自动、半自动微生物检测仪,主要包括免疫磁性微球、电阻电导检测Bactometer系统、全自动微生物分析系统(VietkAM)、VIDAS全自动免疫分析仪等。国内关于谷物饮料的微生物检测技术尚不成熟,没有专门的微生物检测平台,主要是借助在微生物、药品等行业的检测技术,上面这些检测技术,为饮料行业提供了很好的借鉴。

(四)几种典型谷物发酵饮料简介

1. 格瓦斯

在俄罗斯第一次有关格瓦斯的记载曾经出现在一本很古老的编年史当中,其中写道,公元988年,基辅大公弗拉基米尔宣布基督教为基辅罗斯国教,当时他要求所有臣民跳进第聂伯河洗礼,放弃多神教,接受基督教,并宣布发放啤酒、蜂蜜和格瓦斯犒劳大家。最初酿造格瓦斯的基本原料是面包干屑、麦芽和浆果。1898年 Л.И.Симонов 所发表的著作中阐述甚详。张柏青编译 ПроивводствоКваса(1982)В.В.Р у дод ьф著,记载的格瓦斯生产工艺如图4-1所示。生产工艺包括两次发酵法,即先用酒花水拌面粉进行发面,之后烤成面包,面包再用70~80℃的水进行浸泡,浸泡12h后过滤,滤出的面包汁进行自然发酵或加酵母发酵,发酵12h,此谓前发酵。前发酵后经过过滤或径直取其上清液,再加糖和酒花水等进行配制,然后灌装到啤酒瓶内进行后发酵,发酵3~7d，一次发酵法：北京市发酵工业研究所1983年9月5日进行了一次发酵法中型试验技术鉴定。特点是采用纯菌种（酵母和乳酸菌），使用密闭发酵罐。1997年哈尔滨红玫瑰饮料厂的老哈牌格瓦斯面市。2010年秋林格瓦斯恢复生产，通过选育新菌株，利用多菌株共生发酵。

工艺流程以下两种为：

格瓦斯面包→浸提液→酵母+乳酸菌→ 发酵 → 过滤 →配料→ 汽水混合 → 包装

传统面包（大列巴）→ 二次烤焙 → 粉碎 →浸提液→ 糖化 →酵母+乳酸菌→ 发酵 →配料→ 过滤 → 杀菌 → 包装

秋林格瓦斯以俄式面包为原料，面包三次发酵，手工成型，面包二次焙烤，浸提及糖化，双菌株发酵，虹式过滤，UHT杀菌，无菌冷灌装是生产加工技术的要点。2012年1月至2014年3月期间的应用技术成果"高浓稀释工业化生产秋林格瓦斯技术"，在"高浓稀释，外加酶助滤，混合菌种发酵"等方面取得重要突破。该技术在我国处于领先地位，获得市级科技进步三等奖，省级科技成果鉴定。典型的工艺流程如图4-1所示。

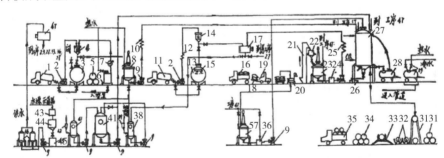

图4-1　发酵法生产格瓦斯的典型性工艺流程

（1）原料选择　最初格瓦斯的生产原料比较单一，几乎都是用面包来制作格瓦斯。随着格瓦斯逐渐被更多的人接受，其生产也不再只是作坊式的，而是有了工业化的生产，因此就面临着一个问题，以面包为原料生产格瓦斯，其面包的浸出率比较低，这样原料的浪费就比较严重，从而造成生产成本的升高；另外，其他国家如日本，也根据自己国家的原料情况，做了一些相关的研究。结果表明，采用大麦芽直接粉碎浸出得到的麦芽汁也是一种很好的格瓦斯生产原料，有很多生产厂家也采用了面包与大麦芽混合原料来制作格瓦斯。近年来，国内也有一些研究者研究新型格瓦斯饮料，他们根据地区优势，发展了一些其他的原料，如刺梨、高粱、马铃薯、红麦、玉米、木薯、花舟、胡萝卜等，还有一些果蔬类的格瓦斯饮料出现，大大地丰富了格瓦斯的种类，也有更多不同风味的格瓦斯饮料，能够得到更广泛人群的接受。

由于面包屑的利用率较低，约为30%，目前生产格瓦斯的原料主要是大麦芽，大大地提高了利用率，降低了生产成本。大米是一种传统的用于酿酒的原料，含有丰富的营养物质，是B族维生素的主要来源，含有独特的谷维素、稻糠固醇、花青素等，能够减少色素沉着、改善肌肤色泽、促进肌肤新陈代谢、防肌肤老化等，经酵母发酵制得的米酒还具有独特的风味；玉米在我国的产量较高，是一种营养物质比较全面的谷物，不仅含有丰富的碳水化合物和蛋质等，还有一些不饱和脂肪酸（如亚油酸）、丰富的硒镁元素、膳食纤维、维生素E及独特的玉米黄素等，有防治便秘、延缓衰老、预防眼睛老化和降低血液胆固醇含量等多种功效。以大麦芽、大米和玉米作为原材料，经乳杆菌和酵母共同发酵制得一种新型的谷物格瓦斯饮料，成本低廉、风味独特，丰富了格瓦斯的品种，为谷物格瓦斯的工业化生产提供了依据。

（2）发酵剂选择　直投式发酵剂和复合发酵剂直投式发酵剂指不需要经过活化，扩增而直接应用于生产的一类新型发酵剂，主要特点是：活菌含量高达（$10^{10}\sim10^{12}$）CFU/g，保质期长，接种量少，使得每批发酵产品质量稳定，也防止了菌种的退化和污染，大大提高了劳动生产率和产品质量。直投式发酵剂的制备是经液体培养基增殖培养、浓缩分离，配以生物保护剂，经冷冻或冷冻干燥制成的冻藏或冻干发酵剂。复合发酵剂是一种混菌发酵体系，由乳酸菌、酵母和醋酸菌等多种有益微生物构成的，能同时进行乳酸、醋酸和酒精发酵等多个发酵过程的复合发酵剂，使制品除具有独特、浓郁的风味外，还由于产生了胞外多糖、乳酸链球菌素等，使得产品具有更好的商品品质和营养价值。

2. 大米乳酸菌发酵饮料

大米属于"五谷之首"，是我国的主要粮食作物。大米富含淀粉和蛋白质，消化率高，易被人体吸收。大米还可提供丰富的B族维生素，如维生素B_1、维生素B_2、烟酸、维生素B_6、泛酸、生物素等。中医认为大米性味甘平，有补中益气健脾养胃、强身健体等功效。大米乳酸菌发酵饮料是先将大米中的淀粉糖化，再经乳酸菌发酵制备的一种营养丰富，口感、风味俱佳，并具有一定保健功能的饮品，对维持肠道健康具有良好的作用。

（1）生产工艺流程

大米 → 粉碎 → 蒸煮 → 冷却 → 糖化 → 糖化（加入麦芽汁）→ 过滤 → 冷却 → 前发酵 → 后发酵 → 稀释 → 过滤 → 调配 → 均质 → 灭菌 → 灌装 → 成品

（2）操作要点

① 粉碎。选择新鲜、无霉变的大米或碎米，粉碎成细粒或粗粉状。为了使糖化效果更好，还需加入麦芽。因麦芽中含有丰富的淀粉酶，可加速淀粉的糖化速度，同时麦芽可赋予饮料特有的香味。麦芽需粉碎成粗粉备用。

② 蒸煮。大米发酵饮料的生产需经糖化，而糖化前需对原料进行蒸煮糊化，将原料与水按1∶5的比例调匀，常压蒸煮1h，然后冷却备用。

③ 麦芽汁制备。麦芽汁的制作是按麦芽与水1∶5的比例浸渍的，浸提温度为50~60℃，浸渍时间约1h。

④ 糖化。待大米浸提液温度降到50℃左右时，加糖化酶和麦芽汁，搅拌均匀进行糖化。糖化酶一般按发酵液的1%添加，麦芽汁则按原料质量的30%加入。糖化时间视糖化液浓度和酶制剂的活力及糖化温度而定，糖化在60~65℃温度范围进行，糖化时间为3~4h，糖度应达到10%左右。

⑤ 接种乳酸菌发酵。糖化醪经60目筛过滤后，调糖度在10%以上，按照糖化醪质量接种乳酸菌直投式发酵剂，一般选用嗜热链球菌和保加利亚乳杆菌混合的发酵剂。前发酵温度应控制在40~43℃，发酵时间70~80h，pH降至4左右，外观呈凝乳状即可转入后发酵。后发酵在4~5℃环境下进行，发酵时间15~30d，以利于发酵液的澄清和提高成品风味。一般来说，前发酵以产乳酸为主，后发酵以生香为主。

⑥ 过滤。由于后发酵处于低温，发酵时间长，发酵缸底部沉淀物较多，需经过过滤除沉渣。为使过滤液清澈透明，可采用棉饼过滤机进行过滤。

⑦ 调配。发酵过程中微生物消耗了大量糖分，同时产生乳酸等有机酸，因此，过滤液的甜度低、酸度大，不适合直接消费，需要进行调味。一般添加蔗糖果汁、稳定剂等，例如，可添加总量5%~10%的苹果汁及适量稳定剂（如海藻酸钠0.15%~0.4%，羧甲基纤维素钠0.1%~0.5%），并对发酵滤液进行适当稀释。经调配后，糖度应达到8%~12%，pH应在4~4.5。其他呈味呈香物质，可根据消费者的爱好，适当添加。

⑧ 均质。为使成品饮料口感柔和细腻、稳定、不沉淀，应经高压均质，

均质压力一般为25~30MPa。

⑨ 灭菌、灌装。经过均质后，通过超高温瞬时灭菌机121℃，灭菌3s，出料温度控制在85~90℃，趁热无菌灌装、封口。经检验合格者即为成品。

3. 玉米乳酸菌发酵饮料

玉米是当今世界最重要的三大粮食作物之一，我国的玉米是被列于稻谷之后的第二种主要粮食作物，产量占我国粮食总产量的26.9%。玉米的主要成分是淀粉（大约占干物质质量的72%）。其籽粒中含有2.1%~2.3%的粗纤维，主要存在于果皮或种皮之中。除此之外，玉米含有人体所必需的蛋白质、脂肪、氨基酸及微量元素。玉米乳酸菌饮料是玉米淀粉经液化、糖化后获得糖化液，再经过调配后，接种嗜热链球菌和保加利亚乳杆菌，有时还可接种双歧杆菌等其他乳酸菌进行发酵，再经调配后获得的一种产品。

（1）生产工艺流程

玉米淀粉→ 调乳 → 液化 → 糖化 → 灭酶 → 接种发酵 → 冷却 → 调配 →
均质 → 灌装 → 灭菌 → 冷藏

（2）操作要点

① 玉米淀粉调乳。选用优质玉米淀粉，加水调整成30%的淀粉乳。

② 液化、糖化。调pH 6.5（α-淀粉酶不耐酸），调节温度至55℃，加入米曲霉α-淀粉酶（12μg/g），保温1h进行液化。再调pH 4.5，温度60℃，加入葡糖淀粉酶（200μg/g），保温24 h，进行糖化，测定DE值，糖化后可达95以上。

③ 灭酶。升温至90℃，保温10min灭酶。

④ 接种乳酸菌发酵。向发酵罐中投入嗜热链球菌和保加利亚乳杆菌混合投式发酵剂接着进行发酵，发酵温度41℃，也可与双歧杆菌等益生菌共同混合发酵3h。

⑤ 冷却、调配。发酵结束后，冷却至20℃，加入经过杀菌过滤的蔗糖溶液（蔗糖添加量为5%）、稳定剂（羧甲基纤维素钠与海藻酸丙二醇酯的复合稳定剂），加水调浆至20%~30%，用酸味剂调酸至pH为3.9。

⑥ 均质。调配后的发酵玉米饮料预热到53℃，由均质机均质，均质压力为25MPa。

⑦ 灌装、冷藏。均质结束后灌装，然后在4℃以下进行冷藏。

4.薯类乳酸菌发酵饮料

薯类食品一直是百姓津津乐道的保健食品。特别是随着国家启动马铃薯主食工业化项目以来，薯类食品更加备受追捧。乳酸菌在薯类食品中也有应用和推广的成功案例。只是限于产业化程度不够，未能走进规模化、走入人们的视野中。

目前，马铃薯乳酸菌的开发研究还处在初级阶段，如果以马铃薯为乳酸菌发酵原料，可以充分利用马铃薯资源，丰富乳酸菌发酵的风味。目前，乳酸菌发酵的马铃薯成型产品主要为马铃薯乳酸菌饮料。利用乳酸菌是对人体有益的菌群，能够保持人体健康，维持肠胃的正常环境，促进食物的消化和吸收，对于病原菌等有害菌体有抑制作用。由于乳酸菌的功效突出，并且富有营养，常应用在食品制作中。乳酸菌发酵可以让食品更有利于储存，提升食品的风味。生产马铃薯乳酸菌饮料，要严格按照乳酸菌的生产工作流程进行操作，对原材料进行加工处理。首先要利用原材料和菌种来发酵乳酸菌，当乳酸菌发酵完成之后，技术人员应该检查乳酸菌是否被污染，检测其中的营养；然后再根据饮料配方添加其他物质，如白砂糖、稳定剂等，最终制作出马铃薯乳酸菌发酵饮料。马铃薯首先洗净、去皮，切成大小合适的块状，然后煮3min。煮过以后的马铃薯加入水，然后用打浆机打浆，打浆过后糊化15min。马铃薯浆经过糊化、液化、糖化之后，再经过滤和灭菌，得到马铃薯汁。马铃薯汁中加入不同的发酵菌种，然后在培养箱中在40℃下培养，当发酵液pH为4.5时，样品即发酵完成，可以先冷却样品，再置于4℃后熟，测定样品的酸度变化。在马铃薯乳酸菌发酵完成后，要对乳酸菌的卫生程度以及营养情况进行检验，然后配制乳酸菌饮料。乳酸菌饮料的配制要严格按照比例进行，结合人们对乳酸菌饮料的口味要求，生产出多种口味的产品，以满足人们的个性化需要，科学、合理地生产乳酸菌饮料。常温下，马铃薯乳酸菌饮料在生产过程中，应该控制环境的温度，一般来说，应该保持在14℃左右。在马铃薯乳酸菌饮料生产中，发酵菌种种类非常重要，其在整个发酵过程中都具有重要作用。作为乳酸菌饮料生产人员，应该科学研究、正确选择菌种，并且控制发酵温度。

当前嗜热链球菌和保加利亚杆菌是比较常用的发酵菌种，因此，马铃薯乳酸菌在发酵过程中，可以优先选择这些的菌种，控制好菌种数量。若发酵时菌种数量较多，会导致最终的乳酸菌饮料酸度过高，但是菌种数量过少，又会影响发酵效果。除此之外，对发酵温度进行控制也非常重要，不同的菌种对温度的要求也不同，技术人员要不断积累经验，加强对马铃薯乳酸菌发酵过程的管控。

在马铃薯乳酸菌生产过程中，乳酸的调节工作比较考验技术人员的水平，这里的乳酸调节就是指乳酸酸度的调节。乳酸的酸度决定了乳酸菌的稳定性，从而决定了马铃薯乳酸菌饮料的保质期。乳酸的酸度调节不当会导致产品的保质期过短，不利于长途运输，也会存在较大隐患。因此作为工作人员，应该提高对乳酸的调节能力，这可以从发酵温度入手，将温度一直保持在合适范围，并且还要控制加酸速度，对乳酸的浓度进行调节。稳定剂是马铃薯乳酸菌饮料中不可缺少的重要部分，乳酸菌饮料在被制作完成以后，需要在常温下进行保存，所以稳定剂的使用就是要保证乳酸菌的稳定性。稳定剂的使用方法要科学，注意掌握用量，如果添加过量的稳定剂，会影响乳酸菌饮料的营养价值。在添加过程中，首先要把稳定剂高温溶解成为液体，然后添加到乳酸菌饮料当中。添加剂要严格遵循GB 2760—2014来进行添加。达到稳定效果的前提下，添加量越小越好。

此外，还有紫甘薯乳酸菌饮料。它是以紫甘薯和鲜乳为主要原料，研制紫甘薯活性乳酸菌饮料。紫甘薯乳酸菌饮料的最佳工艺条件为：发酵时间6.5h、柠檬酸的添加量为0.4%、白砂糖添加量8%、紫甘薯添加量20%，所得产品质地均匀，口感细腻，酸甜可口，具有紫甘薯的香味和浓郁的乳酸菌发酵的乳香味。

5. 麦麸乳酸菌发酵饮料

麦麸是面粉加工生产的大宗副产品，其纤维含量高。以麦麸为原料提取膳食纤维后，与脱脂乳混合均匀，接入乳酸菌发酵，经调配均质，制成的一种新型功能性麦麸纤维乳酸活菌饮料。小麦麸皮脱植酸后0.4%的α-淀粉酶在75℃下水解1h，再用6%的NaOH溶液在70℃下浸提1.5h，经水洗、干燥、漂白脱色、烘干、粉碎后制成精制麦麸膳食纤维粉。将纤维粉与复合乳混合，纤维粉加入量6%。混合液杀菌冷却后接入发酵剂3%，后熟搅拌后进行调配。以柠檬酸：维生素C=3：2的比例制成浓度为10%的酸味剂，调pH至4.3，选用0.15%PGA+0.15% CMC-Na的复合稳定剂，均质温度45℃，压力15MPa，均质后立即在无菌环境与条件下灌装，即可得色泽乳白、酸甜适口、柔和无涩味、稳定性好的麦麸膳食纤维乳酸发酵饮料。上述工艺也适用于米糠乳酸饮料的加工过程。

 三、乳酸菌谷物类酸乳

酸乳作为集营养与保健为一体的乳制品，由牛乳发酵而成，具有酸甜可口、香气宜人的独特风味，除保留了鲜牛乳的全部营养外，其还富含人体必需的多种维生素和钙质。酸乳含有的益生菌和特殊生物因子有助于改善人体胃肠消化功能，提高机体免疫力，是人们日常选择的健康饮品，深受消费者喜爱。随着乳制品消费的快速增长，乳源供应日益紧张，且越来越多的动物蛋白被摄入，使得"文明病"人群不断增长。

（一）酸乳发酵剂

酸乳发酵剂一般是由嗜热链球菌和保加利亚乳杆菌组成的培养物。酸乳发酵剂是生产酸乳过程中保证其质量稳定、形成酸乳优良感官品质以及组织状态的关键所在。发酵剂从根本上避免了产品自然发酵周期长、质量波动大和食用安全性及卫生性难以保障的缺陷，促进了产品及生产过程的标准化。按照物理形态的不同可分为液体酸乳发酵剂、冷冻酸乳发酵剂和直投式酸乳发酵剂3种。

1. 液体酸乳发酵剂

液体酸乳发酵剂比较便宜，但是菌种活力经常发生改变，存放过程中易染杂菌，保藏时间也较短，长距离运输菌种活力降低很快，已经逐渐被大型酸乳厂家所淘汰，只有一些中型酸乳工厂还在联合一些大学或研究所进行生产。酸乳发酵剂的菌种要在酸乳生产厂家单独设菌种车间，以完成"纯菌→ 活化 → 扩大繁殖 → 母发酵剂 → 中间发酵剂 → 工作发酵剂"这一工艺过程，该过程工序多、技术要求严格。

2. 冷冻酸乳发酵剂

冷冻酸乳发酵剂是经深度冷冻而成的，其价格也比直投式酸乳发酵剂便宜，菌种活力较高，活化时间也较短，但是其运输和贮藏过程中都需要–55~–45℃的特殊环境条件且费用比较高,使用的广泛性受到限制。

3.直投式酸乳发酵剂

直投式酸乳发酵剂(directed vat set,DVS)是指一系列高度浓缩和标准化的冷冻干燥发酵剂菌种,可被直接加入到热处理的原料乳中进行发酵,而无须对其进行活化、扩大培养等其他预处理。贮藏在普通冰箱中即可。直投式酸乳发酵剂的活菌数一般为10^{10}~10^{12}CFU/g。运输成本和贮藏成本都很低,其使用过程中的方便性、低成本性和品质稳定性特别突出。简化了生产工艺。直投式酸乳发酵剂的生产和应用可以使发酵剂生产专业化、集约化、规范化、统一化,从而使酸乳生产标准化,提高了酸乳质量,保障了消费者的利益和健康。目前,它已经在一些大型酸乳厂家推广使用。

(二)酸乳发酵剂的制备

发酵剂所用的菌种,随生产的乳制品而异,有时单独使用一个菌种,有时将两个以上的菌种混合使用,混合菌种的使用可以利用菌种间的共生作用,相互影响,相得益彰,可以提高产酸力和风味形成力,从而得到酸多、香味成分多的酸乳。生产酸乳的发酵剂主要为保加利亚乳杆菌和嗜热链球菌混合发酵剂,保加利亚乳杆菌产酸、产香,嗜热链球菌增黏(胞外多糖多聚物),最终形成酸乳特有的味道和黏稠感。

1.菌种的复活及保存

先将装菌种的试管口用火焰彻底杀菌,然后打开棉塞,如为液状则用灭菌吸管从试管底部吸取1~2mL,立即移入预先准备好的灭菌培养基中,如为粉末状时,则用灭菌接种针取出少量,移入预先准备好的培养基中,放入保温箱中培养,待凝固后,又取出1~2mL,再照上述方法反复进行移植活化后,即可用于调制母发酵剂。培养基要求用新鲜的脱脂乳,经120℃,15~20min高压灭菌,将乳温降至35~40℃,便可接种。乳酸菌纯培养物的保存如单以维持活力为目的,只需将凝固后的菌种管保存于0~5℃的冰箱中,每隔两周移植一次即可。但在正式应用于生产以前,仍需按上述方法反复接种进行活化。

2. 母发酵剂的制备

取新鲜脱脂乳100~300mL（同样两份），装入母发酵剂容器中，以120℃，15~20min高压灭菌，然后迅速冷却至40℃左右，用灭菌吸管吸取适量的乳酸菌纯培养物（均为母发酵剂脱脂乳量的3%）进行接种后，放入恒温箱中，按所需温度进行培养，凝固后冷藏。为保持乳酸菌一定的活力，培养好的母发酵剂反复接种2~3次用于调制生产发酵剂为好。

3. 生产发酵剂的制备

取实际生产量3%~5%的脱脂乳，配入灭菌的生产发酵剂容器中，以90℃15min杀菌，并冷却至35~40℃，然后以无菌操作边快速搅拌边缓慢添加母发酵剂3%~5%，其中母发酵剂以保加利亚乳杆菌和嗜热链球菌按1∶1的比例混合添加，充分搅拌后在所需温度下培养达到所需酸度后即可取出，贮于冷藏库中备用。

4. 发酵剂的质量要求

菌种的选择对发酵剂的质量有重要作用，可根据生产发酵乳制品的品种，选择适当的菌种，并对菌种发育的最适温度、耐热性、产酸能力及是否产生黏性物质等特性，进行综合性选择，还要考虑到菌种间的共生性，使之在生长繁殖中相互得益。发酵剂的质量可直接影响生产的产品成功与成品的质量，故在使用前对发酵剂进行质量检查，应符合下列各项指标的要求。

（1）凝乳应有适当的硬度，均匀而细腻，富有弹性，组织状态均匀一致，表面光滑，无龟裂，无皱纹，未产生气泡及乳清析出等现象。

（2）具有良好的风味，不得有腐败味、苦味、饲料味和酒精味等异味。

（3）若将凝块完全粉碎后，质地均匀，细腻滑润，略带黏性，不含块状物。

（4）按规定方法接种后，在规定时间（一般3~4h）内产生凝固，无延长凝固现象。测定酸度时符合规定指标要求。

（5）镜检，乳酸菌个体形态不发生改变，保持呈长链状，而且两个菌体的数量接近。

（三）谷物类酸乳发展趋势

酸乳生产的原料有原料乳、食品添加剂、营养强化剂、果蔬和谷物类。近年来，消费者对新产品研发不断提出了新要求，谷物类酸乳越来越备受消费者的追捧和青睐。查阅文献，目前科研上或市场上有的谷物类酸乳品种有发芽糙米营养酸乳、酸豆乳、玉米花生复合酸乳、黑米酸乳等实验室样品或中试产品，如下所述。

2005年，康彬彬以发芽糙米为主要原料，经液化、糖化、乳酸发酵工艺，研制出了发芽糙米营养酸乳。试验确定了发芽糙米的较佳糖化工艺条件为：糖化酶添加量0.5%，酶解温度65℃，酶解时间5h。发芽糙米营养酸乳的基本配方为：发芽糙米12%、脱脂乳粉7%、蔗糖2%、牛初乳粉0.3%、AD钙粉0.05%、葡萄糖酸锌0.05%、卡拉胶0.03%、CMC-Na 0.1%、海藻酸钠0.17%、单甘酯0.05%、直投式发酵剂0.04U/kg。较佳发酵温度为42℃，发酵时间为12h。发芽糙米营养酸乳中GABA的含量为3.78mg/100mL，乳酸菌数大1×10^7CFU/mL，是一种适合儿童及中小学生食用的天然保健饮品。

大豆通过浸泡，脱腥，杀菌处理后制成豆浆，按豆浆：牛乳=1.5：1接种4%的发酵剂，42℃培养3~4h，可以制得无豆腥味、凝固状态良好、酸甜比合适的酸豆乳产品。乳酸发酵豆乳，清除了豆腥味，减少了胀气成分寡糖的含量，对肠胃功能有良好的调节作用。

玉米具有较高的营养价值与保健价值，每100g玉米中含有蛋白质8.0g、脂肪0.8g、碳水化合物79.2g、膳食纤维14.4g、灰分0.2g。玉米富含谷物醇，维生素E，脂肪和卵磷脂等多种营养保健物质，其脂肪中亚油酸含量占50%以上。玉米不但风味独特，还含有多种营养素；花生具有较高的营养价值和滋补作用，烘烤后产生悦人的香味，可增加酸乳风味。玉米花生酸乳生产的最佳工艺，玉米乳：牛乳：花生乳为4：5：1，接种量6%，加糖量4%，发酵温度40~42℃，发酵5h。

黑米酸乳，集牛乳和黑米的营养保健作用与一体，其创新点是利用高温α-淀粉酶对黑米进行处理，克服了黑米不易加工的问题。黑米应经胶体研磨细化后再酶解，在加热前先加入淀粉酶，把酶解时间提前，以利于充分酶解，酶解时间不超过1h，黑米浆用量25%~30%，用复合稳定剂，在18~20MPa压力下均质。按照普通酸乳的常规生产工艺可制成黑米酸乳，拓宽了南方两大特色资源黑米和牛乳的开发利用渠道。

四、乳酸菌发酵谷物食品的优势

上文比较详尽地介绍了乳酸菌在谷物中的应用及推广案例。人吃五谷杂粮已经有几千年的历史了，乳酸菌应用在不同的谷物中，起着不同的作用，乳酸菌发酵谷物制品的优势体现在以下几个方面。

（一）改善肠道菌群，减少内毒素

肠道菌群与糖尿病的发生发展密切相关①有害菌的增加、益生菌的减少会导致肠道菌群失调，肠道免疫功能下降，使得糖尿病易感；②肠道菌群代谢产物破坏胰岛细胞引发糖尿病；③革兰阴性菌大量增加并分泌大量内毒素，内毒素入血增加可引发高血糖，长期处于高血糖的状态会导致机体出现胰岛素抵抗。2005年，别明江等发现小鼠血糖与其肠道内益生菌的变化趋势呈负相关。2006年，Dumas等发现某些肠道菌群中含有谷氨酸脱羧酶，换言之，这些菌能够合成分泌谷氨酸，谷氨酸可以介导肠源淋巴细胞破坏胰岛细胞引起糖尿病。同年，Neal等实验发现高脂饮食容易造成肠道菌群失调，双歧杆菌、类杆菌和肠球菌减少、革兰阴性菌（G-菌）/革兰阳性菌（G+菌）比例增高，从而引发一系列反应导致糖尿病、肥胖症及炎症反应的发生。首先，乳酸菌产生的部分代谢产物有利于糖尿病的防治。其次，乳酸菌可作为益生菌典型代表，能够在肠道中存活并大量繁殖，抑制某些有害菌的生长和繁殖，从而维持肠道微生态平衡。最后，乳酸菌能与肠道黏膜一起构成了天然的生物屏障，增强肠道免疫功能，从而达到糖尿病防治的目的。研究表明，高脂饮食诱发的糖尿病小鼠体内双歧杆菌的含量与内毒素的水平呈负相关，在一定程度上增加双歧杆菌可以能降低肠道内毒素水平，改善肠道黏膜屏障，预防糖尿病的发生。此外，也有研究证实，临床上服用乳酸菌制剂可以调节肠道菌群平衡，增加益生菌含量、减少有害菌入侵和定植，从而达到改善和缓解糖尿病症状的目的。

（二）降血糖作用

乳酸菌作为一种新型、安全、有效的降血糖产品，它解决了传统糖尿病治疗手段中存在的诸多问题，其优点主要为性质稳定、作用温和、可口服给药、效果明显且持久、几乎无毒副反应，对防治糖尿病具有十分重要的理论价值和现实意义。乳酸菌具有多种功能特性，它能够维持肠道微生态平衡和肠管机能、增强机体的免疫机能、缓解过敏反应、改善便秘和腹泻、缓解乳糖不耐受症、降低胆固醇、降血压、预防心血管疾病、抗氧化、抗肿瘤、调节情绪、缓解抑郁症等，甚至还具有降低血糖的作用。1984年，河合康雄（日本河合乳酸菌研究所）在筛选了1.5万种菌株后获得了能够降低血糖的乳酸菌，该乳酸菌可以用于开发防治糖尿病的药物。研究人员将糖尿病小鼠分为实验组和对照组，每组每天喂食3次，但实验组小鼠的食物中含80mg乳酸菌。80d后测量两组小鼠的血糖值，发现实验组小鼠的血糖值相对于对照组小鼠降低了37%~39%，这说明乳酸菌确实能够降低血糖。近年来，乳酸菌逐渐被应用于各种动物模型以及临床试验，并且不断被证实具有防治糖尿病的功效。2006年，Yadav等将乳酸链球菌作用于高果糖模型小鼠后发现，实验小鼠的糖尿病风险指标水平显著降低，其血糖、血浆胰岛素、血浆总胆固醇、甘油三酯、低密度脂蛋白胆固醇（LDL-C）等均有不同程度的降低。2009年，Yun等给bd/dbⅡ型糖尿病小鼠口服格氏乳杆菌BNR17，发现不但小鼠的血糖值降低、葡萄糖耐受改善，而且其糖化血红蛋白（HbA1C）含量也明显下降，最重要的是，小鼠的体重并没有受到影响。所以常吃乳酸菌发酵类谷物食品具有一定的降糖功效。

（三）延年益寿

发酵谷物制品最宜吃的时间是早餐时间段。人体经过一夜的睡眠后，清晨起床身体还未被"激活"。如果吃油炸的食物或重油厚味的食物，不易被胃肠消化吸收。早餐若食物不消化，会影响全天的食欲和营养的吸收，会出现胃部不适、注意力不集中等状况。营养专家建议，现代人应该提醒自己每天摄取一种或两种发酵食品，特别是处于康复期的患者，或胃肠功能较弱的人，不妨多选择发酵食物，这样可以维持健康、促进长寿。

参考文献

[1] 艾静.谷物格瓦斯的研制[D].哈尔滨：东北农业大学，2014.

[2] 蔡沙，何建军，施建斌，等.超声波辅助碱法提取大米淀粉工艺研究[J].
食品工业，2016，37（10）：12-15.

[3] 陈金连.浅谈天然酵母面包的现状及发展趋势[J].食品安全导刊，2020
（03）：151，153.

[4] 陈军丽.乳酸菌对馒头面团发酵影响的研究[D].郑州：河南工业大学，
2012：32-47.

[5] 陈美标，廖富迎，郑文辉.乳酸菌谷物发酵食品的发酵工艺研究[J].食品
安全导刊，2018（36）：118-119.

[6] 陈寿宏.中华食材上[M].合肥工业大学出版社，2016：52.

[7] 陈勇.清淡饮食您吃对了吗[M].北京：中国纺织出版社，2016：54.

[8] 陈震，金晓蕾，杜文亮，等.不同品种荞麦的物理特性参数测试研究[J].
内蒙古农业大学学报（自然科学版），2020，41（03）：56-61.

[9] 程朝阳，莫树平，柏建玲，等.我国谷物饮料研究进展与生产概况[J].饮
料工业，2012，15（06）：6-10.

[10] 程晓燕.酸面团乳酸菌优势菌群及发酵馒头品质与风味特性研究[D].无
锡：江南大学，2015.

[11] 丁新天，王来亮，李仲惺.区域特色作物高效安全生产技术[M].北京：
科学技术文献出版社，2015：61

[12] 别明江，刘祥，潘素华，等.糖尿病模型小鼠的肠道菌群与血糖关系的
探讨[J].现代预防医学，2005，32（11）：1441-1443.

[13] 杜云建，侯振建，赵玉巧，等.黑小麦乳酸菌饮料的研究[J].饮料工业，
2002（3）：43-45.

[14] 方靖，余权，冼灿标.综述乳酸菌在面包发酵工艺中的应用[J].广东化
工，2016，43（16）：299-300.

[15] 方靖.乳酸菌发酵剂在面包发酵工艺中的应用[D].上海：华南理工大学，
2013，9-10.

[16] 付蓉霞，高桂彬，崔艳.山药薏米芡实褐色酸乳生产工艺研究[J].中国食

品与营养，2019（08）.

［17］何四云.天然酵母面包研究现状及发展趋势[J].中小企业管理与科技（中旬刊），2018（03）：187-188.

［18］胡博涵，刘素纯，夏延斌，等.燕麦谷物酒精发酵饮料的研制[J].作物研究，2011，25（02）：145-148.

［19］黄和升，王海平.紫甘薯乳酸菌饮料工艺技术研究[J].食品研究与开发，2015：20.

［20］贾卫昌.谷物加工过程对营养素的影响[J].粮食与食品工业.2011（04）：44-46.

［21］孔庆学，郑琳琳，吴江学，等.玉米乳酸发酵饮料工艺研究[J].食品科学，2004（12）：104-108.

［22］康彬彬，陈团伟，张鑫桐.发芽糙米的营养价值及开发利用[J].中国食物与营养，2005（11）：21-22.

［23］李里特，鲁战会，闵伟红.自然发酵对大米理化性质的影响及其米粉凝胶机理研究[J].食品与发酵工业，2001，27（12）：1-6.

［24］李菊花.在面包生产中应用发酵乳粉的作用[J].食品安全导刊，2020（18）：175.

［25］刘凯凤，杨丽，袁弋婷，等.乳酸菌强化对纯种液态发酵谷物醋品质的影响[C].中国食品科学技术学会（Chinese Institute of Food Science and Technology）.中国食品科学技术学会第十五届年会论文摘要集.中国食品科学技术学会（Chinese Institute of Food Science and Technology）：中国食品科学技术学会，2018，451-452.

［26］刘娜.区域特色酸面团馒头及其优选乳酸菌发酵特性比较研究[D].无锡：江南大学，2014.

［27］罗映英，孔琳琳，郭佳丽，等.复合谷物发酵饮料的研制[J].食品研究与开发，2015，36（14）：57-62.

［28］吕莹果，林凡，魏学琴，等.植物乳酸菌发酵馒头工艺及性质研究[J].粮食与油脂，2015，28（2）：40-44.

［29］鲁战会，彭荷花，李里特，等.常德发酵米粉中的微生物分离纯化与鉴定[J].中国粮油学报，2006，21（3）：23-26.

［30］马先红，李雪娇，刘洋，等.谷物食醋营养与功能研究现状[J].中国调味品，2017，42（08）：163-166.

［31］马先红，刘景圣，张文露，等.乳酸菌对中国传统主食馒头质量的影响[J].中国酿造，2015，34（11）：10-13.

[32] 马永强.格瓦斯与谷物发酵饮料的创新与发展[J].饮料工业，2016，19（03）：53-56.

[33] 马霞，张缅缅，何艳，等.发酵对鲜湿米粉品质影响研究进展[J].中国酿造，2015，34（4）：5-7.

[34] 苗君莅，陈有容，齐凤兰，等.乳酸菌在果蔬及谷物制品中的应用[J].现代食品科技，2005（04）：129-132.

[35] 彭小霞.全谷物酸牛奶的发酵技术及营养功能研究[D].上海：华南理工大学，2019.

[36] 屈凌波，柴松敏.全谷物传统主食的开发——以全麦馒头为例[J].农产品加工（上），2013（5）：4-5.

[37] 薯蓣，中国植物物种信息数据库.

[38] 宋忠励.小米乳酸菌发酵饮料的研制[D].晋中市山西农业大学，2018.

[39] 苏东海，胡丽花，苏东民.乳酸菌在传统主食馒头中的应用前景[J].中国农学通报，2010，26（04）：61-65.

[40] 隋春光.谷物乳酸发酵饮料生产工艺的研究进展[J].农产品加工，2008（02）：61-63.

[41] 唐贤华，张崇军，隋明.乳酸菌在食品发酵中的应用综述[J].粮食与食品工业，2018，25（06）：44-46，50.

[42] 佟立涛，周素梅，林利忠，等.常德鲜湿米粉发酵过程中的菌群变化[J].现代食品科技，2013（11）：2616-2620.

[43] 田莹莹.谷物格瓦斯酿造工艺的研究[D].大连：大连工业大学，2015.

[44] 王磊，陈宇飞，刘长姣.发酵饮料的开发现状及研究前景[J].食品工业科技，2015，36（10）：379-382.

[45] 王宁.传统发酵剂中主要菌群对馒头风味的影响[D].郑州：河南工业大学，2016.

[46] 王炜.碳水化合物油脂模拟物研究应用[J].粮食与油脂，2006，19（11）：17-19.

[47] 王立革，陶虹，邵秀芝.酵母和乳酸菌共同发酵对面包品质的影响[J].现代测量与实验室管理，2006（05）：38-39.

[48] 万晶晶.乳酸菌发酵影响燕麦酸面团面包烘焙特性的研究[D].无锡：江南大学，2011.

[49] 吴小霞.乳酸菌对老面馒头品质的影响及其淀粉消化特性研究[D].中南林业科技大学，2019.

［50］辛泓均.小米低醇饮料的研制[D].晋中市山西农业大学，2019.

［51］徐小娟.营养面包的开发及其品质提升的研究[D].上海：华南理工大学，2019.

［52］闫苍，郝征红，刘莹，等.高效液相色谱法同时测定芝麻制品中木脂素及生育酚含量的研究[J].中国油脂，2020，45（06）：126-131.

［53］闫丽丽，陈忠军.糜米活性乳酸菌发酵饮料加工工艺的研究[J].农产品加工（学刊），2011（04）：54-56，62.

［54］杨玉红，王跃强，杨瑞锋.混合发酵剂制作豆渣面包工艺研究[J].粮食与饲料工业，2019（09）：17-22.

［55］杨紫璇.酸面团发酵转化大豆异黄酮及其面包烘焙特性研究[D].无锡：江南大学，2018.

［56］颜海燕，詹萍，刘忆冬，等.玉米乳酸发酵饮料的研制[J].粮食加工，2008，33（6）：117-119.

［57］张小芳，赵亚许，刘玉清.甘薯酸奶的工艺研究[J].食品工程，2015，03.

［58］张庆.植物乳杆菌燕麦酸面团发酵剂的制备及其发酵烘焙特性研究[D].无锡：江南大学，2011.

［59］张君慧.大米蛋白抗氧化肽的制备、分离纯化和结构鉴定[D].无锡：江南大学，2009.

［60］中国科学技术协会主编；中国作物协会编著，作物学学科发展报告2011-2012，中国科学技术出版社，2012（04）：81.

［61］赵玉红，张立钢，庞伟娜.乳酸菌和酵母菌共生发酵生产面包的研究[J].食品工业科技，2003（3）：61-62.

［62］周爽，覃佳铭，加欣宜，等.黑糯米燕麦乳酸菌复合发酵饮料的工艺研究[J].现代食品，2019（17）：53-58.

［63］周雅琳，赵国华，阚建全，等.碳水化合物类油脂模拟物的研究进展[J].食品工业科技，2002，23（9）：93-95.

［64］左晓斌，邹积田.脱毒马铃薯良种繁育与栽培技术[M].北京：科学普及出版社，2012：1-5.

［65］张兆丽，熊柳，赵月亮，等.直链淀粉与糊化特性对米粉凝胶品质影响的研究[J].青岛农业大学学报（自然科学版），2011，28（1）：60-64.

［66］Carlo.Giuseppe Rizzello，Angela Cassone，Rossana Coda，Marco Gobbetti. Antifungal activity of sourdough fermented wheat germ used as an ingredient for bread making[J]. *Food Chemistry* . 2011（3）．

[67] Noelia Rodríguez-Pazo，Laura Vázquez-Araújo，Noelia Pérez-Rodríguez，Sandra Cortés-Diéguez，José Manuel Domínguez. Cell-Free Supernatants Obtained from Fermentation of Cheese Whey Hydrolyzates and Phenylpyruvic Acid by Lactobacillus plantarum as a Source of Antimicrobial Compounds，Bacteriocins，and Natural Aromas[J]．*Applied Biochemistry and Biotechnology*．2013（4）.

[68] Chandi GK，Sogi DS. Biochemical characterization of rice protein fractions[J]. *International Journal of Food Science & Technology*，2007，42（11）：1357-1362.

[69] Chen Y，Wang M，Ouwerkerk P B F. Molecular and environmental factors determining grain quality in rice [J]. *Food and Energy Security*，2012，1（2）：111-132.

[70] Cani P D，Delzenne N M，Amar J，et al. Role of gut microflora in the development of obesity and insulin resistance following high-fat diet feeding [J]. *Pathologie Biologie*，2008，56（5）：305-309.

[71] Dumas ME．Metabolic profiling reveals a contribution of gut mierobiota to fatty liver phenotype in insulin-resistant mice [J]．*Proc Natl Acad Sci USA*，2006，103：12511-12516．

[72] C. Verheyen，M. Jekle，T. Becker. Effects of Saccharomyces cerevisiae on the structural kinetics of wheat dough during fermentation[J]．*LWT - Food Science and Technology*．2014.

[73] Gill KAH，Chandra R. Enhancement of natural immune function by dietary consumption of Bi dobacterium lactis（HN019）[J]. *European Journal of Clinical Nutrition*，2000，54：263-267.

[74] Markus J. Brandt，Walter P. Hammes，Michael G. G nzle. Effects ofprocess parameters on growth and metabolism of Lactobacillus san—franciscensis and Candida humilis during rye sourdough fermenta—tion[J]. *European Food Research and Technology*，2004，218（3）：333-338.

[75] Marshall W G，*WordsworthJI. Rice science and technology* [M]. NewYork：Marcel Dekker Inc. 1994.237-259.

[76] Neal MD，et al.Enteroeyte TLR4 mediates phagocytosis and translocation of baeteria across the intestinal barrier [J].*Immunology*，2006，176：3070-3079．

[77] S Plessas，A Bekatorou，JGallanagh，et al. Evolution of aromavolatiles during storage of sourdough breads made by mixed culturesofKluyveromycesmarxianus and Lactobacillus delbrueckiissp.Bul—garicus or Lactobacillus helveticus[J].

Food Chemistry, 2008（107）: 883-889.

［78］Glenda Fratini, SaloméLois, ManuelPazos, GiulianaParisi, Isabel Medina. Volatile profile of Atlantic shellfish species by HS-SPME GC/MS[J]. *Food Research International* . 2012（2）.

第五章

乳酸菌在
发酵乳制品中的应用

在乳制品加工与生产中，发酵作为保存食品的方法之一被广泛应用。发酵乳制品是一个综合产品名称，世界各地流传着许多工艺与风味独特的发酵乳制品，典型的发酵乳制品是以乳酸菌发酵为主的酸乳与酸乳油制品，乳酸菌-酵母发酵的开菲尔乳和马乳酒、乳酸菌-霉菌发酵乳产品及各种干酪制品等。这些产品的发酵过程多与乳酸菌有密切的关系。根据国际乳品联合会（IDF）1992年发布的标准，发酵乳制品是指乳或者乳制品经特征微生物发酵而制成的酸性凝乳状产品，在保质期内，产品中必须有大量特征微生物存在或具有活性。

自20世纪初以来，消费者对于工业化生产的发酵乳制品和干酪需求量不断增加，发酵工艺技术也在向提高机械化水平、增加乳制品产量、扩大生产规模和缩短加工时间等方向不断进步。作为发酵食品产核心环节的发酵剂，其稳定性和活性决定了最终发酵产品的功能和品质。而目前生产发酵食品的发酵剂基本上都是乳酸菌。研究人员就对其发酵性能、代谢途径、益生功效和分离鉴定方法等方面进行了深刻而广泛的研究，以期开发其潜在的有益功能，同时找到更多的具有优良特性的乳酸菌菌株为人类服务。目前，常用于发酵乳制品的乳酸菌主要有乳杆菌属、乳球菌属、链球菌属、片球菌属、肠球菌属、明串珠菌属和双歧杆菌属等。

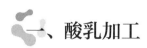

一、酸乳加工

（一）酸乳概述

1. 发展历史

发乳制品中最为消费者熟悉的产品是酸乳（或酸乳），目前在世界各国都有稳定且日益增长的消费人群，是乳制品中消费数量增长速度最快的一个产品种类。人类制作酸乳至少有数千年的历史了，虽许多国家都宣称酸乳是它们国家的发明，然而到目前为止还没有一个有力的证据能表明第一个发现者是谁。早在公元前3000多年以前，居住在安纳托利亚高原（现称土耳其高原）的古代游牧民获就已经制作和饮用酸乳了。最初的酸乳可能起源于偶然的机会，早期游牧民族将牛乳装羊皮口袋中系在腰上，体温使得牛乳中的细菌迅速繁殖发酵，形成酸乳，牧人发现这种酸乳很好喝，便把它接种到煮开后冷却的新鲜羊乳中，经过一段时间的培养发酵，便获得了新的酸乳。

公元前2000多年前，在希腊东北部和保加利亚地区生息的古代色雷斯人也掌握了酸乳的制作技术。他们最初使用的也是羊乳。后来，酸乳技术被古希腊人传到了欧洲的其他地方。11世纪由尤素甫·哈斯·哈吉甫撰写的《福乐智慧》书中都记载了土耳其人在中世纪已经食用酸乳了，提到了"yogurt"这个词（来源于土耳其语"jugurt"），并详细记录了游牧的土耳其人制作酸乳的方法。欧洲有关酸乳的第一个记载源自法国的临床历史记录：弗朗西斯一世患上了一场严重的痢疾，当时的法国医生都束手无策，盟国的苏莱曼一世给他派了一个医生，这个医生宣称用酸乳治好了患者。公元1000年，德国家庭自制酸乳，容器不是玻璃瓶而是一种扁圆形瓷碗。1857年，法国人巴斯德发现了导致牛乳变酸的菌种，从此揭开乳酸菌的神秘面纱，这些发酵酸乳制品中分离得到的微生物被工厂用于大规模的产品生产。1908年日本开始生产酸乳。直到20世纪，酸乳才逐渐成为了南亚、中亚、西亚、欧洲东南部和中欧地区的食物材料。20世纪初，俄国科学家埃黎耶·埃黎赫·梅契尼可夫在研究保加利亚人长寿者较多的现象时，调查发现这些长寿者都爱喝酸乳。他还分离发现了酸乳中的乳酸菌，命名为"保加利亚乳酸杆菌"。梅契尼可夫提出乳酸菌是人类维持身体健康的一项重要元素，学者提出了"酸乳长寿说"，这一学说推动了酸乳在欧美的普及。1919年，卡拉索在巴塞罗那建立酸乳制造厂，并以自己儿子的名字Danone（达能）为商品命名，当时他把酸乳作为一种具有药物作用的"长寿饮料"放在药房销售，但销路平平。第二次世界大战爆发后，1947年，酸乳由达能公司引入美国。卡拉索来到美国又建了一座酸乳厂，产品销往咖啡馆、冷饮店，并做了很多广告，很快酸乳就在美国打开了销路，并迅速风靡世界。1969年，日本又发明了酸乳粉。饮用时只需加入适量的水，将其搅拌均匀即可。

中国制作酸乳也是历史悠久。三国时期，诗中言道："牛羊散漫落日下，野草生香乳酪甜。"后魏时期，贾思勰编著的《齐民要术》中记载了酸乳的制作法："牛羊乳皆得作，煎四五沸便止，以绢袋滤入瓦罐中，其卧暖如人体，熟乳一升用香酪半匙，痛搅令散泻，明旦酪成。"唐朝时代，公元641年文成公主进藏时，就有"酸乳"记载。宋朝已设有"牛羊司乳酪院"专管乳品加工。

元朝时代，成吉思汗的军队中已有乳干。清朝时，在北京城内就有俄国人开过酸乳铺子。后来，在上海法租界也有外国人开店出售过瓶装酸乳，此外，上海著名的大饭店内也有自制酸乳，供应外宾。1911年，上海可的牛乳公司也开始生产酸乳，所用菌种（发酵剂）是从国外进口的。这也是我国第一家用机器生产酸乳的公司。1980年，北京东直门乳品厂从丹麦引进设备与工艺制作酸乳，这是我国第一个生产搅拌型酸乳的厂家。从此，酸乳加工业普及到全国各大城市。据2015年统计，我国酸乳产量逐年增加，且呈直线上升趋势。虽然酸乳在我国整个制品行业中所占的比例仅为7%~8%，但近两年其产销量增长速度均高达40%以上，大大超过牛乳30%左右的增长率。

2.酸乳定义

酸乳（yoghurt），联合国粮食及农业组织（FAO）、世界卫生组织（WHO）与国际乳业联盟（IDF）对其定义：乳与乳制品（杀菌乳或浓缩乳）在保加利亚乳杆菌（*L.bulgaricus*）和嗜热链球菌（*S.thermophilus*）的作用下经乳酸发酵而得到的凝固型乳制品。成品中必须含有大量的、相应的活性微生物。

我国食品安全国家标准中定义：酸乳为以生牛（羊）乳或乳粉为原料，经杀菌、接种嗜热链球菌和保加利亚乳杆菌（德氏乳杆菌保加利亚亚种）发酵制成的产品。而风味酸乳为以80%以上生牛（羊）乳或乳粉为原料，添加其他原料，经杀菌、接种嗜热链球菌和保加利亚乳杆菌（德氏乳杆菌保加利亚亚种）发酵前或后添加或不添加食品添加剂、营养强化剂、果蔬、谷物等制成的产品。

3.酸乳营养特点

酸乳除保留了牛乳的全部营养外，其与鲜乳最显著的差异就是它还含有大量的乳酸及对人体肠道健康的活性乳酸菌。

（1）碳水化合物　牛乳经过乳酸菌发酵后，乳糖有20%~30%分解成了葡萄糖和半乳糖，进而转化为乳酸或其他有机酸。半乳糖被人体吸收后，可以参与幼儿神经物质的合成。乳糖还可以在肠道区域被微生物代谢，进而促进对磷、钙、铁的吸收，防止婴儿佝偻病，防治老人骨质疏松症。有些酸乳（如搅拌型果肉酸乳）中添加的稳定剂，如瓜尔豆胶、卡拉胶等能促进肠道蠕动，防止脂肪沉积，降低血液中胆固醇的含量。

（2）蛋白质和脂肪更易吸收　乳酸菌的发酵作用可以使乳白蛋白变成微细的凝乳粒，易被消化吸收。酪蛋白可以一定程度的降解，形成预备消化的状态。受乳酸菌作用的影响，部分乳脂肪发生解离，变成易于有机体吸收状态。

（3）维生素和矿物质　发酵过程中，乳酸菌可以产生机体营养所必需的维生素、烟酸和叶酸。

4.酸乳分类

全世界范围内有400多种采用传统生产方式或工业化发酵制得的酸乳制品，有各种不同的分类方法，可按国家质量标准、加工工艺及组织状态、成品风味、脂肪含量等分类。

（1）按国家质量标准分类　1999年国家质量标准酸乳分为3类：纯酸牛乳、调味酸牛乳、果料酸牛乳。2010年食品安全国家标准酸乳可分为2类：酸乳和风味酸乳。

（2）按加工工艺及组织状态分类　酸乳可分为凝固型酸乳和搅拌型酸乳。前者是指将接种发酵剂后的液态乳直接装入销售容器中静止培养制成的，成品因发酵而保留了凝乳状态。如果接种发酵剂后先进行保温培养，得到的酸乳凝胶体先经搅拌混合均匀，然后装入杯或其他容器内，再经冷却后熟而得到的酸乳制品则称为搅拌型酸乳。

我国传统的玻璃瓶和瓷瓶装的酸乳即属凝固型酸乳，按脂肪含量的不同，可分为全脂酸乳、低脂酸乳和脱脂酸乳。按加糖与否，可分为加糖酸乳和无糖酸乳（每100g或100mL酸乳中的含糖量不高于0.5g）。

拌型酸乳根据是否加糖，分为加糖酸乳和不加糖酸乳；加糖酸乳又可分果料型和果味型酸乳。果料型酸乳是指在酸乳中添加果料（草莓或蓝莓等果酱）；果味型酸乳是指在酸乳中添加果味香料（草莓或蓝莓等果香型等）。搅拌型酸乳和凝固型酸乳相比蛋白质含量低，添加了各种不同的甜味剂、增味剂、增稠剂，但由于添加了果料、果酱等配料，使得搅拌型酸乳的风味更加独特。

（3）按成品风味分类　酸乳可分为2类：纯天然型酸乳和风味型酸乳。纯天然型酸乳不添加任何的添加剂，芳香纯正。风味型酸乳是指发酵前后添加食品添加剂、营养强化剂、果蔬、谷物等制成的产品。

（4）按脂肪含量分类　酸乳可分为3类：全脂酸乳（指保留全部乳脂肪）、低脂酸乳（含脂率0.5%~2%）和脱脂酸乳（含脂率小于0.5%）。

5.酸乳形成机制

酸乳形成机制是以乳酸菌为主的特定微生物做发酵剂接种到杀菌后的原料乳中，在一定温度下，乳酸菌增殖产生乳酸，同时伴有一系列的生化反应，使乳发生化学、物理和感官变化，从而使发酵乳具有典型的风味和特定的质地。

（1）化学变化

① 乳糖代谢。乳酸菌利用原料中乳糖作为其生长和增殖的能量来源，产生乳酸，使乳中pH降低，促使酪蛋白凝固，产品形成均匀细致的凝块，并产生良好的风味。研究表明，在酸乳发酵过程中，有20%~30%的乳糖被消耗。在产生的乳酸中有50%~70%为L（＋）乳酸，对人体具有重要的生理作用和营养价值。

② 蛋白质代谢。在蛋白酶的作用下，部分酪蛋白被水解成游离氨基酸和多肽，生成乙醛。除部分供乳酸菌氮源外，大部分存在于酸乳中，因而，牛乳经发酵成酸乳后，氨基酸明显增加。

③ 脂肪代谢。脂肪的微弱水解，可产生游离脂肪酸，部分甘油酯类在乳酸菌中的脂肪分解酶作用下，逐步转化成脂肪酸和甘油，使原料乳中的长链脂肪酸部分分解变成中短链脂肪酸，更有利于人体消化吸收，并赋予酸乳一定的风味。影响这类反应的主要因素是酸乳中的脂肪含量及均质作用。酸乳中的脂肪含量越高，则脂肪水解越多，而均质过程有利于这类生化反应的进行。

通过以上系列反应，乳发酵过程中矿物质的存在形式发生了改变，形成了不稳定的酪蛋白磷酸钙复合体。部分维生素，如维生素B_{12}、生物素和泛酸会被代谢，同时产生其他种类维生素，如嗜热链球菌和保加利亚乳杆菌在生长增殖过程中就可产生烟酸、叶酸和维生素B_6。乳酸链球菌中的个别菌株，能产生乳酸链球菌素和乳油链球菌素等抗生素，可防止杂菌对酸乳的污染。

（2）物理性质的变化　乳发酵后乳的pH降低使乳清蛋白和酪蛋白复合体因其中的磷酸钙和柠檬酸钙的逐渐溶解而变得越来越不稳定。当体系内的pH达到酪蛋白的等电点时（pH4.6~4.7），酪蛋白胶粒开始聚集沉淀，逐渐形成一种蛋白质网络立体结构，其中包括乳清蛋白、脂肪和水溶液。这种变化使原料乳变成了半固体状的凝胶体。

（3）感官性状的变化　乳发酵后的酸乳呈圆润、黏稠、均一的软质凝乳。实际上，乳酸菌不能直接利用乳糖，需要通过分泌的乳糖酶将乳糖分解成葡萄糖和半乳糖后才能利用，再通过一系列酶的生化作用转化成乳酸，并生成了半乳糖、寡糖、多糖、乙醛、双乙酰、丁二酮、丁酮等风味物质，使产品具有独特的滋味和香味。

（4）微生物数量的变化　由于保加利亚乳杆菌和嗜热链球菌的共生作用，酸乳中的活菌数大于10^6CFU/mL，发酵时产生的酸和乳酸链球菌素可抑制有害微生物的生长。

（二）酸乳生产用的乳酸菌及生化机制

酸乳发酵剂由天然混合菌液到商业化直投式菌粉，经历了漫长的筛选和驯化过程，酸乳的发展史可以说就是发酵剂的发展和应用史。性状优良的乳酸菌发酵剂是制备高品质酸乳的关键。随着酸乳生产的不断发展和消费者对酸乳品质要求的不断提升，各种乳酸菌如保加利亚乳杆菌、嗜热链球菌、双歧杆菌、嗜酸乳杆菌和鼠李糖乳杆菌等也逐步应用于酸乳，其性质也得到了广泛研究。研发具有益生特性和发酵特性的乳酸菌发酵剂成为了酸乳研究的重点。本章着重介绍乳酸菌在酸乳生产中的应用及研究进展。

1.天然发酵酸乳的菌相分析

天然酸乳在漫长的传统发酵中形成了复杂而相对稳定的菌相，目前众多学者致力于从天然发酵乳（如青藏高原牦牛酸乳、新疆传统发酵酸马乳、中亚开菲尔酸乳）中挖掘优良菌种，并分析其发酵性能和遗传多样性。传统方法是利用纯培养分析方法，并将传统的表型鉴定与分子生物学技术联系起来，对纯培养的菌种进行16S rDNA序列同源性和系统发育树比对，从而确定菌株种属和种间的亲缘关系。随着分子生物学的发展，研究者可利用基于16S rDNA和全基因组序列的指纹图谱技术、变性梯度凝胶电泳技术（DGGE）、随机扩增多态性DNA技术（RAPD）、末端限制性片段长度多态性技术（T-RFLP）等非培养技术直接分析样品中的微生态构成。

此外，新发展的高通量测序技术（如焦磷酸测序技术）通过分析微生态中的全部基因序列，了解微生态中的菌群组成和分布，为宏基因组学的研究奠定了基础。可以同时分析或比对多个样本。有研究使用焦磷酸高通量测序对采自青藏17个地区的241个酸乳样品进行菌相分析，结果发现青藏高原传统发酵牦牛酸乳中的乳酸菌主要有乳杆菌属、链球菌属、肠球菌属、明串珠菌属、魏斯氏菌属、乳球菌属和片球菌属7个菌属，其中，乳杆菌属和链球菌属的基因序列相对丰度占酸乳中所有微生物的98.5%~99.7%，且不同区域采集的牦牛酸乳样品核心乳酸菌种属相对稳定。

以Illumina Miseq为代表的第二代测序技术，在焦磷酸测序技术的基础上进一步增大通量，降低了成本。Illumina Miseq技术采用边合成边测序原理，结果准确度高，且可以对不同样品的多个可变区同时测序。高洁等用宏基因组学的方法，提取开菲尔中全部细菌的DNA信息，通过Illumina Hi Seq 2000 DNA测序仪高通量测序后，从4个样品中鉴定到11个属。以PacBio SMRT测序技术为代表的第三代测序技术进一步增大了测序通量，降低了成本。其木格苏都运用三代测序技术对酸马乳进行菌相分析，结果表明，酸马乳中的核心细菌菌属为乳杆菌属（平均相对含量为70.21%）、假单胞菌属（平均相对含量为2.56%）、醋酸杆菌属（平均相对含量为1.14%）和肠杆菌属（平均相对含量为0.76%）；优势菌种为瑞士乳杆菌（Lactobacillus helveticus）（平均相对含量为0.76%）。

为了进一步提高分析微生物多样性的覆盖率和精确度，近年来单细胞测序技术也应用于菌相分析的领域。单细胞测序技术就是将样品中的单个细胞分离开，分别对其DNA进行提取和高效扩增，再进行全基因序列分析的技术。姚国强将单细胞扩增技术和宏基因组技术相结合，对采自蒙古国和内蒙古地区的酸马乳样品进行细菌多样性分析，研究证明乳杆菌属是所有样品中的优势菌属，其含量介于52.72%~99.98%，相对平均含量89.63%，其中瑞士乳杆菌是酸马乳中的优势菌种，相对平均含量约为85.53%；主要存在的乳酸菌属还有乳球菌属（平均相对含量为4.79%）、链球菌属（平均相对含量为2.14%）及少量明串珠菌属，而肠球菌属仅在内蒙古地区的酸马乳样品中存在。

2.酸乳生产用的微生物及生物学研究

能够用于发酵乳制造的乳酸细菌主要有嗜热链球菌、保加利亚乳杆菌、嗜酸乳杆菌、双歧乳杆菌等，它们具有各自的生理生化特性。嗜热链球菌和保加利亚乳杆菌作为酸乳发酵中应用最广泛的乳酸菌，对产品的质构和风味具有重要影响。目前，人们对菌种的研究已深入基因组学、代谢组学和共生机制层次。

发酵剂的质量至关重要，决定着发酵乳的产品特点，应根据生产目的选择适当的菌种。选择时以产品的主要技术特性，如产香味、产酸力、产黏物质及蛋白质水解能力为主要依据。通常选用两种或两种以上的发酵剂菌种混合使用，相互产生共生作用。例如，嗜热链球菌和保加利亚乳杆菌德氏亚种就是常用的混合菌种，研究证明混合使用的效果比单一使用好。当两种菌混合使用时，在40~50℃已灭菌的乳中发酵2~3h可达到所需的凝乳状态与酸度，而单一的球菌和杆菌的发酵时间均在5h以上。因为保加利亚乳杆菌在发酵初期分解乳中酪蛋白形成氨基酸和多肽，促进了嗜热链球菌的生长，随着嗜热链球菌的快速增长，产生甲酸，又刺激了保加利亚乳杆菌生长，发酵初期，嗜热链球菌生长快，发酵1h后与保加利亚乳杆菌的比例为（3~4）∶1。在随后的发酵过程中，嗜热链球菌的生长由于乳酸的抑制作用而变得缓慢，保加利亚乳杆菌也逐渐与嗜热链球菌数量相近。因此，菌种的数量比例直接影响着发酵过程及最终产品的色、香、味、体。例如，当球菌和杆菌的比例为1∶1或2∶1时，可获得品质最佳的酸乳。一些特殊的活性酸乳也可以在传统酸乳菌种中添加嗜酸乳杆菌、双歧杆菌等益生菌菌株，常作为第2代、第3代发酵剂。

与风味有关的微生物以明串珠菌、丁二酮链球菌为主，还有其他链球菌和乳杆菌。这些菌能使乳中所含柠檬酸分解生成丁二酮、3-羟甲基2-丁酮、丁二醇等化合物和微量的挥发酸、酒精、乙醛等，其中，以丁二酮、乙醛对风味的贡献最大。乙醛形成了酸乳的典型风味，不同的菌株产生乙醛的能力不同，因此，乙醛生成能力是选择优良菌株的重要指标之一。

3.乳酸菌发酵特性的评价

乳酸菌的产酸能力、产风味物质能力、产胞外多糖能力和后酸化程度等发酵特性直接影响混合发酵体系及其产品品质，因此，需要对不同菌株进行发酵特性评价。

（1）乳酸菌的产酸特性　原料乳中的蛋白质、脂肪和糖类在乳酸菌的作用下会发酵形成不同种类的有机酸，除乳酸以外，还包括醋酸、柠檬酸、脂肪酸等，这是酸乳发酵的关键机制。

① 嗜热链球菌。嗜热链球菌的产酸性能主要表现在酸乳发酵初期，一般在接种后2h就能结束迟滞期开始大量产酸。当该菌株处于对数生长期时，生长速率明显加快，同时产酸速率也加快。随着产酸量逐渐增加，酸乳pH不断下降，影响菌株的自身代谢，产酸性能逐渐下降，当pH降至4.2时，嗜热链球

菌基本停止产酸，产品pH将保持恒定。由于嗜热链球菌所产有机酸主要为乳酸，而甲酸、醋酸较少，因此，对后酸化的影响较小。

随着代谢组学研究的不断深入，嗜热链球菌的糖代谢机制逐渐明确。在长期的驯化过程中，嗜热链球菌对乳糖的偏好性大大增加。研究发现，在嗜热链球菌中乳糖和半乳糖的转运是通过乳糖渗透酶（LacS）二级转运蛋白进行的。对于大部分乳酸菌来说，葡萄糖是典型的PTS碳源，能够迅速被摄取并利用；而对于嗜热链球菌来说，葡萄糖却是一种非PTS碳源，并且其利用率显著低于另一种非PTS糖类——乳糖，这是由于嗜热链球菌的基因序列中存在编码PTS系统的基因，但这些基因中含有大量的假基因及无编码功能基因，嗜热链球菌发生了基因丢失性进化，失去了利用PTS系统高效转运葡萄糖的能力，使嗜热链球菌对乳糖的吸收和利用能力比大多数乳酸菌更强，这也就解释了嗜热链球菌在乳体系中迅速适应并产酸的特殊代谢特性。

② 保加利亚乳杆菌。相对于嗜热链球菌，保加利亚乳杆菌在接种后的迟滞期更长，但耐酸能力更强，能够在嗜热链球菌停止产酸后继续进行同型乳酸发酵。保加利亚乳杆菌的产酸能力优于嗜热链球菌，能高效利用葡萄糖、果糖、乳糖作为碳源，最高产酸量2%。

保加利亚乳杆菌通过同型乳酸发酵方式将乳糖转化为乳酸。首先，乳糖被β-半乳糖苷酶水解为葡萄糖和半乳糖，葡萄糖通过糖酵解途径生成2分子丙酮酸，再经乳酸脱氢酶催化生成乳酸。而半乳糖依次生成半乳糖-1-磷酸、葡萄糖-1-磷酸、葡萄糖-6-磷酸，经糖酵解途径转换成2分子丙酮酸，最后被还原为乳酸。保加利亚乳杆菌糖代谢机制尚不明确，有待进一步研究。

③ 弱后酸化乳酸菌株的研究。后酸化（post-acidification）是指酸乳产品在运输、销售、食用前的过程中，乳酸菌仍在利用残存的乳糖产生乳酸，降低酸乳pH，以致出现消费者不可接受的过酸风味。目前的工业生产中，主要通过高压处理、添加天然防腐剂nisin、添加葡萄糖氧化酶、改进产品包装及调整菌种比例等手段控制菌种生长和产酸。这些方法虽然能够在一定程度上减轻后酸化现象，但获得酸敏感的突变株才能从根本上解决后酸化的问题。

a.诱变菌株：利用诱变剂处理均匀分散的微生物细胞群，促使其突变率大幅度提高，然后从中筛选出符合要求的突变株。许多研究者发现，乳酸菌的H⁺-ATPase能够在其自身细胞内pH的调控过程中发挥主要作用，可以通过改变H⁺-ATPase的活性来控制酸乳的后酸化。诱变育种虽然能获得目标菌株，但工作量较大、不易获得，且稳定性难以控制。

b.基因工程菌株：基因工程技术改造乳酸菌基因相对简单，且性状能够稳定遗传。保加利亚乳杆菌乳糖代谢过程中的关键酶是β-半乳糖苷酶，该酶基因位于质粒上，是一种由乳糖操纵子编码的胞内酶。β-半乳糖苷酶催化β-半乳糖苷键水解断裂，可将乳糖分解为葡萄糖和半乳糖，代谢生成乳酸。Druesne等将嗜热链球菌中编码乳糖通透酶第552位点的组氨酸密码子用编码丙氨酸密码子替代。人们发现在贮藏期间，酸乳的后酸化现象可明显得到改善。丹麦科汉森股份有限公司已研制出温敏型的乳酸菌株，在冷藏条件下发酵乳糖产酸能力明显减弱，而在43℃时对产酸能力没有影响。

随着蛋白质组学和分子生物学技术的发展与结合，通过分子水平上研究乳酸菌的产酸机制，得到的弱酸化发酵剂将成为一个重要手段。

（2）乳酸菌产风味物质作用　发酵乳制品中风味物质的研究一直是乳品科学研究的热点，以往研究主要集中于风味物质的种类鉴定、含量测定及检测手段方面的改进。近些年来，随着基因组学和代谢组学在乳品微生物研究中的应用，乳酸菌产生风味物质的机制得到了更深入的研究，通过基因改性和遗传工程手段调控发酵乳中风味物质含量成为改良发酵剂菌种风味特性研究的重要手段。

① 发酵乳中的主要风味物质。发酵乳风味物质主要是由发酵剂嗜热链球菌和保加利亚乳杆菌产生的乳酸和各种挥发性有机芳香物质组成。近年来，在酸乳中检测出风味物质已经超过90种，主要为糖类、醇类、醛类、酮类、酸类、酯类、含硫化合物等，但通常认为乙醛和双乙酰（又称2，3-丁二酮）是酸乳的主要风味物质。

乙醛是乳酸菌在酸乳发酵过程中产生的特征风味物质，含量要远远高于其他挥发性芳香化合物，与酸乳风味密切相关。早在1971年，Handan就指出，在5~21mg/L范围内乙醛含量越高对发酵乳的风味越有利。另一类重要的羧基化合物为双乙酰类物质，在发酵乳中的质量浓度在0.20~3.00mg/L范围内。有学者认为，双乙酰一般由嗜温乳酸球菌产生，包括乳酸乳球菌丁二酮亚种、肠膜明串珠菌肠膜亚种、链球菌和热链球菌等，但也有学者认为保加利亚乳杆菌是产生双乙酰的主要菌株。

② 发酵乳中风味物质形成的代谢途径。发酵乳制品中风味物质的生成途径主要有3条，即糖酵解途径、脂解途径和蛋白水解途径。糖酵解途径是乳酸

菌产能的重要途径，同时可产生许多风味代谢产物。在脂解途径中，乳脂肪分解可形成游离脂肪酸，进一步形成醇类、酮类等风味物质。在蛋白水解途径中，蛋白降解酶将蛋白质降解为肽类和氨基酸，继而形成挥发性芳香化合物。

在酸乳发酵过程中，乙醛可通过如下途径产生：直接通过乳糖代谢过程中丙酮酸脱羧或者丙酮酸氧化而形成；间接通过丙酮酸脱氢酶或者丙酮酸甲酸盐裂合酶形成中间产物乙酰辅酶A而后形成；通过脱氧核糖醛缩酶的作用生成；一些氨基酸可以通过丙酮酸作为代谢中间产物转化为乙醛。有研究发现，苏氨酸通过苏氨酸醛缩酶的作用可直接转化为乙醛，由于保加利亚乳杆菌和嗜热链球菌中都发现了苏氨酸醛缩酶活性，因此，苏氨酸生成乙醛可能是酸乳中生成乙醛的主要途径。在酸乳发酵过程中，双乙酰主要通过糖酵解代谢途径生成。在乳糖合成双乙酰的代谢途径中，过量的丙酮酸在α-乙酰乳酸合成酶催化下可以生成α-乙酰乳酸，在酸性条件下进一步经化学氧化脱羧生成双乙酰。

③ 发酵乳中风味物质形成的关键基因。通过基因克隆和表达，在不同的乳酸菌中找到了调控风味物质形成途径的节点和关键功能基因，通过单个或多个基因联合调控的方式对不同乳酸菌进行了风味物质的调控。苏氨酸在苏氨酸醛缩酶的催化下生成乙醛的代谢通路被认为是乳酸菌生成乙醛的主要代谢途径。在嗜热链球菌中含有 glyA 基因，它可编码具有苏氨酸醛缩酶活性的丝氨酸羟甲基转移酶，能催化苏氨酸、甘氨酸和乙醛之间的相互转化。目前，对乙醛基因工程方面的研究主要集中在 glyA、pdc、nox 等几个主要基因的调控上。

酸乳发酵过程中双乙酰产量和几个关键酶的活力密切相关，包括柠檬酸裂解酶（ACLY）、草酰乙酸脱羧酶（OXAD）、α-乙酰合成酶、NADH化酶（NOX）、α-乙酰乳酸脱羧酶、双乙酰还原酶等。利用基因工程可改变这些关键酶的表达，从而达到增加中间产物丙酮酸、α-乙酰乳酸积累的目的，从而可提高双乙酰的产量。此外，降低乙偶姻生成的代谢通路，也是增加双乙酰产量的有效方式。

（3）乳酸菌产胞外多糖作用　胞外多糖（exopolysaccharides，EPS）是乳酸菌的次级代谢产物之一，是具有多种益生作用的一类活性高分子化合物。按照组成不同分为三大类。①葡聚糖类（同多糖，由葡萄糖单体构成）；②果聚糖类（同多糖，由果糖单体构成）；③杂多糖类（葡萄糖、半乳糖和鼠李糖单糖及部分非糖单位），大小从二糖到七糖不等。EPS分子质量一般在$4.0 \times 10^4 \sim$

6.0×10^6u，且结构富有多样性。

① 乳酸菌产胞外多糖的遗传研究。乳酸菌生成胞外多糖的过程需要多个基因簇编码、转录、协调表达完成。近年来，有关嗜热链球菌和乳球菌EPS基因簇的研究较为广泛。EPS基因簇的结构由四个不同的部分构成，分别为编码各糖基转移酶的区域、控制基因簇转录的调控区域、编码控制糖单元聚合输出的区域、编码决定多糖链长度的区域。*thermophilus* CNRZ 1066和*Lactococcus lactis* NIZO B40是EPS基因簇研究较为全面的两个菌株。有研究表明，EPS基因簇在乳酸菌合成胞外多糖中具有重要的作用，例如调节胞外多糖合成、控制多糖链长、合成糖基转移酶、调控蛋白的转运和聚合等。此外，还有许多基因在多糖合成中具有重要作用，如*gal*U、*gal*E和*pgm*等，都是参与编码合成多糖前体的关键酶。

② 胞外多糖与蛋白质之间的相互作用。酸乳的组织结构主要是酪蛋白在酸性条件下发生凝集形成空间网状结构所致。乳酸菌EPS主要通过与蛋白质发生作用，影响蛋白质网状结构的构建。此外，EPS具有结合水的能力，增强酸乳的持水力，使其对生产中的机械作用具有更强的抗性，维持其较好的组织形态。因此，乳酸菌发酵产生的EPS能够在较低浓度下对酸乳的黏度、黏弹性、持水力、质构、风味等产生显著影响。

酪蛋白和多糖的作用有共溶、相容和不相容三种形式。在热力学上二者呈现不相容性，但当pH低于蛋白质的等电点时，并且在溶液中离子强度极低的条件下，蛋白质与阴性多糖产生静电交互形成络合物，两种大分子表现出相容性。胞外多糖和酪蛋白的相互作用机制主要表现在胞外多糖能够影响酪蛋白的空间位阻作用和静电排斥作用，且酸乳中的蛋白质稳定体系和失稳过程是胞外多糖对蛋白质作用的基础。酪蛋白主要包括4种单体，分别为αs1-酪蛋白（αs1-CN）、αs2-酪蛋白（αs2-CN）、β-酪蛋白（β-CN）和κ-酪蛋白（κ-CN）。酪蛋白胶束的结构由一个个亚胶束单元和磷酸钙胶粒连接在一起。其中，亚胶束有两类：一类位于胶束内部，是由αs1-酪蛋白和β-酪蛋白组成疏水性强的亚胶束；另一类位于胶束的外部，是由αs2-酪蛋白和κ-酪蛋白组成亲水性强的亚胶束。胶粒外层由κ-酪蛋白形成"毛发层"，使得胶粒和胶粒之间的疏水相互作用和静电斥力增加，难以聚集沉降。而在酸乳发酵过程中，由于pH下降，磷酸钙胶体溶解，由k-酪蛋白形成的"毛发层"坍塌，静电斥力下降，蛋白稳定体系瓦解，呈失稳状态，酪蛋白将沉降析出。

4.乳酸菌噬菌体与防御机制

在酸乳的生产过程中，噬菌体常会感染乳酸菌，导致菌株的产酸能力和蛋白水解能力下降，延缓发酵甚至终止发酵，造成巨大经济损失。因此，了解乳酸菌噬菌体的分类及其侵染机制对乳酸菌的应用及其相关产品的生产具有重要意义。

（1）乳酸菌噬菌体的分类　根据其侵染途径可分为烈性噬菌体和温和噬菌体。烈性噬菌体是可在短时间内可完成吸附、侵入、增殖、装配、裂解5个阶段而实现繁殖的噬菌体。温和噬菌体是指吸附并侵入宿主细胞后，只整合噬菌体的DNA到宿主染色体上，长期随宿主DNA的复制而同步复制，一般情况下不进行增殖、不引起宿主细胞裂解，除此之外，也可根据侵染宿主菌株的不同进行分类，如噬菌体Ld3属于保加利亚乳杆菌噬菌体，也可以根据形态特征进行分类，如根据噬菌体尾部长度及形态的不同将有尾噬菌体分为长尾噬菌体、肌尾噬菌体、短尾噬菌体。

（2）乳酸菌抗噬菌体的防御机制　乳酸菌被噬菌体侵染的过程可分为四个阶段：首先噬菌体与乳酸菌表面发生非特异性吸附（逆性）。然后噬菌体尾部与细菌表面受体发生特异性共价结合（不可逆），经挤压将DNA注入宿主细胞。在噬菌体DNA进入宿主细胞后，DNA通过控制宿主细胞基因的复制而转录噬菌体基因，并翻译噬菌体蛋白，使子代噬菌体装配完整。在宿主细胞完成大量子代噬菌体装配后，噬菌体产生的溶菌素酶可溶解细胞，从而释放噬菌体。

乳酸菌抗噬菌体的自身防御机制可分为以下5种。①抑制噬菌体吸附；②阻塞噬菌体DNA的注入；③限制修饰系统；④噬菌体流产感染系统；⑤CRISPR/cas系统。

（3）抗噬菌体基因工程防御系统　随着乳酸菌噬菌体全基因组序列的不断深入研究，新的抗噬菌体机制也正在被揭示。例如，工程防御系统的开发，即通过改造工程菌株，损害噬菌体侵染过程中至关重要的基因，来达到防止噬菌体侵染的目的，如基于反义RNA的噬菌体防御系统、由噬菌体编码的抵抗系统、重复感染免疫及重复感染排斥系统、噬菌体诱发的自杀系统等。目前，人们已经开始了对嗜热链球菌和乳酸链球菌的抗噬菌体基因工程防御系统的研究。

（三）益生菌酸乳

联合国粮农组织（FAO）和世界卫生组织（WHO）将益生菌定义为"摄入一定量后对宿主产生有益作用的活的微生物"。通过改善肌体的微生态平衡刺激特异性和非特异性免疫机制，起到增强机体健康、改善肠道、提高免疫力、促进代谢及促进神经系统发育、防止某些疾病和延缓衰老的有益作用。

目前，国家卫生计生委允许的可用于食品的益生菌菌种包括双歧杆菌、嗜酸乳杆菌、植物乳杆菌和干酪乳杆菌等20多个菌种，产生的短链脂肪酸、细菌素、多糖、特殊酶系和细胞表面的脂磷壁酸、肽聚糖、表面蛋白成为了其发挥生理功能的物质基础。益生菌的生产菌种必须满足8个条件：①能够耐受胃液、胆汁，以存活的状态到达肠内；②能够在肠内增殖；③能够改善肠内菌群；④能够确保安全性；⑤来源于人体肠道菌群；⑥应用于食品中并能保持有效的菌数；⑦价廉且易于处理；⑧经过基因修饰的菌种不得用于保健食品。

乳品企业的研发人员可以通过选择菌种的种类，或适当改变益生菌菌种搭配，选择性地调整不同菌种的添加比例，开发具有不同功能的益生菌酸乳产品。

1.双歧杆菌

双歧杆菌是一种严格厌氧革兰阳性菌，呈现弯曲杆状、L形、V形或Y形等多种形态。它既不产生毒素，也不能产生致病物质和有害气体。研究报道中双歧杆菌的益生功能有防治便秘和胃肠障碍，维护肠道菌群平衡；降低人体血清胆固醇，降低动脉粥样硬化；抑制腐生菌的繁殖，预防肠道癌症；抑制血浆脂质过氧化反应；增加血液中超氧化物歧化酶的含量及生物活性；延缓机体衰老等。国内外将从人体分离的多种双歧杆菌作为菌种，应用在传统发酵工艺中。

2.罗伊氏乳杆菌

罗伊氏乳杆菌形状呈轻微不规则、圆形末端的弯曲杆状，通常单个或成对存在，是肠道菌群中存在的乳杆菌之一，因可耐受胃酸和胆汁而黏附于小肠壁，具有极高的安全性，是理想的益生菌种。目前，罗伊氏乳杆菌已经广泛应用于世界各地的发酵乳制品生产中，美国STONYFIELD公司、日本Chichiyasu

公司、西班牙KRAFT公司均生产内含罗伊氏乳杆菌的益生菌酸乳产品。

3.酸乳产品中益生菌活性的保持者——"合生元"

益生菌在人体内发挥益生作用的前提是其进入胃肠道后能够存活并且增殖。有研究显示每日摄入10^8~10^9 CFU/mL益生菌才可发挥其对人体的益生作用。《食品安全国家标准 饮料》（GB 7101—2015）规定乳酸菌乳饮料中的乳酸菌数≥10^6CFU/mL；日本发酵乳与乳酸菌饮料协会规定发酵乳中的益生菌数≥10^7CFU/mL。然而，受到自身生长特性及周围环境的影响，菌体在货架期内会出现明显的衰退趋势。为了减缓活菌数下降速率，除了优化货架期内益生菌发酵乳的储存温度、初始酸度等储存条件，另外，一个主要措施是向发酵乳中添加益生元。

益生元主要是指非消化性（或难消化性）的功能性低聚糖类，如低聚异麦芽糖、低聚果糖、低聚半乳糖和大豆低聚糖等。在益生菌发酵乳中添加益生元，不仅在发酵过程中对益生菌有增殖作用，而且在货架期内可减缓活菌数下降的速率。将发酵乳中的益生菌和益生元相结合，也就是常说的"合生元"。研究表明，合生元可增加活菌数，延长产品的货架寿命。

（四）酸乳的安全生产

1. 酸乳生产的原料

酸乳生产的原料为原料乳、食品添加剂、营养强化剂、果蔬、谷物等。

（1）原料乳 选择生牛（羊）乳或乳粉，不得含有抗生素、噬菌体、CIP清洗剂残留物或杀菌剂，不得使用患有乳房炎的乳。原料乳色泽应呈乳白或略带微黄；组织状态应呈均匀的胶态流体，无沉淀、无凝块、无肉眼可见杂质和其他异物；应具有新鲜牛（羊）固有的香气，无其他异味。生乳蛋白质含量≥2.8g/100g，脂肪含量≥3.1g/100g，细菌总数≤2×10^7CFU/mL，非脂乳固体≥8.1g/100g，生牛乳酸度在12~18°T[①]，生羊乳酸度在6~13°T，因此配料前必须对牛（羊）乳标准化，即按照产品质量的食品安全国家标准《食品安全国家标准

---

① 滴定酸度，即吉尔里耳度，单位为°T，1°T是指滴定100mL牛乳样品所消耗0.1mol/L NaOH溶液的毫升数。

生乳》（GB 19301—2010）规定的指标进行主成分调整。乳粉应采用符合《食品安全国家标准　乳粉》规定的原料使用。

（2）其他原料　食品添加剂和营养强化剂的使用应符合食品安全国家标准GB 2760—2014和GB 14880—2012的规定。果蔬、谷物应符合相应有关规定。稳定剂通常用于搅拌型酸乳生产中，常用的稳定剂有CMC、果胶等，其添加量控制在0.1%~0.5%范围内，果料通常含有50%的糖或相应的甜味剂，一般添加12%~18%的果料到酸乳中能满足酸乳所需的甜味。

（3）发酵菌种　保加利亚乳杆菌（德氏乳杆菌保加利亚亚种）、嗜热链球菌或其他，由国务院卫生行政部门批准使用的菌种。

2. 酸乳发酵剂

酸乳发酵剂是生产酸乳过程中保证其质量稳定及形成酸乳优良感官品质以及组织状态的关键所在。发酵剂从根本上避免了产品自然发酵周期长、质量波动大和食用安全性及卫生性难以保障的缺陷，促进了产品及生产过程的标准化。按照物理形态的不同可分为液体酸乳发酵剂、冷冻酸乳发酵剂和直投式酸乳发酵剂3种。

（1）液体酸乳发酵剂　液体酸乳发酵剂比较便宜，但是菌种活力经常发生改变，存放过程中易染杂菌，保藏时间也较短，长距离运输菌种活力降低很快，已经逐渐被大型酸乳厂家所淘汰，只有一些中小型酸乳工厂还在联合一些大学或研究所进行生产。

酸乳发酵剂的菌种要在酸乳生产厂家单独设一菌种车间，以完成"纯菌→活化→扩大繁殖→母发酵剂→中间发酵剂→工作发酵剂"这一工艺过程，该过程工序多、技术要求严格。

（2）冷冻酸乳发酵剂　冷冻酸乳发酵剂是经深度冷冻而成，其价格也比直投式酸乳发酵剂便宜，菌种活力较高，活化时间也较短，但是其运输和贮藏过程中都需要-55~-45℃的特殊环境条件且费用比较高，使用的广泛性受到限制。

（3）直投式酸乳发酵剂　直投式酸乳发酵剂（directed vat set，DVS）是指一系列高度浓缩和标准化的冷冻干燥发酵剂菌种，可供生产企业直接加入到热处理的原料乳中进行发酵，而无须对其进行活化、扩大培养等其他预处理工作，贮藏在普通冰箱中即可。直投式酸乳发酵剂的活菌数一般为10^{10}~10^{12}CFU/g，包括冷冻型和干燥型两种。运输成本和贮藏成本都很低，其使用过程中的方便性、低成本性和品质稳定性特别突出，可以防止菌种在保存、扩培过程中组成、活性发生变化和有害菌、噬菌体的污染，简化了生产工艺。直投式酸乳发酵剂的生产和应用可以使发酵剂生产专业化、社会化、规范化、统一化，从而使酸乳生产标准化，提高酸乳质量，保障了消费者的利益和健康。目前，它已经在一些大型酸乳厂家推广使用。

3. 酸乳发酵剂的制备

菌种的选择对发酵剂的质量有重要作用，发酵剂所用的菌种，随生产的乳制品而异，可根据生产发酵乳制品的品种，选择适当的菌种，并对菌种发育的最适温度、耐热性、产酸能力及是否产生黏性物质等特性，进行综合性选择，还要考虑到菌种间的共生性，使之在生长繁殖中相互得益，提高产酸力和风味形成力，从而得到酸多、香味成分多的酸乳。生产酸乳主要为保加利亚乳杆菌和嗜热链球菌混合发酵剂，保加利亚乳杆菌产酸、产香，嗜热链球菌增黏（胞外多糖多聚物），最终形成酸乳特有的味道和黏稠感。酸乳发酵剂的制备常分为三个阶段，即依据生产需要逐级扩培的三种类型：乳酸菌纯培养物、母发酵剂、生产发酵剂。

（1）菌种的复活及保存 先将装菌种的试管口用火焰彻底杀菌，然后打开棉塞，如为液状则用灭菌吸管从试管底部吸取1~2mL，立即移入预先准备好的灭菌培养基中。如为粉末状时，则用灭菌接种针取出少量，移入预先准备好的培养基中，放入保温箱中培养，待凝固后，又取出1~2mL，再照上述方法反复进行移植活化后，即可用于调制母发酵剂。培养基要求用新鲜的脱脂乳，经120℃，15~20min高压灭菌，将乳温降至35~40℃，便可接种。将凝固后的菌种管保存于0~5℃的冰箱中，每隔两周移植一次。

（2）母发酵剂的制备 母发酵剂是指在无菌条件下扩大培养的用于制作生产发酵剂的培养物，是乳酸菌纯培养物在脱脂乳或其他培养基上活化、传代培养而扩大制备的发酵剂。取新鲜脱脂乳100~300mL（同样两份），装入母发酵剂容器中，121℃高压灭菌15min高压灭菌，然后迅速冷却至40℃左右，用灭菌吸管吸取适量的乳酸菌纯培养物（均为母发酵剂脱脂乳量的3%）进行接种后，混匀后，放入恒温箱中培养，按所需温度进行培养，凝固后冷藏。为保持活力，培养好的母发酵剂反复接种2~3次用于制作生产发酵剂。

（3）生产发酵剂的制备　生产发酵剂是利用母发酵剂进一步扩大培养制作的直接用于生产的发酵剂。生产发酵剂的制备方法如下：取实际生产量3%~5%的脱脂乳，配入灭菌的生产发酵剂容器中，以90℃杀菌15min，并冷却至35~40℃，然后以无菌操作边快速搅拌边缓慢添加母发酵剂3%~5%，其中，母发酵剂以保加利亚乳杆菌和嗜热链球菌按一定的比例混合添加，充分搅拌后在所需温度下培养达到所需酸度后即可取出，贮于冷藏库中待用。

制备生产发酵剂时应特别注意发酵温度的控制，嗜热链球菌和保加利亚乳杆菌的最佳发酵温度不尽相同，发酵温度的选择需要兼顾两种菌种的增菌特性，否则可能造成菌种比例失调。大多数酸乳中球菌和杆菌的比例为1∶1或2∶1，起始阶段杆菌始终不允许占优势，否则酸度升高太快。生产经验是，在40℃下培养，球菌与杆菌的比大约为4∶1，而45℃时约为1∶2。

（4）发酵剂的质量要求与检验　发酵剂的质量直接影响到生产的产品成功与成品的质量，故在使用前对发酵剂进行质量检查，应符合下列各项指标的要求。

① 感官检查。观察发酵剂的质地、组织状态、色泽、味道及乳清析出等。良好的发酵剂应使凝固均匀细腻，组织致密而富有弹性，乳清析出少，具有一定酸味和芳香味，无异味，无气泡，无变色现象。

② 化学检查。一般主要检查酸度和挥发度。酸度以90~110°T为宜。测定挥发酸时，取发酵剂250g于蒸馏瓶中，用硫酸调整pH至2.0，用水蒸气蒸馏，收集最初的1000mL用0.1mol/L氢氧化钠滴定。

③ 微生物检查。用常规方法测定总菌数和活菌数。

④ 发酵剂污染的检验。在生产中应对连续繁殖的母发酵剂进行定期检验，在透明的玻璃皿中看其在凝结后气体条纹及其表面状况，作为判定污染与否的迹象。如果气体条纹较大或表面有气体产生，则要用镜检法判定污染情况，也可用平板检验法检测污染情况。平板培养基可用马铃薯D-葡萄糖琼脂来测定酵母和霉菌，也可用平皿计数琼脂检验污染情况。

⑤ 发酵剂活力测定。发酵剂的活力是指该菌种的产酸能力，即产酸力。活力的测定通常采用两种方法。

酸度测定法。在高压灭菌后的脱脂乳中加入3%的发酵剂，置于37.8℃的恒温箱中培养3.5h，测定其酸度。若乳酸度达0.7%~0.8%以上，则认为活力良好，即滴定酸度在70~85°T可认为活力良好，可用于生产。

刃天青还原试验。于9mL脱脂乳中加入发酸剂1mL和0.005%刃天青溶液1mL，在36.7℃的恒温箱中培养35min以上，如完全褪色则表示活力良好。

⑥ 联乙酰的检验。将2.5mL待试发酵剂放在一支直径为16mm的试管中，再加入10mg肌酸和2.5mL 40%的氢氧化钠溶液，混合均匀后使其静置。若在表面出现红色，则表示联乙酰的存在，颜色的深浅代表联乙酰含量的多少，量多表示酸乳风味良好。

4.酸乳现代生产工艺

酸乳生产工艺要根据酸乳的类型、酸乳的组织状态和风味质量决定生产线的设计。现代化的酸乳生产线设计要尽量满足高产量、高质量和连续化生产的要求，自动化程度各不相同。

为了生产出滋味、香味、质构状态理想的、无乳清析出和长货架期的高质量酸乳，在生产过程中必须严格控制各种生产因素，防止影响产品质量。①牛乳的选择。总乳固体（TS）达标的无抗生素的新鲜原料乳是制作优质酸乳的基础。②牛乳的标准化。按照产品标准约定的指标进行主成分调整。③乳类添加物。根据标准承诺的产品特性选择性地添加符合国家添加剂要求的添加物。④脱气。除去异味，改善口感，延长货架期。⑤均质。满足优良质构状态的关键工艺步骤。⑥热处理。正确的杀菌参数是保证优质酸乳的关键工序。⑦发酵剂的选择。突出产品特色，体现产品差异化。⑧发酵剂的制备。保证产品发酵顺利进行，预防杂菌和噬菌体污染。⑨工厂设计。体现工艺特色，优化水电气汽等能源消耗。

（1）原料乳的标准化 为了使产品符合《食品安全国家标准 发酵乳》（GB 19302—2010）的要求，乳制品中脂肪、蛋白质和非脂乳固体要保持一定的含量。但是，原料乳中的脂肪、蛋白质和非脂乳固体含量随乳牛（羊）的品种、地区、季节和饲养管理等因素不同而有很大的差异，因此，必须对原料乳进行标准化，即调整原料乳脂肪、蛋白质和非脂乳固体的比例，使加工出来的产品符合国家标准。如果原料乳中脂肪含量不足时，应该加稀乳油或减少部分脱脂乳；当原料乳中脂肪含量过高时，应添加脱脂乳或脱去部分稀乳油。如果原料乳中蛋白质含量不足时，应该加乳清粉。标准化工作采用在线或配料罐中凝固型进行。

（2）过滤 原料乳和辅料在均质前先进行较好的过滤，可采用管式双联过滤器和离心机除去杂质。

（3）均质　均质是酸乳生产的重要程序，目的在于①促进乳中成分均匀，提高酸乳的黏稠性和稳定性，并使酸乳质地细腻，口感良好；②使乳中的脂肪球破碎、变小，与酪蛋白膜结合，提高脂肪球的密度，降低脂肪球聚集的趋势，使其均匀地悬浮在液体中。均质前先将混合料预热至50~60℃，采用高压均质机，均质压力一般为20~25MPa。

（4）杀菌　杀菌目的有以下几方面。

①杀灭乳中的大部分微生物或全部致病菌。

②除去原料乳中的氧，降低氧化还原电位，助长乳酸菌的发育。

③热处理使蛋白质变性，改善了酸乳硬度和组织状态。

④防止乳清析出。

酸乳的杀菌一般采取90~95℃、15min，经杀菌后的混合料冷却到40~50℃备用；也可采用超高温瞬时灭菌，135~140℃加热3~5s，这样有利于营养成分的保留，减少煮沸味，提高生产效率。

（5）发酵剂

①常用菌种。保加利亚乳杆菌和嗜热链球菌混合发酵剂（2~1）∶1。

②工艺条件液态菌种先搅拌均匀，当物料温度为40~50℃，边快速搅拌物料边慢添加发酵剂4%~5%的量，再搅拌4~5min使之混合均匀。直投式菌种按照其使用量直接添加，同时搅拌5~10min。

（6）凝固型酸乳的发酵及后熟

① 灌装。可根据市场需求选择玻璃瓶或塑杯，在装瓶前需对玻璃瓶进行蒸汽灭菌。

② 发酵。温度保持在41~42℃，培养时间为3h左右，达到凝固状态，没有乳清析出时即可终止发酵。一般发酵终点的判断依据下列条件：滴定酸度达到65°T左右；pH低于4.6；表面有少量水痕；倾斜酸乳瓶或杯，乳变黏稠。发酵应注意避免震动，否则会影响组织状态；发酵温度应恒定，避免忽高忽低；发酵室内温度上下均匀；掌握好发时间，防止酸度不够或过度以及乳清析出。

③ 冷却。发酵好的酸乳应立即移入2~6℃的冷藏库中存放12h，迅速抑制乳酸菌的生长，以免继续发酵而造成酸度升高。在冷藏中，由于酸乳温度的降低是缓慢进行的，因此酸度仍有上升，同时芳香物质双乙酰产生，酸乳的黏稠度增加。酸乳发酵凝固后必须在冷库贮藏24h再出售，通常把此过程称为后

熟。一般酸乳的冷藏期为7~14d。

（7）搅拌酸乳的加工工艺

① 发酵。搅拌酸乳的发酵在发酵罐或缸中进行，发酵罐利用罐周围夹层的热溶剂来维持恒定温度，热溶剂的温度可随发酵参数而变化，若大罐发酵，则应控制好发酵温度，避免忽高忽低。发酵间上部和下部温差不要超过1.5℃，同时，发酵罐应远离发酵间的墙壁，以免过度受热。发酵控制在41~43℃，时间2.5~3h。

② 凝块的冷却。当酸乳凝固（pH 4.6~4.7）时开始冷却，冷却过程应稳定进行。冷却速度过快将造成凝块收缩迅速，导致乳清分离；冷却过慢会造成产品过酸和添加果料的脱色。冷却方法采用片式冷却器、管式冷却器、表面刮板式热交换器、冷却缸等冷却。冷却的目的是快速抑制乳酸菌的生长和酶的活性，以防止过度产酸及搅拌时脱水。

③ 搅拌。通过机械力破碎凝胶体，使凝胶体的粒子直径达到0.01~0.4mm，并使酸乳的硬度和黏度及组织状态发生变化。

④ 调配。果粒、香料及各种食品添加剂等在酸乳自缓冲罐到包装机的输送过程中通过一台变速计量泵被连续加入到凝乳中一起灌装。

⑤ 灌装。酸乳是人们日常直接饮用的液体食品，它的包装材料和容器应符合一般食品的要求，其包装最主要的目的就是使酸乳不受环境的干扰和伤害。酸乳的包装同时还可以保证产品在运输和货架及保存期间不发生泄漏且不会因为受热蒸发而发生损耗，酸乳的终端容器一般为盒状、管状或杯状。经过良好包装的酸乳产品能够防止酸乳在常温下变质、遇氧气氧化变质、长时间光照发生分解反应和发生变色反应的情况，延长储存期。

⑥ 成品贮藏。灌装好的酸乳在2~8℃进行冷藏和后熟，冷藏可促进香味物质的产生和稠度的改变，并延长保质期。

（8）酸乳成品质量标准　GB 19302—2010规定了发酵乳和酸乳的概念，表明两者的区别，规定了酸乳的主要质量标准。酸乳必须符合GB 19302—2010各项指标规定并进行检验。酸乳中使用的食品添加剂和营养强化剂质量应符合相应的安全标准和有关规定。食品添加剂和营养强化剂的使用量应符合GB 2760—2014和GB 14880—2014的规定。污染物限量应符合GB 2762—2014的规定。

5. 酸乳的安全性及清洁化生产

利用乳酸菌发酵将乳糖转变成乳酸对牛乳有保护作用，低pH能够抑制腐败细菌和其他有害微生物的生长，达到延长产品货架期的目的。但是，低pH的酸乳为酵母和霉菌提供了良好的生长环境，一旦被这些微生物污染，就会使产品出现不良风味。

发酵酸乳制品生产的关键环节为①为发酵剂创造最佳的生长条件，适度的热处理是生产优质酸乳的关键工序之一，合理的热处理既能保证杀灭原料乳中的微生物，又能促使牛乳中的乳清蛋白适度变性以减少乳清析出；②保持最适的发酵温度；③当发酵乳获得适宜的滋味和香味时迅速冷却以结束前发酵，进入后熟。发酵时间过长或过短都会影响酸乳的风味和黏稠度；④良好的外观和凝乳状态取决于预处理参数和合理添加剂的使用。

（1）酸乳生产的安全问题　酸乳营养丰富，风味独特，其品质与安全问题已成为消费者关注的重点。酸乳的产品品质和其他食品一样，也受原辅料、生产流程、生产设备、加工人员、生产环境等众多因素的影响。

①原料乳的安全问题。

a.原料乳掺假问题：在原料乳中以复原乳代替生鲜牛（羊）乳，添加氨基酸、淀粉类物质和水，用蛋白粉、脂肪粉等勾兑原料乳，这一些掺假手段会造成乳品质降低，影响酸乳发酵。

b.原料乳抗生素残留问题：饲养过程中，用于治疗乳牛（羊）乳房炎、饲料喂养都含有一定量的抗生素，有些乳农为了保鲜甚至将某些抗微生物制剂直接添加到牛乳中来抑制微生物的生长，造成了乳存在不同程度的药物污染。这些抗生素会对发酵剂产生抑制作用使发酵不能正常进行。

c.原料乳其他安全问题：用于治疗乳房炎的磺胺类药品，其阻碍作用的程度尽管比抗生素小，但对酸乳乳酸菌也有一定作用。在清洗采乳机器等时添加次亚氯酸钠和其他杀菌剂，如果使用杀菌剂混入牛乳中，在酸乳制作过程中会抑制发酵菌的生长而造成重大问题。

②发酵剂的安全问题。发酵剂在制备过程中感染细菌，使酸乳表面生霉、产气。发酵剂遭噬菌体感染时，析出乳清颜色深，闻不出乳酸菌特有的香味；噬菌体对嗜热链球菌的侵袭通常使发酵时间比正常时间长、产品酸度低、发酵剂活力下降。

③生产环境的安全问题。酸乳在生产加工、运输及储存过程中，使用或接触不清洁的乳桶、挤乳机、离心机等加工设备和包装材料，是造成乳品中微生物含量极高的主要来源。酸乳生产过程中设备和管路的清洗至关重要，如果清洗不彻底留下死角，就会导致噬菌体感染或杂菌污染，从而导致发酵失败，给企业造成巨大的经济损失。生产车间经常用水冲洗，空气湿度较大，适宜大多数细菌和真菌生长。由于车间环境的净化和通风设施不完善以及操作人员个人卫生的不合格，将会造成发酵好的酸乳在灌装前遭受二次污染，从而使酸乳保质期缩短，出现酵母味或表面长霉等质量问题。其他方面的污染包括生产用水不卫生、苍蝇和蜂螂等昆虫的滋生，也可造成酸乳的微生物污染。

（2）酸乳安全生产措施　危害分析与关键控制点（HACCP）体系是一种科学、简便、实用的预防性食品安全体系，它可预防与控制从食品原料生产、加工贮运、销售等全过程可能存在的危害，以最大限度地降低风险。HACCP计划作为一种保障食品安全的预防系统，贯穿食品生成的全过程，能够做到严格控制各项操作程序，加强生产过程的监控，保证产品质量。

①危害分析。按产品流程图对各步骤进行危害评估，包括生物危害、化学危害和物理危害3方面。危害评估的依据是国家和企业标准。可以从这些角度考虑食品污染的来源：食品原料的危害、食品从业人员对食品的污染、加工中的交叉污染、工具设备对食品的污染、化学性污染（如添加剂）、食品包装材料引起的污染等。进行危害分析时，需准备必要的仪器设备进行试验，同时需查阅相关的流行病学资料、工厂的有关质量记录，以确定潜在的危害是否为显著危害。可以借助HACCP判断属于各显著危害是否为CCP点。

②关键控制点CCP的确定。原料乳采购与验收（CCP_1）；杀菌（CCP_2）；接种发酵（CCP_3）；无菌袋验收（CCP_4）；无菌灌装（CCP_5）。

通过对酸乳生产实行HACCP管理并进行工艺分析和危害分析，确定关键控制点，并采取有效的预防纠偏措施，可以保证产品在大批量生产过程中所有的监控点达到规定的要求，从而最终实现保证产品安全卫生的目标。在酸乳生产过程中，应全方位应用和推广这一管理系统，以发展酸乳生产，保证我国城乡居民的食品安全。

（3）酸乳清洁生产分析

酸乳生产工艺主要从原乳过滤、原乳滤渣回收加工、废水循环利用、产品包装等方面进行清洁生产，从源头控制废水及污染物的产生。

①原乳过滤采用压滤机代替过滤槽排糖，减少废水和污染物的排放量，同时提高了原乳的利用率，节约原料，降低了生产成本。

②原乳滤渣回收加工生产过程中的原料残渣经烘干粉碎后，加工成饲料产品出售或用于甲烷发酵，增加了经济效益，减少二次污染。

③废水循环利用。洗瓶的水含有大量的氮，如果直接排放会导致水体富营养化严重，废水经处理后，可作为绿化、冲刷厕所水实现循环利用，既节约水资源，又减少了污染物的排放。用于冷却升温的废水，若直接排放会引起水体温度上升，使水生态环境遭到破坏。降温后可循环再用，既节约冷却水用量，又减少了废水排放。

④产品包装现在市场上用于凝固型酸乳的包装几乎全是塑料包装。塑料包装有降解难、成本高的缺点。改用纸质或玻璃瓶包装可避免上述缺点，但纸质材料可塑性差、强度不够高，对材料及加工技术要求较高。

二、干酪加工技术

（一）干酪概述

FAO和WHO对干酪作出如下定义：是以牛乳、奶油、部分脱脂乳、酪乳或这些产品的混合物为原料，经凝乳并分离乳清而制得的新鲜或发酵成熟的乳制品。据不完全统计，全世界共有900余种干酪。人们很难按其实际意义进行分类，许多干酪是根据其出产的国家、地区或城市而命名。国际上通常依据加工原料和工艺把干酪分为天然干酪（natural cheese）、再制干酪（processed cheese）和干酪食品（cheese food）。其中天然干酪的种类最丰富，国际乳业联合会（IDF）提议依据水分含量将天然干酪分为特硬质干酪、硬质干酪、半硬质（或半软质）干酪和软质干酪。虽然尚无统一的干酪分类办法，但是每一类干酪都可以通过一系列特性，如结构（组织、质地）、滋味和外观来鉴别，其特性的形成与选用的菌种（及其产生的酶）、乳中天然酶、制作工艺和干酪内外的主要条件（如pH、氧化还原电位、水分活度、盐度、温度及湿度等）密切相关。

虽然干酪是在还没被历史记载前就有的古老食品，但有关干酪制作的微生物学和生物学研究直至近几十年才有了较大进步。这些研究工作主要集中在对有益微生物的分离、鉴别和分类,以及对它们在干酪发酵成熟中的作用的阐明上,以便更好地控制干酪制作、降低腐败微生物污染的风险。

1.发展历史

在欧美、大洋洲等乳源丰富的地区,还流传着数以千计的干酪制品。干酪,又称为芝士、乳酪等。干酪是一种营养丰富、历史悠久的发酵乳制品,公元前6000~7000年的幼发拉底河和底格里斯河流域,当时的人们用皮制的背囊存放牛乳和羊乳,但通常几天后鲜乳就发酵变酸,人们将变酸的乳在凉爽湿润的气候下晾晒数日,使之凝结出现块状,并挤压沥干多余水分,发现这些凝结的乳块不仅可口,并且易于贮藏,这便是早期的干酪。后来,人们发现小牛胃里的某种成分能更有效地使乳凝结,压缩的凝乳在贮藏过程中能形成各种不同的风味,进而演化成了品种繁多的干酪。干酪产品在发达国家约占全部乳品消费量的60%,是乳品工业的核心产品,也是乳品科学研究的热点。

公元前3世纪的古希腊,干酪的制作技术已相当成熟,之后由希腊传入罗马,古罗马的《农学宪章》(公元60年)是世界上最早详细记载干酪具体制作过程的历史文献,此后干酪的生产在欧洲迅速扩大。到了13世纪,干酪消费在欧洲由贵族阶层逐渐进入到平民阶层,平民阶层开始成为生产干酪的主力军,不同区域的人们,根据他们的饮食习惯创造了不同的干酪制作工艺,如意大利的帕尔玛干酪、罗马诺干酪,希腊的菲达干酪,法国的卡门培尔白霉干酪、罗克福尔蓝纹干酪、英国的切达干酪、瑞士的豪达干酪等。19世纪,一系列重要的技术革新推动了干酪产业的快速发展,如法国生物化学家巴斯德所发明的巴氏灭菌法,用菌种分离技术所获得的高效发酵剂取代传统发酵剂,酸度计的开发使干酪制作中的酸度有了定量依据,这些技术使干酪的生产由传统化迈入了工业化阶段,干酪的生产和消费得到了快速发展。近年来,世界各地的干酪产销仍然保持上升趋势,全球大约有40%的液态乳用于干酪的加工,主要分布在欧洲、北美洲、大洋洲,以及中东的埃及、伊朗、以色列等国家和地区。

在我国历史上,干酪的生产没有出现像欧洲一样的规模化。我国传统干酪的制作主要以少数民族地区为主,具有较强的地域性,如蒙古族的乳豆腐、藏族的曲拉、彝族的乳饼、白族的乳扇等。北魏《齐民要术》中所描述的"酪"的整个制作工艺与现代新鲜干酪的制作工艺十分接近,这说明我国劳动人民在当时就已经掌握了干酪的加工技术，但由于饮食习惯等方面的原因，干酪消费水平在我国历史上一直较低。近年来，随着我国人民生活水平的不断提高，越来越多的消费者认识到了干酪的营养价值，干酪及其深加工产品的消费量正在快速增长，有着巨大的市场前景。

2.干酪定义

干酪是以牛乳、油、部分脱脂乳、酪乳或这些产品的混合物为原料，经凝乳并分离乳清而制得的新鲜或发酵成熟的乳制品。根据2010年我国发布的《食品安全国家标准　干酪》（GB 5420—2010）规定，干酪是在凝乳酶或其他适当凝乳剂的作用下，使乳、脱脂乳、部分脱脂乳、稀奶油、乳清稀奶油、酪乳中一种或几种原料的蛋白质凝固或部分凝固，排出凝块中的部分乳清而得到的产品。

3.营养特性

干酪是经过浓缩的乳制品，通常需要消耗约10kg乳才可生产1kg干酪，因其营养价值丰富、容易被人体消化吸收，因而被营养学家视为一种理想的现代食品，赋予其"奶黄金""乳业皇冠上的珍珠"等美誉。在干酪加工过程中，由于发酵剂、凝乳酶、微生物等的共同作用，原料乳中的乳糖、酪蛋白、脂肪等物质通过一系列微生物学、生物化学和化学反应生成乳酸、多肽、游离氨基酸、游离脂肪酸、酯类等易于被人体吸收的小分子物质，同时在成熟过程中可以合成一些多不饱和脂肪酸及维生素，从而进一步提高干酪的营养价值。干酪中蛋白质的实际消比率达到96.2%~97.5%，高于全脂乳的消化率。每100g干酪就可以满足一个成年人蛋白质日需量的30%~50%。

原料乳中所含碳水化合物以乳糖为主，会引起乳糖不耐受人群消化不良，而在干酪生产过程中大部分乳糖与乳清分离，另一部分通过发酵作用转化为乳酸，成品干酪中乳糖浓度一般在3%以下，适宜乳糖不耐受人群和糖尿病患者食用。新鲜干酪的脂肪含量通常在12%以上，其中包含大量对人体有益的单不饱和脂肪酸和多不饱和脂肪酸；此外，还含有大量的亚油酸、亚麻酸等必需脂肪酸，不仅可以参与体细胞的构建，还可降低人体血清中胆固醇含量，以及预防心血管、高血压、高血糖等疾病的发生，并且由于微生物发酵作用，干酪中胆固醇含量显著低于原料乳，在干酪制作过程中，为了加速乳的凝结，会在添加凝乳酶前加适量的氯化钙，因此，干酪中的钙含量非常丰富，每100g干酪中约含有720mg钙，是理想的补钙食品。此外，干酪还含有丰富的磷、铁、锌等人体必需矿质元素。干酪中维生素种类和含量随品种的不同差异较大，原料乳质量、加工工艺、发酵剂和成熟条件等都会影响干酪中的维生素含量，一般干酪中以维生素A、维生素E、烟酸、叶酸的含量较高。此外，干酪中的乳酸菌及其代谢产物也有利于维持人体肠道内正常菌群的平衡和稳定，并增进消化功能，防止腹泻和便秘。

4.干酪分类

干酪的种类很多，据不完全统计，世界范围内的干酪品种已超过800个，干酪的分类标准较多。主要按产品中非脂物质水分含量和脂肪含量、成熟度、加工方式和凝乳原理的不同等来对干酪进行分类。

（1）按产品中非脂物质水分含量以及脂肪含量分类　根据《食品安全国家标准　干酪》（GB 5420—2010），按产品中非脂物质水分含量以及干物质脂肪含量的不同对干酪的基本分类。按非脂物质水分含量可分为软质干酪（>67%）、半软质干酪（54%~69%）、硬质干酪（49%~56%）、特硬质干酪（<51%）。按干物质脂肪含量可分为高脂干酪（≥60%）；全脂干酪（45.0~59.9%）；中脂干酪（25.0~44.9%）；部分脱脂干酪（10.0~24.9%）；脱脂干酪（<10.0%）。

（2）按加工方式分类　根据加工方式的不同，可分为天然干酪和再制干酪。

① 天然干酪是指用新鲜乳为原料制得的干酪，也是传统意义上的干酪，如荷兰干酪、马苏里拉干酪。

② 再制干酪是指两种或两种以上天然干酪混合加热，并添加乳化剂制作出的一种干酪，也被称为融化干酪，其口味均匀，易进行其他成分如香料、果仁等的添加，相对天然干酪更易于保存。

（3）按成熟度分类　根据成熟度的不同（GB 5420—2010中干酪的分类），可分为成熟干酪、霉菌成熟干酪和未成熟干酪。

① 成熟干酪。指生产后不能马上使（食）用，应在一定温度下储存一定时间，以通过生化和物理变化产生该干酪的特性。

② 毒菌成熟干酪。主要通过干酪内部和（或）表面的特征霉菌生长而促进其成熟的干酪，如蓝纹干酪、布里干酪。

③ 未成熟干酪是指生产后不久即可使（食）用的干酪。

（4）按凝乳原理分类

根据干酪制作中凝乳原理的不同，干酪可分为4类：酸凝型、酶凝型、酸凝-酶凝混合型以及加热酸凝型。

① 酸凝型干酪。指在30~32℃条件下，直接使用酸进行凝乳，而不添加凝乳酶的干酪。通常这种干酪是通过乳酸菌发酵产酸，或直接添加葡萄糖酸内酯、醋酸等来酸化乳，使pH降到4.6~4.8来达到凝乳目的。产品脂肪含量低、水分高，一般不经过成熟处理，主要用于鲜食，货架期一般只有2~3周，如农家干酪、夸克干酯。

② 酶凝型干酪。指在制作过程中，只使用凝乳酶，而不添加乳酸菌的新鲜干酪。因没有乳酸发酵的过程，干酪的pH比较高，不易保存，货架期通常只有3周左右，如墨西哥白干酪、哈罗米干酪。

③ 酸凝-酶凝混合型干酪。在制作过程中同时使用了乳酸菌发酵剂和凝乳酶的干酪这种方法被大多数干酪生产所使用，由于发酵剂的加入，乳糖被发酵生成乳酸从而降低了干酪pH，使凝乳酶以更高的活性凝乳，同时乳酸和发酵剂中的蛋白酶还能赋予干酪特殊的风味，如菲达干酪、卡门培尔干酪、切达干酪。

④ 加热酸凝型干酪。通过向加热到75~100℃的乳中直接投入有机酸（主要为乳酸和柠檬酸）来制作的一类干酪。由于乳经过高温处理，会导致乳清蛋白变性而与酪蛋白一起凝固下来，使生产效率和产率都得到提高，且无需添加发酵剂和凝乳酶，生产成本也较低，如意大利里科塔干酪、印度Paneer干酪。

（二）干酪生产用的乳酸菌及生化机制

1. 用于干酪加工的乳酸菌

（1）发酵剂乳酸菌 干酪发酵剂可分为细菌发酵剂和霉菌发酵剂。霉菌发酵剂一般用于一些特殊品种干酪的生产，细菌发酵剂一般以乳酸菌为主。在绝大多数的干酪生产中都需使用乳酸菌，包括链球菌、明串珠菌和乳杆菌等，发酵剂通常由它们中的一种或几种混合组成。一般发酵剂根据其作用过程被分为两组。①对制造和成熟都起作用的发酵剂；②仅在成熟过程起作用的发酵剂。如果按照乳酸菌发酵剂的研究发展来划分，大致有三种：天然型乳酸菌发酵剂、传统型乳酸菌发酵剂和浓缩型乳酸菌发酵剂。其中，浓缩型乳酸菌发酵剂可以防止菌种污染及退化，提高产品品质。应用上，根据干酪发酵剂的组成，可以分为如下3类：单菌株发酵剂、混合菌株发酵剂、多菌株发酵剂或复合菌株发酵剂。复合发酵剂是指已知的、相容的及无噬菌体相关的选育菌株混合物。现代干酪生产中很少应用单菌株，主要应用多菌株发酵剂。根据发酵剂中是否包含产香菌，干酪发酵剂一般为B型（L型），包含明串珠菌属作为产香菌；D型包含丁二酮链球菌作为产香菌；BD型包含上述两者作为产香菌；O型不包含任何产香菌。产香菌：明串珠菌属和丁二酮链球菌发酵乳糖和柠檬酸生成醋酸、丁二酮等及CO_2。醋酸、丁二酮对风味有重要贡献，而CO_2对于组织细密的干酪形成气孔非常重要，同时产香菌的其他代谢产物有利于干酪风味的形成。

乳酸菌发酵剂还可分成以下两类：嗜温型发酵剂（最佳生长温度为25~30℃）和嗜热型发酵剂（最佳生长温度为40~45℃）。一般嗜温型发酵剂可以用于切达干酪、青纹干酪、卡门培尔干酪等浓味干酪的生产。嗜热发酵剂一般用于瑞士和意大利的一些品种干酪的生产，因为瑞士和意大利的一些干酪品种生产时需加热至较高的温度（50~55℃）。前者包含球菌属和明串珠菌属，后者包含唾液链球菌嗜热亚种和乳杆菌属中德氏乳杆菌保加利亚亚种、瑞士乳杆菌和德氏乳杆菌乳酸亚种。世界上大部分干酪生产中大量使用的是嗜温型乳酸菌株。嗜温型和嗜热型发酵剂在生长速度、新陈代谢速率、蛋白酶活性、噬菌体的交互作用及风味的形成等方面存在不同的特性。表5-1列出了用于干酪生产的乳酸菌。

表5-1　干酪的主要发酵剂微生物菌种

菌种中文名称	拉丁文名称	温度类型	产风味物质
德氏乳杆菌保加利亚亚种	*Lb. delbrueckii* subsp.*bulgaricus*	嗜热	乙醛
德氏乳杆菌乳酸亚种	*Lb. delbrueckii* subsp. *lact*	嗜热	
植物乳杆菌	*Lb.plantarum*	嗜温	
乳酸乳球菌乳酸亚种	*Lc.lactis* subsp. *lactis*	嗜温	乳链菌肽
乳酸乳球菌双乙酰亚种	*Lc.Lactis* subsp. *diacetyl*	嗜温	双乙酰
乳酸乳球菌乳脂亚种	*Lc.Lactis*.subsp. *cremoris*	嗜温	双乙酰
唾液链球菌嗜热亚种	*S. salivarius* subsp. *thermophilus*	嗜热	
肠膜明串珠菌乳脂亚种	*Leu. mesenteroides* subsp. *cremoris*	嗜温	双乙酰

①乳酸乳球菌（*Lactococcus lactis*）。革兰阳性菌，兼性厌氧，最适宜生长温度为30℃；细胞呈球形或卵圆形，不产荚膜和芽孢，营养要求复杂。乳酸乳球菌被广泛应用于干酪的发酵工业中，其在干酪生产中的主要作用，除了将乳糖通过发酵转变为乳酸，产生风味物质双乙酰和乙醛外，胞内的肽酶和胞外的蛋白酶还可促进干酪中的蛋白质水解，从而对成熟干酪风味物质的形成起到重要作用。乳酸乳球菌包含两个亚种，乳酸乳球菌乳脂亚种和乳酸乳球菌乳酸亚种，前者主要用于生产软质干酪，后者主要用于生产硬质干酪。

②干酪乳杆菌（*Lactobacillus casei*）。革兰阳性菌，厌氧或微好氧，不产芽孢，无鞭毛，兼性异型发酵乳糖；最适生长温度为37℃，菌体长短不一，菌体两端呈方形，多为短链或长链，有时亦可见到球形菌；菌落粗糙，灰白色，有时呈微黄色。干酪乳杆菌常被用作干酪等乳制品的发酵剂或辅助发酵剂，其适应于干酪中的高盐含量及低pH，通过一些重要氨基酸的代谢以增加风味并促进干酪的成熟；干酪乳杆菌还能够有效抑制和杀死食品中的许多腐败菌及致病菌，对食品的防腐保鲜起到积极作用。

③嗜酸乳杆菌（*Lactobacillus acidophilus*）。革兰阳性杆菌，细胞呈杆形，菌体两端呈圆形，厌氧或兼性厌氧；菌落直径较小（约0.5mm）、表面粗糙、中心凸起、边缘卷曲。嗜酸乳杆菌可发酵乳糖产生乳酸、醋酸等有机酸来增加食品酸度。在人体内，嗜酸乳杆菌主要存在于人小肠中，可分泌抗生素类物质（如嗜酸乳菌素、嗜酸杆菌素、乳酸菌素等），以抑制肠道致病微生物的生长与腐败菌的增殖。其发酵的食品对胃肠道功能失调的患者有着较好的保健作用。根据原卫生部公告（2011年第25号），嗜酸乳杆菌是可用于婴幼儿食品的菌种。

（2）非发酵剂乳酸菌 有些乳酸菌不能产酸或者几乎不产酸，但添加后对干酪成熟过程中蛋白质水解与脂类水解和酶类的释放起促进作用，从而加速干酪的成熟，人们将这类乳酸菌称为非发酵剂乳酸菌。非发酵剂乳酸菌通常呈现多样性并以乳杆菌为主，包括干酪乳杆菌、戊糖乳杆菌（*L.pentosus*）、鼠李糖乳杆菌、发酵乳杆菌（*L.fermentum*）、布氏乳杆菌（*L.buchneri*）及短乳杆菌（*L.brevis*）等；非乳杆菌乳酸菌有乳酸片球菌（*P.acidilactici*）、戊糖片球菌（*P.pentosaceus*）、肠球菌（*E.durans*）以及一些属于明串珠菌属的乳酸菌。以上这些菌株均分离自成熟干酪。

干酪成熟是一个缓慢过程，如果能够缩短干酪成熟期，就可大大降低干酪生产成本。然而，在干酪成熟过程中，微生物处在营养匮乏（没有残存乳糖）、4%~6%的盐分、低水分、pH 4.9~5.3、温度低（5~13℃）的不利的环境中，这些条件抑制了许多微生物的生长，然而，非发酵剂乳酸菌可以耐受这种环境，成为干酪成熟过程中的优势菌群，对干酪的品质和风味特性起决定性作用。

（3）辅助发酵剂　非发酵剂乳酸菌主要来源于外来偶然进入牛乳中的微生物，存在很大的随机性，导致成熟干酪品质的多变性。也有人认为非发酵剂乳酸菌是造成80%干酪缺陷的主要原因，包括过酸化、产气和异味等。为了避免这些问题，人们从分离出的非发酵剂乳酸菌中精细筛选一些菌株作为辅助发酵剂并添加到新鲜干酪中来促进干酪的成熟，提高产品的感官品质，这一类乳酸菌被称作辅助发酵剂。目前，对辅助发酵剂菌种的研究主要集中在干酪乳杆菌、副干酪乳杆菌（*L paracasei*）、鼠李糖乳杆菌、植物乳杆菌和弯曲乳杆菌（*L.curvatus*）等嗜温型乳杆菌。

（4）修饰发酵剂　添加辅助发酵剂可有效缩短干酪的成熟时间，然而，由于菌种资源有限，在菌种筛选方面需要花费大量的时间和人力。修饰发酵剂的出现可更好地解决了以上问题。修饰发酵剂是不产生过量的酸并保留高活性胞内酶的有效促熟干酪的一种方法，是指通过采用各种物理、化学或基因修饰等方法处理乳酸菌发酵剂、降低发酵剂产酸能力、提高酶活力的过程，在添加时细胞完整存在，而在干酪成熟期间菌株可高度自溶性并释放出活性胞内酶。修饰后的乳酸菌与主发酵剂一起被加入乳中，可加速干酪成熟，增强风味，减少苦味，在促熟干酪方面有较好的效果。修饰发酵剂研究主要集中在干酪乳杆菌、植物乳杆菌、嗜热链球菌、德氏乳杆菌（*L.delbrueckii*）、瑞士乳杆菌（*L.helveticus*）、乳酸乳球菌等方面，方法主要有热休克、冷休克、冷冻或喷雾干燥、溶菌酶处理、溶剂处理、脉冲电场处理和基因修饰等。

2. 乳酸菌在干酪生产中的作用

（1）发酵剂乳酸菌　发酵剂乳酸菌与干酪品质密切相关，直接关系到干酪质量的好坏。目前研究者常从一些传统发酵食品中筛选性状稳定、性能优良的干酪发酵剂。对于优良干酪发酵剂乳酸菌的筛选主要考虑乳酸菌的直接酸化能力、后酸化能力、产香味物质的能力、蛋白质分解能力、产胞外多糖的能力、对噬菌体的敏感性及与其他菌株的相容性等性能。选择产酸力强、产香性能好、黏度大、有适当蛋白质水解性能等的单一菌株，有利于生产具有良好功能特性的干酪产品。在干酪制作过程中，发酵剂乳酸菌能提高凝乳酶的凝乳性，可促进乳清排出和干酪凝块的收缩，抑制干酪中有害微生物的生长、产酸，从而影响干酪pH及干酪的质地和风味。

乳酸菌在干酪加工中的主要作用体现在以下几点。

①产生乳酸。干酪生产过程中一个关键点是乳酸菌发酵乳糖产生乳酸，酸化速度和程度影响凝乳的效果和控盐率。乳酸菌能够快速发酵乳糖产生高浓度乳酸，使pH从6.7降到6.2，这为凝乳酶的最佳活性创造了理想的环境。随后，乳酸菌产生丙酸、丁酸、醋酸等有机酸来降低环境的pH。随着pH的降低，会形成一个许多细菌和病原菌均不适合生长的酸性环境，抑制有害微生物的生长，对干酪中微生物稳定性起保护作用，从而减少食源性致病菌和食品腐败菌生长和生存的风险。

②产生细菌素。传统干酪中的乳酸菌具有多样性，其中有一些野生菌株为了在微生物竞争中得以生存，经常产生一些抗菌物质，称为细菌素，这些细菌素是一类具有活性的多肽或蛋白质物质，并且这些菌株对其自身产生的细菌素免疫。细菌素使乳酸菌具有重要的生物保护能力，即所谓的"生物保藏"，即使用微生物和其代谢物提高食品的安全性并延长保质期。乳酸菌通过产酸和某些抗菌物质如丁二酮、细菌素、过氧化氢及乳过氧化氢酶作用于过氧化氢和硫氰酸生成的亚硫氰酸等，乳酸菌可以抑制病原性微生物的生长。因此，在干酪中乳酸菌能够在一定程度上替代食品添加剂，延长食品货架期，而且不会产生不利影响，提高了产品的安全性。

③产生胞外多糖。利用乳酸菌产胞外多糖，可以提高干酪的黏度、稳定性和水合作用，减少乳清析出和颗粒感，增加了干酪的适口性。通常产胞外多糖的乳酸菌有短乳杆菌、乳酸乳球菌乳酸亚种（*Lc. lactis* subsp. *lactis*）、干酪乳杆菌、鼠李糖乳杆菌、嗜酸乳杆菌、瑞士乳杆菌和嗜热链球菌。产物胞外多糖能够在改善乳品品质特性的同时，显著提高乳品的功能性，是安全的具有潜在商业应用价值的物质。

影响胞外多糖黏度的因素主要是多糖的分子质量、化学键的类型，以及多糖和蛋白质的相互作用。胞外多糖分子质量越大，干酪的黏度越大。低脂干酪由于脂肪含量的降低会导致干酪的物理特性受到影响，冷却期间干酪的柔韧性迅速消失，主要是干酪的水分含量降低导致的。胞外多糖优越的结合水的特性有利于干酪加工期间水分的保持，从而可改善低脂干酪的功能特性。胞外多糖还可以被用作细菌素或产细菌素乳酸菌的表面载体。

④促进干酪成熟。在干酪成熟过程中，酶可能存在的3个来源：一是乳中固有的蛋白酶，主要是血纤维蛋白溶酶和组织蛋白酶D（酸性蛋白酶），最适pH分别是8.0和4.0，而成熟干酪的pH（4.9~5.3）显然不是它们发挥作用的最适环境；二是凝乳酶，然而在热烫和加盐后活性会被抑制；三是参与干酪成熟的酶，它们主要来自干酪中的乳酸菌，这些乳酸菌通过释放酶来参与并加速干酪的成熟。乳酸菌可以合成蛋白酶，尽管乳酸菌蛋白酶活性较弱，但可作用于酪蛋白，酪蛋白在乳中多数是以酪蛋白胶束的形式呈胶体状分布的，具有一定的流动性。酪蛋白最初由细胞壁附着的胞外蛋白酶降解，能产生大量的大分子寡聚多肽；随后经由乳酸菌外肽酶作用进一步降解形成寡聚多肽，经转运酶作用，寡聚多肽被转运到细胞内；最后细胞内蛋白酶如氨基肽酶、二肽酶、内肽酶、胱氨酸肽酶等，将寡聚多肽最终水解为氨基酸，供给生长代谢需要。蛋白质水解作用是干酪加工过程中很重要的生物化学过程，干酪加工中酪蛋白水解产生的氨基酸是特定风味化合物的主要前体。水解产生的疏水性肽积累带来的苦味，是高达干酪和切达干酪加工中严重的产品质量问题，乳酸菌肽酶可参与降解苦味肽。此外，蛋白质水解的平衡对于干酪加工中风味物质的形成，尤其是防止产生苦味十分重要。通过构建能够表达肽酶的瑞士乳杆菌或者德氏乳杆菌乳酸亚种的重组菌株，可以提高乳酸乳球菌的蛋白质水解力，也可以加速酪蛋白水解作用，进而加速干酪成熟过程。

⑤改善干酪风味。在干酪成熟开始时，发酵剂乳酸菌数量较高，达到10^8~10^9CFU/mL，而在成熟过程中会显著减少，通常减少2个或更多的数量级。发酵剂乳酸菌数量的减少，意味着在成熟过程中有大量的乳酸菌发生细胞溶解，释放出诸如肽酶等许多胞内酶，可促进蛋白质等成分的水解，增加氨基酸数量，这些氨基酸直接影响干酪的基本风味。

（2）非发酵剂乳酸菌 非发酵剂乳酸菌在干酪成熟过程中是重要的能增强风味的次生细菌。虽然非发酵剂乳酸菌在制造凝乳后浓度较低，但其在成熟期会缓慢增加4~6个数量级，非发酵剂乳酸菌可以控制干酪成熟期的活菌群。Aydemir等研究了土耳其Kasar干酪成熟过程中，非发酵剂乳酸菌菌群及其动力学，分析5批15家位于卡尔斯不同乳品厂生产的、在整个180d成熟期各个阶段的干酪，确定优势菌群为乳酸杆菌和乳酸乳球菌；通过基因组DNA和（GTG）

5-PCR的指纹图谱，对代表性菌株进行16S rRNA基因序列的数值分析，验证（GTG）5-PCR集群，对594个Kasar干酪期间分离的菌株进行分子分类与鉴定。结果表明，干酪乳杆菌（247株，41.6%）、植物乳杆菌（77株，13%）和乳酸片球菌（58株，9.8%）是所有不同乳品厂的Kasar干酪熟化过程中的非发酵剂优势菌群。因此，非发酵剂乳酸菌对干酪的作用主要体现在对其成熟后期的影响，尤其是对风味产生及质构改善具有重要作用。

①对风味的影响。干酪中挥发性风味化合物主要来自乳成分在成熟过程中的降解与代谢，与干酪成熟过程中的非发酵剂乳酸菌的变化密切相关。一般来讲，非发酵剂乳酸菌主要通过糖酵解、脂肪分解和蛋白分解3个途径来影响干酪的风味，影响主要表现在3个方面：加速典型风味的形成；抑制非典型风味物质的形成；促进无风味物质的发展。

②对糖酵解的作用。干酪成熟期，发酵剂乳酸菌因能量不足不能正常生长，活力会受到抑制，而非发酵剂乳酸菌仍然能够快速成长，成为主要的代谢产能微生物，无论是在低水分活度、低pH或是限制糖类化合物中，它能够代谢干酪中残留的乳糖，将其代谢成L-乳酸盐，形成醋酸盐。这些醋酸盐浓度的高低对于干酪风味的变化具有重要的作用。另外，某些特殊的非发酵剂乳酸菌菌种会产生水解酶，可将糖从糖蛋白中释放出来，进一步增加糖的代谢产物，这对风味的形成和发展起到了加强作用。

③对脂肪分解的作用。干酪是一种高脂肪含量食品，其脂肪对于典型风味和质构的形成十分重要。在干酪中主要脂肪代谢包括脂肪分解和脂肪氧化，脂肪分解可形成的短链游离脂肪酸可以赋予干酪强烈的特征风味，游离脂肪酸被氧化后又能产生不饱和醛等（腐败气味）。同时，由于脂肪是一种溶剂，可溶解从脂肪、蛋白质和乳糖中产生的芳香组分，还会从环境中吸收一些不良风味。因此，必须严格控制脂肪分解和脂肪氧化过程使干酪保有较好的风味。已经证实，在干酪成熟过程中，非发酵剂乳酸菌的某些菌种中存在多种能促进脂肪分解的酶类，会在干酪成熟过程中起到至关重要的作用。

④对蛋白水解的作用。干酪中蛋白质水解通常与原料乳、凝血酶、发酵剂乳酸菌、非发酵剂乳酸菌及添加的能促进干酪成熟的酶相关。非发酵剂乳酸菌产生的肽酶是干酪成熟过程中最重要的酶，它产生的游离氨基酸和小分子肽对干酪风味的改善具有重要作用。游离氨基酸的增加会增大干酪风味强度，使某些风味成分在干酪中起主导作用，对不同特色干酪形成独特风味起到积极的作用。

⑤对质构的影响。干酪组织状态的变化与乳蛋白质的变化密切相关，乳蛋白质的水解是导致储存过程中干酪流变学特性变化的主要原因。蛋白质水解能将缩氨酸的捆绑式结构释放成两种新的结构（NH_4/COO—），它们能够同水进行竞争，减少成熟干酪凝乳过程中自由水的含量。在开始时，缩胺酸的形成主要依靠发酵剂乳酸菌产生的蛋白酶进行快速水解，但是当发酵剂乳酸菌消耗殆尽时，它就需要依赖非发酵剂乳酸菌产生的蛋白酶进行水解，使其在干酪成熟时产生质构方面的变化，研究非发酵剂乳酸菌的蛋白质水解作用对于研究干酪风味及质构的变化具有重要意义。

（3）干酪中乳酸菌的相互作用　发酵剂乳酸菌和非发酵剂乳酸菌在整个干酪加工过程中处于动态下，发酵剂乳酸菌在干酪成熟前期处于高水平，而后有较大程度的下降；与发酵剂乳酸菌相反，非发酵剂乳酸菌在干酪成熟前期处于低水平，而随着干酪成熟的进行，非发酵剂菌株的含量有较大提高。在干酪生产和成熟过程中，发酵剂乳酸菌和非发酵剂乳酸菌之间对乳糖的竞争取决于盐的含量。低盐含量时，乳糖主要通过对盐敏感的发酵剂乳酸菌转化为L-乳酸。高盐含量时，发酵剂乳酸菌活性降低，乳糖通过非发酵剂乳酸菌转化为D-乳酸。细菌素或自溶诱导的细胞裂解导致酶如肽酶和酯酶的释放，发酵剂乳酸菌降解大中型肽，为非发酵剂乳酸菌的蛋白水解系统提供更小的肽。自溶后释放的细胞内肽酶可降解小肽来释放氨基酸。代谢产物和氨基酸的微生物与化学转化有助于形成香味。了解干酪中微生物乳酸菌之间的相互作用，生产者可以更好地控制干酪成熟过程，并因此控制了干酪品质。

3. 影响干酪中乳酸菌生长的因素

干酪内乳酸菌的生长和代谢决定了干酪特殊的质地和风味，但是它的生长与代谢也受干酪原料和环境条件的影响。影响乳酸菌生长的因素主要有水分活度、pH、温度、氧化还原电位等。

（1）水分活度　控制水分活度是控制微生物生长的最有效方法之一，可通过脱水或加入一些水溶性组分如糖或盐来减少流动的水分。水分活度与干酪的水分含量成正比，与NaCl和其他低分子质量化合物的浓度成反比。在干酪生产的第一阶段，水分活度约为0.99，此时很适合发酵剂菌群的生长，但是在干酪除去乳清、腌渍和成熟后，水分活度降为0.917~0.988，此时不再适合发酵剂菌群的生长。乳酸乳球菌、嗜热链球菌、瑞士乳酸杆菌和丙酸杆菌的最小水分活度分别为0.93、大于0.98、大于0.96和0.96。干酪成熟过程中，蒸发会丧失水，蛋白质可水解为多肽和氨基酸，甘油三酯转化为甘油和脂肪酸也会消耗水，因为每个肽或酯键的水解都需要一个水分子，因此，未结合的水分含量会在成熟过程中降低。增加成熟室的相对湿度是防止水分损失的有效方法，或者将干酪包装在蜡或塑料中。

（2）pH　大部分微生物生长的最适酸碱度处在中性附近，pH小于5.0时，很多微生物的生长将会受到限制。干酪凝乳在制作后期由于乳酸、醋酸、丙酸等有机酸的积累，pH在4.5~5.3，如此低的pH，明显不适合干酪内很多微生物的生长。

（3）温度　在干酪制作和成熟过程中所涉及的乳酸菌发酵剂主要是嗜温菌和嗜热菌，它们的最适生长温度分别在30℃和42℃左右，干酪的成熟温度既要满足促进成熟反应的需要，还需要能控制次级菌群的生长，同时，需要防止潜在腐败菌和病原菌的繁殖。

（4）氧化还原电位　氧化还原电位是衡量一个化学系统或者生物化学系统氧化或还原能力的指标，氧化或还原态分别由正或负的电位值（单位：mV）表示。干酪加工中，由牛乳转变为干酪，氧化还原电位值从大约+150mV降为−250mV左右。干酪中氧化还原电位降低的确切机制尚不完全清楚，最有可能与发酵剂在发酵过程中产生乳酸及将少量O_2还原成水有关。伴随成熟过程干酪内部逐渐成为厌氧体系，只能允许专性厌氧或兼性厌氧微生物生长。专性需氧菌，如假单胞菌属、短杆菌属、芽孢杆菌属等都不能在干酪内部生长，主要在干酪表面生长。

（5）含盐量　含盐量与水分活度的关系非常密切，盐对发酵剂和腐败菌的抑制作用主要表现为盐会降低水分活度。盐含量（x，g/kg干酪）和水分活度之间有如关系式为水分活度=$-0.0007x+1.0042$

式中，干酪的盐含量范围是0.7~7g/100g。

由公式计算得到对应的水分活度为0.99~0.95。

4. 乳酸菌自溶

乳酸菌自溶是指在一定的条件下，菌体细胞自身释放某些酶类水解了细胞壁肽聚糖的网络结构从而导致其裂解，是胞内物质向周围环境释放的过程。发酵剂乳酸菌的自溶是影响发酵乳制品成熟及风味的重要因素之一。在发酵剂细胞自溶后，肽酶、酯酶、脂肪酶和氨基酸分解代谢酶等细胞内酶将释放到基质中，分解乳中蛋白质、脂肪等固有成分，从而赋予发酵乳制品特有的质地风味，释放的胞内物质也会影响干酪在货架期的理化性质。研究乳酸菌自溶特性及菌株在自溶期间释放的主要酶的活性变化规律，对改进干酪品质具有重要的指导意义。

干酪的风味形成受乳酸菌自溶时间和程度的影响。Lazzi等研究了乳酸菌自溶对哥瑞纳·帕达诺（Grana Padano）干酪挥发性组分的影响。通过测量胞内氨基肽酶的活性和裂解细胞部分的长度非均匀性PCR定量细菌自溶水平。研究表明，使用具有自溶性的乳酸菌发酵剂制备的干酪，更早自溶意味着更多的酶在干酪中有更多时间作用，细胞质酶使得酶与前体分子更容易接触，可促进干酪成熟。Collins等利用2株乳酸乳球菌自溶过程中的差异来表明切达干酪的成熟过程与发酵剂自溶和脂解的关系。研究表明，由于脂解酶和酯化酶的更有效和广泛地释放，高度自溶的乳酸乳球菌菌株AM2制备的干酪具有较高的脂解水平。同时，由于裂解、肽解和脂肪分解活性产物可作为完整细胞的底物，可用于增加氨基酸形成挥发性芳香化合物，因此，细胞裂解时细胞内酶的释放和完整细胞的代谢活性决定了典型的干酪香味化合物的形成。

发酵剂菌体自溶特性除了具有菌株特异性外，培养条件也会对其产生一定影响，如温度、pH、金属离子和盐浓度等因素。乳酸菌菌体自溶度随培养温度和pH的升高而增大，但超出一定范围，过高的培养温度和pH又会抑制乳酸菌菌体的自溶程度。乳酸菌自溶速度越快，产生并释放的蛋白酶和脂肪酶酶活性达到峰值所需的时间就越短，并且与乳酸菌蛋白酶特性、位置和表达量都有关。干酪生产中将快速自溶的瑞士乳杆菌作为附属发酵剂添加应用到切达干酪中，可以加速干酪成熟。

5. 干酪发酵生化机制及乳酸菌参与的代谢

天然干酪风味的形成是一个极其复杂的生物化学变化过程，是微生物代谢和酶类共同作用的结果。风味物质种类由挥发性香气成分和呈味组分两部分构成，其主要来源于原料乳中本身所含的风味物质组分及加工过程中碳水化合物的代谢、蛋白质的水解和脂类物质的降解。

（1）碳水化合物代谢　原料乳中碳水化合物主要包括乳糖和柠檬酸，在微生物（主要是乳酸菌）的代谢作用下，乳糖分解生成中间体丙酮酸，丙酮酸在酶的作用下进一步转化生成乳酸、乙醛、乙醇、丁二酮和3-羟基-2-丁酮等风味化合物；同时，乳糖代谢降低了发酵液中氧化还原电位和pH，这一条件有利于其他代谢反应的进行，可产生更多的风味化合物。原料乳中质量浓度较高的另一种碳水化合物柠檬酸，是产生干酪致香成分的重要前体物质，能被乳酸乳球菌和嗜酸乳杆菌等代谢，分解生成丁二酮、3-羟基-2-丁酮和醋酸等羧基类化合物，这些化合物有助于干酪整体风味轮廓的形成，是构成干酪风味的特征成分。

（2）蛋白质代谢　原料乳中蛋白质是干酪中呈味组分和部分挥发性香气成分的重要来源。在干酪成熟过程中，蛋白质分解是最重要的生化过程，此过程十分复杂，主要表现在凝乳时形成的副酪蛋白在凝乳酶和乳酸菌的蛋白水解酶作用下形成小分子的多肽、氨基酸等可溶性含氮物，这类成分大部分具有香味活性，对干酪整体风味的形成有重要的影响。成熟期间蛋白质的变化程度常以总蛋白质中所含水溶性蛋白质和氨基酸的量为指标。水溶性氮与总氮的百分比被称为干酪的成熟度。一般硬质干酪的成熟度为30%，软质干酪则为60%。

（3）脂肪代谢　脂肪水解是影响干酪风味最为显著的因素，原料乳中脂肪在微生物脂肪酶的作用下被降解生成甘油和脂肪酸，尤其是短链脂肪酸具有强烈的干酪特征风味，如丁酸、己酸等；部分脂肪酸则进一步分解代谢形成酯类、醛类、醇类、内酯类、甲基酮类等香气成分，这些物质不仅是干酪风味的重要组成成分，同时也决定了产品的风味度，研究表明脂肪水解所产生的强烈风味可以降低干酪风味对蛋白酶和肽酶水解程度的依赖性。

（三）乳酸菌在干酪中的应用实例

1. 马苏里拉干酪

马苏里拉（Mozzarella）干酪起源于意大利，是帕斯特-费拉特（Pasta Filata）干酪中的重要成员，是一种纺丝型凝乳干酪。其制作过程为在原料乳中加入发酵剂和凝乳酶，使牛乳发生凝结，凝乳被切割成颗粒，排除乳清，经堆积后需要将凝乳颗粒置于热水当中浸泡，并且需要对颗粒进行机械拉伸混揉处理，使之能形成半流体状的弹性质地。马苏里拉干酪具有低胆固醇、低热量、高维生素B_{12}含量等优点，因此，被越来越多的消费者所接受。马苏里拉干酪的加工过程要经过特殊的热烫拉伸工艺，残留在凝块中的凝乳酶大部分失活；但嗜热型的乳酸菌由于受干酪中蛋白质和脂肪的保护，一部分残留了下来，继续利用干酪中的乳糖和柠檬酸盐生长发育，在凝乳酶作用下将干酪中的酪蛋白分解为蛋白胨和多肽，进一步水解为小肽和氨基酸及更小的风味化合物。

嗜热链球菌是马苏里拉干酪生产中长期固定使用的球菌。嗜热型乳杆菌则包括德氏乳杆菌乳酸亚种、德氏乳杆菌保加利亚亚种、瑞士乳杆菌等。因为不同的乳杆菌的胞外蛋白酶对α s1-酪蛋白水解度与水解产物不同，所以选用不同的乳杆菌，马苏里拉干酪就有不同的品质。在美国，马苏里拉干酪生产倾向于使用德氏乳杆菌保加利亚亚种，而欧洲的生产则大多采用瑞士乳杆菌。除此，增加酸牛乳黏度的唾液链球菌嗜热亚种和具有产酸、分解牛乳蛋白作用的保加利亚乳杆菌德氏亚种也是马苏里拉干酪生产中性能良好的菌株。

蛋白酶缺陷型菌株生产的马苏里拉干酪拉伸性好，使用瑞士乳杆菌的单一或混合菌种比使用唾液链球菌嗜热亚种和德氏乳杆菌保加利亚亚种生产的马苏里拉干酪拉伸性强，而加热褐变性弱；干酪乳杆菌与唾液链球菌嗜热亚或唾液链球菌嗜热亚种与瑞士乳杆菌组合作为发酵剂，制成的马苏里拉干酪拉伸性弱，而融化性强。

辅助发酵剂可以通过增强蛋白质的降解改善马苏里拉干酪的风味。在低脂干酪中，由于脂肪含量降低，导致干酪风味的脂肪水解物丁酸和乙酸、羧基酸、甲基酮、Y-内酯和G-内酯等缺乏，可以通过使用辅助发剂以期获得能与全脂干酪相媲美的风味或功能性。例如，在低脂干酪中添加瑞士乳杆菌作为辅助发酵剂，可以提高干酪本身具有的肽类水解活性，同时有助于在干酪成熟过程中风味的形成，可改善低脂干酪的质构。

2. 切达干酪

切达干酪是以牛乳为原料，经细菌成熟的天然硬质干酪，是世界上比较著名的干酪品种之一。切达干酪成品水分含量在39%以下，脂肪含量在32%左右，脂肪总干物质含量占42%以上，蛋白质含量25%，食盐含量1.6%~1.8%。切达干酪的成熟温度一般在8℃左右，成熟时间较长，一般为6~8个月，生产周期长，这增加了干酪的生产成本。切达干酪的成熟期对于干酪品质的形成具有关键性的作用。在成熟过程中，乳蛋白质降解为小分子的肽和游离氨基酸、脂肪降解为游离脂肪酸等复杂的生物化学变化，形成了干酪的特殊风味和质构。

大量研究者采用添加辅助发酵剂来加速干酪成熟，缩短成熟期，改善干酪的风味。如利用添加外源酶或者辅助发酵剂的方法来加速干酪风味的形成。杭志奇等从泡菜、腐乳及不同产地的切达干酪中筛选具有高肽酶活力和自溶度的乳杆菌作为切达干酪辅助发酵，显著提高其游离氨基酸浓度，改善其风味。虽然辅助发酵剂对切达干酪有一定的促熟效果，但是接种量多会增加干酪酸度。采用弱化的方式修饰辅助发酵剂，使其细胞膜和细胞壁处于亚致死状态，保持细胞完整但不能够进行正常的代谢活动，可极大降低酸度，增大自溶度，释放胞内酶来降解蛋白质，是一种有效的加速干酪成熟的方法。好的弱化菌容易生产和被修饰，少量接种就能够加速干酪成熟并改善干酪风味，重点在于选择一株肽酶活力较高的菌株及对其胞内酶损害较小的弱化方法。

3. 农家（Cottage）干酪

农家干酪是一种以脱脂牛乳为原料生产的新鲜软质非成熟型干酪。味道爽口、新鲜，具有柔和的酸味及香味。它不但具有干酪的营养价值，而且脂肪和胆固醇含量特别低，迎合了现代人们对低脂的要求。另外，农家干酪的水分含量多，产率较高，带来的经济效益非常可观。

农家干酪生产中最常使用的发酵剂有两种，一种是由只能发酵乳糖产酸的菌株组成，称为O型发酵剂，如乳酸链球菌和乳脂链球菌；另一种发酵剂，称为B或D型发酵剂，除含有产酸菌外，还包括产香菌，如乳脂明串珠菌和丁二酮乳酸链球菌，能代谢柠檬酸产生双乙酰等风味物质。两种发酵剂在生产上各有利弊，用O型发酵剂生产的农家干酪风味和口感较淡，但凝块质地紧密，而且发酵剂的产酸过程比较稳定，产生的CO_2非常少；用B或D型发酵剂生产的农家干酪风味较好，但在柠檬酸代谢中会生成大量CO_2，造成凝块上浮，酪蛋白细粒损失量增大，产率下降。

农家干酪所用的菌种一般为嗜温型发酵剂，如乳球菌和明串珠菌等，因为在农家干酪生产过程中，如果发酵剂菌体发生凝集作用则易导致槽底部酸度过高，最后引起酪蛋白沉淀，在槽底部形成泥状沉淀物，然而，乳酸乳球菌或乳脂乳球菌由于对凝集作用不敏感，因此，常用于农家干酪的生产。

（四）干酪的安全生产

1. 干酪原料

干酪生产的主要原料包括新鲜乳（牛、羊乳等），主要辅料包括凝乳酶、氯化钙、食盐和微生物发酵剂。

（1）原料乳　选择生牛（羊）乳，不得含有抗生素、噬菌体、CIP清洗剂残留物或杀菌剂，不得使用患有乳房炎的乳。原料乳色泽应呈乳白或略带微黄；组织状态应呈均匀的胶态流体，无沉淀、无凝块、无肉眼可见杂质和其他异物；对于滋气味的要求是应具有新鲜牛乳固有的香气，无其他异味。生乳蛋白质含量≥2.8g/100g，脂肪含量≥3.1g/100g，细菌总数≤2×10^6CFU/mL，非脂乳固体≥8.1g/100g，生牛乳酸度在12~18°T，生羊乳酸度在6~13°T，因此配料前必须对原料乳标准化，即按照GB 19301—2010规定的指标进行主成分调整。

（2）凝乳酶　传统干酪的生产是将来源于牛续的皱胃酶作为凝乳酶，但由于皱胃酶的来源及成本等原因，其代用酶逐渐成为生产上的主流。根据来源，代用酶可分为植物性、动物性及微生物凝乳酶。

① 动物性凝乳酶主要为胃蛋白酶。

② 植物性凝乳酶如无花果蛋白分解酶、木瓜蛋白分解酶等。

③ 微生物凝乳酶可分为霉菌、细菌、担子菌3种来源，在生产中使用较多的是霉菌性凝乳酶，其主要代表为微小毛霉菌（*Mucor pusillus*）凝乳酶。

（3）氯化钙　为了提高乳的凝结性，通常在其中添加氯化钙，可使凝结时间缩短约一半，用量不超过20g/100kg乳。

（4）食盐　在干酪加工过程中添加食盐可起到抑菌、改良质构、增进风味等作用。食盐的使用应符合GB 2721—2015的规定。

（5）微生物发酵剂　在生产干酪的过程中，使干酪发酵与成熟的特定微生物培养物称为干酪发酵剂。发酵剂可由一种或多种微生物组成，依据其中微生物的种类不同，可将干酪发酵剂分为细菌发酵剂与霉菌发酵剂两大类。

① 细菌发酵剂。目的在于产酸和产生相应的风味物质，目前使用较多的菌种包括乳酸乳球菌、干酪乳杆菌、嗜酸乳杆菌等。

② 霉菌发酵剂。主要采用对脂肪分解能力较强的霉菌作为菌种，目前使用较多的包括白地霉等。

2. 干酪生产工艺

（1）干酪生产工艺流程

原料乳 → 净化 → 标准化 → 灭菌 → 接种发酵剂 → 凝乳 → 凝块切割 →

排乳清 → 装模、压制 → 加盐 → 接种发酵剂 → 成熟 → 包装、贮藏

（2）操作要点

① 原料乳的预处理。制作干酪的原料主要为新鲜牛乳或羊乳等，原料乳的差异对干酪品质的影响很大，现代工业化生产对原料要求质量统一，因此必须对原料乳进行预处理。原料乳的预处理一般包括3个过程：净化、标准化和灭菌。

原料乳的净化处理：目前采用较多的是膜滤法或离心法去除乳中的杂质。对乳进行净化，不仅可以除去大量非乳颗粒，还可将乳中约90%的细菌去除，尤其对密度较大的芽孢去除效果更好。

原料乳的标准化：为了保证产品符合有关标准，质量均一，需要用稀乳油和脱脂寻对原料乳进行调整以使其符合标准。标准化的程序主要分为3个步骤：测定原料乳脂肪蛋白质、乳糖、灰分、柠檬酸的含量；根据原料乳理化指标确定标准化量；用稀乳油和脱脂乳等对原料乳进行调整。标准化工作一般在配料罐中进行。

原料乳的灭菌：标准化后的原料乳应立即进行杀菌处理，以消灭有害菌和致病菌并破坏乳中有害的酶类。原料乳杀菌的温度不能过低，也不能过高。温度过低不能有效杀灭乳中残留微生物，干酪在成熟过程中容易变质；温度过高则会使乳清蛋白变性，导致乳的凝结性降低，凝结时间延长，乳清排出速度变慢，从而形成含水量过高的产品，高温还会导致乳中活性成分损失。实际生产中，一般使用消毒器将乳加热到60℃持续30min；或71~75℃持续15s。为了确保杀菌效果，防止丁酸发酵，生产中常添加适量的硝酸盐或过氧化氢。对硝酸盐的添加量应特别注意，太多时不仅会抑制正常的发酵，还会影响干酪的成熟速度、色泽及风味。杀菌完成后，将乳转移至冷却器内尽快降温至32~34℃，并在2~4℃条件下储存。

② 凝乳。乳的凝结，即通过添加乳酸菌发酵剂、凝乳酶和升温等方法来使乳中大量的酪蛋白凝结，从而实现由液态到固态的转变。凝结的状况主要取决于温度、酸度、钙离子浓度等实际操作上，一般采用不同规格的凝乳罐作为制备凝固乳的容器，将乳转移至凝乳罐后，加入乳酸菌发酵剂，使乳发酵产酸，这期间凝乳罐内的温度控制在32~34℃，同时进行搅拌，使发酵剂与乳充分融合以促进产酸。发酵45~50min后，在乳中加入凝乳酶以促进乳凝结，加入凝乳酶10min后，关闭搅拌机，使乳静置凝结。凝乳形成大约需要

35~40min。起初凝块质地较软，随时间延长逐渐变硬，提高温度和降低pH都可加快凝块的硬化速度。

通常用以下方法判断凝乳状况：用细棒以45°斜插入凝乳层下，向上抬起凝乳使其破碎，若在底部形成的裂纹整齐平滑，并与澄清透明乳清渗出，则表明应开始切割凝乳；若形成的裂纹不规则，并出现白色乳清，则说明凝乳太软；若有颗粒状凝乳形成，表明其过硬，凝乳切割时间过迟。

③ 凝块切割。切割方式主要有两种，手工切割和机械切割，用消毒后的刀具将凝乳切割成1~1.5cm³的小立方体，手工操作时应注意防止颗粒大小不均匀或过碎。

④ 排乳清。切割完成后40min左右，乳清会自动从乳块中析出，此时需采用外力加速乳清分离，乳清的排出可分几次进行以保证颗粒均匀一致。

⑤ 装模、压制。将排除乳清后的凝乳块由干酪槽移至特制的模具，施加外力进行压制，压制可进一步排除乳清，并使干酪形成特定的形状，同时具有一定的结构强度。压制所用的模具应具有细小孔隙以便进一步排出乳清。当压制的时间越长、温度越高、压力越大时，所制得的干酪质地越硬，应根据产品需要来设计参数。为保证干酪质量的稳定性，压制时间、压力和温度等参数在生产每一批干酪的过程中都必须保持恒定。

⑥ 加盐。绝大部分种类的干酪都需要加盐，加盐对干酪的主要影响包括：促进乳清的进一步排放，控制干酪的水分含量和最终硬度；提高干酪中酪蛋白的持水性，使干酪具有一定柔性；影响酶活力，促进干酪的成熟与风味的形成；抑制腐败微生物及致病菌的生长；给予产品适度的咸味。加盐过程中应注意，Na^+浓度过高时会使生产出的干酪松散易碎，应严格控制加盐量。

干酪加盐的具体方法为：直接将食盐加在凝乳块中，并在干酪槽中混合均匀；将食盐涂抹在压榨成型后的干酪表面；将压榨成型后的干酪置于盐水中腌渍，也可用两种以上的方法混合加盐。

⑦ 接种发酵剂。对后熟过程中有发酵要求的干酪需接种发酵剂，生产上通常采用如下办法：在加盐于干酪凝块上喷洒菌种孢子悬液；用盐和菌种孢子制成的混合物涂抹于干酪表面；也可在添加凝乳酶之前，直接将菌种接种到原料乳中。

⑧ 成熟。干酪需经过一段时间的储存使之成熟（新鲜干酪不需要成熟）。干酪成熟是指在一定条件下干酪中所含的脂肪、蛋白质及碳水化合物在微生物

和酶的作用下分解并发生复杂生化，形成干酪特有的风味、质地和组织状态的过程。这一过程通常在符合卫生条件的干酪成熟室中进行，以防止杂菌污染。成熟过程中相对湿度一般控制在90%左右，有利于保持干酪的水分、防止开裂，也有利于干酪中微生物的快速生长；成熟温度一般为8~15℃。影响成熟质量的因素较多，从最初的原料乳种类到后来的发酵剂、凝乳酶、含盐量、pH等，以及储存过程中的温度、湿度、时间，每一个因素都会对干酪的品质产生重要影响。不同品种的干酪对成熟时的环境条件要求不同，成熟的时间从几周到几年不等。

⑨ 包装和储存。成熟的干酪采用适宜材料包装（目前较多采用无菌袋真空包装）后，入库低温储存。储存时，要严格控制温度、湿度，一般控制温度4℃，相对湿度70%为宜，并注意按期抽样检测，尤其是防止微生物的污染。

3. 干酪发酵剂

（1）发酵微生物　干酪发酵剂分为细菌发酵剂和霉菌发酵剂两大类。细菌发酵剂以乳酸菌为主，其作用是产酸和相应的风味物质。常用作干酪发酵剂的乳酸菌有乳酸乳球菌、乳油链球菌、嗜酸乳杆菌、嗜热链球菌、丁二酮链球菌、保加利亚乳杆菌、干酪乳杆菌、瑞士乳杆菌、嗜热乳杆菌和植物乳杆菌等，有时为了使干酪形成特有的组织状态，还要使用丙酸菌。霉菌发酵剂主要是用对脂肪分解强的卡门培尔干酪青霉、干酪青霉、娄地青霉等。某些酵母，如解脂假丝酵母等也在一些干酪中得到应用。

（2）发酵剂的作用　在干酪生产中，发酵剂主要有3个重要的作用。①酸化，发酵乳糖产生乳酸，降低pH；②改善质构，参与酪蛋白凝固，降解蛋白质；③形成风味物质和CO_2。

（3）非发酵剂微生物　非发酵剂微生物是指不作为发酵剂人工添加，而是自然存在的微生物，这部分微生物对干酪发酵成熟的作用比较细微或没有作用。干酪中非发酵剂的乳酸菌被称为次级乳酸菌，一般在牛乳中生长缓慢，对产酸不起作用。代表菌株有干酪乳杆菌、KW乳酸菌（日本麒麟公司专利）和鼠李糖乳杆菌等。酵母是干酪中常见的真菌，对干酪质地和风味有积极作用，也能刺激乳酸菌异型发酵，使干酪质地松散多孔。代表菌株有汉逊德巴利氏酵母、皱褶假丝酵母和接合酵母等。

（4）发酵剂的制备　乳酸菌发酵剂的制备同酸乳发酵剂。霉菌发酵剂制备的过程如下。将除去表皮后的面包切成立方体小丁，盛于三角瓶中，加适量水进行高压灭菌处理，此时，如果加入少量乳酸增加酸度则更好；将霉菌悬浮于无菌水中，再喷洒于无菌面包上；置于21~25℃的恒温箱中经8~12d培养，使霉菌孢子布满面包表面；从恒温箱中取出，在约30℃的条件下干燥10d，或在室温下进行真空干燥，最后研成粉末，经筛选后盛于容器瓶保存。

（5）CaCl$_2$的使用　如果生产干酪的牛乳质量差，则凝块会很软。这会引起细小颗粒（酪蛋白）及脂肪的严重损失，而且在干酪加工过程中凝块收缩能力很差。每100kg牛乳中添加5~20g CaCl$_2$即足以恒定凝固时间并使凝块达到足够的硬度。过量的CaCl$_2$会使凝块过硬而难以切割。对于低脂干酪，如果法律允许，在加入CaCl$_2$之前，有时可添加NaH$_2$PO$_4$，通常用量为10~20g/kg，这会增加凝块的塑性，因为NaH$_2$PO$_4$与CaCl$_2$会形成胶体磷酸钙，它与裹在凝块中的乳脂肪几乎具有相同的效果。

4. 干酪成品质量标准

目前我国干酪的质量标准主要依据GB 5420—2010，主要规定了干酪的感官和微生物指标，对理化指标未做具体约定，干酪产品必须符合相应指标规定。

污染物限量应符合GB 2762—2017的规定，其中铅限量（以Pb计）为0.3mg/kg，总汞限量（以Hg计）为0.01mg/kg，总砷限量（以As计）为0.01mg/kg，铬限量（以Cr计）为0.3mg/kg。

真菌毒素限量应符合GB 2761—2010的规定，黄曲霉毒素M$_1$限量为0.5μg/kg。

干酪中使用的食品添加剂和营养强化剂质量应符合GB 2760—2014和GB 14880—2012的规定。

5. 干酪的安全性及清洁化生产

（1）干酪生产的安全问题　我国现代干酪产业目前还处于起步阶段，干酪产量低、品种少，优质乳源以进口为主。干酪产业存在的主要安全问题包括①原料乳的安全问题；②发酵剂的安全问题；③生产环境的安全问题；④操作过程的安全问题；⑤副产品污染问题。

①原料乳的安全问题。合格的原料乳是安全生产的首要因素，因原料乳中含有丰富的营养物质，挤乳及运输过程中极易被杂菌污染，不但破坏了乳中的

营养成分，某些微生物产生的毒素还会对人体健康造成威胁。此外，乳中的抗生素残留、亚硝酸盐、牛毛等杂质，以及人为掺杂掺假都将直接影响产品的安全性。

②发酵剂的安全问题。大多数品种干酪的生产都需要发酵剂的参与，发酵剂质量在干酪品质形成中起着举足轻重的作用。在发酵剂制备及接种过程中容易被其他杂菌所污染，而导致干酪品质劣变，对生产的危害较大。

③生产环境的安全问题。干酪在加工、运输及储存过程中，所使用的设备与器具，如储乳桶、凝乳罐、搅拌机切割刀、包装机，以及储运过程中的管道设施等，如消毒不充分或管理不恰当，极易造成微生物污染，给企业造成经济损失；生产车间环境以及操作人员的卫生状况较差时也会对产品的安全生产造成隐患。

④操作过程的安全问题。干酪的制作工艺相对复杂，生产周期较长，从原料至成品一般需要数月时间，部分成新时间长的干酪需要1年以上的生产周期，工艺过程也较其他乳制品更为复杂。优质的干酪需要对生产温度、湿度和时间精细而严格的控制，任何一个环节出现问题都可能导致干酪品质发生不可逆转的改变。

⑤副产品污染问题。加工干酪产生大量副产品——乳清，因其生物需氧量（BOD）极高，直接排放到自然界会污染水体。乳清及其废水的处理成本较高，一直以来都是干酪生企业所面临的难题。目前，国内企业在乳清处理技术和配套设施建设方面还比较薄弱，这限制了干酪产业的发展。

（2）干酪安全生产措施

①原料乳质量控制。原料乳应选用新鲜、优质的乳，验收标准按照GB 19301—2010进行，并拒收不合格的乳。

②发酵剂质量控制。不同种类的干酪使用菌种不尽相同，大多数采用混合菌种，在使用前应对发酵剂进行检测，保证混合菌种的比例不变，并防止杂菌污染。若发现发酵剂被杂菌污染，应立即更换种，或重新进行菌种纯化。

③生产环境控制。定期对干酪生产过程中所用的设备和管道进行清洗、消毒，尤其是设施的空隙与接合处等不易清洁的部位应重点清理；加强企业管理，定期对生产车间进行打扫以保持环境洁净，同时注意操作人员的个人卫生，并防止虫、鼠等对原料及产品造成污染。

④操作过程控制。在干酪的加工中，可通过规范化生产技术的方法来稳定

品质，获得安全优质的产品，生产过程中的关键控制环节如下所述。

杀菌环节：干酪生产多采用巴氏杀菌法，如果杀菌温度及时间不够，原料乳中存的病原菌和腐败菌得不到有效抑制，会影响正常的发酵。因此，杀菌过程中要确保杀菌罐工作参数或程序设定正常，并检测微生物指标以保证灭菌效果。

加盐环节：盐水的卫生状况会直接影响干酪的成熟和安全性。不同的干酪盐渍时间的长短也不尽相同，从几十分钟到一两天时间，盐渍时间长易受微生物污染，应监控产品微生物指标，对受到污染的产品重新灭菌或丢弃处理。

成熟环节：不同品种的干酪对成熟的温度和湿度要求不同，加上成熟时间普遍较长，在环境控制不当时容易造成产品霉变。因此，在成熟过程中，应严格控制成熟室温度、湿度，需要调整室温时应缓慢进行，避免温度波动过大。若产品已被污染，则应及时清理以防止污染进一步扩大。

⑤副产品无害化处理。加强企业投入，从国外引进相关技术和配套设施，可将乳清加工成乳清粉、乳清蛋白、乳清干酪、乳清饮料等高附加值产品，或将乳清厌氧发酵转化为生物燃料，以降低对生态环境的污染。

三、乳酸菌在婴幼儿配方乳粉中的应用

我国每年的新生婴儿约2000万人，而母乳不足的婴儿所占比例超过20%。婴幼儿配方乳粉是以母乳为标准的，对牛乳进行全面改造，使其最大限度地接近母乳，满足婴儿消化吸收和营养需要。婴幼儿是具有特殊营养需求的一类群体。由于自身代谢系统尚未完善，营养的摄入要求全面均衡；营养素摄入的数量和质量需严格把控。尤其是，婴幼儿属于肠道弱势群体，婴儿肠道菌群的建立会受到不同的喂养及分娩方式的影响。研究表明，母乳喂养的顺产婴儿，肠道双歧杆菌益生菌的数量能够迅速增加且占绝大多数，而在婴幼儿配方乳粉中添加益生乳酸菌是构建及保障婴幼儿良好肠道菌群形成的一种方式。

（一）婴幼儿肠道菌群的建立及生物学意义

健康人的胃肠道内栖居着种类繁多的微生物，这些微生物被统称为肠道菌群，它们数量巨大，而且是由相当固定的细菌种属构成的，这些菌群长期栖居并规律性地分布在胃肠道的不同部位。张和平和霍冬雪研究表明，肠道微生物影响宿主的营养物质加工、能量平衡免疫功能、胃肠道发育及其他多种重要的生理活动。

肠道菌群的功能主要体现在以下方面。①维持和增强肠道黏膜屏障。肠道内，通过占位性保护效应、营养代谢产生有机酸和拮抗作用发挥生物屏障功能。②促进固有和获得性免疫系统的发育成熟。肠道菌群能够通过不断刺激局部或者全身免疫应答来促进肠黏膜相关淋巴组织的发育。③刺激肠道分泌分泌型免疫球蛋白A（slgA）。slgA黏附于肠道黏液层，阻止病原微生物的黏附并促使其随肠道蠕动排出体外。④参与免疫耐受的形成。肠道共生菌通过抑制转录因子的活性，或通过抑制IKB的磷酸化、降解，或通过减弱转录因子功能，从而达到抑制炎症反应的作用。

婴儿时期是机体肠道菌群建立的关键时期。如果婴儿肠道菌群结构合理、代谢平衡，那么，该机体免疫系统发育将会更加完善，且患各类代谢疾病的风险相对较小。婴幼儿的肠道菌群具有微生物丰度、多样性、组成动态变化较快的特点。早期定植的典型微生物包含兼性厌氧菌，如大肠杆菌和其他肠杆菌，这些微生物逐渐消耗肠道内的氧气，促进双歧杆菌、拟杆菌、梭状芽孢杆菌等厌氧菌的生长；从婴儿出生第1个月到第3年，随着婴儿断乳和饮食结构的变化，肠道微生物多样性增加，用碳水化合物的程度增加，生成了短链有机酸、酚类、维生素等多种代谢产物，最终，随着时间的推移，婴幼儿肠道微生物组成和成年人肠道微生物组成逐渐类似。伴随着肠道菌群的定植，宿主的黏膜屏障和免疫系统发育也趋向于成熟，主要体现在出生后肠上皮细胞增殖增强，淋巴细胞开始迁移分化。

婴幼儿肠道菌群的建立受分娩方式、喂养方式、环境卫生和抗生素应用等多种因素的影响，其中婴儿饮食被认为是非常重要的影响因素。传统观点认为母乳喂养的婴儿肠道能形成以双歧杆菌占绝对优势的相对简单的肠道菌群；以配方乳喂养的婴儿肠道形成相对多样化的肠道菌群。采用寡核苷酸探针、荧光原位杂交等新兴的分子生物学技术和传统的细菌培养方法证实，母乳喂养的婴儿肠道菌群与配方乳喂养的婴儿肠道菌群差异显著。母乳喂养的婴儿体内定植了较多的双歧杆菌和乳酸菌，以及较少的拟杆菌、葡萄球菌和肠杆菌。这些益生菌会在新生儿肠道内产生竞争性排斥反应来抑制其他微生物的定植，同时也产生有机酸和细菌素等多种益生物质，而大多数配方乳粉喂养的婴儿肠道双歧杆菌与拟杆菌含量相等，大约占40%，并有较多肠杆菌、肠球菌、梭菌存在。

（二）益生乳酸菌对婴幼儿的健康作用

婴幼儿最理想的营养物质是母乳，母体通过乳汁将保护性的乳酸菌输送给婴儿。在母乳不足的情况下，在婴幼儿配方乳粉中添加乳酸菌或益生元等，有益于帮助婴幼儿建立健康的肠道微生态。

1.添加的菌种种类

双歧杆菌具有厌氧性，在乳粉的生产中其活性损失严重，而且其功能性较单一，因此，双歧杆菌配方乳粉已经逐渐被复合益生菌配方乳粉取代。目前，允许添加于婴幼儿配方乳粉的有3种益生乳酸菌和3种双歧杆菌：嗜酸乳杆菌NCFM（只限于1岁以上幼儿食用），鼠李糖乳杆菌HN001和LGG，动物双歧杆菌Bb-12、乳双歧杆菌HN019和Bi-07。

（1）嗜酸乳杆菌（*L.acidophilus* NCFM） 嗜酸乳杆菌可以释放醋酸、乳酸及某些细菌素，可调节肠道菌群，降低胆固醇水平，缓解乳糖不耐症并可抑制肿瘤细胞形成。大量的研究表明，嗜酸乳杆菌可以帮助有乳糖吸收障碍的个体改进乳糖消化；可以增加人体B族维生素的吸收；分解产生的半乳糖是构成脑神经系统中脑苷脂的成分，与婴幼儿出生后的大脑发育有密切的关系。

（2）鼠李糖乳杆菌（*L.rhamnosus* LGG） 鼠李糖乳杆菌是从健康人体的肠道分离出来的，目前研究应用最多、最全面的乳酸菌菌株之一。LGG作为食品添加益生菌株，具有三个突出优势：活菌数在产品储存期间较为稳定；对胃酸和胆汁方面耐受性非常突出，可以以活体形式进入人体肠道；只利用一些单糖，且代谢只产生L-乳酸，不会对产品风味产生不良影响。

（3）动物双歧杆菌（*B.animalis* Bb-12） 双歧杆菌是一种专性厌氧菌，能够黏附在健康人体的肠道内繁殖，是肠道菌群中的优势菌株，在婴幼儿配方产品中的应用已经超过10年。大量的动物试验及长期的应用研究表明双歧杆菌具有很好的安全性，其对普通人群具有调节免疫、改善肠道功能等功效。HN019和Bi-07是可以用于0~3岁儿童的两种主要乳双歧杆菌。乳双歧杆菌在婴儿出生3~4个月定植于肠道微生态中，于幼儿时期数量逐渐增多并达到顶峰，约占肠内细菌总量的25%，到老年期时其数量递减至7.9%以下。

2. 健康作用

（1）调整肠道微生物群组成　婴幼儿胃肠道功能、免疫功能尚不完善，抵抗力较弱，特别容易发生消化吸收及感染方面的疾病。因此，在婴幼儿阶段，肠道菌群的平衡对健康很重要。益生菌能增加肠道内双歧杆菌的数量，通过增加肠道内有益菌和粪便中微生物数量、增加短链脂肪酸、降低pH、减少有害物质、刺激肠道蠕动、产细菌素等，改善肠道内的微生态环境，防止有害病原菌在肠道内的生长繁殖，从而达到有益健康的作用。

（2）预防和治疗婴幼儿腹泻　益生菌可以预防和治疗肠道感染性疾病，减少急性腹泻的发生率。添加益生菌能够降低6个月内婴儿感染性疾病，尤其是感染性腹泻的发生率。原因可能是早期摄入益生菌不仅有助于乳糖的消化，而且可以平衡肠道菌群的构成，同时可刺激肠道免疫系统产生抗体，增强巨噬细胞抑制肠道细菌及细菌产物移位的能力；阻碍病原体的潜在附着力、排除病原体；促进肠道免疫屏障成熟，诱导黏蛋白产生，增强肠道黏膜屏障功能。

（3）缓解婴幼儿过敏　益生菌可以促进体内特异性抗原免疫反应，增强宿主的免疫功能，控制抗原进入；还可以促进形成抵抗病原菌的免疫机制，预防婴幼儿过敏性疾病的发生。研究发现，饮用含有益生菌乳粉的孕妇，其新生儿过敏性疾病的发生率下降，尤其能显著降低湿疹的发病率。

（4）改善喂养不耐受现象　喂养不耐受是由新生儿胃肠道功能紊乱导致不耐受肠内营养的一组临床症候群，是一种常见的新生儿疾病。国内外研究表明，肠道菌群对新生儿喂养不耐受的发生发展可能起着不容忽视的作用，微生物制剂可以降低喂养不耐受情况的发生率。

（三）含乳酸菌婴幼儿配方乳粉的生产工艺

将优质的益生性乳酸菌添加到婴幼儿配方乳粉中，可以使配方乳粉在营养成分和功能上更接近母乳。目前我国婴幼儿配方乳粉的标准为《食品安全国家标准　婴儿配方食品》（GB 10765—2010）和《食品安全国家标准　较大婴儿和幼儿配方食品》（GB 10767—2010），规定产品活性益生菌的活菌数应≥1.0×10^6CFU/mL。

1.添加工艺

益生乳酸菌属于活性物质，对温度极其敏感，而乳粉在制粉过程中的受热温度达100℃左右，所以不能采取湿法添加，只能先制得乳粉基粉，然后将益生菌进行干混，即以混合机械将乳酸菌粉及营养强化剂等各种原料与乳粉干法混合，工艺流程如下：基粉 → 杀菌 → 配料（营养素、菌种）→ 预混料 → 混料 → 灌装 → 充氮 → 装箱 → 抽样检测。

干混工艺还应做到两点。①生产前12h应将菌种整袋移到室温下的生产场地；在乳粉中添加益生菌时，乳粉基料水分活度应小于0.17，混料间温度应控制在20~25℃，混料间相对湿度应低于40%，混料时间应低于20min。②成品应低温保存（5℃以下），较高的温度对益生菌会有或多或少的影响，温度越高活性损失率越大；储存时间应该在12个月以内，大于12个月菌种数量会明显下降；应严格控制湿度和温度；采用高湿气阻隔的包装材料，并充一定量的氮气。

2.保持益生乳酸菌活性的技术方法

乳酸菌中部分专性厌氧菌对氧极为敏感，且必须在通过胃环境后保持活性到达肠道并定植，才能发挥其对人体的有益作用，这就要求乳粉中的乳酸菌具有较好的抗酸性能，常采用各种保护技术对乳酸菌进行保护。

（1）改善培养条件　培养条件能够影响工业微生物菌种的活力，因此，对于改变发酵液的组成或改善发酵条件的研究一直都在进行。据报道，在发酵液中添加吐温80或Ca^{2+}对冷冻过程中的菌的存活有促进作用。此外，菌体收集时间、生长温度、pH也被认为是发酵过程中的重要因素，它们也决定着冷冻及冷冻干燥过程中益生菌的活性。

（2）下游加工　添加保护性化合物能够降低细胞在冷冻和干燥过程中的死亡率。冷冻保护化合物可以分为两大类：渗透性冷冻保护剂，如二甲基亚砜、甘油，它们能够穿越细胞膜；非渗透性冷冻保护剂，如羟乙基淀粉、各种糖，它们不能进入细胞。渗透性冷冻保护剂能够降低细胞中溶液或电解液的有害浓度，稳定细胞蛋白，通过静电作用稳定质膜，通过降低细胞内凝固点来防止细胞内冰晶的形成。据报道，高浓度的细胞外或细胞内冷冻保护剂能够显著减少晶核的形成和冰晶的生长，从而促进其玻璃化。

（3）益生菌的包埋　一种保持益生菌活性的可行方法，是将细胞包埋到保护性的结构中，使它们在不利环境下的存活率得到改善。与未被包埋的细胞相比，被包埋的细胞在体外胃肠环境下的存活有所改善，而且它们的保护性外壳能够使它们在食品体系中能更好地存活。

（4）冷冻和干燥条件的优化　冷冻菌常作为最终产品或是制造用于后续冷冻干燥过程的中间产品。冷冻速率对于保持高存活率非常重要，但是冷冻速率对不同微生物的作用差别很大。据报道，快速冷冻对微生物存活率及储存稳定性有益。

（四）乳酸菌在酸乳粉生产中的应用

目前市场上的发酵酸乳虽然具有较高的营养价值和优良风味，但存在保质期短、需要冷链运输等问题，给消费带来一些不便。酸乳粉的研究克服了这一问题。酸乳粉是牛乳通过乳酸菌等发酵制成酸乳后，经干燥成粉，并与乳粉和糖以一定比例混合所制得的。酸乳粉在保留原有营养成分的基础上也可以保留一定的活菌，在复原之后具有新鲜酸乳的大部分营养，大大降低了储存和运输成本。

从20世纪50年代起，苏联和联邦德国就开始致力于研究酸乳粉。英国的《食品制造》曾报道：以色列内格夫的本固里安大学成功地研制出一种独特的"速溶酸乳饮料粉"。这种酸乳粉与牛乳或水混合后，具有天然酸乳的味道、外观和组织状态，以及某些超过天然产品的特性。这种新的酸乳粉是一种能够迅速复原、不凝结乳蛋白的经酸化的干混合物。据报道，调制成的饮料在制备后即使放置较长时间也不会变质。酸乳粉含有产酸菌、酶和冷冻干燥细菌，可促进酸乳非常迅速地自然发酵。稳定剂、增稠剂和乳化剂支撑着酸乳的最后组织状态。活的细菌主要是保加利亚乳杆菌、嗜热链球菌和嗜酸性链球菌。中国的酸乳粉研究起步较国外晚，在20世纪80年代才有相关酸乳粉的研究。酸乳粉能保持原发酵剂的活力、营养成分及风味，可作为发酵剂直接用于酸乳生产，无须再经活化扩培。

1.菌种的耐热驯化

嗜热链球菌和保加利亚乳杆菌是生产酸乳粉常用的基本菌种，除此之外，还包括耐氧乳杆菌、植物乳杆菌、嗜酸乳杆菌、婴儿双歧杆菌（*B.infantis*）

等。乳酸菌酸乳粉的活菌数是影响产品质量的一个关键指标。Kearney等研究表明，当喷雾干燥的出口温度为80~85℃时，干燥获得的酸乳粉中嗜热链球菌和保加利亚乳杆菌活菌数分别是6.5×10^7 CFU/g和3.0×10^5 CFU/g。相对于嗜热链球菌而言，保加利亚乳杆菌在干燥过程中对热的耐受程度要弱。双歧杆菌属中的婴儿双歧杆菌和长双歧杆菌，在喷雾干燥时发现，长双歧杆菌在喷雾干燥过程中对热的耐受效果最好，并且与脱脂牛乳混合后再进行干燥可以得到较高的存活率。因此可以证明，在同样的喷雾干燥条件下，不同种类的乳酸菌对热的耐受能力不同，而同一属中的不同种的耐受能力也有差异。

菌种的耐受驯化即在菌种培养过程中利用外部环境的改变来刺激菌种，使其对外部刺激发生响应和适应性改变，从而获得所需要的生理功能或性质的手段。研究表明，与对照组相比，热处理（52℃、15min）后的副干酪乳杆菌NFBC 338呈现出较好的耐热性，复原乳中热驯化后，在喷雾干燥出口温度为95~105℃的条件下，活菌数量提高了18倍。肖壮对应用于酸乳粉发酵的双歧杆菌进行耐热驯化，将培养至对数期的菌体进行加热并保持温度，对存活的菌株耐热能力进行考察并筛选后，最终获得的耐热双歧杆菌菌株在喷雾干燥后活菌数上升了25.5%。由此可见，耐热驯化对乳酸菌喷雾干燥加工处理是非常有益并且必要的。

2.酸乳粉的生产工艺要点

酸乳粉的干燥技术主要有喷雾干燥法和冷冻干燥法两种，干燥工艺对酸乳粉的复原性、菌种的活性等都有影响。喷雾干燥技术存在诸多优点，特别适用于热敏性或者活性类食品的脱水干燥生产。对于酸乳粉生产而言，如果采用喷雾干燥技术则可能会导致活菌数大大降低。此外，酸乳粉的理化指标和活菌数量还会受到酸乳中乳酸菌种类、保护剂的使用、菌种的耐热驯化程度及干燥过程中的工艺参数等因素的影响。因为不同种类菌种对热的耐受能力不同，所以采用降低出口温度或使用保护剂类物质是最为简易且有效的技术手段。武学宁研究表明，喷雾干燥的最佳工艺条件为：出风温度90℃，固形物含量45%，进料流量3mL/min，进风量45m³/h，在此条件下菌体存活率为79.24%，水分含量为4.6%，在很大程度上提高了产品质量。合适的保护剂也可以减少益生菌的死亡，张小平提出糖类是最佳的保护剂，不仅原料安全易得，而且物美价廉，对于酸乳粉加工而言十分适合。高云和陆军比较了喷粉时保护剂的效果，得出向发酵乳基料中添加5%的乳粉、5%的砂糖和10%的麦芽糊精后再喷粉，在40~50℃下对酸乳粉进行复发酵的效果良好。总之，采用喷雾干燥技术生产酸乳粉时，要优化多个参数，才能保证所制得的酸乳粉中乳酸菌存活率高。

与喷雾干燥相比，冷冻干燥对活菌和营养成分的影响更小，所制得的产品品质较高。冷冻干燥工艺主要受原料组成特点、原料厚度、冻干室压力及加热条件等影响。研究表明，若原料乳的总固形物质量分数从14.7%增加至18.8%，冷冻干燥时乳粉的加工时间会缩短25.8%，但当乳粉的固形物质量分数提高到20.4%时，乳粉的加工时间会继续缩短31.5%。余华等采用冻干和真空干燥两种方法生产酸乳粉，结果发现：两种干燥方法所得酸乳粉的品质差异较大，冻干酸乳粉的活菌数、速溶性和发酵性能均较真空干燥酸乳粉好，其菌种存活率分别为73.11%和38.45%，静置时的润湿下沉时间分别为76s和125s。冻干酸乳粉的润湿下沉性和冲调性均较真空干燥法好，这是由于冷冻升华干燥所得酸乳粉具有多孔和疏松的结构。但冷冻干燥设备昂贵，操作过程较为复杂，周期较长，生产成本较高。

采用干混法生产酸乳粉可完全克服冷冻干燥或喷雾干燥法的不足。干混法即以混合机械将各种原料进行干法混合，同时添加乳酸菌粉、益生菌粉及营养强化剂。该方法不仅能省掉喷雾干燥的复杂过程，节省能耗，降低生产成本，加快生产周期，还能避免对菌粉及营养强化剂的加热，提高活菌数。

3.酸乳粉的复原和储存

乳酸菌酸乳粉的复原过程通常为：乳酸菌酸乳粉与乳粉及砂糖等以一定比例混合，加水复溶发酵即可制得酸乳产品。对其品质的评价主要包括：湿润下沉性、冲调性、发酵性及复原后形成的酸乳的酸度、理化性质和感官等。酸乳粉的冲调水温应控制在37~45℃，4~5倍水为宜。酸乳制作成干燥形式后，由于产品质量和体积相对变小，且酸乳粉产品的水分含量和水分活度很低，因此酸乳粉的包装、装卸和运输都比较容易；不利于细菌和霉菌的生长，产品比较稳定，有利于储存，除此之外，氧气的残留量也会对酸乳粉的活力产生影响。杨芳等利用加速破坏性试验，以及在常温和低温下保存进行试验，建议保存酸乳粉的相对湿度不要超过35%~40%，并建议采用低温保存及冷链运输。

四、乳酸菌在乳酸菌饮料中的应用

（一）乳酸菌饮料的概念

在含蛋白质或糖类的基质原料中，接入乳酸菌培养，乳酸菌生长产生一定的乳酸，之后可添加糖类、酸味剂、稳定剂、香料并用净化水稀释而形成的一种凝乳状或半流质状的含菌或不含菌（杀菌）的发酵饮料。目前主要的乳酸菌饮料是以鲜乳或乳制品为原料基质生产的含蛋白质的乳酸菌饮料，按照国家标准规定，这类乳酸菌饮料中蛋白质含量应不低于0.7%。除此之外，还有少量以某些蔬菜为基质发酵而成的乳酸菌饮料。

一般所说的乳酸菌饮料，基本都是以新鲜牛乳为主要原料，接一定比例添加乳酸菌进行发酵，使牛乳中的蛋白质、乳糖降解而生成多种氨基酸和低级脂肪酸、乳酸、乙醛、双乙酰等特有的营养成分和风味，并根据定型配方标准加以稀释，添加白砂糖、果蔬汁、稳定剂、防腐剂等，按特定的生产工艺制成的。

（二）乳酸菌饮料的分类

根据我国乳酸菌饮料有关标准，乳酸菌饮料通常依据杀菌方式不同分为如下两类。

1.活性乳酸菌饮料

原料乳经过乳酸菌发酵后，添加已灭菌的果汁、白砂糖、稳定剂等其他辅料，不杀菌而制成的产品。成品中含有大量的活性微生物，称为活性乳酸菌饮料。此类产品保质期较短，一般在4℃下冷藏保质期为1周。

2.非活性乳酸菌饮料

原料乳经过乳酸菌发酵后，添加果汁、白砂糖、稳定剂等其他辅料，再经均质、杀菌等工序而制成的产品，因不含有活性微生物，可在常温下保质3~6个月。

（三）乳酸菌饮料发酵微生物及其生理功能

1. 乳酸菌饮料发酵微生物

用于乳酸菌饮料发酵的微生物与酸乳发酵菌种类似，主要包括嗜热链球菌、保加利亚乳杆菌、双歧杆菌、嗜酸乳杆菌、鼠李糖乳杆菌、高加索乳酸杆菌、干酪乳杆菌等。

2. 乳酸菌的生理功能

乳酸菌及其乳酸菌饮料的功能主要表现在以下方面。①整肠作用，调整微生态失调，防治腹泻，乳酸菌活着进入人体肠道内，通过其生长及各种代谢作用促进肠内细菌群的正常化，抑制肠内腐败物质产生，保持肠道机能的正常；②改善乳糖不耐症，乳糖不耐症是由于缺乏β-半乳糖苷酶造成乳糖消化不充分的症状，而乳酸菌饮料或经乳糖酶处理过的牛乳有助于缓解乳糖不耐症；③养胃健胃、预防幽门螺杆菌感染，幽门螺杆菌是胃窦炎的病原体，广泛存在于胃黏膜下的上皮细胞里，这种细菌和很多慢性胃炎、溃疡有密切关系，部分乳酸菌能抗胃酸，黏附在胃壁上皮细胞的表面，通过其代谢活动抑制幽门螺旋杆菌的生长，从而达到健胃养胃的效果；④预防高血压、改善血脂代谢的作用，除乳酸菌活菌本身具备的生理功能外，乳酸菌代谢产物也能发挥健康作用，乳酸菌能特异分解酪蛋白，产生具有抑制血压上升的多肽；⑤防治肝性脑病，肝性脑病是与肝功能衰竭有关的神经系统功能紊乱，健康人的肠道细菌在尿素酶的作用下产生氨，经肝脏解毒，当患者肝功能衰竭时解毒功能受损，导致血液中氨水平升高，当高浓度血氨进入脑细胞后会大量消耗脑中α-酮戊二酸，引起三羧酸减弱，使脑组织生成的三磷酸腺苷减少，导致大脑功能出现障碍。对这些患者来说，用乳酸菌替代尿素酶活性强的微生物来改变肠道菌群，可能是有效的防治方法；⑥降低肠源性内毒素和血氨，乳酸菌发酵代谢产物可降低肠源性内毒素和血氨，内毒素是肠道内的革兰阴性菌产生的外膜脂多糖，主要经肝脏细胞解毒。人体患肝病时，肝脏细胞解毒功能下降，内毒素由门静脉进入血液，形成肠源性内毒素血症；⑦抗辐射作用，放射治疗对于肠道微生菌群、肠黏膜均造成明显的伤害，人体经放射治疗后，摄入发酵乳及活菌型乳酸菌饮料均会降低因放疗引起的晚期不良反应；⑧乳酸菌对黄曲霉素的作用，乳酸菌对曲霉菌的生长和产生的黄曲霉素有明显的抑制作用。

（四）乳酸菌饮料的质量标准

根据GB 7101—2015规定，活菌型和非活菌型饮料的标准基本一样，主要区别是活性乳酸菌饮料对乳酸菌活菌数有明确的要求。

 **参考文献**

［1］程艳薇，刘春梅，谭书明，等.嗜酸乳杆菌菌粉的加工技术研究[J].食品科技，2010（9）：46-50

［2］崔真真，毛雨丰，陈聪，等.生物法合成双乙酰的研究进展[J].生物加工过程，2017，15（5）：57-64.

［3］丁武蓉.青藏高原传统发酵耗牛奶中乳酸菌多样性及其益生功能研究[D].兰州：兰州大学.2014

［4］高洁，孙静，黄建，等.重组开菲尔菌粒发酵性能及菌相组成研究[J].中国酿造，2017，36（03）：126-131.

［5］高云，陆军.绿豆酸乳粉的加工工艺[J].食品工业科技，2002，5（2）：35-39.

［6］郭晶，李晓东，姚春艳，等.基因组改组选育氨肽酶和自溶度高的植物乳杆菌[J].中国乳品工业，2013，41（1）：11-14.

［7］韩巍巍，侯俊财，曹秋阁，等.不同生长阶段保加利亚乳杆菌关键蛋白酶基因表达变化规律[J].食品与发酵工业，2014，40（3）：13-19.

［8］杭志奇，韩清波，许景松.Cheddar干酪附属发酵剂筛选及其应用[J].中国乳品工业，2010，38.

［9］贾宏信，龚广予，郭本恒.益生菌干酪的研究进展[J].食品科学，2013，34（15）：355-360.

［10］刘飞，杜鹏，王玉堂，等.保加利亚乳杆菌H-ATPase缺陷型菌株的筛选[J].微生物学报，2009，49（01）：38-43.

［11］刘飞，焦月华，郭文奎，等.弱后酸化保加利亚乳杆菌突变株与亲本菌株H-ATPase基因的相似性比较[J].食品工业科技，2013，34（15）：127-130.

［12］刘佳，孙淑香，王岸娜，等.蛋白质与多糖相互作用研究进展[J].粮食与

油脂，2012（9）：1-5.

[13] 申雪然，池桂良，宋晓青，等.益生菌对婴幼儿健康的作用及其在婴幼儿食品中的应用现状[J].中国乳业，2016（1）：69-72.

[14] 田辉，梁宏彰，霍贵成，等.嗜热链球菌的特性与应用研究进展[J].生物技术通报，2015，31（9）：38-48.

[15] 武学宁.喷雾干燥制备酸乳粉的工艺研究[J].中外食品工业，2013（10）：4-7.

[16] 习羽.一株乳杆菌烈性噬菌体的分离鉴定及其生物学特性的研究[D].呼和浩特：内蒙古农业大学，2016.

[17] 肖壮.牛初乳酸乳粉的工艺研究[D].长春：吉林农业大学，2012.

[18] 杨芳，宋士良，周美凤，等.酸乳粉产品稳定性研究[J].食品研究与开发，2010，31（01）：29-31.

[19] 杨彦荣.应用高通量测序研究西藏地区传统发酵转牛乳中微生物的多样性[D].呼和浩特：内蒙古农业大学，2016.

[20] 姚国强.传统发酵乳中细菌多样性及其功能基因研究[D].呼和浩特：内蒙古农业大学，2017.

[21] 易文芝，唐雯倩，刘成国.基于高活菌数的益生菌发酵乳发酵技术研究进展[D].食品与机械，2014.

[22] 余华，颜军，刘海燕.冻干酸乳粉的速溶性及发酵性研究[J].四川食品与发酵，2004，40（2）：22-24.

[23] 曾令鹤，钱方，姜淑娟，等.酸乳体系中乳酸菌胞外多糖与蛋白相互作用研究进展[J].食品与机械，2013，29（2）：246-249.

[24] 张和平，霍冬雪.婴儿肠道菌群研究现状[J].中国食品学报，2013，13（7）：1-6.

[25] 张小平.乳酸菌发酵牛初乳的研究[J].乳业科学与技术，2005（3）：109-111.

[26] 张迅捷，罗建玲，吴超，等.活性乳酸菌酸豆乳干粉的研制以及应用研究[J].食品工业科技，2003（01）：82-84.

[27] 朱良工，关松梅，刘海燕，等.乳酸菌噬菌体及其PCR法检测研究进展[J].中国乳品工业，2017，45（6）：35-38.

[28] 陈洪兴.乳糖和乳糖不耐症[J].盐城工学院学报（自然科学版），2002，15（3）：32-35.

[29] 毛学英，南庆贤.乳及乳制品中生物活性肽的种类及功能多样性[J].中国

乳品工业，2004，32（1）：41-43.

［30］苗君位，陈有容，齐凤兰，等.乳酸菌在乳制品及其他食品中的应用拓展[J].中国食物与营养，2005（10）：25-27.

［31］任国谱，肖莲荣，彭湘莲.乳制品工艺学[D].北京：中国农业科学技术出版社，2013.

［32］张刚.乳酸细菌[M].北京：化学工业出版社.2007.

［33］张和平，张列兵.现代乳品工业手册[M].北京：中国轻工业出版社，2005.

［34］周方方，吴正钧，陈臣，等.1种肠膜明串珠菌发酵稀奶油的研制[J].江苏农业科学，2014(8)：270-272.

［35］Adapa S , Schmidt K A . Physical properties of low-fat sour cream containing exopolysaccharide producing lactic acid[J] *Journal of Food Science*，2007 .63（5）：901-903

［36］Aydemir O，Harth H，Weckx S，et al. Microbial communities involved in Kasar cheese ripening[J].*Food Microbiology*，2015.46：587.

［37］Banjara N，Suhr M J，Hallen-Adams H E，et al. Diversity of yeast and mold species from a variety of cheese types[J]. *Current Microbiology*，2015. 70（6）：792-800.

［38］Barlow I，Lloyd G T，Ramshaw E H，et al. Correlations and changes in flavour and chemical parameters of Cheddar cheeses during maturation[J].*Australian Journal of Dairy Tachnology*，1989.44（1）：7-18.

［39］Beresford T P，Fitzsimons N A，Brennan N L，et al. Recent advances in cheese microbiology[J].*International Dairy Journal*，2001. 11（4）：259-274.

［40］Beshkova D，Simova E，Frengova G，et al. Production of flavour compounds by yogurt starter cultures[J]. *Journal of Industrial Microbiology & Biotechnology*，1998. 20（3-4）：180-186.

［41］Blaya J，Barzideh Z，Lapointe G. Interaction of starter cultures and nonstarter lactic acid bacteria in the cheese environment[J]. *Journal of Dairy Science*，2017. 101（4）：3611-3629.

［42］Chaves A C，Fernandez M，Lerayer A L，et al. Metabolic engineering of acetaldehyde production by Streptococcus thermophilus[J]. *Applied and Environmental Microbiology*，2002. 68（11）：5656-5662.

［43］Clark S，Plotka V C，Hui Y H，et al. Yogurt and sour cream：operational procedures and processing equipment[M]. New York：*Handbook of Food &*

Beverage Fermentation Technology, Marcel Dekker Inc. 2004.

［44］Cochetiere M F D L , Durand T , Lepage P , et al . Resilience of the dominant human fecal crobiota upon short-cour antibiotic challenge[J]. *Journal of Clinical Microbiology*, 2005 . 43（11）: 5588-5592.

［45］Delorme C, Bartholini C, Luraschi M, et al. Complete genome sequence of the pigmented Streptococcus thermophilus strain JIM 8232[J]. *Journal of Bacteriology*, 2011. 193（19）: 5581.

［46］Desmond C, Stanton C, Fitzgerald G F, et al. Environmental adaptation of probiotic lactobacilli towards improvement of performance during spray drying[J]. *International Dairy Journal*, 2002. 12: 183-190.

［47］Dilanyan G. Propionic acid bacteria in cheesemaking[J].*Promyshlennost' Armenii*, 1980.（8）: 33-34.

［48］Druesne A, Garault P, Faurie J M, et al. Mutant strains of lactic acid bacteria having a non-phosporylable I tose permease: EP, 2006. WO 2006128864 A2.

［49］Gobbetti M, Folkertsma B, Fox P F, et al. Microbiology and biochemistry of Fossa（pit）cheese[J]. *International Dairy Journal*, 1999. 9（11）: 763-773.

［50］Gripon J C , Fox P X . Mould-ripened Cheeses . New York : Springer US.

［51］Hamdan I Y, Kunsman Jr J E K, Deanne D D. 1971. Acetaldehyde production by combined yogurt cultures[J].*Journal of Dairy Science*, 1999 . 54（7）: 1080-1082.

［52］Harmsen HJ, Wildeboerveloo A C, Raangs G C, et al. Analysis of intestinal flora development in breast-fed and formula-fed infants by using molecular identification and detection methods[J].*Journal of Pediatic Gastroenterology and Nutrition*, 2000. 30（1）: 61-67.

［53］Holland R, Liu S Q.2011. Lactic Acid Bacteria Leuconostoc spp[J]. *Encyclopedia of Dairy Sciences*: 138-142.

［54］Holzapfel W H , Wood B J . Introduction to the LAB [J]. *Lactic Acid Bacteria: Biodiversity and Taxonomy*: 2014 . 1-12.

［55］Hui G H, Yan B, Linforth R S T, et al. Development and validation of an APCI-MS/GC-MS approach for the classification and prediction of Cheddar cheese maturity[J]. *Food Chemistry*, 2016. 190（7）: 442-447.

［56］Jun G Y, Caitlin G, Sarah O, et al. Specialized adaptation of a lactic acid bacterium to the milk environment: the comparative genomics of Streptococcus thermophilus LMD-9[J]. *Microbial Cell Factories*, 2011. 10 Suppl 1（S1）:

S22.

[57] Kearney N, Bielecka M, Majkowska A. Effect of spray drying temperature of yoghurt on the survival of starter cultures, moisture content and sensoric properties of yoghurt powder[J]. *Molecular Nutrition & Food Research*, 2000. 44（4）: 257-260.

[58] Lathrop S K, Bloom S M, Rao S M, et al. Peripheral education of the immune system by colonic commensal microbiota[J]. *Nature*, 2011. 478（7368）: 250.

[59] Lazzi C, Povolo M, Locci F, et al. Can the development and autolysis of lactic acid bacterin influence the cheese volatile fraction? The case of Grana Padano[J]. *International Journal of Food Microbiology*, 2016. 233: 20-28.

[60] Mills S, RossR P, Coffey A. Lactic Acid Bacteria Lactococcus lactis[J]. *Encyclopedia of Dairy Sciences*, 2011. 37（00）: 132-137.

[61] Molimard P , Spinnler H E . Review : compounds involved in the flavor of surface mold-ripened cheeses : origins and Ney DCKH.1985[J].*Tilsiter-Aroscience*, 1996 . 79（2）: 169-184.

[62] Monnet C, Corrieu G. Selection and properties of alpha-acetolactate decarboxylase-deficient spontaneous mutants of Streptococcus thermophilus[J]. *Food Microbiology*, 2007. 24（6）: 601-606.

[63] Pette J W, Lolkema H. Symbiosis and antibiosis in mixed cultures Lb. bulgaricus and S.thermophilus[J].*Neth Milk Dairy Journal*, 1950. 4: 197-208.

第六章

乳酸菌在
肉制品加工中的应用

发酵肉制品是一类以畜禽肉为原料，在自然条件或人工控制的一系列加工过程（如腌制、发酵、干燥或熏制等操作）下，最终产生具有特殊风味、色泽、质地和营养且保存期明显延长的肉制品。其主要特点是色泽美观、风味独特、保质期长、营养价值高。通过有益微生物的发酵，可引起肉中蛋白质变性和降解，既可改善产品的质地，也可提高蛋白质的吸收率；微生物发酵及内源酶共同作用，形成醇类、酸类、杂环化合物、核苷酸等大量芳香类物质，赋予了产品独特的风味；肉中有益微生物可产生乳酸、菌素等代谢产物，可降低肉品的pH，对致病菌和腐败菌形成竞争性抑制，而在发酵过程的同时还可降低肉品水分含量，这些都将提高产品的安全性和延长产品货架期。

一、发酵肉制品种类

发酵肉制品主要分为发酵香肠和发酵干火腿两大类。通常可根据其脱水程度、发酵程度（酸性高低）、发酵温度等进行分类。此外，中式发酵肉制品中还包括传统腌腊肉制品，如腊肠、腊肉、酸肉等。

（一）发酵香肠

发酵香肠是指将绞碎的肉和脂肪与辅料，经接种或不接种发酵剂混合后灌入肠衣，经发酵、成熟干燥（或不经成熟干燥）而制成的具有稳定微生物特性和发酵香味的肉制品。发酵香肠通常在常温下贮存、运输，由于加工过程中不经过熟制处理，通常也称其为生香肠。

1. 根据发酵程度分类

根据发酵程度可分为低酸发酵香肠和高酸发酵香肠。

（1）低酸发酵香肠　低酸度发酵肉制品通常指发酵后pH≥5.5的发酵肉制品。制品一般采用低温发酵和低温干燥制成，通过低温和提高盐浓度抑制杂菌。这类肉制品主要有法国、意大利、匈牙利的萨拉米香肠、西班牙火腿等。

（2）高酸发酵香肠　不同于传统低酸发酵香肠，绝大多数经高酸发酵香肠发酵剂接种或用发酵香肠的成品接种。成品的pH<5.4，该pH同肉类蛋白质的等电点十分接近，使肌肉蛋白质凝胶化，利于脱水且可抑制大多数不良微生物的

生长。

2. 根据加工过程中失水程度分类

（1）不干发酵香肠　不干发酵香肠为经细菌作用，pH<5.3，再经干燥除去10%的水分。目前的美国市场销售的香肠多以这种经高酸发酵且含水分较高的不干发酵香肠为主。这种分类方法虽然不很科学，但却被业内人士和消费者普遍接受。

（2）半干发酵香肠　半干发酵香肠为经细菌作用，pH<5.3，再经干燥除去15%的水分，最终水分与蛋白质之比不超过3.7∶1的碎肉制品。一般来说，半干发酵香肠不在干燥室内干燥，而是在发酵盒加热过程中完成干燥后被立即包装的。产品稳定性相对要差，保藏期短。半干发酵香肠为德国香肠的改良品种，起源于北欧，采用传统的烟熏和煮制工艺，由牛肉或牛肉与猪肉混合肉料加工而成，只加少量调味料。这类香肠主要有夏季香肠（Summer sausage）、图林根香肠（Thuringer）、思华力肠（Cervelat）、黎巴嫩大红肠（Lebanon bologna）等。

（3）干发酵香肠　干发酵香肠为经细菌作用，pH<5.3，再经干燥除去25%~50%的水分，最终水分与蛋白质之比不超过2.3∶1的碎肉制品。干发酵香肠产品稳定性好。该产品起源于欧洲南部，是意大利香肠的改良品种，主要用猪肉加工，所含调味料较多，常未经熏制或煮制。干发酵香肠主要有热那亚式萨拉米香肠（Genoa salami）、意大利腊肠（Hard salami）、干香肠（Dry sausage）、加红辣椒的猪肉干香肠（Pepperoni）等，中式香肠多为干发酵香肠。

3. 其他分类方法

根据地名的不同可分为欧洲干香肠、法兰克福香肠、维也纳香肠、纽伦堡香肠等。根据香肠表面有无霉菌分为霉菌成熟香肠和非霉菌成熟香肠，根据有没有烟熏分为不烟熏香肠和烟熏香肠等。

（二）发酵火腿

发酵火腿通常可分为中式和西式发酵火腿两种。

1. 中式发酵火腿

中式发酵火腿是以带皮、骨、爪的鲜猪肉后腿为原料，用食盐、亚硝酸盐、硝酸盐、糖和香辛料等物质经腌制、洗晒或风干，发酵加工而成的具有中国火腿特有风味的肉制品。中式发酵火腿具有香味浓郁、色泽红白鲜明、外形美观、营养丰富、贮藏时间长的特点。我国以前有四大名火腿，即金华火腿、如皋火腿、宣威火腿和恩施火腿，目前恩施火腿已很少见，而金华火腿、如皋火腿、宣威火腿因口味好而深受广大消费者的喜爱，并享有很高的声誉。它们分别是南腿、北腿和云腿三种的代表。南腿主要产于浙江省金华地区；北腿主要产于江苏省北部的如皋、东台、江都等地；云腿主要产于云南省的宣威、会泽等地和贵州省的威宁、盘县、水城等地。三种火腿的加工方法基本相同，其中以金华火腿加工较为精细，产品质量最佳。金华火腿历史悠久，驰名中外。相传起源于宋朝，早在公元1100年间民间已有生产，它是一种具有独特风味的传统肉制品。1915年，金华火腿在巴拿马国际食品博览会上获得一等金质奖章，中华人民共和国成立后，该产品又陆续获得国家和部委的多项奖章。宣威火腿产于云南省宣威县，距今已有250余年的历史。在清雍正年间（公元1722—1735年）宣威火腿就已闻名，宣威火腿的特点是腿肥大，形如琵琶，故有"琵琶腿"之称，其香味浓郁，回味香甜。

2. 西式发酵火腿

西式发酵火腿由于在加工过程中对原料肉的选择、处理、腌制及成品的包装形式不同，品种较多，主要包括带骨火腿、去骨火腿等。著名的发酵火腿有帕尔玛火腿（Parma ham）、乡村火腿（country cured ham）、意大利腊火腿（Italy speck）、烟熏火腿（smoked ham）等，法国、匈牙利、西班牙等国的一些传统火腿也是很有名的。西式发酵火腿中最为著名的就是帕尔玛火腿，主产于意大利北部城市帕尔玛（Parma）省，由于帕尔玛地处地中海，气候环境独特，所以火腿品质最佳。

中式和西式发酵火腿的加工工艺大同小异，大部分中式发酵火腿仍然采用传统的加工方法生产，而西式发酵火腿有些已完全采用工业化标准化生产。

一、发酵肉制品的发展历史和发展趋势

（一）发酵肉制品的发展历史

最早的发酵肉制品起源于地中海地区，早在2000多年前，古罗马人就用碎肉加盐、糖和香辛料等通过自然发酵、成熟和天然干燥制作成了美味可口的香肠，产品具有较长的贮藏期。发酵肉制品虽然历史悠久，但其发展缓慢。20世纪70年代前，欧美国家的发酵肉制品生产仍处于经验性、季节性、小规模、长周期、高成本的作坊式发展状态。伴随着肉类消费迅速增长，20世纪50年代形成了肉类发酵剂及人工控制发酵等现代化生产技术，随着发酵剂的广泛应用和发酵技术的逐步普及，发酵肉制品生产不再受季节约束，并实现了工厂化。

我国也是世界上较早采用腌制、干燥与发酵等方法加工贮藏肉类的国家。采用低温腌制干燥等方法加工腊肉制品早在周朝即已盛行，但这种腊肉制品在整个加工过程中，没有发生乳酸菌利用碳水化合物发酵生成乳酸的变化（或只有极弱的发酵），所以从严格意义上来说不能算作发酵肉制品。我国较早的发酵肉制品是以金华火腿为代表的各种火腿和风干香肠，属于低酸发酵肉制品。金华火腿已有900余年的生产历史，并于民国初期获得国际巴拿马金奖，由此可见，我国低酸发酵肉制品不仅历史悠久，而且技术领先。但与国外相同，我国发酵肉制品加工发展极其缓慢。直至20世纪90年代，我国传统的金华火腿、宣威火腿、干肠等低温腌制发酵肉制品的消费、生产和研究才开始快速发展，但目前其生产仍处于以依赖自然环境为主的粗放型的生产状态中，加工过程标准化程度低，产品质量有待提高。我国引进西式发酵香肠始于20世纪80年代末，并随之开展了加工工艺、发酵菌种筛选、发酵剂配制等大量研究工作，但基本处于起步阶段，研究水平比较滞后。目前我国用于生产西式发酵肉制品的发酵剂主要依靠进口，产品感官、口味等与国内市场需求不符，并且生产周期长、成本高、产量较低，生产、消费发展缓慢。

（二）发酵肉制品的发展趋势

发酵肉制品在我国有悠久历史，并具有营养价值高、安全方便、保质期长等优点，因此，将成为肉类深加工调整方向之一，但国内发酵肉制品仍有诸多技术瓶颈需要突破。例如，缺乏发酵肉制品发酵过程中微生物区系变化与菌种相互作用的研究；发酵剂筛选、配比研究缺乏与产品的对应性；制备工艺落后；仅有感官指标和理化指标，并没有微生物限量标准等。因此，我国应在借鉴西式发酵肉制品技术的基础上，结合我国传统发酵加工工艺，利用筛选、传统育种、基因工程等技术，筛选出活力强、菌数高、风味好、色泽优、安全可靠的微生物发酵菌种，利用冻干、浓缩等工艺制备出针对性强、功能多样、使用便利的直投式发酵剂，同时，有针对性地改进生产工艺、规范技术标准，开发出适合东方人喜好的发酵肉制品，使我国发酵肉制品生产真正实现工业化、规模化、规范化，这些都是今后需要深入研究和关注的课题。

三、肉制品专用发酵剂

（一）肉品发酵剂的来源与特点

1. 肉品发酵剂的来源

在发酵肉制品（香肠）传统加工工艺中，发酵过程主要是依赖原料中存在及环境中混入的乳酸菌而进行的自然发酵。乳酸菌普遍存在于原料肉中，只不过初始数量很低，除非原料肉曾在真空包装中贮藏过一段时间。发酵香肠肉馅的初始条件一般不利于肉中数量占优势的革兰阴性菌的生长，而有利于革兰阳性菌以及凝固酶阳性和凝固酶阴性的葡萄球菌和乳酸菌生长。乳酸发酵过程是一个由肠杆菌到肠球菌最后再到乳杆菌和片球菌的"接力传递"过程。如果发酵过程进行顺利的话，乳酸菌就会快速生长，一般发酵2~5d后其菌落数量即可达到10^6~10^8CFU/g，相应pH的降低可导致假单胞菌和其他酸敏感的革兰阴性杆菌在2~3d死亡。一般当乳酸菌的数量达到最大值后就会呈下降趋势，但也有例外，如当霉菌与乳酸菌混合发酵香肠时，乳酸菌的数量会在15d左右出现第二个生长高峰期。如果乳酸发酵的启动被延迟，就会导致肉馅pH下降缓慢，从而使金黄色葡萄球菌生长产生肠毒素，同时，一些可能使香肠风味变差的杂菌也不断生长。通常来说，对于发酵香肠而言，香肠中一般只含硝酸盐而不含亚硝酸盐，这时能够生长繁殖的细菌种类很多，从而会对改善干发酵香肠的风味品质产生一定的促进作用。

在采用自然发酵法发酵香肠时，为了提高发酵过程的稳定性和可靠性，以前常采取"回锅"的办法。所谓"回锅"是指将前一个生产周期中部分发酵后的原料作为菌种接种到肉馅中的方法。这种方法曾经被广泛使用，也确实提高了发酵的可靠性，但是它不能获得令人非常满意的结果。这主要是因为：首先，"回锅"原料中的乳酸菌生理上可能已经处于衰老状态，不能快速启动新一轮的发酵；其次，"回锅"方法具有不可控性，接种进去的菌株除乳酸菌外可能还具有其他杂菌，从而带来安全性问题，给香肠的品质带来严重的不良后果。

从自然发酵香肠分离到的乳酸菌中，乳杆菌占大多数。其中，最常见的种类有弯曲乳杆菌、香肠乳杆菌、植物乳杆菌和清酒乳杆菌等，清酒乳杆菌是最重要的，其次是弯曲乳杆菌。除乳酸菌外，片球菌也较为重要，其在某些香肠的发酵过程中常作为优势菌种而存在，其中乳酸片球菌和戊糖片球菌是目前应用比较广泛的片球菌。

由于自然发酵过程具有一定的不可靠性和不可控性，人们越来越倾向于在现代加工工艺中采用微生物纯培养物即发酵剂来实现对发酵过程的有效控制来保证产品的安全性和质量的稳定性。向肉制品发酵过程中加入与自然发酵基本相同的乳酸菌发酵剂后，乳酸菌能更快地成为优势菌株，有利于对发酵过程的控制。

最初制作香肠和半干香肠的纯微生物发酵剂是在1921年开始被提出来的，直至1940年，Jensen和Paddock开始利用乳酸杆菌加工干香肠，并获得了专利，才开创了使用纯培养微生物生产发酵肉制品的先河，此后，越来越多的微生物菌株被应用到发酵肉制品生产中。随着工业科技的发展，目前已经出现了形形色色的发酵剂，主要是用商品化冷冻或冷冻干燥的肉用乳杆菌、片球菌和霉菌等制作的发酵剂。在这些发酵剂中，有些是单一菌种的，有些是混合菌种的。实际生产中，一般将"活性发酵剂"与干配料混合以后加入，但是，有时为了使发酵剂能够分布均匀，可以先将发酵剂添加到肉中，使其与肉混合均匀后再加入其他配料；当然，这期间不能使活的微生物培养物与腌制成分如食盐、亚硝酸盐直接接触，否则，将会导致培养物的成活率和活性降低。目前，大多数发酵剂都是以浓缩形式出售，在使用过程中，添加适量的水进行稀释，可以使其很好地分布于肉中。例如，冷冻干燥形式的发酵剂，都会有一个水合复苏步骤，使其获得理想的效果。目前已经发现了很多可以作为发酵剂来进行香肠发酵的微生物，不同种类的发酵剂具有不同的要求及特点。值得一提的是，在发酵剂的发展过程中，Hammes等还于1995年将发酵剂定义为：能在发酵基质中发挥理想代谢活性的活的或休眠状态的微生物制剂，从而明确了肉品发酵剂的概念。

2.几种发酵肉制品中常用的微生物

发酵肉制品中的微生物主要包括细菌、霉菌和酵母等。一般而言，细菌中的乳酸菌是生产需要的一类重要微生物菌种，在发酵阶段起主导作用。另外，微球菌科中的微球菌和葡萄球菌，虽然不属于乳酸菌，但分解亚硝酸的能力强，对发酵肉制品色泽的形成有重要影响，酵母一般耐高盐，而且发酵能力较强，能在发酵肉的表面生长。在肉制品发酵生产中很少单独使用酵母发酵，大部分是结合乳酸菌、微球菌等共同完成发酵过程的。发酵肉制品中常用的一些菌种如表6-1所示。

表6-1　发酵肉制品中常用菌种名称

菌属	名称
乳杆菌	植物乳杆菌（*Lactobacillus plantarum*）
	清酒乳杆菌（*Lactobacillus sakei*）
	干酪乳杆菌（*Lactobacillus casei*）
	弯曲乳杆菌（*Lactobacillus curvatus*）
微球菌	木糖葡萄球菌（*Staphylococcus xylosus*）
	肉葡萄球菌（*Staphylococcus carnosus*）
片球菌	乳酸片球菌（*Pediococcus lactis*）
	戊糖片球菌（*Pediococcus pentosaceus*）
链球菌	嗜热链球菌（*Streptococcus thermophilus*）
	乳酸链球菌（*Streptococcus lactis*）
	丁二酮乳链球菌（*Streptococcus diacetilactis*）
霉菌	产黄青霉（*Penicillium chrysogenum*）
	纳地青霉（*Penicillium nalgiovense*）
酵母	汉逊德巴利酵母（*Dabaryomyces hansenii*）
	法马塔假丝酵母（*Candida famata*）

3.乳酸菌

乳酸菌是一类可以发酵糖类产生大量乳酸的细菌的总称，其在肉制品发酵过程中起着至关重要的作用。肉制品中的乳酸菌利用糖类如葡萄糖发酵产生乳酸，使肉品pH降低。当pH接近于肌肉蛋白等电点（pH=5.2）时，肌肉蛋白保水力减弱，致使肉制品干燥速度加快，肉块间的结着力增加，使肉品的硬度提高，同时水分活度降低。另外，发酵产生的乳酸及少量的副产物醋酸、甲酸、琥珀酸等可赋予香肠特殊的风味，为酯化反应奠定基础；同时，在酸性条件下，发酵产生的产物还能够抑制病原菌及腐败菌的生长，促进亚硝酸盐的分解，降低残留的NO_2^-与二级胺作用生成亚硝胺的可能性。

乳酸菌中有很多能产生细菌素的菌株，将其应用于发酵香肠中能够提高发酵剂的竞争力、抑制病原菌的生长等。此外，这些菌株还可应用于一些新的领域，如新鲜肉的保藏、非发酵肉制品的保藏等方面。

（1）乳杆菌属　乳杆菌是最早从发酵肉制品中分离出来的微生物，耐酸，最适的pH范围通常在5.5~6.2，pH=5或者更酸的情况下也能生长，但在中性或者较低碱性条件下其生长将会受到一定程度的抑制；耐高浓度食盐能力较强，分解蛋白质和脂肪能力差，不具备还原硝酸盐的能力；具有发酵果糖、葡萄糖、麦芽糖、蔗糖、乳糖等产生乳酸的能力。它是在肉制品自然发酵时引入的主要微生物，在自然发展过程中占主导地位，其中，植物乳杆菌、干酪乳杆菌、米酒乳杆菌和弯曲乳杆菌等因其具有较强的竞争性，在发酵肉制品中应用较为普遍。

通常来说，乳杆菌常被用来制作发酵剂培养物，目前市售的大多数发酵剂培养物都是利用葡萄糖和蔗糖发酵的，产生乳酸的为同型发酵，少数是通过异型发酵产生挥发性酸、乙醇和二氧化碳来增加肉制品的风味的，因为异型发酵的一些短杆菌常被视为自然污染菌，一般不用作发酵剂使用。另外，乳杆菌也可以用来抑制产胺菌的能力。乳杆菌属中有一些菌如清酒乳杆菌，无氨基酸脱羧能力，它可以对生成胺的菌株产生抑制作用，从而避免胺过量对人体健康造成的危害，而且清酒乳杆菌是一种自然优势菌，在这一环境下具有较强的竞争性，能够从接种开始到发酵结束始终作为优势菌存在。

（2）链球菌属　链球菌属（*Streptococcus*）革兰阳性菌，无芽孢，兼性厌氧，过氧化氢反应呈阴性，一般呈短链或长链状排列，其中最重要的菌种是乳酸链球菌。乳酸链球菌的发酵产物中存在着一类多肽化合物，称为乳酸链球菌素（nisin）。乳酸链球菌素和其他细菌素一样，有一定的抑菌活性，可以抑制大多数革兰阳性菌（特别是可以产生孢子的细菌），如乳杆菌、小球菌、李斯特菌及芽孢杆菌和梭状芽孢杆菌等，但它不能抑制革兰阴性细菌。在腊肉、烤肉及西式火腿等发酵肉制品中添加乳酸链球菌素，可以大大减少亚硝酸盐的用量，同时延长产品的货架期。

（3）微球菌属　微球菌属（*Micrococcus*）包括微球菌、葡萄球菌和动性球菌三个菌属，其中应用最多的是微球菌和葡萄球菌。

微球菌主要由藤黄微球菌、玫瑰色微球菌和变异微球菌三种组成，其中变异微球菌具有很强的硝酸盐还原能力，即使在较低的温度（5℃）和pH<5.4时也能表现出硝酸盐还原活性，它是目前唯一用于商业肉品发酵剂和低温发酵工艺的微球菌属。与微球菌相比，葡萄球菌属（*Staphylcococcus*）更具有竞争性，因为它们主要是在厌氧条件下进行代谢活性。这一类微生物具有促进色泽和香味的形成（通过其过氧化氢酶和硝酸或亚硝酸还原酶活性实现）及促进脂代谢的作用。

（4）片球菌属　片球菌属（*Pediococcus*）属于同型发酵微生物，可以利用糖类产生乳酸，它们是发酵肉制品中使用较多的微生物，为革兰阳性菌，可分解糖类产生乳酸，不产生气体，不能分解蛋白质，不能还原硝酸盐。其中，啤酒片球菌使用较早，而目前使用更多的则是乳酸片球菌和戊糖片球菌。与乳酸杆菌相比，片球菌属的所有菌种都是同型乳酸发酵，且具有更强的抗冷冻干燥能力。

乳酸片球菌株的最适发酵温度为26.7~48.9℃，温度越低（15.6~26.7℃），其发酵时间越长。此外，乳酸片球菌株不能与丁基羟基茴香醚（BHA）、2,6-二叔丁基-4-甲基苯酚（BHT）等抗氧化剂同时使用，否则其发酵特性将会受到抑制。戊糖片球菌是从我国不同生态区的多个自然发酵肉制品中分离得到的100多株乳酸菌中的一种，与其他菌株相比，其具有较好的发酵适应性和发酵特性。戊糖片球菌属与金属盐（特别是锰盐）混合后，于15.6~26.7℃使用，可以增加其发酵速度。这主要是因为少量或微量食品级金属盐能够削弱肠馅成熟过程中可能发生的抑制作用，从而加快发酵过程，此类盐主要包括硫酸锰、甘油磷酸盐、氧化锰、葡萄糖酸锰等金属盐。目前，乳酸片球菌和戊糖片球菌作为肉用发酵剂已经在市场中开始销售。

4.其他微生物

（1）酵母　酵母是加工干发酵香肠时添加的发酵剂中常用的微生物，汉逊氏德巴利酵母是最常用的种类，这种酵母耐高盐，好气并具有较弱的发酵产酸能力，一般生长在香肠表面，通过添加此菌可提高干香肠的香气指数。汉逊氏德巴利酵母也可能包含在发酵剂中而不是应用于香肠的表面，在发酵剂中通常与乳酸菌和小球菌合用，可以获得良好的产品品质。酵母除能改善干香肠的风味和颜色外，还能够对金黄色葡萄球菌的生长产生一定的抑制作用，但该菌本身没有还原硝酸盐的能力，同时还会使肉中固有的微生物菌群的硝酸盐还原作用减弱，这时如果发酵剂中不含其他具有硝酸盐还原活性的微生物种类的话，会导致生产的干香肠出现严重的质量缺陷。

（2）霉菌　霉菌是生产干发酵香肠常用的一种真菌，实际生产中使用的霉菌大多数属于青霉属和带霉属（*Scopulariopsis*）。而许多青霉菌种具有产毒素的能力，有报道称从传统发酵香肠中分离出的青霉菌，80%有产毒素的能力，在17种毒素中，已从发酵肉品中检测出11种。因此，只有筛选出不产毒素的青霉菌株，才能避免这种危险性。常用的两种不产毒素的霉菌是产黄青霉和纳地青霉，由于它们都是好氧菌，因此只生长在干香肠表面，另外，由于这两种霉菌生长竞争性强，而且具有分泌蛋白酶和脂肪酶的能力，因此，通过在干香肠表面接种这些霉菌可以很好地增加产品的芳香成分，赋予产品高品质。另外，由于霉菌大量存在于香肠的外表，能起到隔氧的作用，因此，可以防止发酵香肠的酸败。

（二）肉品发酵剂的作用和选择标准

1.微生物发酵剂的作用

（1）降低pH，减少产品腐败　原料肉在接种乳酸菌后，乳酸菌利用糖类如葡萄糖发酵产生乳酸，而使肉制品pH降至4.8~5.2。在这样的酸性环境下，有些微生物不能够生长繁殖，因此，能够延长产品的货架期，提高产品的安全性。此外，当pH接近于肌肉蛋白等电点（pH=5.2）时，肌肉蛋白保水力减弱，香肠干燥速度加快，水分活度降低，病原菌及腐败菌的生长得以抑制。相反，当这些微生物发酵剂较少时，肉制品将会产生不一样的效果。例如，自然发酵肉制品，其主要依靠天然细菌发酵，受环境影响较大，当感染细菌较少时，产品产酸量低，pH下降缓慢，此时若存在一些有害微生物，那么这些微生物在较高的pH下就会有充足的时间生长繁殖，轻则影响产品的风味，重则使产品腐败变质，甚至失去食用性。

（2）防止氧化变色　在发酵肉制品（如香肠）的生产中，微球菌和葡萄球菌为其提供了两种重要的酶。过氧化氢酶和硝酸还原酶。其中，硝酸还原酶可将硝酸盐还原成亚硝酸盐，亚硝酸盐分解产生NO，NO与肌红蛋白结合生成亚硝基肌红蛋白，使发酵肉制品呈现特有的腌制颜色。另外，肉在腌制或发酵成熟期间，污染的一些杂菌会通过异型发酵乳酸产生过氧化氢，这些过氧化氢会与肌红蛋白结合形成胆绿肌红蛋白，使发酵肉制品出现绿变现象，而过氧化氢酶可以将这些过氧化氢还原为水和氧气，防止氧化变色，减少绿变现象的发生。

（3）改善肉制品的色泽和风味　肉制品的色泽是决定其品质的重要指标之一。在发酵成熟过程中，发酵肉制品中的某些微生物可以将硝酸根离子还原为亚硝酸铵根离子，同时发酵产生的酸可使pH降低，这有利于亚硝酸根离子分解为NO，生成的NO与肌红蛋白相结合生成亚硝基肌红蛋白，从而使肉制品呈现亮红色。这种颜色鲜艳度好，红色色素更加稳定。此外，某些发酵剂微生物还可产生一些特殊的酶系，如分解有机酸的酶系、分解脂肪酸的酶系、分解亚硝胺的酶系、控制肉毒毒素的酶系等。这些酶具有特殊生理功能，可以改善产品风味，促进发酵肉制品的成熟。

（4）抑制病原微生物的生长与产毒　因为发酵香肠在制作中不经过加热，所以在自然发酵过程中如果条件控制不当，就容易使香肠发生腐败或因病原微生物的生长而引发食物中毒。接种发酵剂发酵可以控制发酵肉制品中的病原菌，如沙门菌、金黄色葡萄球菌、肉毒梭状芽孢杆菌等的生长与繁殖。

（5）降低亚硝酸盐残留，减少亚硝胺生成　亚硝胺是目前公认的强致癌物质，肉制品本身不含亚硝胺，其产品中的亚硝胺主要是由残留在肉制品中的亚硝酸与二级胺反应生成的。如果在肉制品中加入产乳酸的细菌，如乳杆菌属的嗜酸乳杆菌、保加利亚乳杆菌、植物乳杆菌、干酪乳杆菌和链球菌属的乳酸链球菌等，可使其产生乳酸，降低产品pH，促进亚硝酸盐的还原作用，使亚硝酸盐分解，大大降低亚硝酸盐残留量，从而进一步减少残留的亚硝酸与胺反应生成的致癌物质——亚硝胺，提高肉制品的安全性。

2.微生物发酵剂的选择标准

发酵剂是指具有代谢活性的微生物制剂，对于缩短肉品成熟期、改善色泽、增强风味和提高产品安全性至关重要。到目前为止，肉品发酵剂的选择还是从传统发酵制品中分离筛选大量微生物。所选择的菌株在发酵过程中有较好的性能及对食品的感官影响是选择的基本条件。在选择过程中，需要仔细研究菌株的性能与特定生产环境及成熟条件的关系，以开发出理想的发酵剂。根据目前的研究，在发酵肉制品中添加发酵剂时主要考虑发酵剂本身的安全性、生产适应性及发酵剂对发酵肉制品品质及安全性的影响。

（1）食用安全性　作为发酵剂，其本身应是安全的。①必须对人体无害，无致病性，不产生毒素，尤其是在葡萄球菌的筛选中，菌株必须为凝固酶阴性、耐热核酸酶阴性、在血平板上不溶血和非金黄色葡萄球菌；②不具有氨基酸脱羧酶活性，具有氨基酸脱羧酶活性的菌株会使氨基酸脱羧产生酪胺、组胺，甚至腐胺和尸胺等有害的胺类物质。通过选用优良的菌株可以避免上述问题。

（2）发酵适应性　筛选可以很快适应发酵肉制品微环境的菌株，一方面能够确保发酵剂微生物的存活性，另一方面也可以提高发酵剂中微生物的竞争性，使之成为主导菌，抑制有害微生物的生长，稳定产品质量。

① 耐盐性。发酵肉制品具有低pH、低水分含量及高盐含量的特点。一般在发酵香肠中氧化钠的初始添加量为2%~3%（A_W=0.94~0.98），在成熟后期可达到15%（A_W=0.85~0.86），因此，发酵剂微生物的筛选方面，对菌株的耐盐性要求一般较高，要求微生物至少能够在6%的食盐含量下可以正常生长。

② 耐硝酸钠或亚硝酸钠。在发酵香肠加工过程中，亚硝酸钠主要起发色和抑菌作用，一般要求菌种至少能在100mg/kg的亚硝酸盐含量下良好生长。

③ 不同pH下的生长能力。在加工开始时，发酵香肠的pH大约为6.0，而香肠成熟后的最终pH在4.6~5.5，因此，要求所筛选菌株能够在pH为4.2~8.0的范围内生长良好。而筛选益生性菌株时则要求菌株在pH 3.0以下，3h之内的存活率较高。

④ 不同温度下的生长能力。低温发酵肉制品发酵温度一般是18~24℃，成熟温度为12~16℃。高温发酵香肠发酵温度一般是28~36℃，像美国生产的低pH的半干夏季香肠、发酵温度甚至高达40℃。因此，要求筛选菌株，要根据

不同类型的香肠而筛选出具有相应温度适应性的菌株。

（3）发酵剂对于肉制品品质的影响　作为发酵剂，应该能提高产品的品质。①不产黏液。产黏液的菌株应用到发酵肉制品中后不仅会影响产品的外观，而且还会影响产品内部的组织结构。②不产生H_2S和NH_3等具有不良风味的气体。某些微生物发酵产生的H_2S和NH_3等会严重影响产品的风味和成品品质。③不产生H_2O_2。一些微生物代谢会产生H_2O_2，而H_2O_2是一种强氧化剂，会氧化多不饱和脂肪酸和血红素化合物，从而影响产品的色泽和风味。

（4）发酵剂对于肉制品安全性的影响　作为发酵剂，应该能提高产品的安全性。①产酸特性。发酵肉制品之所以在常温下有较长的保质期，是因为它有低pH、低水分含量和高盐含量，这就要求筛选的乳酸菌能够快速产酸，这是决定发酵肉制品成功与否及其安全性的重要因素；②与病原体及有害微生物（包括大肠杆菌、金黄色葡萄球菌、沙门菌及李斯特菌等）具有拮抗作用，从而保证微生物的安全性。在最近的研究中，菌种的选择方面还考虑了对人体健康的促进等功能性作用。了解发酵剂的特性非常有必要，有助于根据加工产品及加工条件的不同选择合适的发酵剂。

四、发酵肉制品加工过程中的生物化学变化

发酵香肠的生物化学反应复杂而且范围较广，至今仍是研究的热点。发酵香肠中主要成分是蛋白质、脂肪、糖、盐类等，在微生物及肌肉组织内源酶的作用下，糖、蛋白质、脂肪逐步分解，其产物及香辛料中各种挥发性物质相互作用，产生发酵香肠特有的风味。肉制品在发酵过程中发生的生物化学变化主要有：乳酸的形成、氨基酸的降解、糖类的降解、蛋白质的降解、脂肪的氧化、风味化合物的形成等变化。

（一）乳酸的形成

不同的混合菌种在发酵香肠的发酵和成熟过程中，L-乳酸的量保持动态的平衡，即由微生物发酵葡萄糖产生的或由肌肉内部乳酸脱氢酶转化而来的乳酸及在细菌酶作用下转化为D-乳酸之间存在着动态平衡。D-乳酸主要是利用细菌产生的D-乳酸脱氢酶由葡萄糖降解而来的，或者是由L-乳酸在消旋酶的作用

下转化而来的。产品中D-乳酸的量在30~60mol/g时，可以获得口味比较适中的产品。发酵过程中，乳酸的形成伴随着香肠pH的降低。在高酸度的半干发酵香肠中，pH高低取决于发酵过程中产生的乳酸以及肌肉蛋白质的缓冲能力。蛋白质分解的终产物——氨，会提高香肠的pH。乳酸、氨、水分含量和蛋白质的缓冲能力是决定香肠pH的主要因素。发酵产生的乳酸虽然不是发酵香肠中重要的风味组分，但它提供给发酵香肠一种特征性的酸味，并在某些条件下能增强产品的咸味。较低的pH也可以通过抑制蛋白质分解酶和脂肪分解酶的活性进而改善产品风味。pH是衡量高酸度半干发酵香肠安全性的主要指标。

（二）氨基酸的降解

氨基酸的酶解通常是氧化脱氨产生氨和α-酮酸，如梭状芽孢杆菌可以使氨基酸发生氧化还原脱氨产生氨、酮酸、脂肪酸。另一种形式的氨基酸降解是脱羧，形成二氧化碳和胺。微生物酶能分解酪蛋白产生血管紧张素转化酶（ACE）活性抑制肽和其他产物，半胱氨酸和甲硫氨酸的分解可以释放出硫化氢，精氨酸可转化成鸟氨酸、二氧化碳和氨，而组氨酸则有多种代谢途径。氨基酸代谢对发酵肉制品的影响主要是挥发组分的形成。

（三）糖类的降解

发酵香肠在发酵过程中，乳酸菌等微生物分解糖类获得自身增殖的碳源并经过糖酵解途径（EMP酵解途径）将糖类降解为乳酸等产物，赋予香肠一种酸味。在发酵香肠生产的最初3d，香肠中乳酸含量显著增加（主要是D-乳酸含量增加），随后的发酵成熟过程中乳酸含量继续增加，但增加速度减缓，然后含量保持恒定。3d后，L-乳酸和D-乳酸以相近的速度增加。一般来讲，在最终产品中D-乳酸和L-乳酸的量几乎相等。不同的微生物组合和发酵时间对D-乳酸的量影响显著，清酒乳杆菌和乳酸片球菌间的D-乳酸产生能力没有差异，而戊糖片球菌产生D-乳酸的能力则显著低于上述两种微生物，沃式葡萄球菌产生D-乳酸的能力显著强于肉糖葡萄球菌和腐生葡萄球菌。在发酵香肠中，D-乳酸含量过高会使产品产生不愉快的酸味，它的含量在一定的范围内，可以获得口感适宜的产品。乳酸的形成和pH的降低对于发酵香肠的食用品质有重要意义。乳酸虽然没有典型的风味/香气化合物的特性，但可以提供特征性的酸味，尤其是高酸度半干型发酵香肠中强烈的酸味的主要来源，并在某些条件下强化了产品的咸味。较低的pH也可以抑制产品中的蛋白分解酶和脂肪分解酶的活性，从而改善产品的风味。

在发酵香肠中也会形成醋酸和少量的中间产物丙酮酸。醋酸的含量在发酵的最初3d增加到最大值，并在以后的加工储存过程中保持同一水平。另外，糖类发酵也导致低分子质量化合物的释放，如双乙酰、乙醇、2-羟基丁酮、1,3-丁二酮、2,3-丁二酮，尽管它们在发酵香肠中的量很小，但是似乎对香肠香味中的干酪味有影响。

（四）蛋白质的降解

发酵香肠成熟过程中，原料肉中蛋白质的分解是一个相当重要的反应过程。发酵微生物在为风味物质提供重要的前体物质的蛋白质水解过程中扮演了很主要的角色，它们与肌肉本身的内源性蛋白酶、氨肽酶共同作用于肌肉蛋白质，使其形成小分子的风味肽、游离氨基酸等，许多氨基酸可以直接作为风味物质，也可以通过微生物催化脱氨、脱羧、转氨、氨基酸侧链的裂解，形成醛、酸、醇、酯、硫化物等芳香成分。

发酵香肠中的蛋白质在组织蛋白酶和微生物蛋白酶中胞外或胞内蛋白质酶、肽酶的作用下产生各种小肽和氨基酸，它们继续会被微生物进一步分解形成胺、脂肪酸和硫醇，这些产物的数量和相互间的比例，对发酵香肠的风味有很大的影响，然而这些蛋白质酶和肽酶是一个很复杂的酶系，目前还不能分别确定它们在发酵肉制品中的专一性和特定的反应历程。大多数乳酸菌都是发酵香肠中最常见的异型乳酸发酵微生物，它们能分解发酵原料肉及配料中的糖类物质，形成有机酸、醇、醛、酮等风味物质。有体外试验发现，某些乳酸菌具有蛋白分解活性（如肌原纤维蛋白）。发酵香肠中由乳杆菌产生的乳酸对蛋白质分解也能产生一定的影响。最近又从乳酸球菌和片球菌中分离纯化了高活性转氨酶，作为肉品发酵剂参与氨基酸代谢，促进产品的成熟。由于目前乳酸菌中大部分分解肌肉蛋白的蛋白酶还未得到分离和鉴定，因此，许多关于发酵香肠中发酵剂所用微生物对肌肉蛋白质的分解情况需被进一步深入研究。

（五）脂肪的氧化

在发酵香肠的成熟过程中，脂肪会发生水解作用，产生大量的游离脂肪酸。其水解过程如下：甘油三酯降解为游离脂肪酸和1,2-甘油二酯，1,2-甘油二酯再自发地转变为1,3-甘油二酯后，进一步降解为单酰甘油和游离脂肪酸。其中，游离脂肪酸释放的顺序为：亚油酸、油酸、硬脂酸、棕榈酸。这种释放作用主要是由于猪肉本身脂肪酶和磷脂酶的作用。在加工香肠时，肉本身带入的微生物及内源酶的作用产生的游离脂肪酸作为风味化合物的前体已经足够，但是在一些发酵干香肠中，加酶能引起脂肪的强烈降解，产生大量的脂肪酸，但在风味方面只获得微小的改善。

虽然发酵香肠在生产过程中伴随大量的游离脂肪酸的产生，但加入发酵剂和脂酶的发酵香肠并没有明显的酸败气味，不会明显增加脂肪酸的变化。对此主要有两种解释：一是由于发酵香肠中迅速形成无氧环境所致，另一个是由于亚硝基能抑制脂肪氧化酶阳性菌株，以及微球菌产生的过氧化氢酶能分解脂肪氧化产生的过氧化物，抑制脂肪的氧化等。

虽然蛋白质和脂肪的降解极有可能与肉制品的腐败有关，但对发酵肉制品加工工艺和微生物专用于发酵剂的控制与选择，可以使这些变化向着有利于改善肉制品品质的方向发展，从而生产出品质一流的产品。霉菌、酵母和微球菌由于它们各自的蛋白酶和酯酶活性而作为发酵剂被广泛应用。

近年来，国外许多学者致力于研究酶制剂对发酵香肠发酵和成熟的作用，试图用酶（多为微生物来源的蛋白酶和脂肪酶）取代活的发酵剂培养物添加于发酵香肠中，以达到与微生物相同的作用效果并缩短成熟时间。例如，往发酵香肠中添加类干酪乳杆菌（*Lactobacillus paracasei*）来源的蛋白酶制剂，在不降低品质的前提下，能够加快发酵香肠的成熟，使干燥和成熟时间缩短了30%~50%，风味与不加此酶的对照相同，降低了生产周期和成本；用从副干酪乳芽杆菌属副双歧菌种NCDO151中得到的细菌蛋白酶能够加速干香肠的后熟；在发酵香肠中加入胰脂肪酶使发酵香肠在成熟过程中的脂肪提前水解，生成更多的游离脂肪酸和甘油二酯及单酯，从而直接影响干发酵香肠在成熟过程中风味物质的形成等。

（六）风味化合物的变化

发酵肉制品的风味是最重要的质量指标之一，是风味物质刺激人的味觉和嗅觉感受器而产生的一种综合感受。风味物质包括挥发性和非挥发性的风味化合物。一些主要的化合物为烃、醛、酮、醇、酯酸、内酯、含硫化合物、呋喃等，它们共同形成了发酵肉制品的特征芳香气味。各化合物对整体风味的影响则取决于其风味阈值、浓度、在水或脂肪中的溶解度及温度等条件。虽然这些化合物的产生途径各有不同，但大部分是由不饱和脂肪酸经化学性或酶促性氧化反应，并进一步与蛋白质、多肽及游离氨基酸相互作用产生的；另一部分是通过游离氨基酸Strecker降解途径和美拉德反应产生的。其中，后者的反应产物往往是一些火腿的特征风味物质。

发酵香肠特有的风味是由以下几个部分组成的。①组织酶（蛋白酶和脂肪酶）和微生物酶降解脂肪、蛋白质、糖类形成的风味物质；②非生物直接参与的反应（脂肪自动氧化）产物；③添加到香肠内的成分（如盐、香辛料等）产生的风味。其中，脂肪和蛋白质是发酵香肠的主要风味来源，提供了风味前体物——游离脂肪酸和游离氨基酸，对风味产生直接作用。而挥发性风味成分中，大部分由脂肪氧化分解形成，小部分由脂肪和蛋白降解产物共同反应形成或氨基酸单独降解形成。脂肪和蛋白质的降解产生了游离脂肪酸和氨基酸，这些物质既可作为风味物质，又可作为底物产生更多的风味化合物。干香肠成熟过程中产生的游离脂肪酸，其中一部分经化学反应或酶反应产生多种风味化合物。这些化合物尽管含量低，只有10^{-6}数量级，但基本上都是干香肠特征风味的重要组成成分。

另外，发酵香肠在成熟过程中，风味成分的种类与含量都有不同程度的变化，不同的发酵菌株制作的发酵香肠产品，香气成分种类和含量也有差别。发酵香肠的风味成分按化合物的化学结构不同可分：酯类、醇类、羧酸类、酮类、萜烯类、醛类、烃类、杂环类、含氮、卤类、醚类和酚类等。

1.酯类物质的变化

发酵香肠中酯类化合物会发生一定的变化。总酯类香气成分含量呈明显下降的变化趋势，但随着成熟过程的延长，总酯的含量又有所上升。在总酯中，低级脂肪酸酯含量下降显著，随后保持相对稳定，而高级脂肪酸酯含量随着成熟时间的推移其相对含量逐渐升高。由于上述几种酯类成分的综合作用，总体上构成了发酵香肠中，总酯相对含量呈明显高→低→高的变化规律。

2.醇类化合物的变化

香肠发酵成熟过程中醇类化合物会随着发酵时间的延长而发生一定的变

化。总醇类香气成分变化呈明显的上升变化趋势。

在发酵香肠的终产品中，醇类物质主要包括芳香醇和脂肪醇两大类。其中，脂肪醇又以高级醇（杂醇油）为主，它们的挥发性相对较弱，因而在产品的感官风格构成中起着一定的作用。芳香醇的相对含量甚微，但这类挥发性物质的阈值通常很低，较低的含量即能表现出较强的风味特征，因此，这些物质在风味构成中的作用也不容忽视。

3.羧酸类（挥发酸）化合物的变化

香肠在发酵过程中，羧酸类（挥发酸）物质会发生一定的变化。总羧酸类含量变化呈现明显的菌株效应，不同的供试菌株发酵香肠中的挥发酸含量变化各不相同。各菌株制作香肠中挥发酸含量变化有以下两个共同特点。①无论其含量的升高或降低，构成挥发酸的成分都随着成熟过程的推进而变得更加复杂；②构成挥发酸的主要成分是醋酸，在终产品中醋酸相对含量为风味物质总量的15%~42%。此外，挥发酸成分还包括丙酸、2-甲基-丙酸、丁酸、己酸、辛酸和异戊酸等。

4.挥发酚类物质的变化

不同菌株发酵香肠中挥发酚含量的变化有以下几个特点。①挥发性酚类物质不是在发酵过程中产生的，在对不同菌株发酵结束时香肠的气相色谱-质谱联用（GC-MS）技术分析结果表明，所有样品中均不含挥发性酚类物质。②挥发性酚类物质含量在发酵香肠成熟过程中的变化趋势为前期逐渐增加，成熟工艺结束后，挥发酚的含量又降到很低水平，占总挥发性成分的0.7%~1.54%。③挥发酚类主要包括2-甲氧基-苯酚、2-甲基-苯酚、4-甲基-2-甲氧基苯酚和4-甲基-苯酚等。

5.酮类化合物的变化

发酵香肠中挥发性酮类物质也会发生一定的变化。酮类物质的总体变化趋势是成熟比成熟前的相对含量要高。酮类物质的总含量高达风味物质总量的20%~48%。发酵香肠中酮类物质主要为3-羟基-2-丁酮、2-丁酮、1-羟基-2-丙酮、2-庚酮和2（3H）-二氢-呋喃酮等。

6.萜烯类化合物的变化

发酵香肠中的萜烯类化合物来源于添加的香辛料，在未添加香辛料的香肠中不能够检测出（个别样品仅检测出少量的DL-柠檬烯）萜烯类物质便能够说明这一点。萜烯类物质通常为强呈味的挥发性风味物质，广泛地应用于食品调味料中。在实验中，我们添加了白胡椒粉、美味柿椒粉、小豆蔻粉和肉豆蔻粉等香辛料，在产品中检测到β-月桂烯、L-芳樟醇、L-α-松油醇、α-松油烯、反式-石竹烯、α-蛇麻烯、龙脑烯、α-水芹烯、β-桂叶烯等近20种萜烯类物质。

由于萜烯类物质具有较强的挥发性，因此在发酵香肠的成熟过程中，其相对含量逐渐降低。在发酵结束时，萜烯类物质的相对含量为风味物质总量的29.4%~31.3%，而到香肠成熟后，萜烯类物质的相对含量仅为风味物质总量的2.3%~4.7%。

发酵香肠中挥发性风味的成分和来源极为复杂，对于香肠风味的具体贡献是由其绝对含量、相对含量及风味阈值三方面决定的，特征香气组分的鉴定必须有人体嗅觉感官分析的参与才能够完成，因此，难以阐明，但一些挥发性化合物在成熟过程中呈现一定的变化规律，能够反映香肠的成熟程度，仪器分析结果对于发酵香肠的风味品质控制具有重要的参考价值。

发酵香肠的挥发性成分的来源主要有原料肉本身的风味物质如呋喃类化合物、一些脂肪族和醛类物质，其次是香肠在发酵过程中乳酸菌对糖类和其他底物如脂肪的分解，产生多种挥发性的醇、有机酸、酮和酯等风味物质。在香肠成熟前后，其中的酯类、酮类、醇类、挥发酸、挥发性酚类物质以及萜烯类的相对含量有着很大的变化。

总酯类香气成分含量呈明显下降的变化趋势，但随着成熟过程的延长，总酯的含量又有所上升。酯类可能来源于微生物作用下各种醇和羧酸的酯化作用，是发酵香肠典型风味所必需的，一般C_1~C_{10}的酯类物质多带有水果味，含有长链脂肪酸的酯类带有油脂香味。

总醇类香气成分变化呈明显的上升变化趋势，其种类较多，包括直链醇、烯醇、芳香醇、二醇等，醇类含量受到不同菌株的影响，大部分是脂类的氧化产物，1-戊醇来源于亚油酸，1-己醇来源于棕榈酸和油酸，1-辛酸来源于氨基酸的Strecker降解，苯甲醇则来自苯丙氨酸的代谢，醇类的气味较丰富，可能对气味起重要作用。

总羧酸类含量变化呈现明显的菌株效应，不同的供试菌株对于脂肪的降解能力不同，可能导致发酵香肠中的挥发酸含量变化各不相同，大量和多种类的羧酸是发酵香肠的重要标志之一，使香肠呈酸味。

酮类物质的总体变化趋势是成熟比成熟前的相对含量要高。酮类也是脂肪氧化的产物，受菌株影响，其含量在不同的成熟阶段有明显的变化，酮类挥发性成分一般呈奶油味或果香味，是香肠风味的重要组成成分。

发酵香肠中的萜烯类化合物来源于香辛料，在发酵香肠的成熟过程中，萜烯类物质相对含量逐渐降低。在成熟0d时，萜烯类物质的相对含量为风味物质总量的29.4%~31.3%，而到香肠成熟后，萜烯类物质的相对含量仅为风味物质总量的2.3%~4.7%。

在发酵香肠加工时，一般要加入胡椒、大蒜或洋葱等香辛料，这些香料会为发酵香肠提供独特风味，胡椒可以产生萜烯类物质，而大蒜中的大蒜素可以转化成含有芳香味的含硫化合物及其衍生物。此外，胡椒等香辛料中锰的含量较高，可以促进乳酸菌的生长和代谢，从而刺激乳酸的生成。发酵香肠中添加的食盐也是形成产品滋味的重要成分之一。另外，很多研究发现亚硝酸盐对风味也起到一定的促进作用。

实际上，发酵香肠的风味物质来源远比这些途径复杂，各种来源的界限也不是那么清晰，它们交织在一起共同赋予发酵香肠独特的风味，而且它们对风味的贡献依赖于原料特性、发酵剂和加工工艺等多种因素。

7.生物胺的生成与控制

在发酵食品如发酵香肠、酸乳、泡菜及葡萄酒中，大都含有生物胺。生物胺在生物细胞中具有重要的生理功能，但当人体吸收过量时，可能会引起头痛、呼吸紊乱、心悸、血压变化等过敏性反应。此外，生物胺还是亚硝胺的前体，后者具有致癌效应。发酵香肠中生物胺是由氨基酸脱羧而产生的，其生成量取决于原料肉组织酶和微生物酶活力及生物胺前体物（氨基酸、寡肽）的丰度。通过采用优质的新鲜生肉、适当的发酵剂和合理的发酵工艺，可以降低产品中的生物胺产量。其中，发酵剂菌种的相关氨基酸脱羧酶活性直接影响着产品中生物胺的含量，因为生产发酵香肠所使用的乳酸菌如乳杆菌、片球菌和微球菌等的大多数菌株具有对相关氨基酸脱羧的能力，因此，能够在发酵过程中产生生物胺。生物胺主要包括组胺、腐胺和尸胺等。

（1）组胺的生成　组胺是发酵香肠中最重要的生物胺成分之一，由组氨酸脱羧而成。在生物胺中，组胺的生理毒性最强。生物胺在人体细胞内会被一些酶促代谢反应降解，但是酒精和有些药物能抑制这些酶的活性，从而降低了脱毒效率。长期以来，研究者们认为只有片球菌属（*Pediococcus*）细菌能够产生组胺，但研究表明，乳杆菌属（*Lactobacillus*）和葡萄酒菌属（*Staphylococcus*）的一些菌株也有组氨酸脱羧酶（histidine decarboxylse，HDC）活性，因此，也能产生组胺。目前大部分供试菌株均能在发酵过程中产生组胺，但含量随着菌株的不同而异，即存在着菌株效应。

（2）腐胺和尸胺的生成　赖氨酸脱羧基作用生成尸胺，精胺酸脱羧基作用生成腐胺。与组胺的生理作用相似，尸胺和腐胺也有升血压的作用，同时具有较强的生理毒性，二者更是水产品和肉制品腐败变质的特征产物。有研究通过对发酵香肠中的酪胺、亚精胺、精胺和色胺的含量测定表明，所有菌株都能产生酪胺、亚精胺和精胺，但都不产生色胺。

（3）菌株复配对生物胺生成量的影响　发酵香肠生产中通常使用的发酵剂大多为2种或2种以上的菌株复配而成的发酵剂。发酵剂中各单个菌株间实际上可以看作是一种特殊的互生关系。一般而言，发酵剂中的乳酸菌如乳杆菌（*Lactobacillus*）、片球菌（*Pediococcus*）的作用主要是在较短的时间内将香肠的pH降至5.0以下，以抑制其他有害微生物的生长。而与之互生的葡萄球菌（*Staphylococcus*）、微球菌（*Micrococcus*）主要与香肠的风味形成有密切关系。在香肠发酵基质中，各组分菌株可以单独生活，但当它们在同一基质中生长时，又能够通过各自的代谢活动而影响对方的代谢行为。

由于酶和细菌的作用，肉中蛋白质、脂肪及糖类发生分解变化而腐败变质。在肉品腐败过程中，蛋白质分解产生氨（NH_3）和胺类（$R-NH_2$）等碱性含氮的有毒物质如酪胺、组胺、尸胺、腐胺和色胺等，它们统称为有毒胺。有毒胺具有一定的毒性，可引起食物中毒，如酪胺能引起血管收缩，组胺能使血管扩张，尸胺、腐胺等也能引起明显的中毒反应。因此，在发酵香肠生产中要通过筛选优良的发酵剂和工艺措施来降低产品中生物胺的含量。研究表明，在香肠发酵过程中，所有供试菌株与商业发酵剂都能产生组胺、腐胺、尸胺、酪胺、亚精胺和精胺，但都不产生色胺，各供试菌株生物胺的生成量存在着菌株效应。将片球菌与葡萄球菌复配制得的复合型发酵剂接种发酵，能够显著降低产品中生物胺总量，尤其是组胺、腐胺和酪胺的含量。

五、国内外乳酸菌发酵肉制品加工工艺

（一）国内乳酸菌发酵肉制品加工工艺

国内的乳酸菌发酵肉制品主要包括发酵香肠、具有民族特色的酸肉和发酵火腿等。

1.发酵香肠

早在周朝，我国人民就已经采用低温腌制干燥的方法加工腊肉制品，但这种腊肠在整个加工过程中，乳酸菌并没有发酵碳水化合物产生乳酸（或只有极弱的发酵），所以准确来说不能算作发酵香肠，我国的发酵香肠不像欧美国家那样普及，只以哈尔滨风干肠为代表的风干肠类是我国的发酵香肠类制品。

风干肠的加工工艺流程：

选肉 → 修整 → 绞制 → 腌制 → 真空绞拌 → 斩拌 → 真空灌制 →
烘烤、烟熏、蒸煮、冷却 → 真空包装

（1）选肉　应选择来自非疫区并经兽医卫生检验合格的鲜肉或冻肉，如牛体后部位肉。原料肉具体标准：挥发性盐基氨≤15mg/100g；菌落总数：50000个/g。

（2）绞制　绞制肉馅在温度为15℃以下的绞制间内进行。检查喷板和刀刃是否吻合。绞制前认真检查绞肉机是否有杂物，并用42℃的清水将绞肉机清洗干净，将三孔眼喷板、双面绞刀、12mm喷板及双面绞刀、8mm喷板、固定钢圈依次安装并固定好。用提升机提起肉块料车，在绞制时分数次将肉块倒入绞制机的料斗内，再将料车落回地面，绞制合格的肉馅标准：肉馅粒度一致、状态均匀、无血水渗出，肉馅温度≤8℃。

（3）腌制

① 腌制是肉制品生产工艺中的一个重要环节，它不仅可以增强肉制品的保存期，提高防腐性，还可以改善和提高肉制品的风味，稳定肉色，提高保水性，总之，可以提高肉制品的质量和成品率，增加经济效益。

② 腌制料。肉制品加工中常用的腌制料包括食盐、硝酸盐与亚硝酸盐、糖类、发色助剂、酶类、增味剂等。腌制中产生的主要变化有：由蛋白质分解

产生组织的柔软化，生成肽、氨基酸等风味成分；由脂类分解生成脂肪酸、醛等风味成分；由糖类分解生成有机酸、乙醇等。通过腌制，组织风味等特征都由生肉转向了加工品，这其中的变化之一包括肉的发色。

肉所呈现的红色是肌肉中所含肌红蛋白所呈现的颜色，肌红蛋白如果和氧发生反应，就会变成鲜红色的氧合肌红蛋白，若再继续放置，肌红蛋白中的铁离子就会被氧化成三价，变成红褐色的高铁肌红蛋白。肉一经加热，就变成褐色，这是由于高铁肌红蛋白的生成引起的。以发色为目的，使用亚硝酸和硝酸盐类，颜色就变成明快的红色，并且可保持一段时间，这种情况通常称作颜色的固定，这时的颜色称为加热腌制肉色。

腌制合格的肉馅标准：肉馅组织是均匀的玫瑰红色，肉馅的温度≤4℃，肉馅组织具有较好的整体性和弹性。

（4）真空搅拌　搅拌肉馅在15℃以下的低温搅拌间内进行，搅拌前认真检查搅拌机内是否有杂物，并用42℃的清水将搅拌机冲洗干净。按下搅拌机的搅拌按钮，在不断搅拌肉馅的同时，均匀加入准确称量的应添加的辅料。搅拌合格的肉馅标准：加入的辅料均匀混合到肉馅中，肉馅组织状态呈均匀的黏稠状，肉馅的温度小于等于10℃。

（5）斩拌　在蒸煮香肠、预煮香肠、中式灌肠等乳化肠类加工中，斩拌起着极为重要的作用。通过斩拌机的斩拌，使原料肉馅产生黏着性。斩拌的同时，加入各种辅料进行混合，目的是使肉馅均匀混合或提高肉的黏着性。斩拌的好坏，直接决定制品的质量。因此，斩拌是灌肠品中不能忽视的，而许多生产者又不十分重视的问题。产品外表带有一层油脂，或者虽然都采用精瘦肉，而互相结合却不好的灌制品，其根源就是斩拌不佳所致。如果注意斩拌质量，不仅会使产品外表和肉质明显变化，而且还可以充分利用肥肉，降低成本，原料肉经过斩拌，结构改变使成品鲜嫩细腻，减少表面油脂，提高成品率。

（6）烘烤、烟熏、蒸煮、冷却

① 烘烤。烘烤的作用是使肉馅的水分再蒸发掉一部分，保证最佳成品的一定含水量，使肠衣干燥、缩水、紧贴肉馅，并和肉馅黏和在一起，增加牢度，防止或减少蒸煮时肠衣的破裂。另外，烘干的肠衣容易着色，且色调均匀。烘烤成熟的标志是肠衣表面干燥、光滑、变为粉红色，手摸无黏湿感觉。肠衣呈半透明状，且紧紧包裹肉馅，肉馅的红润色泽显露出来；肠衣表面特别是靠火焰近的一端不出现走油现象，若有油流出，表明火力过旺，时间过长或

烘烤过度。最佳烘烤温度为65~70℃。

烘烤时尽量要加一部分熏烟工序，因为烟中的有机酸可使肉蛋白质以及肠衣表面凝固，起到干燥、柔韧作用，增加肠衣的坚固性。一般可采用锯末生烟。产品推进烘烤间20min后，应将烤架调换位置，使其烘烤均匀，一般烘烤40min即可。经过烘烤后的灌制品成品，表面光亮，色泽好，可提高产品价值，也可提高产品风味浓度。

② 烟熏。烟熏的目的是使制品改善产品感官质量和可贮性，也即是产生能引起食欲的烟熏气味，酿成制品的独特风味，使外观产生特有的烟熏颜色，使肉组织的腌制颜色更加诱人，同时抑制不利微生物的生长，延长产品货架寿命。传统烟熏产品的主要目的是提高食品的保存性。

但是现在烟熏的目的已经发生很大的变化，随着具有保存性能的冷藏设施进入一般家庭，人们无须再过多考虑贮藏问题，更多地是注意选择色、香、味俱全的优质产品。烟熏的目的也逐渐从贮藏转变到增加制品风味和美观上来。为了达到烟熏的目的，在工艺上所考虑的重点有3个方面，即制品适度干燥，使制品内部产生某种化学变化和使烟中有效成分附着于制品上。

③ 蒸煮。肉制品的蒸煮加热目的在于使肉黏着、凝固，产生与生肉不同的硬度、齿感、弹力等物理性变化，固定制品形态，使制品可以切成片状；使制品产生特有的香味、风味；稳定肉色，消灭细菌，杀死微生物和寄生虫，同时提高制品保存性。

（7）真空包装　为了使制品和肠衣紧贴在一起，在密封室内使其完全排除空气，但当其恢复到正常大气条件下时，制品的容积就收缩了，使包装物的真空度变得比密封室内的真空度还低。

包装合格肠体标准：净含量范围准确，肠体在袋内摆放规则、紧凑、包装的真空度好，无漏气情况。

赵茉楠等对从自然发酵风干肠中分离的6株乳酸菌的发酵性能进行评价，主要包括测定菌株的生长曲线、产酸能力、对NaCl及$NaNO_2$的耐受能力，同时通过吲哚实验和抗生素敏感性测定对菌株的安全性进行初步评价。结果表明，6株乳酸菌生长趋势接近，均在8h左右进入生长稳定期，pH在0~8下降最快，清酒乳杆菌和发酵乳杆菌的产酸能力更强；所有菌株均可在6g/100mL NaCl和0.015g/100mL $NaNO_2$的条件下生长，植物乳杆菌和弯曲乳杆菌的NaCl耐受能力最优，清酒乳杆菌和发酵乳杆菌则对$NaNO_2$具有最强的耐受能力；吲哚实验中6株乳酸菌的反应结果均为阴性，对实验所选抗生素无耐药性，这说明6株乳酸菌具有较好的发酵性能和安全性，可作为功能性发酵剂用于发酵肉制品的生产。

潘晓倩等采用自然发酵传统腌腊肉制品中分离鉴定出的1株乳酸菌（植物乳杆菌10M-7）制成干粉发酵剂，将其应用于风干肠的生产加工中，以未添加发酵剂的自然发酵风干肠作为对照，研究乳酸菌发酵剂的添加对风干肠风味品质的影响。结果表明：实验组风干肠加工初期的pH迅速下降，且风干成熟后，其pH明显低于对照组；电子鼻分析结果表明，添加乳酸菌发酵剂的实验组风干肠的风味与对照组存在明显差异；气相色谱-质谱联用（GC-MS）分析结果表明，乳酸菌发酵剂的添加能够有效促进风干肠产品中醇类、酮类和酸类物质相对含量的提高，且实验组风干肠中检出的腌腊肉制品呈香特征物质种类较多，相对含量较高，如3-羟基-2-丁酮、乙酸乙酯、2-庚酮和2-壬酮。感官评价结果表明，添加乳酸菌发酵剂能够改善和提高风干肠的风味，产品的整体可接受性优于对照组。

2. 酸肉

酸肉是在四川、广西、湖南、贵州等地盛行的一种少数民族传统发酵肉制品，"吃不离酸"的俗语，道出了少数民族人民喜欢吃酸食的生活习性，可见酸食已经成为他们日常生活中不可缺少的一部分。这种酸肉制品是由于传统生活习惯的影响而形成的，这是因为大部分少数民族地区的人民世世代代居住在深山峻岭之中，很不容易吃上新鲜的肉和蔬菜。所以，为适应日常生活上的需要，便家家户户都设置酸坛，制作酸肉、酸鱼、酸菜及其他相通食物。

经传统工艺制作的酸肉可存放几年至数十年不坏，这可能是由于高盐浓度、乳酸菌发酵产酸和细菌素、香辛料和茶叶等辅料中含生物碱、茶多酚及黄酮类物质，以及严格的厌氧发酵环境等多重栅栏因子的综合作用所致。

（1）酸肉的加工工艺　传统酸肉做法简单，把猪肉（五花肉）切成不大不小的块，均匀抹上盐腌制，待盐融化后把肉取出，均匀地拌上糯米饭等辅料，加入一些香料和辣椒面，然后一层肉一层糟压实于陶瓷坛子中，盖严。这样做出来的肉色泽鲜红，皮面呈暗黄色，肉质鲜嫩，脂肪乳白，生嚼多汁，口感酸中带甜，并有一定的辣味，肥而不腻。

不同地区的生产工艺不同，如所加辅料种类及量不同、制作方法存在差异、环境气候差异等，所以不同地区生产的发酵酸肉口味各具特色。目前传统酸肉的生产工艺主要有以下三种。

①渝黔地区。当地居民一般在农历的冬至到春节这段时间开始制作酸肉。首先选取新鲜猪肉，切成大小适当的肉块，然后按照适当比例加入盐和已经炒至金黄色的粳米粉，揉制装坛，最顶层用芭蕉叶压实并密封。其最大的特点是水封发酵，放置1~2个月以后即可食用。

②湘西地区。当地居民一般采用木桶作为发酵容器进行发酵，首先将新鲜猪肉切成长条状，加入适量盐混匀，然后将肉置于发酵桶中发酵1~2d，再加入炒至金黄的大米粉拌匀，一层肉一层辅料均匀地铺满发酵桶，最后，将木桶加盖封严、发酵放置20d左右即可食用。

③广西地区。当地居民同样以新鲜猪肉为原料，切成适当大小的肉块，一层肉一层盐均匀装坛，发酵1~2d后，加入米粉及配料混匀，然后加入自制的特色10%糯米酒，密封发酵，2~3个月即可食用。另外，部分地区的侗族居民会在酸肉发酵过程中加入红曲米，以提高酸肉的食用安全性，增加酸肉的营养价值。因为红曲中含有莫纳克林和洛伐他丁，这两种成分会抑制胆固醇的合成，具有显著的降血脂效果；此外，红曲在发酵过程中会产生其他的活性物质，也可起到降血压的作用，同时会抑制有害微生物的生长。以上都是传统的发酵方法，现在已经开始对传统酸肉生产工艺进行改进了。目前，改进主要集中在对发酵过程中的菌种进行筛选、优化以及对产品理化和感官评价指标的制定等。

（2）乳酸菌在酸肉中的作用　传统酸肉发酵过程中，乳酸菌为优势菌，对酸肉风味物质的形成起主要作用。乳酸菌中的一些种属可以还原硝酸盐或亚硝酸盐，能降解蛋白质和脂肪产生的风味。例如，作为酸肉中的主要优势菌群的米酒乳杆菌，具有一定的蛋白酶和酯酶活性，并含有极其丰富的质粒依赖型细菌素，对改善发酵酸肉的风味，提高酸肉贮藏性能具有重要作用。

乳酸菌发酵糖类的主要产物——乳酸和少量醋酸赋予了肉制品一种酸味，发酵所产生的乳酸还使部分肌球蛋白变性，形成胶状组织，能提高制品硬度、弹性和切片性。异型发酵菌除产生乳酸外，还可产生其他风味物质。例如，片球菌是较弱的异型发酵乳酸菌，它产生的甲酮对风味有很大影响。许多乳酸菌也能产生多糖，进而影响产品的风味，微生物的生长和发酵产生了许多特殊风味化合物，改变了原料的部分化学组成，"腌肉"中微生物活性直接影响鲜肉的滋味和香味。在加工过程中微生物作用产生酸，增强了食品的可食用性。

此外，乳酸菌在酸肉生产加工方面具有重要作用，主要包括以下几点。

① 降低pH抑制腐败菌引起的酸败，改善制品的组织结构。乳酸菌利用碳水化合物发酵产生乳酸，使产品pH降低，抑制杂菌生长；同时，乳酸菌产生的抗菌物质——细菌素（如nisin）对沙门菌、金黄色葡萄球菌和肉毒状芽孢杆菌有抑制作用并可阻止其毒素的产生；而且pH的降低，可使部分肌肉蛋白质变性，形成胶状组织，增加肉块间的接着力，从而提高了产品的硬度和弹性。

② 促进酸肉发色。pH的降低促进了亚硝酸盐的分解，使NO_2^-分解为NO，NO与肌红蛋白结合生成稳定的亚硝基肌红蛋白，使产品呈亮红色。

③ 降低亚硝酸盐的残留量，减少亚硝胺量，提高酸肉安全性。亚硝酸盐残留降低进而减少了亚硝酸盐与二级胺反应形成的致癌物质——亚硝胺的含量。

④ 提高酸肉的营养价值，促进良好风味的形成。酸肉在发酵过程中，由于蛋白质的分解，提高了游离氨基酸的含量和蛋白质的消化率。同时，在发酵过程中形成了酸类、醇类、碳氢化合物、杂环化合物、游离氨基酸和核苷酸等风味物质，使酸肉的营养和风味都得到了改善。

（3）酸肉的安全性和控制　传统发酵酸肉已有2000多年的食用历史，无中毒现象的报道，一般认为食用酸肉是安全的。但传统酸肉有很多不足的地方，一是自然发酵，难免有杂菌生长；二是由于民间生产条件差异性和随机性很大，发酵条件难以控制，可能造成产品质量不稳定；三是食用高浓度的食盐对人体保健有害；四是生产周期相对较长。

传统酸肉制品可能存在的安全问题包括：一是金黄色葡萄球菌影响发酵肉制品的安全性，已经引起有关专家的关注，这主要是因为金黄色葡萄球菌与肉中其他种细菌相比，更能适应恶劣的环境下生长，防止金黄色葡萄球菌的产生是保证肉品质量的前提。二是肉毒梭状芽孢杆菌的产生，它是革兰阳性产芽孢细菌，也是专性厌氧菌，菌体产芽孢后耐热，一般煮沸1~6h才能将其杀死。肉毒梭状芽孢杆菌分布广、肉品腌渍加工时易污染肉品。传统酸肉制作环境为厌氧环境，肉毒梭状芽孢杆菌很容易繁殖，同时产生肉毒毒素。酸肉存放的时间较长，这更有利于肉毒梭状芽孢杆菌的繁殖。肉毒毒素毒性极强，人进食被它污染的食品在24h内可发生中毒，国内外均有食用腌腊肉品引起肉毒毒素中毒和死亡的报道。三是组胺的产生，组胺是由组氨酸经细菌的脱羧作用形成的。肉制品经长时间腌制，自然发酵中组胺的浓度较高，含量过高就会造成中毒。通过接种纯培养物来控制肉类发酵，可有效减少组胺毒素的产生，并能减少当肉制品暴露于自然微生物环境中成熟时组胺的形成量。有报告证实，市售的乳杆菌属和片球菌属的肉用纯培养物应用于肉制品加工中，可避免组胺和酪胺的产生。

　　传统发酵酸肉的制作工艺也会在一定程度上提高产品的安全性。传统发酵酸肉随着发酵时间的延长，蛋白质、脂肪等大分子物质发生了复杂的化学变化，厌氧环境抑制了好氧微生物的生长，高浓度的食盐抑制了非耐盐性微生物的生长繁殖，乳酸菌发酵产酸降低了pH，抑制了部分腐败微生物的产生，从而保证了酸肉的安全性。另外，传统酸肉发酵过程中不产生吲哚、硫化氢等有毒有害物质。经对发酵60d酸肉脂肪变质指标进行分析发现，酸价（AV）及过氧化值（POV）均低于灌肠制品、腊肉、咸肉的国际相应标准（以脂肪计），蛋白质腐败指标——挥发性盐基氮（TVBN）高于国家TVBN的一级鲜度指标值，但低于国家TVBN二级鲜度值，因此可安全食用。挥发性盐基氮的增加是由于乳酸菌和杂菌分解蛋白质产生了一些氨及胺类等碱性含氮物质的结果，但产品的TVBN含量属正常范围。同时，传统酸肉中未检出肉毒梭状芽孢杆菌，大肠菌群经发酵2d后低于4个对数单位，5d后低于1个对数单位。另外发现，在生产发酵酸肉时，添加某些物质能改善酸肉的安全性：添加葡萄糖内酯后酸肉中挥发性盐基氮和生物胺含量较低，显著提升了传统酸肉的品质和安全性。

　　（4）乳酸菌与酸肉及酸肉新工艺研究　姜亚等以新鲜五花肉为原料，研究以酸肉的挥发性盐基氮含量、酸价、过氧化值以及亚硝酸盐含量为评价指标，应用L9（34）正交试验优化酸肉的发酵工艺。结果表明糯米粉添加量、食盐添加量、发酵温度和发酵时间4种因素是影响酸肉安全性的主要因素，对酸肉的酸价、过氧化值以及亚硝酸盐含量的影响都极为显著。酸肉的最佳生产条件为：糯米粉添加量为25%、食盐添加量为6%、发酵温度35℃、发酵时间2个月。

　　陈曦等从贵州自然发酵的酸肉中分离出19株乳酸菌，选择在MRS培养基中培养24h的降亚硝酸盐能力最强的3株乳酸菌，经16SrDNA分子鉴定为植物乳杆菌CMRC3、戊糖片球菌CMRC7和植物乳杆菌CMRC19。在模拟肉类发酵的条件下，研究其降解、耐受亚硝酸盐和硝酸盐的能力。3株乳酸菌都具有较好的亚硝酸盐降解能力，发酵120h后分别降解了65.7%~86.3%的亚硝酸盐；然而它们的硝酸盐降解能力都不显著。CMRC7和CMRC19耐受亚硝酸盐的性能最强，最高活菌数分别为8.20lg（CFU/mL）和8.11lg（CFU/mL）；这3株菌都具有较好的硝酸盐耐受性，最高活菌数分别为8.21lg（CFU/mL），7.93lg（CFU/mL）和8.20lg（CFU/mL）。试验结果表明，从酸肉中筛选出的这3株乳酸菌都有较强的亚硝酸盐降解能力，同时也有较好的硝酸盐和亚硝酸盐耐受性能，可开发成肉类专用发酵剂。

谢垚垚等将侗族酸肉中筛选出来的弯曲乳杆菌SR6和戊糖片球菌SR4-2混合作为酸肉发酵剂，以感官评分和pH为评价指标，通过单因素试验和L9（34）正交试验确定并优化人工接种快速发酵酸肉的工艺参数。以自然发酵酸肉为对照，对采用本研究所得工艺条件加工酸肉的各品质指标进行了动态监测。结果表明：单因素试验和正交试验确定的酸肉最佳发酵工艺条件为食盐添加量8%、发酵剂接种量2.0%、糯米饭添加量45%、发酵温度15℃；在此条件下利用双菌株发酵所得酸肉的pH快速降低，游离氨基酸总量显著高于对照组（$P<0.05$），将酸肉发酵时间缩短为30d，可达到并优于传统发酵酸肉的酸肉品质，并提高了产品的营养性和安全性。

高熳熳等采用传统微生物分离方法对侗族传统发酵酸肉中的乳酸菌进行分离鉴定，并对其发酵特性和安全性进行了分析。结果表明，从发酵酸肉中分离得到了54株乳酸菌，按照肉用发酵剂的基本原则进行筛选后得到S26、S42、S53三株性能优良菌株，结合形态学、生理生化特征和16SrRNA序列分析后确定：S26为香肠乳杆菌（*Lactobacillus farciminis*），S42为植物乳杆菌（*Lactobacillus plantarum*），S53为乳酸片球菌（*Pediococcus acidilacticii*）。三株菌生长良好且产酸速度快，24h内可以将pH降到3.5左右。菌株对于氨基糖苷类、青霉素类、头孢类等大多数抗生素无耐药性，且无质粒和溶血现象。并且三株菌之间无拮抗作用，可将三株菌复配后用于肉类的发酵过程中。

3. 发酵火腿

中式火腿作为我国著名的传统腌腊制品，其是由原料腿肉经预处理、腌制、脱水、保藏成熟而成的，产品肉质细致紧密，色泽红白分明，滋味咸鲜可口，风味独特，虽肥瘦兼具，但食而不腻，便于携带和贮藏。因产地、加工方法和调味方式的不同，发酵火腿分为金华火腿、宣威火腿和如皋火腿等。

（1）金华火腿

① 金华火腿现代生产工艺流程。

原 料 腿 → 修坯 → 摊凉 → 腌制 → 洗腿 → 晾腿 → 发酵成熟 → 堆叠后熟 → 成品

② 金华火腿加工操作要点。

原料选择：原料是决定成品质量的重要因素、符合《鲜、冻猪肉及猪副产品　第1部分：片猪肉》（GB/T 9959.1—2019）和《食品安全国家标准　鲜（冻）畜、禽产品》（GB 2707—2016）的规定。金华地区猪的品种较多，其中两头乌最好。其特点是头小、脚细、瘦肉多、脂肪少、肉质细嫩、皮薄（皮厚约为0.2cm，一般猪为0.4cm），特别是后腿发达，腿心肉饱满。原料腿的选择：一般选质量为5~6.5kg/只的健康卫生鲜猪后腿（指修成火腿形状后的净重），皮厚小于3mm，皮下脂肪不超过3.5mm。要求选用屠宰时放血完全、不带毛、不吹气的健康猪后腿。

传统工艺生产中原料只能进行自然解冻，自然解冻的环境中温度、湿度没有控制，冻腿解冻过程中利于微生物生长繁殖，冰晶也易于破坏细胞膜，导致水分流失、解冻损耗增加、原料腿品质下降。为控制解冻过程中原料肉品质的变化、减少解冻损耗，可选择高湿常温节能解冻方法进行冻腿的解冻。该方法是在封闭解冻间内由电脑自动控制整个解冻过程的温度、湿度，使冻腿解冻。影响该解冻方法的主要因素是温度和湿度。为在肉汁流失最低的情况下解冻，整个解冻过程须处于高湿的环境中，所以应将相对湿度始终控制80%以上，经一定的温度控制进行解冻，当腿的中心温度达到0℃时解冻结束，再转到1~5℃下进行冷藏。应用此技术100条冻腿的平均解冻失重率仅为0%~0.3%，解冻耗时为26h。

修制腿坯：刮净皮面和脚路间的残毛及血污物，用小铁钩勾去小蹄壳和黑色蹄壳。把整理后的鲜腿斜放在肉案上，左手握住腿爪，右手持削骨刀，削平趾骨（俗称眉毛骨），削平髋骨（俗称龙眼骨），并不露股骨头（俗称不露眼）。从荐椎骨处下刀削去椎骨，劈开腰椎骨突出肌肉的部分，但不能劈得太深（俗称不塌鼻）。根据腿只大小、在腰椎骨1~1.5节处用刀将其斩落。把鲜腿腿爪向右、腿头向左平放在案上，把胫骨和股骨之间的皮割开，成半月形，开面后将油膜割去，操作时刀面紧贴皮肉，刀口向上，慢慢将其割去，禁止硬割。然后将鲜腿摆正，腿爪向外，腿头向内，右手拿刀，左手捋平后腿肉，割去腿边多余的皮肉，沿股动脉、静脉血管挤出残留的瘀血，最后使猪腿基本形成竹叶形。

腌制：修整腿坯后，即进入腌制过程。腌制是加工火腿的主要环节，也是决定火腿质量的重要过程。金华火腿腌制采用干腌堆叠法，就是使用上盐机多次把盐撒布在腿上，将腿堆叠在"醒床"上，使腌料慢慢渗透。总用盐量以每次10kg鲜净腿计算，控制在700~800g，应做到大腿不淡，小腿不咸。由于食盐溶解吸热，一般腿温要低于环境温度4~5℃，因此，腌制火腿的最适温度应是腿温不低于0℃，室温不高于8℃，腌制时间与腿的大小、脂肪层的厚薄等因素有关，一般腌制6次，约需30d。

洗腿：鲜腿腌制结束后，清洗腿面上油腻污物及盐渣，以保持腿的洁净，这有助于提高腿的色、香、味。把腿坯挂架，放置在洗腿机中间，用45℃温水的高压水枪进行冲洗。清洗后从挂架上拿下腿坯进行修整和整形。整形是在晾晒过程中将火腿逐渐校成一定的形状。将小腿骨校直，脚部弯曲，皮面压平，使腿心处肉质丰满，使火腿外形美观，而且使肌肉经排压后更加紧缩，有利于贮藏发酵。整形之后继续晾晒。

晾腿：整形后重新挂到架上，用22℃的热风将其吹干，放入温度10~15℃、相对湿度50%~70%的控温控湿库中进行晾挂60d。晾晒时间的长短根据季节、气温、风速、火腿大小、肥瘦、含盐量的不同而异。在冬季晾晒5~6d，在春季晾晒4~5d。晾晒时避免在强烈的日光下暴晒，以防脂肪熔化流油。晾挂期间，腿坯中的盐分继续由边上往中间进行平衡渗透，同时含水量进一步蒸发降低，一部分的发酵也开始进行。晾晒以肉质紧而红亮并开始出油为度。晾挂期间要进行充分的换气。此工艺结束，将腿坯挂架移入发酵间。

发酵：发酵阶段的温度、湿度控制是影响火腿风味物质形成的关键环节。发酵分三个阶段进行。第一阶段：提高控温控湿室的温度到22~24℃、相对湿度50%~70%，60d，控温控湿室每天控制温度±4℃波动一次。第二阶段：提高控温控湿室的温度到28~32℃、相对湿度50%~70%，30d，控温控湿室每天控制温度±5℃波动一次。第三阶段：控制控温控湿室的温度到22~26℃、相对湿度50%~70%，30d，控温控湿室每天控制温度±4℃波动一次。

下架堆叠：产品经过发酵，在常温下，下架堆叠。因本工艺生产的火腿含水量比传统金华火腿要高，所以堆叠的层数不宜太高，要勤管理，堆叠一般以6~8层为宜，每隔7d进行翻堆一次。翻堆时，要用食用油擦涂腿的表面，产品堆叠45d。

（2）宣威火腿　宣威火腿传统加工工艺主要包括鲜腿修割定形、上盐腌制、堆码翻压、洗晒整形、上挂风干、发酵管理六个环节。

①鲜腿修割定形　鲜腿毛料只重以7~15kg为宜，在通风较好的条件下，经10~12h冷凉后，根据腿的大小形状进行修割，9~15kg的修成琵琶形，7~9kg的修成柳叶形。修割时，先用刀刮去皮面残毛和污物，使皮面光洁；再修去附着在肌膜和骨盆的脂肪和结缔组织，除净血渍，再从左至右修去多余的脂肪和附着在肌肉上的碎肉，切割时做到刀路整齐，切面平滑，毛光血净。

②上盐腌制　将经冷凉并修割定形的鲜腿上盐腌制，用盐量为鲜腿质量的6.5%~7.5%，每隔2~3d上盐一次，一般分3~4次上盐，第一次上盐2.5%，第二次上盐3%，第三次上盐1.5%（以总盐量7%计）。腌制时，将腿肉面朝下、皮面朝上放置，均匀撒上一层盐，从蹄壳开始，逆毛孔向上，用力揉搓皮层，使皮层湿润或盐与水呈糊状，第一次上盐结束后，将腿堆码在便于翻动的地方，2~3d后，用同样的方法进行第二次上盐，堆码；间隔3d后进行第三次上盐、堆码。三次上盐堆码3d后反复查看，如有瘀血排出，用腿上余盐复搓（俗称赶盐），使肌肉变成板栗色，腌透的则将其瘀血排出。

③堆码翻压　将上盐后的腌腿置于干燥、冷凉的室内，室内温度保持在7~10℃相对湿度保持在62%~82%的环境中。堆码按大、中、小分别进行，大只堆6层，小只堆8~12层，每层10只。少量加工采用铁锅堆码，锅边、锅底放一层稻草或木棍作为隔层。堆码翻压要反复进行三次，每次间隔4~5d，总共堆码腌制12~15d。翻码时，要将底部的腿翻换到上部，上部的翻换到下部。上层腌腿脚杆压住下层腿部血筋处，排尽瘀血。

④洗晒整形　经堆码翻压的腌腿，如肌肉面、骨缝由鲜红色变成板栗色，瘀血排尽，可进行洗晒整形。浸泡洗晒时，将腌好的火腿放入清水中浸泡，浸泡时，肉面朝下，不得露出水面，浸泡时间由火腿的大小和气温高低而定，气温在10℃左右的情况下，浸泡时间约10h。浸泡时如发现火腿肌肉发暗，浸泡时间应酌情延长。如用流动水应缩短浸泡时间。浸泡结束后，即进行洗刷，洗刷时应顺着肌肉纤维排列方向进行，先洗脚爪，依次为皮面、肉面到腿下部。必要时，浸泡洗刷可进行两次，第二次浸泡时间视气温而定，若气温在10℃左右，可浸泡约4h，如在春季约2h。浸泡洗刷完毕后，把火腿晾晒到皮层微干肉面尚软时，开始整形，整形时将小腿校直，皮面压平，用手从腿面两侧挤压肌

肉，使腿心处丰满，整形后上挂在室外阳光下继续晾晒。晾晒的时间根据季节、气温、风速、腿的大小肥瘦来确定，一般以2~3d为宜。

⑤上挂风干　经洗晒整形后，火腿即可上挂，一般采用直径0.7m左右的结实干净绳子，结成猪蹄扣捆住庶骨部位，挂在仓库楼杆钉子上，成串上挂的大只挂上，小只挂下，或按大、中、小分类上挂，每串一般4~6只，上挂时应做到皮面、肉面方向一致，只与只间保持适当距离，挂与挂之间留有人行道，便于观察和控制发酵条件。

⑥发酵管理　上挂初期至清明节前，严防春风的侵入，以免造成腿肉的暴干开裂。注意适时开窗1~2h，保持室内通风干燥，应使火腿逐步风干。立夏节后，及时开关门窗，调节库房温度、湿度，让火腿充分发酵。如为楼层库房，必要时应楼上、楼下调换上挂管理，使火腿发酵鲜化一致。端午节后要适时开窗，保持火腿干燥结实，防止火腿回潮。发酵阶段室温应控制在月均13~16℃、相对湿度为72%~80%。日常管理工作中，应注意观察火腿的失水、风干和霉菌的生长情况，根据气候变化，通过开关门窗、生火升湿来控制库房温度、湿度，创造火腿发酵鲜化的最佳环境条件，火腿发酵基本成熟后（大腿一般要到中秋节），仍应加强日常发酵管理工作，直到火腿调出时，方能结束。

（3）如皋火腿

①加工工艺　新鲜猪后腿→ 原料腿选择 → 腿坯修整 → 腌制 → 浸腿 → 洗腿 → 整型 → 晒腿 → 发酵 → 落架分级、搓油 → 称重、包装 → 入库 → 销售 → 包装材料 → 验收 → 储存

②配方　每50kg腿坯用盐8.75kg，用亚硝酸钠15g，腌制分四次进行，第一次1.5kg、第二次3.5kg、第三次3kg、第四次0.75kg。

③工艺要点　如皋火腿的加工季节是从农历11月至来年2月。在腌制时间上又分两类：一类是农历11月至12月天气寒冷腌制的，称之"冬腿"，另一类是1月至2月到春天腌制的火腿称之"春腿"。

原料腿选择：选用经卫生检验合格的毛重在60~80kg的鲜胴体。屠宰后经冷却12h左右，取其后腿，鲜腿的规格标准是胴体肥膘在1.5~2.5cm，最多不超过3cm，鲜后腿每只重4~7kg，要皮薄脚细，腿心肌肉丰满，无病伤、无毛、肉质新鲜、无异味的后腿。

腿坯修整：将鲜腿刮净残毛，修净血污、杂物，去掉残留的脚壳，修成

"琵琶形"，修整鲜腿时要做到修整髋骨不"露眼"，斩平脊椎骨（留一节半），不"塌鼻"，不"脱臼"，开面要在股骨中间，将皮层划成半月形，不伤瘦肉，修去皮层脂肪和结缔组织，挤去血管中的瘀血，做到两毛两净，刀面光洁。

腌制。腌制工序是如皋火腿加工过程中的关键工序，也是决定火腿加工质量的重要过程，应根据不同温度、湿度，准确地控制腌制时间、加盐数量、翻倒次数等。为了在腌制时能充分把撒在表面的盐分渗透到肉里面去，腌制温度一般选择在0~40℃。

将修整好的鲜腿过磅后放在盐台上用盐擦皮，抹去腿内血管中的余血，再在腿尖（俗称油头）两边刀口处擦盐。前后用盐共4次，第一次用盐量不宜过多，每50kg腿坯用盐1.5kg，主要是拔出血水，称为上"小盐"。上盐后将其堆成肉堆，次日上盐时再挤血管余血，这次上盐较多，称为上"大盐"。每50kg腿坯上盐3.5kg，同时在三个骨节点（三签头）上点硝。当盐上好后即可堆成长方形的肉堆。每层腿坯上放竹片4根，距离相等，层层堆码，上下腿尖对正，左右齐整，最高可堆60层，一般可堆40~50层。3d后第三次用盐，每50kg腿坯上盐3kg。再过5d第四次用盐，每50kg腿坯上盐0.75kg。用盐后可以将其堆成散堆，如此堆放一星期再翻动一次，将腿坯面的盐擦匀，如有脱盐现象酌量补上，防止发生黄脂，到第34~40d就可洗晒。

浸腿：在水池中浸腿时，先将水放好，将腿逐只平放在水池中，腿皮不露出水面，浸腿时间，冬季一般为15h左右，春季保持8h左右，具体视气候、腿只大小、盐分使用量、水温高低而定。

洗腿：先用硬箕洗刷腿爪，再刷皮面，最后刷肉面，将腿上的油污、杂质刷洗干净，不能伤及皮肉，洗刷后刮去腿爪、腿皮上的残毛，将洗干净的腿再置于清水中浸泡一般时间，用上述方法再刷洗一次。

整形：将洗好的腿用绳子缚住挂在晒杆上，再一次刮去残毛和污物，并用手挤掉肉斜肌处的积水，晾干、风干水渍。当腿晒至略干缩时即开始整形，将脚爪插入腿凳固定孔中，把跗关节附近的韧带绞断。将腿骨扳直，脚爪扳弯，皮面掳平，腿头与脚对直，呈镰刀形，用橡皮圈将脚圈住，在脚爪上系上麻绳，两只系一扣。然后将两只腿一高一低重新挂于晒杆，用手揉拍腿心，捋平皮张。

晒腿：晒腿的时间一般为5~6d（晴天的情况下），晒干的腿在晒杆上用喷灯燎掉腿上的残毛。

发酵：半成品腿晒干后，逐只检查虫害，防止将虫害带入发酵间。从晒杠上取下干腿后将其送进发酵房进行发酵。发酵时间一般为5~6个月，在这期间，必须掌握天气变化，使仓库内通风透气（白天开窗，傍晚关窗），保持干燥，待半成品腿干透后，即可下架搽油（腿面上生满绿霉则表示内部已干）。如遇返潮天气，关闭窗户并且不得开门。清明节后，洗晒半成品腿，经发酵后，进行修骨。

落架分级：梅雨季节到来之前，在腿上涂抹少量食用油和面粉的混合物（面粉：油=3：2），主要是防止虫蛀，且使腿肉香味更浓。搽油后不得开关门窗，在夏季炎热的时候，温度达到33℃时晚上应开窗放凉，以免油脂蒸发。腿只挂至8~9月份，将腿从发酵架取下，再搽第二次油（不加面粉）。用刷子刷掉腿上的霉菌，按感观标准进行打签分级，按等级进行堆放，每堆不超过150~200只。堆叠的作用是因为火腿久挂，内部已相当干燥，油脂外溢，经过堆叠受压使油脂复回腿内，使肉面较嫩。最下面一层肉面朝上，第二层肉面朝下，一排顺码，一排横码。隔一月左右翻堆一次。

称重包装：十一月份火腿成熟，根据客户要求定量称重包装，规格为2.5kg、3kg、3.5kg、4kg、4.5kg。用配套外包装盒（透明盒与纸盒）包装入库。

入库销售：在库房中，包装好的火腿放在垫仓板上，销售前进行一次出厂检验。检验合格，方可出库。

（二）国外乳酸菌发酵肉制品加工工艺

国外的乳酸菌发酵肉制品主要包括发酵香肠和发酵火腿等。

1.发酵香肠

香肠、腊肠在英文中统称sausage，由拉丁语中的词语演化而来，原有的意思是盐。该字源自拉丁文的salsus（盐腌的意思）。文字记录香肠的出现是在公元前9~8世纪荷马的史诗作品中。其后，高卢人发明了和现在形状类似长圆筒形，但没有分节的香肠，古罗马人征服高卢人后便将这加工肉品及技术传到欧洲各地。当今，香肠成了欧美常见的主要肉品。

由于欧洲地中海地区气候温和、空气湿度较大，利于香肠的发酵和成熟，在这一地区制作出的香肠风味极佳，受到广泛欢迎。所以在这一地区，香肠逐渐由一种军粮转化为具有当地特色的传统风味食品，其生产工艺更加精细，形成了不同种类、风味的发酵香肠制品。

发酵香肠的加工大致经历了两个发展历史时期。在20世纪以前是以自然发酵为基础，利用传统发酵工艺生产的阶段；在20世纪前期，以人工加入发酵剂（即微生物纯培养物）为标志，发酵香肠的研制和生产开始利用现代发酵控制技术和生物技术手段进行，并在欧美开始兴起。后者在生产过程中，通过接种微生物发酵产酸，使产品的pH下降，进而有效地抑制病原微生物的生长。同时，微生物产生的脂酶、蛋白酶及过氧化氢酶，可以分解肉中的蛋白质，使之成为多肽和氨基酸，使人体较容易吸收；还可以把脂肪酸分解成为短链的挥发性脂肪酸和酯类物质，将发酵初期产生的过氧化物分解成小分子的酸、酮、醇类物质，赋予香肠制品独特的色泽和风味。随着食品冷藏工艺的出现及肉品加工技术的不断发展，在当今欧洲，发酵香肠的生产已经完成了从传统的自然发酵向微生物定向接种培育的工业化生产的转变；并且发酵香肠拥有广泛的消费市场，每年干发酵香肠的生产和消费量达70多万t，并呈现逐年增长的趋势。在许多欧洲国家，肉类工业中最重要和最活跃的经济活动之一就是生产发酵香肠，如法国、西班牙、意大利、德国以及匈牙利等。

发酵香肠有很多种，下面根据国家分类介绍一些香肠的配方。

（1）德国——下午茶香肠（Teewurst）　下午茶香肠是一种德国涂抹香肠。之所以称为下午茶香肠是因为德国人吃下午茶时，爱将这种香肠挤出涂抹在三明治上，由于内含30%~40%的脂肪，可以很轻松地将挤出的肉酱均匀地涂抹在面包上。香肠是由两份未加工的猪肉（有时是牛肉）及一份熏肉剁碎，用山毛榉木熏制后，将肉塞进肠衣中，然后放置7~10d使香肠成熟的。香肠大概在19世纪的波美拉尼亚Rugenwalde被发明（现波兰的Darlowo）。

每kg肉的组成和配料：牛肉200g、瘦猪肉300g、熏肉250g、猪背部脂肪250g、盐23g、乳化剂2.5g、0.3%右旋糖（葡萄糖）3.0g、白胡椒3.0g、多香果1.0g、黑朗姆酒5mL、发酵粉0.12g。

制作过程：①用3mm板把所有肉类研磨。重新冷冻并再研磨一次。可以就磨一次，然后放进食品搅拌器中不加水乳化。而这一步必须添加包括发酵粉的所有的配料。②所有配料混合在一起。③把混合好的肉灌进40mm的牛肥肠肠衣或人造纤维肠衣中，每20~25cm一节。④在低于18℃，相对湿度75%的房间中发酵48h。⑤用18℃冷烟烟熏12h。⑥在冰箱中保存。香肠风干和烟熏是一个连续的过程，先用薄烟烟熏1h，然后停1h，这样循环重复下去。

（2）土耳其——清真香肠（Sucuk） 土耳其清真香肠是土耳其等中东国家最流行的干发酵肉制品之一。由于这些国家大部分信仰伊斯兰教而不吃猪肉，所以改用牛肉和羊肉做香肠。土耳其食品法典（2000年）指出，发酵完成的优质清真香肠pH在5.2~5.4。

每kg肉的组成和配料：瘦牛肉700g、瘦羊肉/羊肉300g、盐28g、乳化剂2.5g、0.3%右旋糖（葡萄糖）3.0g、黑胡椒5.0g、辣椒5.0g、小茴香10.0g、大蒜10.0g、多香果2.0g、橄榄油（1%）10.0g、T-SPX发酵粉0.12g。

制作过程：①用5mm板把牛肉和羊肉研磨。混合所有的配料到绞肉中。②灌进38mm的肠衣中。③在20℃，相对湿度为90%~85%的房间中发酵72h。④在12~16℃，相对湿度为85%~80%的冷环境中风干1个月。⑤储存在10~15℃，相对湿度为75%的冷环境中。

注意：通常还会加入肉桂和丁香。原始的清真香肠采用羊尾脂肪混合（40%牛肉，40%羊肉，20%羊尾脂肪）。清真香肠是一种很精瘦的香肠。为避免感官质量差，往往用橄榄油替代（5%）牛肉脂肪。

（3）意大利——索伦托萨拉米（Salami Sorrento） （索伦托是意大利南部城镇）

每kg肉的组成和配料：瘦猪肉（臀部，火腿）600g、牛肉（颈肉）200g、猪脂肪辅料200g、盐28g、乳化剂2.5g、0.3%右旋糖（葡萄糖）3.0g、白胡椒面3.0g、白胡椒（整个）4.0g、大蒜2.0g、T-SPX发酵粉0.12g。

制作过程：①用5mm板研磨猪肉和背部脂肪。用3mm板研磨牛肉。②混合所有配料到绞肉中。③把混合好的肉灌进40~60mm肠衣中，每节长30.5cm。④在20℃，相对湿度90%~85%的房间发酵72h。⑤在16~12℃，相对湿度85%~80%的房间风干1个月。直到失去原来质量的30%~35%。⑥在10~15℃，相对湿度75%的冷环境中保存。

（4）意大利——米兰萨拉米（Salami Milano） 米兰，意大利的西北部大城。米兰萨拉米和热那亚萨拉米非常相似，不同的是它们的配料比例。一些经典的组合：50/30/20（此配方），40/40/20或40/30/30。米兰萨拉米的肉切得比热那亚萨拉米略碎和细。

每kg肉的组成和配料：瘦猪肉边角料（火腿，臀部）500g、牛肉（颈肉）300g、猪肉脂肪或脂肪辅料200g、盐28g、乳化剂2.5g、0.2%右旋糖（葡萄糖）2.0g、0.3%糖3.0g、白胡椒3.0g、大蒜粉1.0g或新鲜大蒜3.5g、T-SPX发酵粉0.12g。

制作过程：①用5mm板研磨猪肉和猪背脂肪。用3mm板研磨牛肉。②混合所有配料到绞肉中。③灌进80mm蛋白质肠衣（天然肠衣或者人造纤维肠衣）中。④在20℃，相对湿度90%~85%的房间发酵72h。⑤在16~12℃，相对湿度85%~80%的房间干燥2~3个月。直到质量减少30%~35%。⑥储存在10~15℃，相对湿度75%的冷环境中。如果在灌肠后的发酵过程中喷M-EK-4霉培养液有助白霉生成。

（5）意大利——热那亚萨拉米（Salami Genoa）　热那亚，意大利最大商港和重要工业中心。热那亚萨拉米和米兰萨拉米是非常相似的，不同之处是使用的配料比例不同。米兰萨拉米的肉切得比热那亚萨拉米略碎和细。

每kg肉的组成和配料：瘦猪肉边角料（火腿、臀部）400g、牛肉（颈肉）400g、猪肉脂肪或脂肪辅料200g、盐28g、乳化剂2.5g、0.2%右旋糖（葡萄糖）2.0g、0.3%糖3.0g、白胡椒3.0g、大蒜粉1.0g或新鲜大蒜3.5g、T-SPX发酵粉0.12g。

制作过程：①用10mm板研磨猪肉和猪背部脂肪。用3mm板研磨牛肉。②将所有配料与绞肉混合。③把完成的混合物灌进46~60mm的牛肥肠肠衣或人造纤维肠衣中，每一条长40.6~50.8cm。④在20℃，相对湿度为90%~85%的房间中发酵72h。⑤在16~12℃，相对湿度85%~80%的房间干燥2~3个月，到香肠质量减少30%~35%。⑥将香肠保存在10~15℃，相对湿度75%的冷环境中。

如果在灌肠后的发酵过程中喷M-EK-4霉培养液将有助白霉生成。

（6）意大利——Finocchiona萨拉米（Salami Finocchiona）　这是一个有趣的故事，在意大利普拉托镇附近的一间公寓里有一条新鲜腊肠被一个小偷偷走了，并把它藏在一个生着野茴香的田野中。过了几天当他把腊肠捡起来的时候，他发现腊肠散发出一种奇妙的茴香香气。

每kg肉的组成和配料：瘦猪肉边角料（臀部）400g、牛肉（颈肉）400g、猪肉背部脂肪或脂肪辅料200g、盐28g、乳化剂2.5g、0.2%右旋糖（葡萄糖）2.0g、白胡椒2.0g、黑胡椒4.0g、整个茴香籽（干）3.0g、大蒜2.0g、基安蒂红葡萄酒25mL、T-SPX发酵粉0.12g。

制作过程：①用5mm板研磨肉和脂肪。②将所有配料与绞肉混合。③灌进牛肥肠肠衣或口径46~60mm的人造纤维肠衣中。④在20℃，相对湿度为90%~85%的房间发酵72h。⑤在16~12℃，相对湿度85%~80%干燥30d左右。停止干燥直到香肠的质量减少30%~35%。⑥将香肠保存在10~15℃，相对湿度

75%的冷环境中。

（7）意大利——香肠（Cacciatore） 意大利的风干小香肠。"Cacciatore"在意大利语中的意思是"猎人"，意大利猎人进行长期的狩猎时把它带上作为零食。

每kg肉的组成和配料：瘦猪肉600g、瘦牛肉100g、背部脂肪300g、盐28g、乳化剂2.5g、0.3%右旋糖（葡萄糖）3.0g、胡椒3.0g、香菜2.0g、香芹籽2.0g、辣椒1.0g、大蒜粉1.5g、T-SPX发酵粉0.12g。

制作过程：①用5mm板研磨猪肉和背部脂肪。用3mm板研磨牛肉。②混合所有的配料到肉中。③紧紧地灌进口径为36~40mm的猪肠衣或牛拐头肠衣，每15cm一节。④在表面喷洒Bactoferm™M-EK-4霉菌培养液帮助白霉生成。⑤在20℃，相对湿度95%~90%的房间发酵72h。⑥在18~16℃，相对湿度90%~85%的房间干燥2d。⑦在16~12℃，相对湿度85%~80%的环境风干。⑧风干6~8周之后，体积应收缩30%。⑨储存在10~15℃，相对湿度75%的冷环境中。

（8）意大利——辣香肠（Pepperoni Dry）属慢发酵干香肠 传统的意大利辣香肠是一种烟熏风干香肠，有些时候还是熟的。辣香肠可以由牛肉或者猪肉制成，也可以是它们的混合物，例如30%的牛肉和70%的猪肉。辣香肠是一种脂肪含量少于30%的精瘦香肠。便宜、快速发酵（半干）和熟的这些特质让辣香肠比流行于世界各地的比萨更有风味。传统的意大利辣香肠不用烟熏。

每kg肉的组成和配料：猪肉700g、牛肉300g、盐28g、乳化剂2.5g、0.2%右旋糖（葡萄糖）2.0g、黑胡椒3.0g、辣椒6.0g、破裂茴香种子，（或茴香籽）2.5g、卡宴胡椒2.0g、T-SPX发酵粉0.12g。

制作过程：①用5mm板研磨猪肉和牛肉。②混合所有的配料到绞肉。③把混合肉灌进牛肥肠肠衣或口径5cm的人造纤维肠衣中。④在20℃，相对湿度90%~85%的房间发酵72h。⑤可选步骤：用冷烟（低于22℃）烟熏8h。⑥在16~12℃，相对湿度85%~80%的环境中风干6~8周，直到形状收缩至30%。⑦储存在10~15℃，相对湿度75%的冷环境中。

原来的意大利辣香肠是不烟熏的。

（9）意大利——辣香肠（Pepperoni Semi Dry）（快速发酵，半干）

每kg肉的组成和配料：猪肉700g、牛肉300g、盐23g、乳化剂2.5g、1.0%右旋糖（葡萄糖）10.0g、黑胡椒3.0g、辣椒6.0g、破裂茴香种子（或茴香籽）

2.5g、卡宴胡椒2.0g、F-LC发酵粉0.24g。

制作过程：①用5mm板研磨猪肉和牛肉。②混合所有的配料到绞肉中。③把肉灌进60mm的牛肥肠肠衣或人造纤维肠衣中。④在38℃，相对湿度90%~85%的房间发酵24h。⑤可选步骤：用43℃，相对湿度70%的温烟烟熏6个h。⑥逐步增加烟熏温度，直到香肠内部温度达到60℃。⑦进行干燥香肠：在22~16℃，相对湿度65%~75%的房间干燥2d，直至质量有所减少。⑧保存香肠在10~15℃，相对湿度75%的冷环境中。

（10）意大利——黎巴嫩波洛尼亚香肠（Lebanon Bologna）　波洛尼亚省，意大利行政区，黎巴嫩波洛尼亚香肠（含发酵粉）。

每kg肉的组成和配料：牛肉1000g、盐28g、乳化剂2.5g、0.3%右旋糖（葡萄糖）3.0g、胡椒3.0g、多香果2.0g。

制作过程：①用3~5mm板研磨牛肉。②混合包括发酵粉的所有配料到碎牛肉中。③把混合好的肉灌进40~120mm肠衣中。通常都是天然牛肥肠肠衣、防水塑料肠衣或人造纤维肠衣。把两头接口绑紧并用棍子挂起或者用屠夫钳吊起来，因为这是一个又大又重的香肠。④在24℃，相对湿度90%~85%房间中发酵72h。⑤用温度低于22℃，相对湿度85%的冷烟烟熏2d。⑥在16~12℃，相对湿度85%~80%的房间干燥。⑦储存在10~15℃，相对湿度低于75%的冷环境中。

最终的pH在4.6左右，水分活度在0.93~0.96，这是一种潮湿的香肠，但由于有很低的pH，所以不易变质。这种香肠经常会在4~6℃的冷环境中多放3d以增加口感。

如果不想冷藏，那么可以用43℃的热烟烟熏2~3h，然后开始再烟熏3~4h并且把温度慢慢升高到49℃。

传统的黎巴嫩波洛尼亚香肠是生的。而现在为了达到越来越严格的大肠杆菌O157∶H7规定，大多数厂家都对这种香肠进行热加工处理。

（11）波兰——波兰萨拉米（Salami Polish）　很多国家都有自己风格的萨拉米，波兰也是。

每kg肉的组成和配料：盐28g、乳化剂2.5g、0.3%右旋糖（葡萄糖）3.0g、胡椒3.0g、瘦猪肉400g、瘦牛肉300g、背部脂肪300g、肉豆蔻2.0g。

制作过程：①用5mm板研磨猪肉和猪背脂肪。用3mm板研磨牛肉。②混合绞肉和所有配料。③把完成好的配料混合物灌进牛肥肠肠衣或口径7.6cm的人造纤维肠衣中。④在20℃，相对湿度90%~85%的房间发酵72h。⑤用低于22℃的冷烟烟熏12h。⑥在16~12℃，相对湿度85%~80%的房间发酵6~8周，而体积将会收缩30%左右。⑦储存在10~15℃，相对湿度75%的冷环境中。

（12）匈牙利——匈牙利萨拉米（Salami Hungarian） 匈牙利萨拉米是一种独特的有白霉的烟熏香肠。在传统的工艺步骤里是不允许使用发酵粉和糖的。香肠应该不存在任何酸度。以下的配方含有糖但是很少，因为要在发酵的第一阶段保持在一个安全范围。

每kg肉的组成和配料：瘦猪肉800g、背部脂肪200g、盐28g、乳化剂2.5g、0.2%右旋糖（葡萄糖）2.0g、白胡椒3.0g、辣椒6.0g、大蒜粉2.0g或新鲜大蒜7.0g、蛤蚧酒（匈牙利甜葡萄酒）15mL、T-SPX发酵粉0.12g。

制作过程：①用5mm板研磨猪肉和背部脂肪。②混合所有配料到绞肉中。③灌进牛肥肠肠衣或口径7.6cm的人造纤维肠衣中。④在20℃，相对湿度90%~85%的房间发酵72h。⑤用冷烟（低于22℃）烟熏4d。在发酵期间，就可以开始烟熏了。⑥在16~12℃，相对湿度85%~80%的房间中干燥2~3个月。⑦储存在10~15℃，相对湿度75%的冷环境中。

（13）奥地利——Kantwurst香肠 Kantwurst香肠是一种原始的奥地利干香肠，有非常独特的方形形状。

每kg肉的组成和配料：瘦猪肉800g、背部脂肪200g、盐28g、乳化剂2.5g、0.3%右旋糖（葡萄糖）3.0g、胡椒3.0g、香菜2.0g、香芹籽2.0g、大蒜粉1.5g、T-SPX发酵粉0.12g。

制作过程：①用5mm板研磨猪肉和背部脂肪。②混合所有配料到肉中。③松散（容量的80%）地灌进口径70mm的肠衣中。灌满香肠后用两块板夹着香肠，并用一些重物压平香肠顶部。然后转移到房间中发酵。④在20℃，相对湿度95%~90%的房间发酵96h。⑤取出板块并擦去黏在板上的汁液。⑥在室温下干燥直到香肠表面摸起来是干的。把方形的香肠用烟枝挂起。⑦用冷烟（20℃）烟熏几个小时，以防止霉菌生长。⑧在20~18℃，相对湿度90%~85%的房间干燥2d，并不时进行烟熏。⑨在16~12℃，相对湿度85%~80%的冷环境中风干8周左右，而香肠的外形会收缩30%。⑩储存在10~15℃，相对湿度低于75%的冷环境中。

如果是做半干类型的香肠，那么要增加1%葡萄糖，并且要求在24℃的温度发酵48h。

（14）西班牙——西班牙香肠（Chorizo） 西班牙香肠是一种由乳化猪肉制成的干香肠，直到食用前都要保持风干状态。猪肉碎中混入辣椒粉、红辣椒和大蒜等调味料。

每kg肉的组成和配料：瘦猪肉，火腿或臀部（小于20%的脂肪）1000g、胡椒6.0g、西班牙熏红辣椒20g、牛至2.0g、大蒜粉2.0g、T-SPX发酵粉0.12g。

制作过程：①用3mm板研磨猪肉。②将所有配料与绞肉混合。③灌进32~36mm的猪肠衣中，每15cm一节。④在20℃，相对湿度为90%~85%的房间发酵72h。⑤在16~12℃，相对湿度为85%~80%的房间风干2个月。⑥储存在10~15℃，相对湿度75%的冷环境中。

可以用7g（2粒）新鲜大蒜可取代大蒜粉末。

西班牙香肠类型：

Riojano香肠——猪肉，盐，热辣椒粉，甜辣椒粉，大蒜。

Castellano香肠——猪肉、盐、热辣椒粉、甜辣椒粉、大蒜、牛至。

Cantipalos香肠——猪肉、盐、辣椒粉、大蒜、牛至。

纳瓦罗香肠——猪肉、盐、甜辣椒粉、大蒜。

Salmantino香肠——瘦肉、盐、辣椒粉、大蒜、牛至。

乌兰香肠——猪肉、盐、黑胡椒、辣椒粉、丁香、大蒜、干白葡萄酒。

Calendario香肠——猪肉、牛肉、盐、胡椒、大蒜、牛至。

（15）传统萨拉米（Salami Traditional）

每kg肉的组成和配料：瘦猪肉切块800g、猪肉脂肪或脂肪辅料200g、盐28g、乳化剂2.5g、0.15%糖1.5g、胡椒2.0g、辣椒1.5g、大蒜粉1.0g。

制作过程：把瘦肉切成10cm的颗粒，放在一个底部略微凸起的有孔的容器中滴水。然后放在1~2℃的冰箱中冷冻24h。最后用18mm板研磨并放进1~2℃的冰箱2~3d。冷冻研磨的这个步骤要进行1~2次。而在这期间的空闲时间①把脂肪放在-4℃的冰箱中2~3d，然后切成3mm的小颗粒；②把瘦肉、脂肪、盐、硝酸盐和调料混合，用3mm板再研磨一次；③为了有更好的品质，把研磨了的肉放在2~4℃的冰箱中36~48h；④把混合好肉牢牢的灌进肠衣中，过程中不要加水，用针挑破可见的气泡；⑤挂在2~4℃，相对湿度85%~90%的房间中干燥2~4d；⑥用薄薄的16~18℃的冷烟烟熏5~7d，使到香肠表面变成暗红色；⑦挂在温度为10~12℃，相对湿度90%通风良好黑房间2个星期，直到萨拉米表面出现白色的霉。如果萨拉米表面出现的霉是绿色的和湿润的，那么必须用沾过温盐水的布去拭擦，之后挂在干燥的地方4~5h，再移回原来的房间继续发酵；⑧把表面覆盖着白霉的萨拉米存放在12~16℃，相对湿度为75%~85%通风黑暗的冷环境中2~3个月，直到食用。

（16）诺拉萨拉米（Salami Nola） 这种萨拉米是轻熏的，这就是为什么它不同于其他意大利萨拉米。并且它的口感更粗，形状也较短。

每kg肉的组成和配料：瘦猪肉（臀部，火腿）500g、猪脂肪辅料（臀部）500g、盐28g、乳化剂2.5g、0.2%右旋糖（葡萄糖）2.0g、黑胡椒4.0g、红辣椒2.0g、多香果2.0g、T-SPX发酵粉0.12g。

制作过程：①用10mm板研磨猪肉。②混合所有配料到绞肉中。③灌进60mm牛肥肠肠衣或人造纤维肠衣中，每20cm一节。④在20℃，相对湿度90%~85%的房间发酵72h。⑤用低于20℃的冷烟烟熏几个小时。⑥在16~12℃，相对湿度85%~80%的房间干燥1个月。直到减少30%~35%质量。⑦储存在10~15℃，相对湿度75%的冷环境中。

（17）阿尔勒萨拉米（Salami Arles） 在这个萨拉米配方中没有使用香料，味道完全取决于配料和良好的制作规范。请确保牛肉已被切好，而且没有筋、脆骨或脂肪。用同样的方法处理猪脂肪辅料，有一些脂肪是可以接受，但不能有筋和质量差下脚料。

每kg肉的组成和配料：猪脂肪辅料（臀部）400g、牛肉（颈肉）300g、瘦猪肉（臀部，火腿）300g、盐28g、乳化剂2.5g、0.2%右旋糖（葡萄糖）2.0g、T-SPX发酵粉0.12g。

制作过程：①用10~12mm板研磨猪肉和背部脂肪。用10mm板研磨牛肉并重新冷冻，再用3mm板再次研磨。②混合所有配料和绞肉。③把混合好的肉灌进60~70mm牛肥肠肠衣或人造纤维肠衣中。④在20℃，相对湿度90%~85%的房间中发酵72h。⑤在16~12℃，相对湿度85%~80%的房间干燥2~3个月。直到香肠质量减少30%~35%时停止干燥。⑥储存在10~15℃，相对湿度75%的冷环境中。

如果需要可以喷M-EK-4霉培养液加快白霉生成。

（18）犹太萨拉米（Kosher Salami）

每kg肉的组成和配料：牛肉（颈肉）750g、牛腩脂肪250g、盐28g、乳化剂2.5g、白胡椒4.0g、0.2%右旋糖（葡萄糖）2.0g、辣椒2.0g、Manischewitz甜葡萄酒15mL、T-SPX发酵粉0.12g。

制作过程：①用5mm板研磨肉。②混合所有配料到绞肉中。③灌进牛肥肠肠衣或口径7.6cm的人造纤维肠衣中。④在20℃，相对湿度90%~85%的房间发酵72h。⑤用低于22℃的冷烟雾烟熏4d。可以在发酵的最后一天开始烟熏。⑥在16~12℃，相对湿度85%~80%的房间干燥2~3个月。⑦储存在10~15℃，相对湿度75%的冷环境中。

2. 发酵火腿

在古代没有冰箱等保存食物的良好方法前，将新鲜食物以盐腌制并脱水，是防止食物腐烂的最佳加工方法。火腿是人类最古老的肉食之一，世界各地均有食用火腿的历史，当今某些以特殊方法制造的火腿更已成为高级食品。火腿一直是欧洲人节庆时不可或缺的高级食材之一，在罗马帝国时期只有皇帝可食用。

中文的火腿泛指制作方式，指的是用盐腌渍后风干熟成的猪腿，因为使用硝酸盐等可帮助防止病菌滋生，而硝酸盐、亚硝酸盐类会跟肉中的血红素紧密结合保持血红素的颜色，因此称为火腿；若没有经过这样的处理程序，即使材质是猪腿，我们也不会称之为火腿。但是无论是英语、意大利语还是西班牙语中的火腿皆是指用猪后腿上方到臀部部位的肉，而非指制作方法，这也是欧美国家火腿与香肠最大的不同处。

以处理方式作区分，欧洲和美国的火腿可分为三类：新鲜火腿：未经任何处理的新鲜火腿，必须煮过才能吃。腌制类火腿：切下后有经过一段时间的盐水腌渍处理或自然风干处理的火腿，这类火腿带有玫瑰粉色且切下后就能直接食用。烟熏类火腿：这类火腿除了有腌渍或风干处理，还多加了一道烟熏步骤。

腌制类和烟熏类火腿制作方式可再分为：生火腿和熟火腿。生火腿也就是我们常说的发酵火腿。不经任何烹煮与加热过程，把整只带骨猪后腿以盐腌制后，直接吊挂风干熟成的火腿，腌制过程中一来可让腌料渗入肉中达到调味防腐作用，二来则是预先脱水过程。腌制一段时间后清洗干净，然后在适当环境中长时间熟成，熟成时间越久，火腿风味则越丰富隽永，有的也会经过烟熏，如美国的维吉尼亚火腿。生火腿最重要的产地在欧洲，一般公认意大利的帕尔玛火腿与西班牙的伊比利亚火腿最知名，但在其他国家也有知名的生火腿，如美国的维吉尼亚火腿，中国的金华火腿、宣威火腿等。

生火腿制作程序复杂，从猪品种、饲养方式及生长日期、手工盐渍到至少200d以上的低温风干熟成等每道环节皆有严格规定，产地多在森林或草原，一来空气清新、干燥，适合长期腌渍，二来猪放养生长，长得较好。生火腿的色泽近亮深红，咸味适中，切成薄片会展现出近透明的色泽，可直接食用，也可入菜。滋味通常咸香鲜明，会比熟火腿干一点，但好的生火腿入口即化。

（1）帕尔玛火腿　主产于意大利北部帕尔玛（Parma）省的莫拉扎诺镇，这一带聚集了帕尔玛200多家火腿厂，火腿年总产量约900万只，主要销往欧盟各国。一些厂家通过对传统工艺的改进，可实现整个过程全自动化控制。品质良好的帕尔玛火腿腿心饱满，腰峰长，皮色黄亮，肉色酱紫，火腿断面红白分明，瘦肉肉质紧密，呈胭脂红、玫瑰红或桃红色，色泽鲜艳，脂肪为玉白色或微红色，质坚实，深层无哈喇味。已变质的帕尔玛火腿一般有以下五种气味：芝麻味，气味似炒过的芝麻；酸味；酱味，气味似豆瓣酱，哈喇味，因肥膘脂肪氧化或保管不当、长久堆叠不翻堆所造成的；臭味，有一种近似氨水的气味。

① 工艺流程

原料猪选择及屠宰 → 冷却 → 修割 → 上盐腌制 → 放置 → 清洗和烘干 → 涂猪油 → 成熟和陈化 → 检验、做标记

② 操作要点

原料猪选择及屠宰：帕尔玛生产者认为较瘦的肉不能做出较好的火腿。用于生产帕尔玛火腿的猪必须是被批准的5个品种的猪，必须喂养1年以上，质量达到160~200kg且最后必须在波河平原地区饲养4个月以上，用规定的粮食和乳清作为饲料。较理想的猪应有坚实、发达的肌肉，肌肉含水量较低。肉中水分和酸的含量对火腿的质量影响特别大。水分过多促进盐分的吸收，会使盐的含量增高，阻碍火腿的发酵过程。肉中酸的含量可在屠宰时控制。通过对去小腿的猪腿进行严格的pH检验、称重、量尺寸，选择pH在5.9~6.1时10kg左右的鲜腿，肥原稍厚的大腿较好。

将符合要求的鲜腿大致修整成鸡大腿的形状，修去边缘多余的皮和肥膘，这一步可采用机械化操作。再经有经验的人对修整后的火腿进行检查、整形。合格后，印上生产日期和"PP"字样，放在空架车上运往冷藏室。室内温度控制在0~2℃，在室内至少存放12h。存放的目的是使火腿内部的温度一致，保证产品质量的稳定。

冷却及修割：新鲜的猪后腿被放入冷却间（0~3℃）冷却24h，直到猪腿的温度达到0℃，这时猪肉变硬，便于修整，用于生产帕尔玛火腿的猪后腿不能冷冻贮藏，宜放置在1~4℃条件下的钢制或塑料制作的架子上24~36h，在这一时间内按后腿质量完成分类和修割。需修割成鸡腿的形状，修割环境温度需控制在1~4℃，修割时要去掉一些脂肪和猪皮，为后面的上盐腌制做好准备。修割损失的脂肪和肌肉量大约是总质量的24%，在操作过程中，如果发现一些不完美的地方则必须将其切除。

上盐腌制：在冷藏室内存放规定的时间后，用按摩机把腿中残留的血液和瘀血挤压出来，防止引起肉制品的腐败，影响肉制品的风味。挤完血后开始上盐腌制。腌制时使用海盐，盐的颗粒要适中，太大盐不易渗入，太小盐易溶化，该操作可先由机器完成后再经工作人员在关键部位（股骨血管部位）补盐。将上好盐后的原料通过传送带送入腌制间进行第一次腌制。该室内可进行自动控温控湿，使温度恒定在1~4℃、相对湿度在73%~84%。

一周后进行第二次上盐。在传送带上用刷子先将第一道残留的盐清理掉，然后再重新按摩、上盐，送入腌制间进行第二次腌制。此过程大约需2周。整个腌制过程大约需要3周的时间，材料质量下降2%~4%。在腌制期间，盐的渗入量是最重要的。通过调节室内的温度和湿度来控制盐的渗入量，过高的湿度可导致渗入盐的量过大，影响火腿的风味；过低的湿度使渗入的盐少，可能导致火腿腐败。

放置：除掉猪后腿表面上多余的盐分，将其吊挂到冷藏间（1~4℃）里存放60~90d，分两个阶段控制湿度，第一段时间为14d，相对湿度为50%~60%；余下时间为第二阶段，相对湿度调整为70%~90%。在放置阶段需要进行"呼吸"，不能太湿也不能太干，目的是防止干燥过快而使后腿肉形成表面层，防止形成后腿肉组织的空隙。

清洗和烘干：放置阶段结束后，后腿要用温水（38℃以上）进行清洗，目的是去除盐渍形成的条纹，或微生物繁殖所分泌的黏液痕迹，去除盐粒和杂质，洗涤后的后腿需放入干燥室内逐步烘干，前期为12d，热流空气温度为20℃，后期为6d，温度逐渐降至15℃，或利用周围环境的自然条件，选择晴朗干燥有风的天气进行风干，其目的是防止后腿膨胀和酶活力不可控制地增长。

涂猪油：在暴露出的肉面上抹柔软的肥油（含猪板油、淀粉和黑胡椒等），以防止火腿内水分的过度散失，并能使火腿变得柔软滋润，同时能起到防蝇和美观的效果。抹油时，注意在瘦肉和肥肉之间留1cm左右宽的边缘不抹油。这样火腿内的水分只能从这个边缘散失，更利于水分的均匀分布。

成熟和陈化：发酵成熟这个时期历时10个月左右，温度控制在15~18℃，相对湿度控制在71%~84%。该阶段火腿内部发生了复杂的酶和化学反应，大分子的肉蛋白和脂肪降解成简单的小分子物质，使火腿易于消化吸收，提高了营养价值，帕尔玛火腿的特殊结构和风味即就此逐渐形成。肉的颜色也由腌制、干燥期的暗褐色慢慢地变为玫瑰红色。火腿质量的好坏主要取决于这最后几个月。

检验、做标记：当陈化过程结束后，后腿质量会减少25%~27%，最高可达31%。理化测试部位取脱脂的股二头肌，火腿成品水分活度为0.88~0.89，水分含量低于63.5%、盐分含量小于6.7%，蛋白质水解指数小于13%，感官检验以嗅觉为主，经检验合格的火腿，用火打上印记，作为企业的识别标记。

（2）伊比利亚火腿　西班牙的伊比利亚火腿是用猪的后腿经腌制、干燥和发酵成熟等加工步骤制作而成的一种干腌肉制品，是国际著名的发酵火腿。伊比利亚火腿的制作工艺和品质特点与金华火腿相似，据传是由马可波罗将金华火腿的生产技术带回西欧而发展起来的。

①工艺流程

原料猪选择及屠宰 → 冷却 → 上盐腌制 → 清洗和烘干 → 涂猪油 →
发酵 → 检验 → 成品

②生产工艺

原料选择：伊比利亚火腿采用黑猪猪腿做原料，一般以重12kg左右的为宜。

冷却：在0~4℃快速冷却48h，使原料腿冷却至2℃。

上盐腌制：将原料腿挤血后，堆叠入不锈钢桶上盐，温度控制在2~5℃，以2℃/2h在2~5℃循环变化1周，目的是热胀冷缩，以利于盐的渗入，再上盐，重复操作1周。有的工厂只上一次盐，总上盐量为3.5%。

清洗和烘干：腌制好后，清洗，压模，挂架于3~5℃下，干腌9周后修腿，然后干燥，干燥温度为22~25℃，共4周。

发酵：在22~24℃下发酵，发酵开始时，需要在火腿上抹猪油或其他添加剂（或通过浸渍上油），目的是防止其氧化，发酵时间为18~20个月，结束前3周升温到28℃。

成品检验：发酵结束后经插签检验后即为成品。产品最终含盐量约为2.5%。

参考文献

［1］陈卫.乳酸菌科学与技术[M].北京：科学出版社，2020.

［2］陈曦，周彤，许随根，等.贵州酸肉中具有高亚硝酸盐降解和耐受能力乳酸菌的筛选与鉴定[J].中国食品学报，2018，18（02）：256-264.

［3］樊明涛.发酵食品工艺学[M].北京：科学出版社，2019.

［4］高熳熳，焦新雅，张志胜，等.侗族传统发酵酸肉中乳酸菌的筛选、发酵特性及安全性分析[J].食品工业科技，2020，41（12）：94-99，105.

［5］葛长荣.肉与肉制品工艺学[M].北京：中国轻工业出版社，2007.

［6］郭兴华.乳酸细菌现代研究实验技术[M].北京：科学出版社，2019.

［7］贺国华.发酵香肠的研究进展[J].科技创新与应用，2017（24）：180-181.

［8］姜亚，姚波，张胜男，等.多指标优化酸肉发酵工艺[J].食品科技，2014，39（06）：138-140.

［9］李轻舟，王红育.发酵肉制品研究现状及展望[J].食品科学，2011，32（03）：247-251.

［10］刘素纯.发酵食品工艺学[M].北京：化学工业出版社，2019.

［11］龙强，聂乾忠，刘成国.发酵肉制品功能性发酵剂研究现状[J].食品科学，2016，37（17）：263-269.

［12］孟祥晨.乳酸菌食品加工技术[M].北京：科学出版社，2019.

［13］潘晓倩，成晓瑜，张顺亮，等.乳酸菌发酵剂对风干肠风味品质的影响[J].肉类研究，2017，31（12）：50-55.

［14］卫飞，赵海伊，余文书.酸肉的营养价值及安全性研究[J].粮食科技与经济，2011，36（04）：54-56.

［15］吴万里，丁玉珍.金华火腿加工新技术研究[J].现代农业科技，2017（13）：237-238.

［16］谢垚垚，杨萍，吴展望，等.乳酸菌混合快速发酵低盐型酸肉的工艺优化[J].肉类研究，2018，32（02）：34-41.

［17］张春晖.发酵肉制品加工技术[M].北京：中国农业出版社，2014.

［18］赵茉楠，韩齐，俞龙浩，等.发酵风干肠中乳酸菌的发酵性能[J].肉类研究，2018，32（09）：13-17.

第七章

乳酸菌在
传统调味品中的应用

传统酿造调味品是我国饮食文化的重要组成部分，其生产历史悠久，源远流长。酱油、醋、腐乳、酱等是人们日常生活中经常使用的调味品，它们不仅具有改善色香味的作用，还有一定的营养保健作用，其特有的风味和品质是由多种微生物较长时间的共同作用形成的。在发酵生产过程中，除了主导发酵菌株以外，乳酸菌是酿造过程中常见的微生物，并对产品的风味和品质起着很大的作用。

一、乳酸菌在食醋生产中的应用

（一）概述

1. 食醋的定义

酿造食醋是指单独或混合使用各种含有淀粉、糖的物料或酒精，经微生物发酵酿制而成的液体调味品。

2. 食醋的分类

《食品安全国家标准　食醋》（GB 2719—2018）规定按发酵工艺分为两类：固态发酵食醋和液态发酵食醋。按生产方法可分为酿造醋和人工合成醋。

（1）固态发酵食醋　以粮食及其副产品为原料，采用固态醋醅发酵酿制而成的食醋。

（2）液态发酵食醋　以粮食、糖类、果类或酒精为原料，采用液态醋醅发酵酿制而成的食醋。

（3）酿造醋　是以粮食、糖、乙醇为原料，通过微生物发酵酿造而成。

（4）人工合成醋　是以食用醋酸，添加水、酸味剂、调味料，香辛料、食用色素勾兑而成。

3. 发展历史

食醋是中国传统的调味品，关于醋制作的记载距今已有3000多年。在公元前1058年周公所著的《周礼》中就有记载。南北朝时，醋被视为奢侈品。但到了唐宋年间，醋进入寻常百姓家，直至魏时期，大农学家贾思勰在《齐民要术》中详尽叙述了20余种制醋技术。明清时，酿醋技术进入高峰。由于我国地大物博、南北气候不同，再加上各地消费习惯和口味差别，造就了现今各种富有地方特色的食醋，比较有名的醋有山西老陈醋、镇江香醋、浙江玫瑰醋、福建红曲米醋、保宁醋等。

除了我国各个地区的特色食醋之外，由于原料与工艺的不同，世界各国生产的食醋也各不相同，例如，西班牙的雪梨醋、日本的黑醋与马铃薯醋、意大利的白酒醋、德图啤酒醋、美国的蒸馏醋、法国的香槟醋、英国的大麦醋等都各具特色。

随着人们生活水平的提高还有对食醋品质更高的要求，在不断更新生产工艺技术和生产设备的条件下，逐渐推动食醋酿造技术向着规模、机械化方向发展。从20世纪90年代开始，人们对醋的保健功能进行了深入研究，由此产生各种水果醋、蒜汁醋、蜂蜜醋等保健醋，深受消费者的喜爱。

（二）食醋的研究现状

食醋作为我国传统酿造食品之一，距今已有上千年的历史，食醋不仅是餐桌上的调味佳品，同时也是很多人日常饮用的健康食品。随着现代分析技术的发展，人们对传统酿造食醋的成分分析越来越细致。以大米、糯米、高粱和水果等为原料酿造的食醋中含有乳酸、醋酸、柠檬酸、苹果酸、氨基酸类、脂类、糖类、醛类、多酚类、黄酮类等风味物质和健康营养物质，食醋中丰富的有机酸是食醋特有风味来源的主体。而乳酸是食醋中醋酸外含量第二高的有机酸，同时也是中和醋酸尖酸刺激风味的最重要呈味成分。正常发酵的醋醅中都有乳酸菌，它是调和食醋终产品风味的重要组成部分。传统食醋酿造所用的糖化剂一般为大曲，大曲是曲霉、醋酸菌、酵母、乳酸菌的聚集体。醋发酵中酒精发酵过程也有乳酸菌的参与。酒精发酵一般会经历前期敞口发酵和后期密封发酵阶段。多种微生物的共同发酵，丰富了食醋的风味。曲霉将大分子淀粉、蛋白质等分解为小分子还原性糖及氨基酸；酵母则利用葡萄糖生成酒精及其他醇类；乳酸菌在此过程中既能利用乳糖生成乳酸，又能把蛋白质分解为小分子肽和氨基酸，增加食醋的酸味柔和度和鲜香味。

国内对山西老陈醋和镇江香醋的酿造过程中微生物菌落分析表明，乳酸菌自然存在于固态发酵醋醅，是食醋在酿造的酒精的发酵阶段占优势的菌种。乳酸菌发酵主要产生一系列非挥发性酸，同时产生的醇酯，都可改善食醋的风味。乳酸菌是一种益生菌，具有重要的生理功能。添加乳酸菌酿造的食醋，更富有营养，风味更丰富，有利于人体健康。国内研究人员将乳酸菌添加到浙江玫瑰香醋中，明显提高了不挥发酸含量，改善了玫瑰香醋的风味。独流老醋中有效成分复杂，有机酸种类繁多，乳酸含量很高，其发酵过程中含有大量的乳酸菌。

目前，食醋多采用液体深层发酵方式生产，风味较固态发酵食醋单一，不够柔和。为了改善液态发酵食醋的风味，黄仲华在液态酒精发酵阶段加入乳酸菌和酵母进行混合发酵，并将发酵罐容量由200L逐级扩大至2000L，再至13000L进行试验研究，结果表明①在酒精发酵过程中采用乳酸菌与酵母混合发酵，酒精产量与单一菌种发酵并无差异；②德氏乳杆菌、保加利亚乳杆菌、植物乳杆菌及沪酿T104乳酸菌均可作为改善食醋风味的靶向菌种被加入发酵体系中；③与单用酵母发酵相比，采用乳酸菌、酵母混合发酵，食醋产品中不挥发酸含量会增加，而挥发酸含量会相对减少，嗅闻时酸味刺激显著减少，口味也明显改善；④经检测，食醋中的氨基酸态氮、还原糖含量也更高。

（三）乳酸菌在食醋发酵中的作用

在食醋酿造的过程中，乳酸菌通过不同发酵类型，能产生乳酸、丁酸、醋酸等多种有机酸，提高食醋中有机酸含量；同时还可产生少量酮类物质和酯类物质，能赋予食醋清香宜人的香味。此外，一些乳酸菌在代谢过程中会合成乳酸链球菌素，具有防腐杀菌的作用，能够防止发酵过程受到其他杂菌污染；其中一些具有特殊代谢产物的乳酸菌还会给食醋带来一些功能保健因子。

1.乳酸菌在食醋发酵中的增香作用

不同地区的食醋因酿造工艺、原料、地理环境等的不同，其风味物质的组成及含量也存在较大差异。在这些风味物质中，起主要作用的是有机酸和由有机酸与醇结合生成的酯类物质。食醋中的有机酸可分为挥发性酸和不挥发性酸两大类。甲酸、醋酸、丙酸、丁酸、戊酸和辛酸等低于8个C原子的有机一元酸都属于挥发性酸，其中醋酸含量最高。食醋中的乳酸、柠檬酸、琥珀酸、葡萄糖酸、丙酮酸、苹果酸、焦谷氨酸、酒石酸、延胡索酸等含有羟基、羰基或双羧基的有机酸都属于不挥发性酸，不挥发性酸中乳酸含量最高。挥发性酸是食醋香气成分的来源，不挥发性酸是食醋滋味成分的物质基础，而乳酸是酿造食醋不挥发性酸的主要成分，是决定食醋绵酸的主要味道来源。不挥发性酸含量越高，酸味刺激性越小，口感越柔和。在高品质食醋有机酸中，醋酸含量最高，它是食醋中的主要酸性物质，占总酸的75%以上；乳酸占总酸的15%以上。通过在食醋发酵环节靶向调节乳酸菌的方式，可以提高食醋中乳酸的含量。

2.乳酸菌在酒精发酵过程中的作用

在食醋酿造的酒精发酵阶段，适量的乳酸会促进酵母的生长，当有机酸含量小于2.3g/100mL（以乳酸计）时，酵母酒精发酵正常，与酒精发酵自然pH相当；当不挥发性酸含量大于2.3g/100mL、小于3.0g/100mL时，菌落长势较差，对发酵所得酒精的最终度数有一定影响。同时，不同种类的有机酸对酵母发酵的影响程度也不相同。因此，在酒精发酵阶段，通过添加一定数量的产酸菌种、控制产酸和酒精发酵的条件，完全可以实现产酸菌与酵母共酵。

在酒精发酵阶段控制发酵温度，使最高发酵温度不超过35℃，以乳酸菌产生的乳酸抑制酒醅中产酸细菌的繁殖，可防止酒醅酸败，使酒精发酵处于转化的最佳条件，从而达到提高淀粉转化率和适度提高酒醅中乳酸含量的目的。

3.乳酸菌在醋酸发酵过程中的作用

醋醅的上层因与空气接触面积较大，适宜醋酸菌、黑曲霉生长，而兼性厌氧的乳酸菌生长受到抑制，因此，上层醋酸生成多，翻缸时酸味刺激大；而在醋酸发酵缸的底部，由于醋醅所在位置较深，溶氧较少，对醋酸菌生长不利，适宜乳酸菌的富集和生长代谢，因此，在这种微氧或缺氧的环境下容易生成大量乳酸。翻缸时人们也会发现，越翻到底层，酸味越柔和。

随着发酵的进行，醋醅温度会超过40℃，此时，醋酸菌生长代谢速度最快，以醋酸为主的发酵产物也快速富集起来。当醋醅温度为45℃时，达到了某些芽孢杆菌的最适生长代谢温度，其他有机酸代谢产物也开始生成。翻醅时给醋醅通入新鲜空气，品温会有所下降，醋酸菌又会进入新一轮生长代谢过程。通过每日两次的翻醅，醋酸菌和一些芽孢杆菌在融氧前后交替作用，为醋酸和各种不挥发性酸的生成创造了有利条件。在醋酸发酵缸底部，乳酸菌始终在微氧的环境下发挥作用，利用醋醅中残余的葡萄糖产生乳酸。整个醋酸的发酵过程主要是醋酸菌、黑曲霉和芽孢杆菌的交替作用以及乳酸菌的微氧发酵，因而控制好这几种产酸菌的生长、发酵，可以明显提高乳酸及其他不挥发性酸的含量。

4.乳酸菌在食醋中的防腐作用

在酒精发酵阶段，利用乳酸菌繁殖发酵产生的微酸环境，给酵母提供了适宜的生长和发酵环境。控制发酵温度，使最高发酵温度不超过35℃，以乳酸菌产生的乳酸可抑制酒醪中产酸细菌的繁殖，可以有效防止酒醪的酸败。

多数乳酸菌在代谢过程中会合成细菌素，统称为乳酸链球菌素。研究表明，乳酸链球菌素具有以下特点①是一种具有生物活性的蛋白质；②具有特定的作用位点；③对亲缘关系较近的细菌种属具有抑菌活性；④具有一定的杀菌作用；⑤产乳酸链球菌素的菌株自身具有免疫力。在醋酸发酵的后期，在醋醪中接种高产乳酸链球菌素的乳酸乳球菌，通过添加合适的营养液提高其代谢速度，可以加快目标产物的生成，使食醋具有天然的防腐作用。

5.乳酸菌在食醋中的增效作用

从酸菜中筛选得到1株高产γ-氨基丁酸（GABA）的乳酸菌，并对其生长以及生产γ-氨基丁酸的培养条件进行优化，得到乳酸菌最适生长与生产γ-氨基丁酸的条件。在醋酸发酵后期添加耐久肠球菌，通过补充营养液的方法，可使这种菌在醋酸发酵后期及陈醋阶段发酵产生目标产物γ-氨基丁酸。为了进一步提高食醋中γ-氨基丁酸的含量，将筛选到的乳酸菌添加到醋酸发酵的醋醪中，通过不同菌种的分段发酵、分层发酵，以及调节乳酸菌的接种量、醋醪发酵的厚度、翻醪的间隔时间等，选择合适的调控条件，实现醋醪中γ-氨基丁酸的富集，能够提升食醋的保健功能。

（四）乳酸菌在食醋酿造中的应用前景

乳酸菌贯穿食醋发酵过程始终，不仅对食醋风味柔和度起很大作用，还在一定程度上起到抑制杂菌污染的作用。人们对绿色天然无添加食品越来越重视。食醋作为人们日常生活必不可少的调味品，各大食醋生产企业的技术研发也逐渐向无添加靠近。乳酸菌作为食醋酿造中的一种既能产生不挥发性酸乳酸，又能产生抑菌因子乳酸链球菌素的多功能微生物，已经引起了食醋研发领域专业人士的关注，成为目前食醋酿造无添加领域的研究热点。

目前，食醋生产技术发展同时面临着机遇与挑战。一方面是现代经济飞速发展，人们生活水平同以前相比，大大地提高了，因此，对食醋的需求有了显著的增加，所以，人们迫切需求食醋生产技术快速进步。同时，现代科学技术为食醋生产技术的发展构建了技术平台、提供了必要条件，食醋生产技术的发展迎来了千载难逢的良好机遇。而另一方面，我国目前食醋生产技术相对落后、产业化水平较低、经济效益不高、科研投入不高。这就需要通过政府、企业和科研单位的各方面合作，在科研人员的刻苦攻关下，将现代科学技术的研究成果与传统的食醋工业结合，从而使食醋生产技术提升到一个崭新的高度，把我国从酿醋古国、酿醋大国变为制醋工业强国。

二、乳酸菌在酱油生产中的应用

（一）概述

1. 定义

酱油是以大豆或脱脂大豆、小麦或小麦粉为原料，经微生物发酵制成的具有色、香、味的液体调味品，酱油含有大豆多肽、大豆异黄酮、类黑精、大豆皂甘等生理活性物质，酱油是人们生活中不可缺少的调味品，在烹调时加入一定量的酱油可增加食物的香味，调整色泽、增加鲜味、促进食欲。

2. 酱油的分类

（1）按酱油用途或颜色分类　根据酱油着色力不同，用途存在差异，酱油可分为生抽和老抽。

① 生抽酱油是以大豆、面粉为主要原料，通过人工接入种曲，经天然露晒，发酵而成的。其产品色泽红润，滋味鲜美协调，风味独特。生抽味道较淡，故一般用于炒菜或者拌凉菜，起调味的作用。

② 老抽酱油是在生抽酱油的基础上，把榨制的酱油再晒制2~3个月，经沉淀过滤而成的，其产品质量比生抽酱油更加浓郁，老抽中大多加入焦糖色，颜

色较深，味道较咸，一般用来给食品着色。

（2）按发酵工艺分类　主要有高盐稀态发酵酱油和低盐固态发酵酱油。

① 高盐稀态发酵酱油。是以大豆或脱脂大豆、小麦粉为原料，经蒸煮、曲霉菌制曲后盐水混合成稀醪，再经发酵制成的酱油。高盐稀态发酵酱油色较浅，呈红褐色或浅红褐色，高盐稀态酱油香味浓郁，具有酱香和酯香香气。

② 低盐固态发酵酱油。是以脱脂大豆及麦麸为原料，经蒸煮、曲霉菌制曲后盐水混合与成固态酱醪，再经发酵制成的酱油。低盐固态酱油颜色较深，呈深红褐色或棕褐色，低盐固态发酵酱油酱香香气突出，酯香香气不明显。

3. 酱油的发展历史

酱油起源于中国，最初是从酱、豉衍变而来的。我国早在周朝时就有了酱的生产记载，所用原料为大豆，称为豆酱，酱油则是由豆酱演变而来的。中国历史上最早使用"酱油"名称的是宋朝。公元755年后，酱油生产技术随鉴真大师传至日本。随着我国侨民移居世界各地，也将酱油的生产和食用方法传播到全世界，使其成为当今全世界深受欢迎的调味品。从酱油出现到20世纪30年代，约三千年的生产历史中，我国酱油生产工艺几乎没有改进，一直沿用传统的天然晒露酿造方法，即常压蒸煮原料，自然接种制曲，高盐低温长时间日晒，夜露发酵，再压榨提取酱油。

1958年，低盐固态发酵工艺迅速推广至全国各地。此后，广东等地普遍采用加压蒸料。到了20世纪60年代末期，酱油生产工艺出现了两个重大改革，一是将传统的浅盘制曲改为厚层机械通风制曲；二是上海酿造一厂研制成功旋转式加压蒸煮锅。进入20世纪80年代后，生物化学工程、酶工程和细胞工程、遗传工程以及自动化技术在发酵工业的应用方面加快了酱油生产工艺改革的步伐。

（二）酱油的研究现状

酱油，是中国人餐桌上不可或缺的调味品之一。在经过了三千多年的中国酱油文化历史的演变之后，中国的酱油市场亦潮起潮落，随着中西文化的融合，形成了一个小酱油、大市场的竞争格局。酱油是一种美味的东方调味品，其消费正在从东方走向西方。在近半个世纪中，酱油的国际化取得了相当的进展。世界上越来越多的人们开始使用酱油调味，过去远离酱油的欧美人，现在也开始用酱油做饭了，在融合料理盛行的今天，酱油正逐步担当起基础调味料的角色。

酱油作为人们日常生活中必不可少的调味品，其营养丰富，含有多种氨基酸、有机化合物和矿物质，它还含有B族维生素及异黄酮。不仅可用于增加菜肴色泽，其营养保健功能也被越来越多的消费者所重视。研究表明，酱油中富含多种氨基酸，其中含谷氨酸较多，具有味精的鲜味，而且酱油含有维生素以及钙、铁、钠等多种微量元素。美国、日本的专家研究证明，酱油具有抗癌作用，其主要作用物质是酱油中的一种呋喃酮，另外又有人发现酱油中的异黄酮类物质有预防前列腺癌的功能。酱油对人体具有十分有益的营养保健作用，主要能增进食欲，降低血压，具有杀菌、抗氧化、抗肿瘤等作用。随着科学技术的不断发展和深入，酱油的功能性已逐渐被人们了解。

酱油酿造是以来自大豆和小麦的植物蛋白及碳水化合物为主要原料，多种微生物及酶系相互作用的过程。酱油酿造过程中主要的微生物有曲霉、酵母、细菌等，其中，曲霉的作用主要是在制曲培养阶段可产生大量的蛋白酶、淀粉酶等酱油发酵必不可少的酶系；酵母、细菌则是酱油香气和风味形成不可缺少的菌群。其中乳酸菌是酱油发酵体系中的主要细菌，在发酵期间，耐盐性乳酸菌可代谢产生乳酸、醋酸等种类丰富的有机酸，从而使整个发酵体系的pH开始下降；当发酵体系的pH下降到适宜酵母生长繁殖的时候，耐盐酵母便开始大量的生长繁殖，产生以醇类为主的各种小分子物质，赋予酱油特有的醇味，同时大量的醇类和部分有机酸发生酯化反应后生成的酯类等风味物质赋予了酱油特有的酱香、豉香和酯香。所以，乳酸菌和酵母是酱油的香气和风味形成的必需菌株，其中，乳酸菌更是酱油特色香气的前提菌株。

（三）乳酸菌在酱油发酵中的作用

在酱油自然发酵过程中，乳酸菌是促进其风味物质形成的重要微生物，其作用主要表现在如下几个方面。一是生成乳酸等小分子有机酸，进而与酵母产生的醇类生成酯类呈香物质，增加酱油的香气。二是产酸使酱体的pH降低为4.8~5.2，抑制了有害微生物如大肠杆菌、枯草芽孢杆菌等的生长。三是为耐盐酵母，如鲁氏酵母和假丝酵母的生长提供了适宜的弱酸性环境，进而诱发醇类发酵。四是抑制酱体着色，保持酱油色泽鲜艳、红亮。

1.酱油生产中重要的乳酸菌

酱油中赋予酱油良好风味的乳酸菌主要是嗜盐四联球菌，这种菌最早分离于日本地区一种传统的发酵鱼沙司中。罗立新等从采用传统露天酿造工艺的中国酱油发酵酱醪中分离筛选出了嗜盐乳酸球菌，并对其进行形态、生理生化特性研究及16SrDNA序列分析，在此基础上初步确定其为嗜盐四联球菌。上海市酿造科学研究所从搜集的四川泡菜中分离、筛选出8株产乳酸5%以上的乳酸菌，并选择其中的沪酿108植物乳杆菌应用于酱油发酵过程中，发现其与沪酿214酵母在发酵后期有协同作用，所得酱油能和老法天然酱油相媲美。

2.酱油生产中乳酸菌的添加途径

在酱油生产过程中添加乳酸菌，进行多菌种发酵，能够改善和提高酱油风味。乳酸菌添加的途径，归纳起来有利用混合曲；利用糖液培养耐盐产酯酵母和乳酸菌，最后将其配入低盐固态发酵的酱油内，以提高其香味；在发酵后期温度降到35℃左右时，把耐盐酵母和乳酸菌均匀地接入酱醪中，继续发酵。以上途径都取得了程度不一的增香效果。

（四）乳酸菌在酱油生产中的应用前景

酱油是应用最广泛、最普通的调味品，因此，酱油行业既非夕阳产业也非朝阳产业，而是一种常青产业，市场需求量相对稳定。目前，国内酱油市场整体还有进一步的增长空间，所以，随着人民生活水平的提高，酱油的销量还会进一步增加。传统工艺受历史条件的限制，到今天有很多方面已经不能适应现代大工业的生产了，因此，改进传统生产工艺，克服其产品风味差的缺陷，提高产品质量，适应中高档未来市场的需求势在必行。

三、乳酸菌在豆酱生产中的应用

（一）概述

1.定义

豆酱是以大豆和面粉为主要原料，以米曲霉为主要微生物，经过发酵而制成的半流动态的发酵食品，豆酱又称黄豆酱、大豆酱、黄酱，我国北方地区称大酱。其色泽为红褐色或棕褐色，有光泽，有明显的酱香和酯香，咸淡适口，呈黏稠适度的半流动状态。

2. 发展历史

中国是世界上最早发明酱的制作方法的国家。我国制酱技术的起源可以追溯到公元前千余年，其生产历史比酱油久远，酱油最先是豆酱的汁液，所以酱类生产工艺和设备与酱油的基本相同，一般的酱油厂均附设有酱类生产线。豆酱与酱油相似，都保持着自己独有的色香、味、体，是一类深受我国各地人民欢迎的传统发酵调味品。

（二）豆酱的研究现状

豆酱酿造分为制曲、发酵和后熟3个相互独立又密切关联的阶段。不同类群的微生物分别在不同阶段处于优势地位，对豆酱品质产生不同的影响。在制曲阶段，细菌和霉菌数量较大，但是只有少数乳酸菌可在曲块上生存。在发酵阶段需按适当比例添加一定的NaCl（12%左右）进行稀醪发酵。霉菌在高盐缺氧的条件下停止生长，不耐盐杂菌也大量减少。乳酸菌在该阶段逐渐占据优势并开始发挥作用，一些主要风味物质开始逐渐积累。后熟是风味物质形成的关键阶段，时间较长。乳酸等代谢物积累产生的弱酸性环境可促进酵母增殖并生成醇类物质。多数乳酸菌此时生长受到抑制，但如果乳酸片球菌（*P. acidilactici*）、植物乳杆菌（*L. plantarum*）和食果糖乳杆菌（*L. fructivorans*）等耐酸性较强的细菌继续旺盛生长可能对酱的风味造成不利影响。

Onda等在日本山梨县产味噌中分离到101株嗜盐四联球菌，在非嗜盐乳酸菌中坚强肠球菌（*E. durans*）246株、屎肠球菌（*E. feacium*）179株、粪肠球菌（*E. faecalis*）54株、戊糖片球菌（*P. pentosus*）65株、乳酸片球菌40株、植物乳杆菌39株、混淆魏斯氏菌（*Weissella confusa*）9株。嗜盐四联球菌从发酵初期的10^3CFU/g逐渐增殖到10^6CFU/g。非嗜盐乳酸菌的变化较复杂：它们在发酵的第1周适度上升，达到一个峰值后急剧下降，然后从第4周到第6周又迅速增加，二次达到峰值后又逐渐减少。梁恒宇在国内研究中也曾发现类似规律。豆酱中非嗜盐乳酸菌这种变化意味着至少两种乳酸菌优势位置的演替。Onda等在味噌中分离到乳酸乳球菌（*Lactococcus lactis*）GM005，该菌株产生约2.4ku的细菌素能抑制枯草芽孢杆菌（*Bacillus subtilis*）、乳酸片球菌和食果糖乳杆菌等可能对产品品质造成不利影响的细菌，而不抑制嗜盐四联球菌。豆酱中广泛分布着可以产细菌素的乳酸菌（如屎肠球菌和坚强肠球菌），但乳球菌十分罕见。日本学者还从味噌中分离出一株高产γ-氨基丁酸（GABA）的凝乳酶乳杆菌（*L. rennini*）。

在韩国传统豆酱中除嗜盐四联球菌外，肠膜明串珠菌（*Leuconostoc mesenteroides*）和清酒乳杆菌（*L. sakei*）也在一些产品中占优势。Yoon等还从清蒻酱中分离到安全的益生性屎肠球菌。

我国近年来也有科研人员在豆酱中分离到一些乳酸菌。梁恒宇在黑龙江省不同地区产黄豆酱中发现嗜盐四联球菌是优势种，非嗜盐乳酸菌为粪肠球菌、坚强肠球菌、屎肠球菌、鸟肠球菌（*E. avium*）、食果糖乳杆菌、植物乳杆菌、戊糖乳杆菌（*L. pentosus*）、牛粪乳杆菌（*L. vaccinostercus*）、德氏乳杆菌德氏亚种（*L. delbrueckii* subsp. *delbrueckii*）、丘状乳杆菌（*L. collinoides*）和戊糖片球菌；赵建新等也分离到植物乳杆菌和发酵乳杆菌；贡汉坤在自酿豆酱中分离出嗜盐四联球菌和德氏乳杆菌；高秀芝等利用PCR-DGGE法在山东产豆酱中发现乳酸乳球菌、明串珠菌为优势种，而且存在魏斯氏菌属的近缘种；陈浩等利用构建16SrRNA基因文库的方法对2份豆酱样品进行分析，发现优势乳酸菌为食窦魏斯氏菌（*W. cibaria*）、混淆魏斯氏菌、类肠膜魏斯氏菌（*W. paramesenteroides*）和嗜盐四联球菌。

四、乳酸菌在腐乳生产中的应用

（一）概述

1. 定义

腐乳是以大豆为主要原料，经过加工磨浆、制坯、培菌、发酵而制成的调味、佐餐制品。腐乳因地而异称为豆腐乳、南乳、猫乳。腐乳是一种两次加工的发酵豆制品，也是我国的传统酿造调味品。腐乳风味独特，滋味鲜美，组织细腻柔滑，同时富含植物蛋白质、脂肪及碳水化合物等多种营养素及风味物质，深受广大消费者喜爱，已成为人民日常生活中不可或缺的美食。

2.分类

豆腐乳由于形状大小不一及其配料不同，品种名称繁多。分类方法如下所述。

（1）按加工工艺分　按照我国原国内贸易部制定的标准《腐乳》（SB/T 10170—2007），腐乳按加工工艺分为红腐乳、白腐乳、青腐乳、酱腐乳4种。

（2）按有无霉菌发酵分　根据发酵腐乳是否有霉菌微生物参与前发酵而分为发酵型和腌制型两大类，发酵型是先经过霉菌发酵阶段后再腌制进行后发酵，发酵型腐乳又可分为纯种接种型和天然接种型两种，腌制型主要是豆腐不经过霉菌前发酵阶段而直接腌制进入后发酵。

（3）按腐乳发酵菌种不同分　依据腐乳发酵菌的菌种不同，分为毛霉型、根霉型和细菌型。

3.发展历史

腐乳至今已有一千多年的历史了，为我国特有的发酵制品之一。早在公元五世纪，北魏时期的古书上就有"干豆腐加盐成熟后为腐乳"之说。明代有详细记载发霉腐乳制作法的文献，当时腐乳已经传入朝鲜，品种主要是辣腐乳。清代李化楠的《醒园录》中已经详细地记述了豆腐乳的制法。明代我国已大量加工腐乳，著名的绍兴腐乳在四百多年前的明朝嘉靖年间就已经远销东南亚各国，声誉仅次于绍兴酒。1910年获"南洋劝业会"展览金质奖章；1915年，在美国举办的"巴拿马太平洋万国博览会"上又获得奖状。18世纪，腐乳制作技术漂洋过海，传到日本及东南亚各国。而今腐乳为具备现代化工艺的发酵食品。我国腐乳已出口到东南亚、日本和美国、欧洲等国家和地区。

（二）腐乳的研究现状

很多品牌的腐乳中都能发现很高数量的嗜盐四联球菌和耐盐乳酸菌。虽然在有些白腐乳上含10^6 CFU/g的乳酸菌，但并未造成腐败。有些腐乳中耐盐乳酸菌主要是弯曲乳杆菌（*L. curvatus*）和干酪乳杆菌（*L. casei*）。Shi等对比不同后熟阶段自酿腐乳和商品腐乳中菌相发现，前者含有69.6%的肠球菌，而后者仅含6.7%的坚强肠球菌。鲁绯等从青方腐乳中分离到植物乳杆菌和短小奇异菌（*Atopobium parvulum*）。邹家兴等对广东省某厂生产腐乳中检测到混淆魏斯氏菌、马肠链球菌（*Streptococcus equinus*）、牛链球菌（*S. bovis*）和屎肠球菌。徐寅等对8个地区青方腐乳进行分析发现优势乳酸菌包括乳杆菌、乳球菌和肠球菌，其中2株耐酸性最强的菌株经鉴定为植物乳杆菌和屎肠球菌。王夫杰等从白方腐乳中分离到了鼠李糖乳杆菌（*L. rhamnosus*）和清酒乳杆菌，从青方腐乳中分到植物乳杆菌、干酪乳杆菌、鼠李糖乳杆菌和清酒乳杆菌。

乳酸菌在低盐和高盐腐乳中的生长态势不同。Han等研究发现，在盐含量为8%和11%的红腐乳和白腐乳酿造过程中，乳酸菌从10^5 CFU/g和10^6 CFU/g分别降到10 CFU/g和10^2 CFU/g。然而，在盐和乙醇都为5%的红乳腐和白腐乳中，乳酸菌数在后熟的前30d中持续增加并维持在10^9 CFU/g，这说明5%的盐含量不足以抑制乳酸菌的生长。

五、乳酸菌在豆豉生产中的应用

（一）概述

1.定义

豆豉是一种将泡透的黄豆或黑豆蒸（煮）熟后加15%~18%的NaCl发酵制成的食品。豆豉含有丰富的蛋白质、脂肪和碳水化合物，且含有人体所需的多种氨基酸、矿物质和维生素等营养物质。此外，豆豉还以其特有的香气使人增加食欲，促进吸收。

2.分类

按发酵剂不同分为毛霉型、曲霉型和细菌型。日本的纳豆和印度尼西亚的天培都起源于豆豉。

豆豉是我国传统的发酵豆制品。关于豆豉最早的记载见于汉代。古人不仅把豆豉用于调味，而且还入药，在汉书、史记和本草纲目等文献中都有相关记载。经过几千年来的不断发展和提高，豆豉已成为独具特色，广受欢迎的调味佳品，并流传到了海外。据记载，豆豉的生产，最早是由江西泰和县流传开来的，后经不断发展和提高传到海外。日本人曾经称豆豉为"纳豉"，后来专指日本发明的糖纳豆。东南亚各国也普遍食用豆豉，欧美则不太流行。

（二）研究现状

豆豉中屎肠球菌在数量上占优势，这主要是由于许多屎肠球菌可以产生细菌素。此外类肠膜魏斯氏菌只在发酵前14d出现，乳酸片球菌和盐水四联球菌（*T. muriaticae*）有少量分布。对云南省30个豆豉样品研究后发现4属10种49株乳酸菌，包括植物乳杆菌、短乳杆菌、发酵乳杆菌、消化乳杆菌（*L. alimentarius*）、食窦魏斯氏菌、混淆魏斯氏菌、类肠膜魏斯氏菌、乳酸片球菌、戊糖片球菌和粪肠球菌，并从中筛选出高产GABA的植物乳杆菌。熊骏等在玉溪市豆豉样品中分离到植物乳杆菌、食窦魏斯氏菌、戊糖片球菌和乳酸片球菌，并从中筛选得到16株具有抑菌活性的菌株，其中植物乳杆菌YM-4-3的抑菌效果最佳。宋园亮等从云南豆豉中筛选产β-半乳糖苷酶的短乳杆菌，并对其产酶条件进行研究。

（三）传统发酵大豆食品中乳酸菌的分布

发酵大豆食品含质量分数6%~18%的NaCl，其中的乳酸菌分嗜盐（*halophilic*）和耐盐（*halotolerant*）两大类群：嗜盐乳酸菌可以在含15g/100mL NaCl的培养液中生长，一定的NaCl是其生长的必要条件；而耐盐类群也称非嗜盐类群（*non-halophilic*），不能在含15g/100mL NaCl的培养液中生长，NaCl不是其生长的必要条件。在嗜盐类群中嗜盐四联球菌（*etragenococcus halophilus*）是日本、韩国、中国及东南亚各国传统发酵豆制品中的优势种，而非嗜盐类群中肠球菌属（*Enterococcus* sp.）、乳杆菌属（*Lactobacillus* sp.）和片球菌属（*Pediococcus* sp.）的某些种分布较为广泛。

六、乳酸菌在传统发酵大豆食品中的功能与应用前景

（一）提升产品风味

嗜盐四联球菌等乳酸菌利用糖生成乳酸等小分子有机酸，然后与酵母产生

的醇类生成酯类物质并赋予豆酱独特的香气成分，遮盖产品中令人不喜欢的霉味和豆腥味。耐盐乳酸菌在腐乳和豆豉的发酵过程中起促进风味物质和香气成分形成的作用。

（二）拮抗有害杂菌

传统发酵豆制品中广泛分布着乳酸菌素产生菌（如屎肠球菌、坚强肠球菌、植物乳杆菌、乳酸乳球菌），对抑制杂菌和防止腐败起到关键作用。利用产乳酸菌素乳酸菌作为发酵剂符合目前人们天然防腐的要求。Chen等发现豆豉中产细菌素屎肠球菌可以抑制许多杂菌的生长。

（三）促进酵母生长

酱油发酵初始阶段产生的乳酸对酵母普遍具有不同程度的拮抗作用。然而到了后熟阶段，乳酸积累使酱醪pH降至4.8左右，使乳酸菌自身生长受到抑制并促进适宜在酸性环境下生长的有益酵母（如鲁氏酵母）的繁殖。

（四）乳酸菌在传统发酵大豆食品中的应用前景

对于发酵豆制品中微生物种群分布、功能和应用的研究还很少，这在一定程度上限制了我国发酵豆制品行业的快速发展。作为发酵大豆食品中的重要菌群，乳酸菌在调控复杂菌系、稳定产品质量、提升产品风味和附加保健功能等方面都起着不可替代的作用。这其中嗜盐四联球菌在日本、韩国和东南亚部分国家生产的发酵豆制品中得到广泛的应用，而在我国相关应用研究仍然较少。近年来越来越多的研究表明，非嗜盐乳酸菌在发酵豆制品中不仅分布广泛，而且对产品品质也有较大影响，很多菌株还具有防腐和益生功能。但是，如果非嗜盐乳酸菌中的某些种类生长失控，则会引起胀袋、酸败等质量问题。因此，应该加大对这一类群乳酸菌的研究，以提升产品的功能性和货架期。研究传统大豆发酵食品，对弘扬我国饮食文化和促进传统食品产业发展都具有积极的现实意义。探索其发酵机制、代谢变化和保健功能，不断深入研究其生产技术，将传统工艺与现代食品加工技术紧密结合起来，正是摆在科研工作者面前的重要课题。

参考文献

［1］陈浩，樊游，陈源源，等.传统发酵豆制品中原核微生物的研究[J].食品工业科技，2011（9）：230-232.

［2］范俊峰，李里特，张艳艳，等.传统大豆发酵食品的生理功能[J].食品科学，2005，26（1）：250-254.

［3］高秀芝，王小芬，李献梅，等.传统发酵豆酱发酵过程中养分动态及细菌多样性[J].微生物学通报，2008，35（5）：748-753.

［4］贡汉坤.传统豆酱自然发酵的动态分析及人工接种多菌种发酵分析[D].无锡：江南大学，2004，17-21.

［5］顾振新，蒋振晖．食品原料中γ-氨基丁酸（GABA）形成机理及富集技术[J]．食品与发酵工业，2002（10）：65-69．

［6］候革非，何仁．乳酸链球菌素抑菌效果的研究[J]．广西工学院学报，2001（4）：63-65．

［7］黄仲华．中国调味食品实用技术手册[M]．北京：中国标准出版社，1991．

［8］梁恒宇，程建军，马莺.中国传统大豆发酵食品中微生物的分布[J].食品科学，2004，25（11）：401-404.

［9］梁恒宇.自然发酵黄豆酱中乳酸菌的分离、鉴定和筛选[D].哈尔滨：东北农业大学，2006，27-39.

［10］林祖申.先固后稀添加酵母、乳酸菌是提高酱油风味的捷径[J].中国调味品，2002，（1）：26-30.

［11］刘春凤，刘金霞，蒋立胜，等.传统发酵成熟期豆瓣酱醅中的微生物群落分析[J].食品工业科技，2012，33（13）：122-126.

［12］鲁绯，张京生，刘子鹏，等.青方腐乳中乳酸菌的分离鉴定[J].食品与发酵工业，2006，32（4）：38-41.

［13］罗立新，吕莉，潘力，等.中国酱油发酵酱醪中嗜盐四联球菌的鉴定[J].华南理工大学学报（自然科学版），2006，34（12）：20-24.

［14］吕利华，梁丽绒，赵良启．山西老陈醋中有机酸的 HPLC 测定分析[J]．食品科学，2007（11）：456-459．

［15］吕艳歌，马海乐，张志燕，等．山西老陈醋醋酸发酵过程中有机酸的变

化分析[J]．中国酿造，2013（5）：55-58．

［16］吕艳歌．山西老陈醋产酸细菌的分离鉴定及其产酸特性研究[D]．镇江：江苏大学，2013．

［17］宋春雪，颜景宗，贾甫麟，等．复合醋酸菌在食醋固态发酵中的研究与应用：1200150745［Z］．2010-01-07．

［18］宋园亮，殷建忠，张忠华，等.云南传统发酵豆豉中产β-半乳糖苷酶乳酸菌的筛选及其产酶条件的研究[J].中国微生态学，2011，23（5）：398-403.

［19］王夫杰，鲁绯，渠岩，等.腐乳中乳酸菌的分离与鉴定[J].中国调味品，2010，35（7）：98-101.

［20］徐寅，陈霞，顾瑞霞.臭豆腐乳酸菌多样性及耐酸乳酸菌的筛选分离[J].中国酿造，2010，29（2）：22-24.

［21］张百刚，高华，钟旭美．生物抑菌素Nisin抑菌试验[J]．广东农业科学，2008，（9）：128-129．

［22］邹家兴，李国基，耿予欢，等.腐乳发酵过程中细菌种群变化的鉴定与分析[J].现代食品科技，2008，24（5）：424-438.

［23］Chen Y S, Yanagida F, Hsu J S. Isolation and characterization of lactic acid bacteria from dochi (fermented black beans), a traditional fermented food in Taiwan[J]. *Letters in Applied Microbiology*, 2006, 43（2）: 229-235.

［24］Han B Z, Beumer R R, Rombouts F M, et al. Microbiological safety and quality of commercial Sufu: a Chinese fermented soybean food[J]. *Food Control*, 2001, 12（8）: 541-547.

［25］Han B Z, Cao C F, Rombouts F M, et al. Microbial changes during the production of Sufu: a Chinese fermented soybean food[J]. *Food Control*, 2004, 15（4）: 265-270.

［26］Han B Z, Rombouts F M, Nout M J R. A Chinese fermented soybean food[J]. *International Journal of Food Microbiology*, 2001, 65（12）: 1-10.

［27］Margesin R, Schinner F. Potential of halotolerant and halophilic microorganisms for biotechnology[J]. *Extremophiles*, 2001, 5（2）: 73-83.

［28］Shi X R, Fung D Y C. Control of foodborne pathogens during Sufu fermentation and aging[J]. *Critical Reviews in Food Science and Nutrition*, 2000, 40（5）: 399-425.

第八章

乳酸菌在
酿酒工业中的应用

一、乳酸菌在啤酒工业中的应用

（一）概述

1.定义

啤酒是以小麦芽和大麦芽为主要原料，并加啤酒花，经过液态糊化和糖化，再经过液态发酵而酿制成的。其酒精含量较低，含有二氧化碳，富有营养。它含有多种氨基酸、维生素、低分子糖、无机盐和各种酶。这些营养成分人体容易吸收利用。啤酒中的低分子糖和氨基酸很易被消化吸收，在体内可产生大量热能，因此，啤酒被人们称为"液体面包"。

2.分类

啤酒按工艺分为纯生啤酒、干啤、冰啤等；按酵母分为顶部发酵啤酒和底部发酵啤酒；按杀菌情况分为鲜啤酒和熟啤酒；按原麦浓度分为低浓度啤酒、中浓度啤酒和高浓度啤酒。

3.发展历史

啤酒的起源与谷物的起源密切相关，人类使用谷物制造酒类饮料已有8000多年的历史。已知最古老的酒类文献，是公元前6000年左右巴比伦人用黏土板雕刻的献祭用啤酒制作法。公元前4000年美索不达米亚地区已有用大麦、小麦、蜂蜜制作的16种啤酒。公元前3000年起开始使用苦味剂。公元前18世纪，在古巴比伦国王汉穆拉比颁布的法典中，已有关于啤酒的详细记载。

公元前1300年左右，埃及的啤酒作为国家管理下的优秀产业得到高度发展。拿破仑的埃及远征军在埃及发现的罗塞塔石碑上的象形文字表明，在公元前196年左右当地已盛行啤酒酒宴。啤酒的酿造技术是由埃及通过希腊传到西欧的。1881年，E.汉森发明了酵母纯粹培养法，使啤酒酿造科学得到飞跃的进步，由神秘化、经验主义走向科学化。蒸汽机的应用，1874年林德冷冻机的发明，使啤酒的工业化大生产成为现实，全世界啤酒年产量已居各种酒类之首。

19世纪末，啤酒输入中国。当时中国的啤酒业发展缓慢，分布不广，产量不大。1949年后，中国啤酒工业发展较快，并逐步摆脱了原料依赖进口的落后状态。啤酒是一个品牌区域化非常明显的行业，大部分啤酒企业长期在中低档啤酒市场中竞争，不但没有取得竞争优势，反而，因过度的价格战而大伤元气，在低档啤酒市场无利可图的情况下，人们开始调整产品结构和市场策略，把主要精力放到中高档市场的开发上来。

（二）啤酒的研究现状

在啤酒酿造过程中，通常在糖化、洗糟、煮沸时添加酸来调节pH，使酶活达到最佳状态，从而降低了麦汁和啤酒色度，提高麦汁浸出率，增强了麦汁煮沸时的凝结，减少非生物混浊。在工厂中，多数是通过添加无机酸或食用乳酸来调节酸度的，但无机酸的添加并不符合食品绿色健康的要求，发达国家已禁止使用无机酸调酸，要求使用乳酸。乳酸成本较高，且乳酸中残留的一些杂质会影响啤酒质量。

乳酸菌的生物酸化技术是指以非腐败的乳酸菌为菌种，以未添加酒花的过滤后的头道麦芽汁为培养基发酵产生的乳酸来调节糖化过程中糖化醪和麦汁的pH，以满足啤酒酿造的需要，无需额外加酸。此技术符合开发绿色啤酒的趋势，生产的啤酒色浅，口感圆润，抗氧化能力强，发酵度和含氮量较高，生产成本低，可极大地提高市场竞争力，因此，在啤酒酿造中具有很大的应用意义。

1. 生物酸化中的乳酸菌

乳酸菌种类繁多，可以降低环境中的pH和氧化还原电位，形成不利于有害菌的生存环境，赋予食品特殊的香味和风味，甚至分泌出抗菌活性物质，被广泛应用于发酵食品等行业，尤其在啤酒酿造中越来越受到普遍关注。用于啤酒生物酸化技术的乳酸菌菌种要易于分离、纯化和培养，在不含酒花的麦芽汁环境中能很好地生长，产乳酸量高，不生成双乙酰、胺类物质及其他影响啤酒风味与口味的不利成分；乳酸菌自身还应含有可分解淀粉等物质的酶系，充分利用麦汁中可利用的一切物质，防止与抑制其他杂菌的生长，而且应对酒花苦味物质极为敏感，一旦添加了酒花就会死亡，在麦汁煮沸时可被杀死等。在生物酸化技术中使用的乳酸菌主要有植物乳杆菌（*Lactobacillus plantarum*）、德氏乳杆菌（*Lactobacillus delbrueckii*）、淀粉乳杆菌（*Lactobacillus amylophilus*）、乳酸乳杆菌（*Lactobacillus lactis*）、短乳杆菌（*Lactobacillus Brevis*）等。

近年来，国内对啤酒生物酸化技术所使用的乳酸菌也有较多的研究。刘秉和利用培养型L. Brevis培养液来调节糖化下料水和麦汁煮沸前的pH，最终生产出达到《啤酒》（GB/T 4927—2008）优质酒标准的高档啤酒。龚庆芳等对*L. amylophilus*在糖化麦汁中的产酸特性进行了研究，发现该菌在46℃的15%（质量分数）头道麦汁中产酸量大，产酸速度快，从而减少了乳酸麦汁的使用量，节约了原料成本。赵辉等从麦芽汁中分离鉴定出一株*L. plantarum*，将该菌接种在12°P麦芽汁中，生长良好，30℃发酵48h，产酸最高，得到的发酵液有轻微的麦芽香，酸香协调，把所得的发酵液作为原料糖化用水调节pH，酿造出质量优良的嫩啤酒。陶玉贵等从麦芽中筛选鉴定出一株*L. plantarum*，将其应用于调节麦芽醪的pH，进行小批量的自然发酵，当培养温度为48℃、料水质量比为1∶4，接种量为麦芽汁质量的10%时，乳酸菌能够达到最大的产酸效果，满足生物酸化和蛋白质休止耦联的工艺条件。

2. 乳酸菌生物酸化技术的应用

生物酸化技术应用于啤酒生产中，通过酸化麦芽、糖化醪和麦汁可以降低pH，增加主要酶（β-葡聚糖、蛋白酶）的活性，这样可以促进β-葡聚糖的水解，提高过滤速度；加快蛋白质水解，增加可溶性氮含量。另外，乳酸菌还可分泌抗菌物质，提高生物稳定性，从而提高啤酒的质量。应用乳酸菌的生物酸化技术调节啤酒生产过程中的pH，可分为酸化麦芽和酸化麦汁两方面。

乳酸菌酸化麦芽可以提高可溶性氮含量，而可溶性氮含量的提高可以赋予啤酒醇厚丰满的口感并改善啤酒的泡持性。Lowe等在制麦过程中利用3种乳酸菌处理过的麦芽与未经处理的麦芽相比较，结果表明，利用生物酸化技术制备的麦汁比未处理的麦芽制备的麦汁可溶性氮含量高，其中最高的是利用*L. plantarum* FST1.1和TMW1.268制备的酸麦芽。这可能是由于乳酸菌的添加增加了微生物间对氧的竞争，抑制了根的生长，从而有效地阻止氮流入根部，提高了麦汁中可溶性氮物质的含量。

在啤酒酿造过程中，有害微生物特别是霉菌严重影响成品啤酒的质量。近年来，有关利用乳酸菌在生产麦芽过程中作为微生物控制剂的研究已有报道。报道指出，如果在麦芽制造过程中加入乳酸菌，其将产生大量乳酸，可降低环境中的pH和氧化还原电位，形成不利于有害菌的生存环境，改变大麦周围菌群结构；同时分泌少量其他化合物，如某种抗生素多肽类物质，抑制有害菌的生长。Laitila等用*L. plantarum*和*Pedioccus pentosaceus*作为发酵剂添加到麦芽制造过程中，经过5次不同的试验表明这种发酵剂在麦芽制造过程中发酵产生的乳酸能促进酵母的生长，可限制有害细菌和镰刀片球菌的生长。Vaughan等也表明在麦芽制造和淀粉糖化过程中，使用生物酸化技术生产啤酒可显著抑制有害微生物。

3. 乳酸菌酸化麦汁的研究

乳酸菌酸化麦汁是将乳酸菌培养液直接加入到醪液与煮沸麦汁中进行酸化处理。和酸化麦芽相比，麦汁的生物酸化工艺比较成熟。

在啤酒酿造糖化阶段，Kunze研究表明，酸化麦汁的pH为5.1~5.2时，会使麦汁色度降低，发酵时间缩短。丁燕研究发现，酸化麦汁的添加量从0增加到35%时，麦芽醪的pH相应地从6.0降到5.2。Lowe等通过对比试验表明，酸化麦芽可以降低麦汁的pH，但效果不够显著。如果将麦芽醪酸化后再进行麦汁酸化，pH将明显地降低。蒋涵用成品磷酸或乳酸和*L.delbrueckii*分别对麦汁进行酸化处理并进行啤酒发酵，结果表明，用*L.delbrueckii*酸化的麦汁具有更低的色度、更佳的氨基酸组成和更高的总氨基酸含量，由此发酵成的啤酒具有更大的发酵度，经品尝，口味柔和、苦味愉悦。

4. 乳酸菌对啤酒发酵后期的污染

在麦汁制造过程中，乳酸菌发挥积极作用，经煮沸后被杀死，并不会影响啤酒后期的发酵。但在后期啤酒发酵过程中，乳酸菌却是主要的污染菌。某些乳杆菌能引起双乙酰含量剧增，使啤酒带有强烈的"馊饭味"。*L. Brevis*能利用淀粉和糊精，加速发酵液的稀化，影响啤酒的成熟。*Pediococcus* sp. 的生长会产生过多的醋酸、丁酸等多种脂肪酸以及H_2S和甲醇硫等一些严重影响啤酒风味的物质，使啤酒存在臭鸡蛋气味。此外，在啤酒发酵中乳酸菌的生长繁殖条件和啤酒酵母很相似，会与酵母进行营养竞争，影响酵母的代谢、增殖，导致降糖异常，pH变化异常，影响啤酒发酵，致使啤酒酸败、变味、黏稠以及生物混浊。所以在啤酒生产过程中应采取有效的方法快速、准确地检测乳酸菌是否存在。目前，快速检测方法主要包括：ATP生物发光检测、免疫学检测、基于核酸的分子生物学检测（PCR及其衍生技术）等。杨波等根据乳酸菌16SDNA序列的特征，通过PCR技术准确检测并鉴定出了短乳杆菌等8种对啤酒有害的乳酸菌。这些有害菌可能存在于发酵罐、管道、阀门污垢、啤酒残液以及回收酵泥中。及时用酸碱液对管道及设备进行清洗，同时将酵母使用代数控制在3代以下，即可有效控制乳酸菌对啤酒发酵的污染，由此可以保持啤酒的生物稳定性。

（三）乳酸菌在啤酒工业中的应用前景

在啤酒酿造过程中，利用乳酸菌的生物技术来调节糖化醪的pH，不仅克服了添加食用乳酸成本高的缺点，而且还解决了添加无机酸的非绿色化问题，同时可有效地加速糖化进程、提高酶活、降低β-葡聚糖含量、增加可溶性氮含量和抑制杂菌生长，从而提高啤酒非生物和生物的稳定性，改善成品啤酒的风味。由于乳酸菌在啤酒发酵后期是主要的污染菌，因此采取有效的方法检测、控制啤酒发酵过程中的污染乳酸菌也是提高啤酒质量的关键。中国啤酒产量稳居世界之首，而且我国啤酒行业还会有更大的发展，虽然传统啤酒依然是当前主流，但随着消费者保健理念的提高，绿色啤酒将成为21世纪啤酒行业的发展方向。利用乳酸菌生物酸化技术生产的啤酒不仅口味柔和，而且绿色、纯净，既符合当代人对绿色食品的需求，又可以减少生产周期，节约综合成本，应用前景非常广阔。

二、乳酸菌在黄酒工业中的应用

（一）概述

1.定义

传统型黄酒是以稻米、小米、玉米、黍米、小麦等为主要原料，经蒸煮、加曲、糖化、发酵、压榨、过滤、煎酒（除菌）、贮藏、勾兑而成的酒。黄酒的营养价值丰富，传统的工艺使黄酒不仅保持了大米原有的营养，而且将其内在的营养全面呈现在酒液中。

2. 分类

（1）按产品风味分为传统型黄酒、清爽型黄酒。

① 传统型黄酒以稻米、玉米、小米、小麦等为主要原料，经蒸煮、糖化、发酵、压榨、过滤、煎酒（除菌）、储存、勾兑而成的黄酒。

② 清爽型黄酒以稻米、玉米、小米、小麦等为主要原料，加入酒曲（或酶制剂和酵母）为糖化发酵剂，经蒸煮、糖化、发酵、压榨、过滤、煎酒（除菌）、勾兑而成的口味清爽的黄酒。

（2）按成品酒的含糖量分为干黄酒、半干黄酒、半甜黄酒和甜黄酒。

① 干黄酒成品酒中总含糖量不大于10.0g/L的黄酒为干黄酒，如元红酒。

② 半干黄酒成品酒中总含糖量在10.0~30.0g/L的黄酒为半干黄酒，如加饭酒。

③ 半甜黄酒成品酒中总含糖量在30.0~100.0g/L的黄酒为半甜黄酒，如善酿酒。

④ 甜黄酒成品酒中总含糖量大于100.0g/L的黄酒为甜型黄酒，如香雪酒。

3. 发展历史

黄酒是世界上最古老的饮品之一。源于中国，且唯中国有，与啤酒、葡萄酒并称世界三大古酒。约在三千多年前，中国人独创酒曲复式发酵法，开始大量酿制黄酒。黄酒产地较广，品种很多，著名的有九江封缸酒、绍兴老酒、即墨老酒、福建老酒、无锡惠泉酒、江阴黑杜酒、绍兴状元红、女儿红、安徽古南丰、张家港沙洲优黄、吴江吴宫老酒、苏州同里红、上海老酒、鹤壁豫鹤双黄、南通白蒲黄酒、江苏金坛和丹阳的封缸酒、湖南嘉禾倒缸酒、河南双黄酒、河南刘集缸撇黄酒、广东客家娘酒、湖北老黄酒、陕西谢村黄酒、陕西黄关黄酒等。

黄酒南方主要以糯米为原料，北方主要以黍米、粟及糯米（北方称江米）为原料，一般酒精含量为14%~20%，属于低度酿造酒。黄酒含有丰富的营养，含有21种氨基酸，其中包括有数种未知氨基酸，而人体自身不能合成必须依靠食物摄取8种必需氨基酸黄酒都具备，故被誉为"液体蛋糕"。黄酒是中国的特产，属于酿造酒。在世界三大酿造酒（黄酒、葡萄酒和啤酒）中占有重要的一席。酿酒技术独树一帜，成为东方酿造界的典型代表和楷模。

（二）乳酸菌在黄酒中的作用

黄酒在酿造过程中添加的曲有红曲、麦曲、酒药，这三种酒曲中含有多种微生物，且在黄酒酿造过程中微生物种类和数量变化不断。

乳酸菌在黄酒的酿造过程中无处不在，由最初的浸米过程中的产生，到随着酒曲的接入以及酿造过程中随着黄酒发酵条件变化而产生，这些环节都少不了乳酸菌的作用。

栾同青等利用应用变性梯度凝胶电泳（denaturinggradient gel electrophoresis，DGGE）技术对黄酒酿造过程中细菌群落的结构变化进行了分析研究，测序结果显示，存在于黄酒酿造过程中的细菌主要有乳杆菌、葡萄球菌、糖多孢菌、肠杆菌、布丘氏菌等种类。冯浩等利用选择性培养基和MRS培养基对黄酒中的乳酸菌进行了分离，通过对分离出的菌种进行形态学特征鉴定、生理生化特征鉴定、分子生物学鉴定以及生物学特性研究，包括产乳酸能力测定、耐酸性测定、耐盐性测定，最终确定了黄酒中的乳酸菌分别为植物乳杆菌和希氏乳杆菌。

1. 浸米过程中乳酸菌的作用

在黄酒酿造中，浸米是一个重要环节，在浸泡过程中主要的变化是大米吸水膨胀、主成分的分解、大米及浆水酸度的变化等。大米在吸水膨胀的同时，其营养物质也逐渐流失到浸米浆水中，这样就促进了微生物的生长繁殖。浸米浆水中主要的微生物就是乳酸菌，其中，乳酸球菌的数量随着浸米时间的增加而减少，而乳酸杆菌的数量则不断增加，在浸米这一流程结束时乳酸杆菌便占了主导地位。乳酸菌的主要代谢产物是有机酸，有机酸使大米酸化，达到了一定酸度，这一酸度直接关系到成品黄酒的品质与风味。薛洁等曾将浸米浆水添加入黄酒酿造流程中的淋饭环节，从而提升了成品黄酒的风味；陈坚刚曾用将从浸米浆水中分离出来的乳酸菌接种到浸米水中，并进行厌氧发酵，这样加快了大米的酸化程度，也在一定程度上减少了大米在浸泡过程中的营养流失。

2. 黄酒深层酿造兼氧浸米中乳酸菌的作用

目前，各黄酒生产企业对新工艺黄酒酿造浸米，均以接入酸浆水敞口式一次浸米24~48h，浸米浆水酸度在0.2~0.4g/L。绍兴黄酒传统浸米方式需18~20d

以上，浸米浆水酸度达到1.2g/L以上。对黄酒深层酿造兼氧浸米进行研究，兼氧浸米罐采用罐口小的瘦长型，利于创造兼氧条件，罐内可预先加热浸渍水，使水温升至40℃，再投入白米至罐容量的60%，封口（水浸米到罐口，使罐内无空隙），排气口外接水封，27~30℃保温，浸渍48h，罐内温度过高或水不满罐，均使兼氧效果减退。兼氧浸米实质是乳酸菌的培养过程，无须接种，乳酸菌种源来自白米表面。兼氧浸米浆水酸度，糯米可达1.6g/L，粳米可达1.2g/L。

（三）乳酸菌在黄酒发酵过程中的作用

传统高浓液态法黄酒是开放式与半开放式的生产方式。空气中、生产场所、生产工具和发酵容器都附着了丰富的微生物，通过浆水、曲、淋饭酒母和酿造用水等进入酒醪中。由于麦曲、浆水、淋饭酒母、酿造用水及发酵容器内的微生物群落存在差异，导致黄酒特征风味的差异。乳酸菌不仅是黄酒酿造中的主要微生物，也是浆水中重要的功能菌，因此，乳酸菌和酵母、曲霉菌一样，对黄酒的发酵过程起了十分重要的作用。

1. 乳酸菌能调正酒醪pH

乳酸菌、酵母和曲霉菌共同参与了黄酒的发酵，俗称"三边发酵"。乳酸杆菌能在低pH（3.3~3.5）下生长、繁殖和发酵糖产生大量的乳酸，在黄酒发酵过程中，可降低和维持低pH，使黄酒发酵顺利进行，同时，黄酒生产为开放式发酵，而乳酸杆菌的大量生长，产生并累积乳杆菌素以及低pH，抑制了其它细菌的生长繁殖，而对酵母却无抑制作用，并能促使酵母的耐酒精能力和耐酸能力的提高，从而确保了在粗放式条件下进行黄酒发酵过程而不发生酸败，起到了以酸制酸的作用。

2. 为黄酒发酵微生物提供营养物质

乳酸菌群在黄酒酿造生产过程中的生长代谢，直接为其他微生物提供了生长繁殖可利用的必需氨基酸和各种维生素，还能提高矿物元素的生物学活性，有些乳酸菌群能分解淀粉、糊精为糖，或能分解胨、多肽为氨基酸，或两者兼而有之，这在一定程度上推动了黄酒的发酵进程，为黄酒发酵微生物提供了必需的营养物质，促进黄酒发酵微生物的生长繁殖。

3. 促进黄酒酿造中的糖化与发酵

有些乳酸菌自溶能产生活性成分（lactobacillus）和酸性多糖磷酸质（teichoicacid），具有促进米饭的溶解、液化和糖化的作用。同时，乳酸菌本身所产生的酸性代谢物质，维持和保证了酿酒发酵微酸性环境，从而更加有利于黄酒酿造的糖化与发酵的顺利进行，大大提高了原料的利用率。

4. 保持和改善黄酒酿造中的微生态环境

在黄酒的前发酵与主发酵期间，主要是高温乳酸菌的生长和繁殖，而在酿酒发酵的后期，主要是低温乳酸菌群的生长和繁殖。由于乳酸菌的繁殖，代谢产生了较多的乳酸，从而使酒醪酸度上升，有效地抑制了其他杂菌的代谢活动。同时，在乳酸菌生长代谢过程中，也会产生一些具有抗微生物活性的物质，如有机酸、H_2O_2和CO_2等，均表现出抑菌活性，同时很多乳酸菌都能产生细菌素，如乳链菌素、噬酸菌素和乳酸杆菌素等，这些物质在保持和改善黄酒酿造微生态环境的稳定中发挥着重要的调节作用。在后发酵过程中，由于醪温降低，造成了部分高温乳酸菌的死亡和自溶，给酵母和低温乳酸菌发酵提供了丰富的营养物质。所以，乳酸菌与酵母、曲霉菌的协同作用，互相促进和制约，共同推动了黄酒发酵，是保证酒醪形成高酒度的原因之一。

5. 促进黄酒香味物质及其前驱物质的生成

乳酸菌在黄酒生产中主要产生乳酸，同时还产生少量的醋酸、琥珀酸、甲酸、富马酸、丙酸及微量醇、醛、酸等，还利用乳酸为底物进行其他物质的生物合成。如丙酸菌可以利用乳酸产生丙酸，丁酸菌利用乳酸为碳源生成丁酸。乳酸通过酯化生成乳酸乙酯，醋酸生成乙酸乙酯等芳香酯。而且不同的乳酸菌种类在不同的条件作用下产生乳酸与其他有机酸的比例不同；生成的D-乳酸、L-乳酸和DL-乳酸的数量也不同。因此，以乳酸作为前体物质可生成黄酒的多种香味物质，丰富了黄酒风味的复杂性和完美性。

6. 提高黄酒酿造中微生物的生物活性

传统黄酒酿造生产过程中是多种微生物共存的，各种酿酒微生物之间关系密切，多种乳酸菌可混合生长与繁殖，厌氧的菌株与非严格厌氧菌株同时生长，可以提高黄酒整个发酵期间特别是后期的厌氧菌的数量和存活率，可延长黄酒发酵过程中微生物的存活时间，提高酿酒发酵微生物的活性，有利于生产过程中各种菌株充分发挥协同、拮抗作用，其中，乳酸和琥珀酸就有促进醋酸菌生长的作用。同样，乳酸菌可以抑制酪酸菌的生长，在黄酒初期产生乳酸可阻止腐败菌生长繁殖，防止酒醪酸败，即以初期优势来抑制杂菌生长，从而保证黄酒发酵的顺利进行。

（四）乳酸菌代谢产物在黄酒中的作用

1. 有机酸的含量

乳酸菌在黄酒发酵中除产生乳酸外，以乳酸为底物还能生成多种微量有机酸，如丙酸和丁酸等其他有机酸，而这些有机酸（包括乳酸）通过酯化反应可生成相应的乙型酯，是黄酒的重要香味来源。黄酒中的有机酸主要以乳酸为主，在绍兴加饭酒中，乳酸的含量最高为4642.80mg/L，最低为2952.4mg/L，占绍兴加饭酒中有机酸含量的40%~60%。据文献报道，柠檬酸的含量并不是很高，但在最新研究中，测得其含量高达1306.3~3709.9mg/L，占总酸的20.14%~46.96%，是含量第二高的有机酸。这说明绍兴黄酒有机酸的含量与以前有所改变。

2. 乳酸的作用

在各种类型的黄酒中，主要的有机酸是乳酸，在干型上海甲级黄酒和元红酒中，乳酸占总酸量的70.71%~83.52%，在半干型花雕酒中，乳酸含量占总酸量的76.55%，在甜型封缸酒中，乳酸含量占总酸量的73.47%，江苏老酒中，乳酸含量占总酸量的71.95%，长春玉米酒中，乳酸含量占总酸量的67.97%。

（1）乳酸能增加酒体的醇和度　乳酸分子质量小，含有羟基和羧基，很容易与水分子和乙醇分子形成氢键，因此，其刺激性较弱。正是由于乳酸在酒中具有较强的附着力，这就意味着它与口腔的味觉器官作用时间长，即味作用持续时间长，同时，乳酸可以通过氢键与酒体中的易挥发小分子结合，在小分子与大分子之间充当桥梁与纽带作用，使酒体中的大分子、小分子及微量元素更易形成胶体，加上乳酸本身口味的微酸、微涩、柔和有浓厚感等特点，大大地减轻了黄酒的活性感，增加了酒体的醇和度。

（2）乳酸能柔和酒体，稳定香气　由于黄酒中的乳酸含量多，可使酒质柔和浓醇，给黄酒带来了良好的风味，同时，与其他有机酸相互融合，可使黄酒口感显得比较柔和、顺滑，对酒的口味起到缓冲和平衡作用，使酒质口感调和，减少了辛辣味。而且，乳酸具有黏度大、沸点高和易凝固的特点，能改变酒中气味分子的挥发速度，起到调和体系口味和稳定酒质香气的功能。

（3）乳酸是黄酒老熟的催化剂和稳定剂　黄酒都有一定的贮藏时间，6个月脱醭胎气，9个月口味转醇和协调，12个月以后增香转陈。长期以来，对于新黄酒催陈老熟的问题，有很多研究，但效果并不明显。其实，黄酒中的有机酸本身就是很好的老熟催化剂。而乳酸更特别，从它的分子结构看，其水溶性、醇溶性和酯溶性更好，在酒体中与酒中的香味成分起着纽带和连接的作用，形成胶体，能有效地缓解酒中的酯类水解，促进酒体稳定，同时也有利于新酒的老熟，改善酒体中各种风味物质的融合程度，增加酒体香气的复合性，这都显示出乳酸具有稳定老熟的作用。

3. 乳酸乙酯的作用

黄酒中部分乳酸乙酯是由乳酸在酵母酯化作用下生成乳酸乙酯。

$$CH_3CHOHCOOH+C_2H_5OH=C_2H_3OHCOOC_2H_5+H_2O$$

即每100mg乳酸乙酯折合乳酸76.18mg。黄酒中乳酸乙酯含量为341.29~917.50mg/L，折合乳酸为260.0~698.9mg/L。因此，有一定数量的乳酸在酵母酯化作用下生成乳酸乙酯，黄酒经陈酿后，乳酸和乳酸乙酯含量都有所增加。乳酸乙酯的含量在黄酒酯类物质中具有重要的地位，其含量占总酯的70.73%~83.18%。正是由于乳酸乙酯在黄酒特征的香味成分中占不同的比例，才形成了黄酒多种类型的浓郁香气。

（1）乳酸乙酯能增加黄酒的醇甜感　乳酸乙酯的风味特征是香味弱，味微甜，适量的乳酸乙酯具有醇厚感，过量则带有苦涩味，有闷甜感。黄酒中含有较高的乳酸乙酯，可以增加酒体的协调性和醇甜感，同时还可以增加酒体的醇和性。

（2）乳酸乙酯能延长黄酒的味感　乳酸乙酯由于它的分子构成，与乙醇、酯类和水都具有较好的互溶性，这一性状决定了它是一种不挥发性酯类，正是由于其含量高及恰当的含量比例，能延长酒质丰富的味感，协调香气，增加回味。

（3）增加黄酒的香气和滋味的柔和性　乳酸乙酯在酒体中与各成分的分子

间形成胶体溶液后，具有较柔和的味觉，所以，当其以适当的比例和含量存在于酒体中时，就能减轻酒体的刺激感，而且还能提高酒体滋味的柔和性及香气的醇和度。

（五）乳酸菌在黄酒工业中的应用前景

黄酒生产是多菌种发酵的综合过程，微生物种类错综复杂，虽然现在采用多种先进科学技术应用于黄酒生物研究，但由于传统黄酒酿造微生物的种类和数量多，且菌与菌之间的相互关系复杂，具有互惠共生、偏利共生、拮抗、竞争等因素，因此，还有待于我们全面认识乳酸菌的作用，并做进一步的深化研究。

乳酸菌的代谢产物对黄酒风味的影响越来越显得重要。近些年通过显微技术、指纹图谱技术、红外分析法、同位素质谱法、光谱法和原子吸收等多种现代分析手段的应用，分析黄酒中成分的方法逐渐增多和完善，但乳酸菌的代谢产物在黄酒发酵过程中的变化反应多，同时又是多种微生物利用的底物，因此，要弄清其代谢产物对黄酒风味的形成与作用，还需不断深入分析和探讨。

成品黄酒是各种风味物质平衡后的产物。乳酸与乳酸乙酯含量的多少及比例是反映黄酒质量的一个方面，但如果黄酒中含有较多的乳酸，所呈现的口味就带来馊、酸和涩等味，特别是在乳酸乙酯含量大时，会对酒的幽雅香气和鲜爽味道带来不良影响。只有在适量的前提下，才能对黄酒风味起到较好的作用，一旦打破了应有的动态平衡体系，就会给酒体造成负面作用。所以，如何在黄酒酿造过程中控制适宜的乳酸或乳酸乙酯含量，调整好与其他有机酸的比值等，都将是今后的研究课题。

三、乳酸菌在白酒工业中的应用

（一）概述

1.定义

白酒又称烧酒，是以粮谷为主要原料，用大曲、小曲或麸曲及酒母等为糖化发酵剂，经蒸煮、糖化、发酵、蒸馏而制成的饮料酒。白酒是中国特有的一大酒种，与白兰地、威士忌、伏特加、朗姆酒、金酒并列为世界六大蒸馏酒，但白酒所用的制曲和制酒原料、微生物区系以及各种制曲方法、发酵生产工艺和蒸馏、勾兑等操作的复杂性和独特风格，是其他蒸馏酒所无法比拟的。

2. 分类

白酒按糖化发酵剂分为大曲酒、小曲酒、麸曲酒和混合曲酒；按生产工艺分为固态法白酒、液态法白酒和固液法白酒；按香型分为浓香型白酒、酱香型白酒、米香型白酒等。

3. 发展历史

新中国成立以来，我国的白酒行业发展迅速，特别是随着科学技术的不断进步，白酒行业出现了数以千计的新成果、新技术。20世纪60年代初，以四川省食品发酵工业研究设计院为主，在四川省永川地区组织了试点，并正式出版了《四川糯高粱小曲酒操作法》；1957年又在四川省泸州市进行了试点，在泸州老窖曲酒厂总结了泸州老窖传统工艺；1964年该所又接受中国轻工业部的任务，进行了人工改窖、新窖老熟的研究工作。通过实践，人们认识到，浓香型大曲酒质量的优势主要取决于发酵池的新老（即窖龄）。

20世纪60年代中期，国内部分科研单位，特别是四川省食品发酵工业研究设计院，利用气相色谱技术剖析了浓香型酒的主要香味成分，定性定量分析出己酸乙酯，并确定其为浓香型酒的主体香。同时，对其他芳香成分也进行了剖析，开展了"泸州大曲酒芳香成分的剖析与风味成分的探讨"的研究课题，对泸州老窖酒厂、五粮液酒厂的基础酒、调味酒、异杂味酒、成品酒等进行了大量的研究工作，定性136种，定量108种。

（二）乳酸菌在固态法白酒生产中的地位与作用

传统固态法白酒由于其具有独特的生产工艺，其酒中的酸、醇、酯主要物质不仅在种类、数量上远远高于新工艺白酒，被称为白酒的色谱骨架成分，而且还含有醛、酮、酚类化合物、含硫化合物等复杂成分，是决定白酒的风味和质量的重要因素。

固态法白酒生产是网罗自然界的微生物，在自然环境中，以乳酸菌最为普遍，巴斯德认为：自然发酵一般是以乳酸菌打头阵，丁酸菌、己酸菌尾随其后，同时乳酸是丁酸菌的前体物质，可作为丁酸菌的生长碳源。在固态法白酒的生产中，酵母、根霉都产乳酸。李增胜曾在清香型白酒生产中测定：在制曲生产中，潮火期乳球菌、乳杆菌等量，潮火期以后乳球菌类占70%，乳杆菌类占30%；在酒醅中，乳杆菌占80%、乳球菌占20%，发酵3d后分离不出乳酸球菌，12d后乳酸杆菌很少出现；在发酵的前期，产乳酸的是酵母、好氧细菌、霉菌，由于温度较低，适合了这类低温乳酸菌群的生长与繁殖（最适生长温度为28~32℃），好氧的乳酸菌大量繁殖；进入到发酸的中后期，微生物大量繁殖，呼吸旺盛，热量增加，导致发酵温度升高，当温度升高到一定范围时，将适合高温乳酸细菌的生长与繁殖（最适生长温度为37~45℃，最适发酵温度40~50℃），同时窖内处于厌氧环境，厌氧乳酸菌大量繁殖，此时的乳酸菌处于主体地位，因此乳酸菌在固态法白酒发酵中有着极其重要的作用。

1. 为发酵微生物提供营养物质

促进酿酒微生物的生长与繁殖，乳酸菌群在酿酒生产过程中正常发挥代谢活性，能直接为其他微生物提供生长繁殖可利用的必需氨基酸（如赖氨酸和蛋氨酸等）和各种维生素（B族维生素和维生素K、维生素H等），还能提高矿物元素的生物学活性，为固态法白酒发酵微生物提供必需营养物质，促进酿酒微生物的生长、繁殖。

2. 促进美拉德反应，有利于香味物质的形成

Hamad试验证明，小麦、稻米及玉米等谷物进行乳酸发酵后，营养价值大大提高；毕德成等用保加利亚乳杆菌和嗜热链球菌发酵玉米和小麦粉，发现赖氨酸含量分别增加72%和85%，蛋氨酸分别增加40%和46%，硫胺素（维生素B_1）和核黄素（维生素B_2）均有所增加，游离氮增加1.6倍和1.4倍，游离铁分别增加1.3倍和1.9倍，游离钙增加1.5和1.2倍，总体营养价值有明显提高，因此，多粮发酵法，为美拉德反应提供前体物质，有利于固态法白酒香味物质的形成。

3. 能促进酿酒酶系的糖化与发酵

在固态法白酒的生产中，乳酸菌本身所产生的酸性代谢产物，维持和保证

了酿酒发酵环境的偏酸性，而一般酿酒过程中酒化酶的最适pH为偏酸性，因此，更加有利于酿酒的糖化与发酵的顺利进行。

4. 有利于保持、改善酿酒生产过程中的微生态环境

在酿酒发酵的后期，由于厌氧乳酸菌的大量繁殖，代谢产生大量乳酸，使酒醅酸度大幅快速上升，有效地抑制了其他部分杂菌的代谢活动，同时在乳酸菌生长代谢过程中，会产生一些具有抗微生物活性的物质，如有机酸、过氧化氢、二氧化碳等，均在体外表现出了抑菌活性，而且很多乳酸菌都能产生细菌素，如乳酸链球菌素、乳酸菌素、噬酸菌素等，这些物质在保持和改善固态法白酒酿造微生态环境的稳定与协调中发挥着重要的调节作用。

5. 促进酿酒的香味物质及香味的前驱物质生成

乳酸菌在固态法白酒生产过程中，不仅提供着乳酸、醋酸、乙醇、二氧化碳等代谢产物，而且纷繁复杂的酿酒微生物，还可以利用乳酸为底物进行其他物质的生物合成，如丙酸菌可以利用乳酸产生丙酸。丁酸菌利用乳酸为碳源生成丁酸，乳酸通过酯化生成乳酸乙酯、丁酸生成丁酸乙酯等，以乳酸为前体物质，可生成白酒的多种香味物质。

6. 多种乳酸菌混合生长与繁殖，有利于提高酿酒微生物的生物活性

酿酒生产过程是多种微生物共存，各种酿酒微生物之间关系密切，多种乳酸菌混合生长与繁殖，严格厌氧菌株与非严格厌氧菌株进行的共同培养的过程，可以提高固态法白酒在发酵中后期厌氧菌的产量和存活率，可延长白酒发酵过程中微生物的存活时间，可提高酿酒微生物的生物活性，有利于酿酒微生物充分发挥协同效用，可保证固态法白酒发酵的顺利进行。

（三）乳酸菌代谢产物在固态法白酒风味中的作用

1. 乳酸在固态法白酒风味中的作用

乳酸菌的主要代谢产物为乳酸，又称α-羟基丙酸，含有一个羟基和一个羧基，是手性分子，有右旋型、左旋型、外消旋型，发酵的乳酸多的是L型，溶点26℃，沸点高达222℃，它既是水溶性的，又具醇溶性特点。乳酸在蒸馏过

程中，通过夹雾的拖带作用，部分乳酸与乙醇一起，经蒸发、冷却被拖带进入酒体中。大部分乳酸，因其不挥发、沸点较高，仍留在酒醅中，乳酸在白酒中的分布规律是酒尾＞酒身＞酒头。它在白酒中的作用最强，功能丰富，影响面广，对白酒的呈香呈味的贡献率非常大，值得我们去深入研究。

（1）乳酸能降低白酒的刺激感，增加酒体的醇厚感　乳酸虽然分子质量小，含有羟基和羧基，很容易与水分子、乙醇分子形成氢键，因此其刺激性较弱。正是由于乳酸在酒中具有较强的附着力，这意味着与口腔的味觉器官作用时间长，即刺激作用持续时间长，同时，乳酸可以通过氢键与酒体中的易挥发的小分子结合，在小分子与大分子之间充当桥梁与纽带作用，使酒体中的大分子、小分子及微量元素更易形成胶体，再加上乳酸本身口味的微酸、微甜、微涩、柔和、有浓厚感等特点，大大地减少了白酒的刺激感，增加了酒体的醇厚感。

（2）乳酸是白酒中的最重要的呈味剂、味道改良剂　乳酸与其他不挥发的高分子有机酸一样，是白酒的重要酸味剂，可增加酒体的口味，虽然乳酸香气微弱，但能使酒质浓厚，延长白酒的后味，是构成酒体"后味"的重要物质，适量的乳酸可增加酒体的甜味感和回甜感；减少或消除杂味及燥辣感，增加酒的醇和度。乳酸具有减轻水味、掩饰苦味、压香解暴等多种调节作用。

（3）乳酸是固态法白酒新酒老熟的老熟剂、酒体稳定剂　固态法白酒中的有机酸本身就是很好的老熟催化剂，而乳酸更特别，从它的分子结构看，其水溶性、醇溶性、酯溶性更好，在酒体中与酒中的香与味成分的纽带和连接剂，可形成胶体，能有效地缓解酒中的酯类水解，促进酒体的稳定，同时也有利于新酒的老熟，改善酒体中各香味物质的融合程度，增加酒体香气的复合性，可突显出乳酸的稳定剂、老熟剂的作用。

2. 乳酸乙酯在固态法白酒风味中的地位与作用

乳酸乙酯是由乳酸在发酵过程中通过酯化而形成的固态法白酒中的重要香味物质。酯类物质的量比关系，在确定固态法白酒的香型上，酯的量比关系起着重要的作用。

（1）增加酒体的醇甜感　乳酸乙酯的风味特征是香味弱，味微甜，适量的乳酸乙酯有醇厚感，过量则带苦涩味、有闷甜感。白酒中含有一定量的乳酸乙酯，可以增加酒体的醇甜感，同时，还可以增加酒体的醇厚度。

（2）延长酒体的后味 乳酸乙酯由于它的分子构成，与乙醇、酯类、水具有较好的相溶性，这决定了它是一种不挥发性的酯类，其流出规律是酒尾＞酒身＞酒头，部分乳酸乙酯被拖带入酒中，但大部分乳酸乙酯仍留在酒醅中或酒尾中，正是由于其具有不挥发性，能延长酒体的后味，是酒风味中重点的延长后味物质。

（3）增加酒体的绵柔度 乳酸乙酯在酒体中与主要成分的各分子间形成胶体溶液，不仅能减少酒体的刺激感，而且还能增加酒体的绵柔度。

（四）乳酸菌在固态法白酒生产中的应用前景

乳酸菌群在固态法白酒生产中具有十分重要的作用，由于固态法白酒生产微生物种类十分复杂，虽然现在采用了16SrDNA、PCR扩增等多种先进技术应用于生物研究，但是酿酒微生物的种类、数量多，而且微生物之间的相互关系复杂，要全面认识乳酸菌的作用，还有待于进一步深化研究。

乳酸菌的代谢产物是固态法白酒重要的香味成分，由于白酒微量成分复杂，含量甚微，作用较大，特别是对白酒风味的影响越来越显得重要。通过显微技术、指纹图谱技术、同位素质谱法、红外分析法、光谱法、原子吸收等多种现代分析手段分析出的成分逐渐增多，研究也不断深入。但是，乳酸菌的代谢产物在发酵过程中，发酵产物多，产物变化方向多，同时又是多种微生物利用的底物，因此，要弄清其代谢产物对白酒风味的贡献，还需不断深入探讨。

传统固态法白酒的香味成分之间关系复杂，其间的量比谐调关系对白酒风味影响较大，但是白酒的香味物质的综合呈现效果是一个量的平衡，只有在适量的前提下，才能对白酒风味起到较好的作用，一旦打破应有的动态平衡体系，就会给酒体带来负面影响，乳酸菌的代谢产物也是如此，只有在科学的指导下，进行合理的调整，才会达到事半功倍的效果。

参考文献

［1］陈坚刚.乳酸菌的选育及应用研究[C].全国黄酒行业"和酒杯"科技与发展论文集，2005.

［2］成堃，于同立.啤酒酵母中乳酸菌的分离鉴定[J].中国酿造，2007（1）：

50-52.

［3］丁燕.利用胚芽乳杆菌生产酸麦芽的研究[D].山东农业大学硕士论文，2002.

［4］冯浩，毛健，黄桂东，等.黄酒发酵过程中乳酸菌的分离鉴定及生物学特性研究[J].食品工业科技，2013（16）：224-244.

［5］龚庆芳，张强，孙军勇，等.麦汁生物酸化菌株产酸特性的研究[J].中国酿造，2006（10）：18-19.

［6］谷桐彦，霍秀娟.浅谈啤酒中的酸[J].酿酒，2004（3）：25-26.

［7］姬中伟，黄桂东，毛健，等.浸米时间对黄酒品质的影响[J].基础研究，2013，29（1）：49-52.

［8］蒋涵.麦汁生物酸化的酿造应用研究[D].江南大学硕士论文，2008.

［9］李增胜.大曲清香型酒酿造中主要微生物[J].酿酒科技，1994，（4）：54.

［10］林先军，李奇，顾国贤.乳酸菌对制麦和啤酒酿造的影响[J].啤酒科技，2005（7）：21-23.

［11］刘秉和.应用生物酸化技术开发高档啤酒的研究[J].酿酒科技，1999，（3）：51-53.

［12］刘子良，齐志远，康卓，等.生物酸化技术在啤酒酿造中应用的探讨[J].酿酒，1998（6）：33-36.

［13］栾同青，李志军，钟其顶，等.黄酒酿造过程细菌群落结构变化初步研究[J].食品工业科技，2013（12）：177-180.

［14］毛青钟.黄酒发酵过程中乳酸杆菌的功与过[J].中国黄酒2002(1):17-23.

［15］谢玉球，钟雨，谢旭.乳酸菌在固态法白酒生产中的地位与作用[J].酿酒科技2008(11):83-86.

［16］薛洁，王异静.黄酒酿造中米浆水回收技术的研究[J].酿酒科技，2009（9）：17-19.

［17］杨波，潘丽晶.啤酒有害乳酸菌 PCR 引物的设计和验证[J].中国酿造，2006（10）：42-45.

［18］赵辉，霍贵成，王葳.利用植物乳杆菌进行啤酒生物酸化的初步研究[J].酿酒科技，2006（9）：44-48.

［19］赵敏，杨开，孙培龙.啤酒中乳酸杆菌的分离纯化和鉴定[J].酿酒，2005（1）：58-61.

［20］KunzeW. Technology of malting and brewing[D]. VLB: Berlin, 1999.

［21］Laitila A, SweinsH, Vilpola A. Lactobacillus plantarum and Pediococcus pentosaceus starter cultures as a tool for microflora management in malting and for enhancement of malt processability[J]. *J AgricFood Chem*, 2006, 54(11) : 3840-3851.

[22] LoveDP, Arendt EK, Soriano AM, et al. The influence of lacticacid bacteria on the quality of malt [J]. J Ind Brewing, 2005, 111 (1) :42-50.

[23] Love DP, Arendt EK. The use and effects of lacticacid bacteria inmalting and brewing with their relationships to antifungalactivity, myco-toxin and gushing: A Review[J]. *J Ind Brewing*, 2004, 110(3) : 163-180.

[24] Pedersen, A. Fermented Liquid Feed to Piglets. Danish Bacon and Meat Council. 2001, No. 510.Denmark. (In Danish).

[25] SakamotoK, KoningsWN. Beer spoilage bacteria and hop resis-tance[J]. *Int J Food Microbiol*, 2003, 89: 105-124.

[26] VaughanA, Sindersn DV. Enhancing the microbiological stability of malt and beer-A review[J]. *J I Brewing*, 2005, 111(4) : 355-371.

[27] WatsonS J, NashM J. The conservation of grass andforage crops [J] .*Soil Science*, 1961, 92（2）: 149.